全国职业技能 SolidWorks 认证指导用书

SolidWorks 2014
快速入门、进阶与精通

湛迪强　孔　杰　编著

電子工業出版社
Publishing House of Electronics Industry
北京·BEIJING

内 容 简 介

本书是全面、系统学习和运用 SolidWorks 2014 软件的快速入门、进阶与精通书籍，全书共 18 章，从最基础的 SolidWorks 2014 安装和使用方法开始讲起，以循序渐进的方式详细讲解了 SolidWorks 2014 的软件配置、二维草图设计、零件设计、曲面设计、装配设计、工程图设计、钣金设计、模型的外观处理与渲染、运动仿真及动画设计、有限元结构分析和各个模块大量的实际综合应用案例等。

本书附带 2 张多媒体 DVD 助学光盘，制作了与本书全程同步的语音文件，含 328 个 SolidWorks 应用技巧和具有针对性实例的教学视频（全部提供语音教学视频），时间长达 12.5 小时（750 分钟）；光盘还包含了本书所有的素材文件、练习文件和范例的源文件。

本书讲解所使用的模型和应用案例覆盖了汽车、工程机械、电子、航空航天、家电、日用消费品、玩具等不同行业，具有很强的实用性和广泛的适用性。在内容安排上，书中结合大量的实例对 SolidWorks 2014 软件各个模块中的一些抽象的概念、命令、功能和应用技巧进行讲解，通俗易懂，化深奥为简易；本书的另一特色是讲述了大量一线实际产品的设计过程，这样的安排能使读者较快地进入实战状态；在写作方式上，本书紧贴 SolidWorks 2014 软件的真实界面进行讲解，使读者能准确地操作软件，提高学习效率。读者在系统学习本书后，能够迅速地运用 SolidWorks 软件来完成复杂产品的设计、运动与结构分析等工作。本书可作为技术人员的 SolidWorks 完全自学教程和参考书籍，也可供大专院校机械类专业师生参考。

未经许可，不得以任何方式复制或抄袭本书之部分或全部内容。
版权所有，侵权必究。

图书在版编目（CIP）数据

SolidWorks 2014 快速入门、进阶与精通 / 湛迪强，孔杰编著．—北京：电子工业出版社，2014.3
全国职业技能 SolidWorks 认证指导用书
ISBN 978-7-121-22480-5

Ⅰ．①S… Ⅱ．①湛… ②孔… Ⅲ．①计算机辅助设计—应用软件 Ⅳ．①TP391.72
中国版本图书馆 CIP 数据核字（2014）第 030341 号

策划编辑：管晓伟　李　洁
责任编辑：刘　凡
印　　刷：北京七彩京通数码快印有限公司
装　　订：北京七彩京通数码快印有限公司
出版发行：电子工业出版社
　　　　　北京市海淀区万寿路 173 信箱　邮编 100036
开　　本：787×1092　1/16　印张：32.25　字数：829 千字
版　　次：2014 年 3 月第 1 版
印　　次：2020 年 8 月第 14 次印刷
定　　价：59.90 元（含多媒体 DVD 光盘 2 张）

凡所购买电子工业出版社图书有缺损问题，请向购买书店调换。若书店售缺，请与本社发行部联系，联系及邮购电话：（010）88254888。
质量投诉请发邮件至 zlts@phei.com.cn，盗版侵权举报请发邮件至 dbqq@phei.com.cn。
服务热线：（010）88258888。

前　　言

　　SolidWorks 是由美国 SolidWorks 公司推出的功能强大的三维机械设计自动化软件系统，该软件以其优异的性能、易用性和创新性，极大地提高了机械工程师的设计效率，其应用范围涉及航空航天、汽车、工程机械、造船、通用机械、家电、医疗器械、玩具和电子等诸多领域。SolidWorks 在与同类软件的激烈竞争中已经确立了其市场地位，成为三维机械设计软件的标准。

　　本书是学习 SolidWorks 2014 的快速入门、进阶与精通书籍，其特色如下：

- ◆ **内容全面**。涵盖了产品设计的零件创建（含钣金、曲面设计）、产品装配、工程图制作、运动仿真与动画和有限元结构分析的全过程。
- ◆ **前呼后应，浑然一体**。书中后面的产品装配、运动仿真和零部件的有限元结构分析等高级章节中的实例或案例，都在前面的零件设计、曲面设计、钣金设计等章节中详细讲述了它们的三维建模的方法和过程，这样的安排有利于迅速提升读者的软件综合应用能力，使读者能更快地进入实战状态，将学到的 SolidWorks 技能较快地应用到自己的实际工作中去，这样无疑会极大地提升读者的职业竞争力。
- ◆ **实例、范例、案例丰富**。本书对软件中的主要命令和功能，先结合简单的实例进行讲解，然后安排一些较复杂的综合范例或案例，帮助读者深入理解和灵活应用。另外，限于篇幅（篇幅过大势必增加书的定价及读者的负担），随书光盘中存放了大量的应用视频案例（含语音）讲解，这样安排可以进一步迅速提高读者的软件使用能力和技巧，同时提高了本书的性价比。
- ◆ **讲解详细，条理清晰**。本书保证自学的读者能独立学习和运用 SolidWorks 2014 软件。
- ◆ **写法独特**。本书采用 SolidWorks 2014 中真实的对话框、操控板和按钮等进行讲解，使初学者能够直观、准确地操作软件，从而大大提高学习效率。
- ◆ **附加值极高**。本书附带 2 张多媒体 DVD 助学光盘，制作了 328 个 SolidWorks 应用技巧和具有针对性实例的教学视频并进行了详细的语音讲解，时间长达 12.5 小时（750 分钟），可以帮助读者轻松、高效地学习。

　　本书由湛迪强和北京劳动保障职业学院机电工程系的孔杰主编，参加编写的人员还有刘青、赵楠、王留刚、仝蕊蕊、崔广雷、付元灯、曹旭、吴立荣、姚阿普、李海峰、邵玉霞、石磊、吕广凤、石真真、刘华腾、张连伟、邵欠欠、邵丹丹、王展、赖明江、刘义武、刘晨。本书已经经过多次审校，但仍不免有疏漏之处，恳请广大读者予以指正。

　　电子邮箱：bookwellok@163.com

编　者

本 书 导 读

为了能更好地学习本书的知识,请您仔细阅读下面的内容。

【写作软件蓝本】

本书采用的写作蓝本是 SolidWorks 2014 版。

【写作计算机操作系统】

本书使用的操作系统为 Windows 7 操作系统,本书的内容和范例也同样适用。

【光盘使用说明】

为使读者方便、高效地学习本书,特将本书中所有的练习文件、素材文件、已完成的实例、范例或案例文件、软件的相关配置文件和视频语音讲解文件等按章节顺序放入随书附带的光盘中,读者在学习过程中可以打开相应的文件进行操作、练习和查看视频。

本书附带多媒体 DVD 助学光盘 2 张,建议读者在学习本书前,先将两张 DVD 光盘中的所有内容复制到计算机硬盘的 D 盘中,然后再将第二张光盘 sw1401-video2 文件夹中的所有文件复制到第一张光盘的 video 文件夹中。

在光盘的 sw1401 目录下共有 4 个子目录。

(1) sw14_system_file 子文件夹:包含相关的系统配置文件。

(2) work 子文件夹:包含本书的全部已完成的实例、范例或案例文件。

(3) video 子文件夹:包含本书讲解中所有的视频文件(含语音讲解),学习时,直接双击某个视频文件即可播放。

(4) before 子目录:为方便低版本读者的学习,随书光盘中提供了 SolidWorks 2012 和 SolidWorks 2013 版本主要章节的素材源文件。

光盘中带有"ok"扩展名的文件或文件夹表示已完成的实例、范例或案例。

【本书约定】

◆ 本书中有关鼠标操作的简略表述说明如下。
  - 单击:将鼠标指针光标移至某位置处,然后按一下鼠标的左键。
  - 双击:将鼠标指针光标移至某位置处,然后连续快速地按两次鼠标的左键。
  - 右击:将鼠标指针光标移至某位置处,然后按一下鼠标的右键。

- 单击中键：将鼠标指针光标移至某位置处，然后按一下鼠标的中键。
- 滚动中键：只是滚动鼠标的中键，而不是按中键。
- 选择（选取）某对象：将鼠标指针光标移至某对象上，单击以选取该对象。
- 拖移某对象：将鼠标指针光标移至某对象上，然后按下鼠标的左键不放，同时移动鼠标，将该对象移动到指定的位置后再松开鼠标的左键。

◆ 本书中的操作步骤分为"任务"和"步骤"两个级别，说明如下：
- 对于一般的软件操作，每个操作步骤以 `步骤01` 开始。例如，下面是草绘环境中绘制矩形操作步骤的表述：
  - ☑ `步骤01` 选择命令。选择下拉菜单 `工具(T)` → `草图绘制实体(K)` → `□ 边角矩形(R)` 命令。
  - ☑ `步骤02` 定义矩形的第一个对角点。在图形区某位置单击，放置矩形的一个对角点，然后将该矩形拖至所需大小。
  - ☑ `步骤03` 定义矩形的第二个对角点。再次单击，放置矩形的另一个对角点。此时，系统即在两个角点间绘制一个矩形。
  - ☑ `步骤04` 在键盘上按一次 Esc 键，结束矩形的绘制。
- 每个"步骤"操作视其复杂程度，其下面可含有多级子操作。例如，`步骤01` 下可能包含（1）、（2）、（3）等子操作，（1）子操作下可能包含①、②、③等子操作，①子操作下可能包含 a)、b)、c) 等子操作。
- 对于多个任务的操作，则每个"任务"冠以 `任务01`、`任务02`、`任务03` 等，每个"任务"操作下则包含"步骤"级别的操作。
- 由于已建议读者将随书光盘中的所有文件复制到计算机硬盘的 D 盘中，所以书中在要求设置工作目录或打开光盘文件时，所述的路径均以 "D:" 开始。

目 录

第一篇　SolidWorks 2014 快速入门

第 1 章　SolidWorks 2014 基础概述 ······1
- 1.1　SolidWorks 2014 应用模块简介 ······1
- 1.2　SolidWorks 2014 软件的特色和新增功能 ······3
- 1.3　SolidWorks 2014 的安装方法 ······4
- 1.4　启动 SolidWorks 软件 ······4
- 1.5　SolidWorks 2014 用户界面及功能 ······5
- 1.6　SolidWorks 2014 用户界面的定制 ······8
  - 1.6.1　工具栏的自定义 ······9
  - 1.6.2　命令按钮的自定义 ······9
  - 1.6.3　菜单命令的自定义 ······10
  - 1.6.4　键盘的自定义 ······11
- 1.7　SolidWorks 鼠标的操作方法和技巧 ······12
- 1.8　在 SolidWorks 中操作文件 ······14
  - 1.8.1　打开文件 ······14
  - 1.8.2　保存文件 ······14
  - 1.8.3　关闭文件 ······15

第 2 章　二维草图设计 ······16
- 2.1　进入与退出草图环境的操作 ······16
- 2.2　草图环境中的下拉菜单 ······16
- 2.3　对草图环境进行设置 ······17
- 2.4　绘制二维草图 ······17
  - 2.4.1　直线 ······18
  - 2.4.2　矩形 ······19
  - 2.4.3　平行四边形 ······20
  - 2.4.4　倒角 ······21
  - 2.4.5　圆 ······22
  - 2.4.6　圆弧 ······22
  - 2.4.7　圆角 ······23
  - 2.4.8　中心线 ······24
  - 2.4.9　椭圆 ······24
  - 2.4.10　部分椭圆 ······24
  - 2.4.11　样条曲线 ······25
  - 2.4.12　多边形 ······25
  - 2.4.13　点的创建 ······26
  - 2.4.14　文本的创建 ······26
- 2.5　编辑二维草图 ······27
  - 2.5.1　删除草图图元 ······27
  - 2.5.2　操纵草图图元 ······27
  - 2.5.3　剪裁草图图元 ······29
  - 2.5.4　延伸草图图元 ······30

		2.5.5	分割草图图元	31
		2.5.6	变换草图图元	31
		2.5.7	将一般元素转换为构造元素	34
		2.5.8	等距草图图元	35
	2.6	二维草图约束		35
		2.6.1	几何约束	35
		2.6.2	尺寸约束	38
	2.7	对尺寸标注进行修改		41
		2.7.1	尺寸的移动	41
		2.7.2	尺寸值修改的步骤	42
		2.7.3	删除尺寸	42
		2.7.4	对尺寸精度进行修改	42
第3章	零件设计			44
	3.1	SolidWorks 零件设计的一般方法		44
		3.1.1	零件文件的新建步骤	44
		3.1.2	创建一个拉伸特征作为零件的基础特征	45
		3.1.3	创建其他特征	52
	3.2	模型显示与控制		56
		3.2.1	模型的显示方式	56
		3.2.2	视图的平移、旋转、翻滚与缩放	58
		3.2.3	模型的视图定向	59
	3.3	旋转特征		61
		3.3.1	旋转凸台特征	62
		3.3.2	切除-旋转特征	63
	3.4	SolidWorks 的设计树		65
		3.4.1	设计树界面简介	65
		3.4.2	设计树的作用与一般规则	65
	3.5	对特征进行编辑与重定义		67
		3.5.1	编辑特征的操作	67
		3.5.2	如何查看特征父子关系	69
		3.5.3	怎样删除特征	70
		3.5.4	对特征进行重定义	71
	3.6	倒角特征		72
	3.7	圆角特征		74
	3.8	抽壳特征		77
	3.9	对特征进行重新排序及插入操作		79
		3.9.1	概述	79
		3.9.2	重新排序的操作方法	79
		3.9.3	特征的插入操作	80
	3.10	参考几何体		81
		3.10.1	基准面	81
		3.10.2	基准轴	83
		3.10.3	点	86
		3.10.4	坐标系	89
	3.11	如何创建筋（肋）特征		90
	3.12	孔特征		91
		3.12.1	简单直孔	92
		3.12.2	异形向导孔	94

3.13	装饰螺纹线	95
3.14	特征生成失败及其解决方法	96
	3.14.1 特征生成失败的出现	96
	3.14.2 特征生成失败的解决方法	97
3.15	将模型进行平移与旋转	98
	3.15.1 模型平移的操作方法	98
	3.15.2 模型旋转的操作方法	99
3.16	特征变换的几种方式	100
	3.16.1 特征的镜像	100
	3.16.2 线性阵列	101
	3.16.3 圆周阵列	102
	3.16.4 草图驱动的阵列	102
	3.16.5 填充阵列	103
	3.16.6 删除阵列实例	103
3.17	拔模特征	104
3.18	扫描特征	106
	3.18.1 扫描特征简述	106
	3.18.2 创建凸台扫描特征的一般过程	106
	3.18.3 创建切除扫描特征的一般过程	108
3.19	放样特征	108
	3.19.1 放样特征简介	108
	3.19.2 创建凸台放样特征的一般过程	109
	3.19.3 创建切除-放样特征的一般过程	111
3.20	零件模型属性的设置	112
	3.20.1 概述	112
	3.20.2 零件材料的设置	112
	3.20.3 零件单位的设置	115
3.21	模型的测量	116
	3.21.1 概述	116
	3.21.2 测量面积及周长	117
	3.21.3 测量距离	118
	3.21.4 测量角度	120
	3.21.5 测量曲线长度	121
	3.21.6 模型的质量属性分析	121

第4章 装配设计 124

4.1	概述	124
4.2	装配的下拉菜单及工具条	124
4.3	装配配合	125
4.4	装配的过程和方法	129
	4.4.1 新建装配文件	129
	4.4.2 装配第一个零件	129
	4.4.3 装配其余零件	129
4.5	阵列装配	132
	4.5.1 线性阵列	132
	4.5.2 圆周阵列	133
	4.5.3 图案驱动	134
4.6	零部件的镜像	135
4.7	简化表示	136

	4.7.1 切换零部件的显示状态	137
	4.7.2 压缩状态	137
4.8	装配的爆炸视图	138
	4.8.1 创建爆炸视图	138
	4.8.2 创建步路线	141
4.9	在装配体中修改零部件	142
	4.9.1 更改设计树中零部件的名称	142
	4.9.2 修改零部件的尺寸	143

第 5 章 工程图设计 ... 145

5.1	概述	145
	5.1.1 工程图的组成	145
	5.1.2 工程图环境中的工具条	145
	5.1.3 制作工程图模板	148
5.2	新建工程图	155
5.3	工程图视图	155
	5.3.1 基本视图	156
	5.3.2 视图基本操作	158
	5.3.3 视图的显示模式	159
	5.3.4 辅助视图	160
	5.3.5 全剖视图	161
	5.3.6 半剖视图	162
	5.3.7 阶梯剖视图	162
	5.3.8 旋转剖视图	163
	5.3.9 局部剖视图	164
	5.3.10 局部视图	165
	5.3.11 折断视图	166
5.4	工程图标注	167
5.5	尺寸标注的基本操作	172
5.6	标注尺寸公差	173
5.7	标注基准特征符号	174
5.8	标注形位公差	174
5.9	标注表面粗糙度	175
5.10	注释文本	175
5.11	剖面视图中筋（肋）特征的处理方法	177
5.12	SolidWorks 软件打印出图的方法	178

第二篇 SolidWorks 2014 进阶

第 6 章 曲面设计 ... 180

6.1	概述	180
6.2	创建曲线	180
	6.2.1 通过参考点的曲线	180
	6.2.2 投影曲线	181
	6.2.3 组合曲线	182
	6.2.4 分割线	183
	6.2.5 通过 xyz 点的曲线	184
	6.2.6 螺旋线/涡状线	185
	6.2.7 曲线曲率的显示	186

6.3 创建基本曲面 187
6.3.1 拉伸曲面 187
6.3.2 旋转曲面 189
6.3.3 等距曲面 190
6.3.4 平面区域 190
6.3.5 填充曲面 191
6.3.6 扫描曲面 192
6.3.7 放样曲面 193
6.3.8 边界曲面 194
6.4 曲面的曲率分析 195
6.4.1 曲面曲率的显示 195
6.4.2 曲面斑马条纹的显示 196
6.5 对曲面进行编辑 196
6.5.1 曲面的延伸 196
6.5.2 曲面的剪裁 198
6.5.3 曲面的缝合 199
6.5.4 删除面 200
6.6 曲面的圆角 201
6.6.1 等半径圆角 201
6.6.2 变半径圆角 203
6.6.3 面圆角 204
6.6.4 完整圆角 205
6.7 将曲面转化为实体 206
6.7.1 闭合曲面的实体化 206
6.7.2 用曲面替换实体表面 208
6.7.3 开放曲面的加厚 208

第 7 章 钣金设计 210
7.1 钣金设计入门 210
7.1.1 钣金设计概述 210
7.1.2 钣金菜单及其工具条 211
7.2 钣金法兰 212
7.2.1 基体-法兰 212
7.2.2 折弯系数 217
7.2.3 边线-法兰 218
7.2.4 斜接法兰 228
7.2.5 薄片 232
7.2.6 放样折弯 233
7.2.7 切除-拉伸 235
7.3 折弯钣金体 237
7.3.1 绘制的折弯 237
7.3.2 褶边 240
7.3.3 转折 243
7.3.4 展开 246
7.3.5 折叠 248
7.3.6 将实体零件转换成钣金件 249
7.4 钣金的其他处理方法 252
7.4.1 边角剪裁 252
7.4.2 闭合角 256

		7.4.3 断裂边角	257
7.5	钣金成形		258
		7.4.1 成形工具	259
		7.4.2 创建成形工具特征的一般过程	262
7.6	创建钣金工程图的方法		265

第8章 焊件设计 ... 271

- 8.1 概述 ... 271
  - 8.1.1 焊件设计概述 ... 271
  - 8.1.2 下拉菜单及工具栏简介 ... 272
- 8.2 结构构件 ... 273
  - 8.2.1 3D 草图的创建 ... 273
  - 8.2.2 布局框架草图 ... 274
  - 8.2.3 创建结构构件 ... 277
  - 8.2.4 自定义构件轮廓 ... 280
- 8.3 对焊件进行加工处理 ... 284
- 8.4 角撑板 ... 285
  - 8.4.1 三角形角撑板 ... 285
  - 8.4.2 多边形角撑板 ... 287
- 8.5 剪裁/延伸结构构件 ... 288
- 8.6 圆角焊缝 ... 290
  - 8.6.1 全长圆角焊缝 ... 290
  - 8.6.2 间歇圆角焊缝 ... 293
  - 8.6.3 交错圆角焊缝 ... 294
- 8.7 顶端盖 ... 295
- 8.8 子焊件 ... 296
- 8.9 焊件切割清单 ... 298
- 8.10 焊件工程图 ... 300
  - 8.10.1 创建独立实体视图 ... 300
  - 8.10.2 创建切割清单 ... 303

第三篇 SolidWorks 2014 精通

第9章 模型的外观处理与渲染 ... 306

- 9.1 模型的外观处理 ... 306
  - 9.1.1 颜色 ... 306
  - 9.1.2 贴图 ... 308
  - 9.1.3 外观 ... 310
  - 9.1.4 纹理 ... 311
- 9.2 布景 ... 312
- 9.3 灯光设置 ... 313
  - 9.3.1 环境光源 ... 314
  - 9.3.2 线光源 ... 314
  - 9.3.3 聚光源 ... 315
  - 9.3.4 点光源 ... 316
- 9.4 相机 ... 317
- 9.5 PhotoView 360 渲染 ... 318
  - 9.5.1 PhotoView 360 渲染概述 ... 318
  - 9.5.2 PhotoView 360 渲染选项 ... 319

第 10 章 运动仿真及动画设计 ... 321
- 10.1 概述 ... 321
  - 10.1.1 时间线 ... 322
  - 10.1.2 时间栏 ... 322
  - 10.1.3 更改栏 ... 323
  - 10.1.4 关键点与键码点 ... 323
- 10.2 动画向导 ... 324
  - 10.2.1 旋转零件的运动算例 ... 324
  - 10.2.2 装配体爆炸动画 ... 325
- 10.3 保存动画 ... 328
- 10.4 马达动画 ... 330
- 10.5 视图定向 ... 331
- 10.6 视图属性 ... 332
- 10.7 插值动画模式 ... 334
- 10.8 配合在动画中的应用 ... 335
- 10.9 相机动画 ... 337

第 11 章 有限元结构分析 ... 341
- 11.1 概述 ... 341
- 11.2 SolidWorks Simulation 插件 ... 342
  - 11.2.1 SolidWorks Simulation 插件的激活 ... 342
  - 11.2.2 SolidWorks Simulation 的工作界面 ... 342
  - 11.2.3 Simulation 工具栏命令介绍 ... 343
  - 11.2.4 有限元分析一般过程 ... 344
  - 11.2.5 有限元分析选项设置 ... 344
- 11.3 SolidWorks 零件有限元分析的一般过程 ... 350
  - 11.3.1 打开模型文件，新建分析算例 ... 350
  - 11.3.2 应用材料 ... 352
  - 11.3.3 添加夹具 ... 352
  - 11.3.4 添加外部载荷 ... 354
  - 11.3.5 生成网格 ... 356
  - 11.3.6 运行算例 ... 358
  - 11.3.7 结果查看与评估 ... 359
  - 11.3.8 其他结果图解显示工具及报告文件 ... 367

第四篇 SolidWorks 2014 实际综合应用案例

第 12 章 SolidWorks 零件设计实际综合应用 ... 375
- 12.1 零件设计案例 1——连接臂 ... 375
- 12.2 零件设计案例 2——支架 ... 381

第 13 章 SolidWorks 工程图设计实际综合应用 ... 396
- 13.1 案例概述 ... 396
- 13.2 新建工程图 ... 396
- 13.3 创建视图 ... 397
- 13.4 为视图添加中心线 ... 399
- 13.5 添加图 13.5.1 所示的尺寸标注 ... 400
- 13.6 添加基准特征符号 ... 400
- 13.7 标注形位公差 ... 401

13.8 标注表面粗糙度 402
13.9 添加注释文本 1 403
13.10 添加注释文本 2 403

第 14 章 SolidWorks 曲面设计实际综合应用 405
14.1 曲面设计案例 1——电吹风外壳设计 405
14.2 曲面设计案例 2——塑料瓶 415
14.3 曲面设计案例 3——休闲座椅 423
14.4 曲面设计案例 4——创建曲面实体文字 428

第 15 章 SolidWorks 钣金设计实际综合应用 435
15.1 钣金零件设计案例 1——钣金支架 435
15.2 钣金零件设计案例 2——钣金板 449

第 16 章 SolidWorks 焊件设计实际综合应用 469

第 17 章 SolidWorks 高级渲染实际综合应用 487
17.1 渲染应用 1——机械零件的渲染 487
    17.1.1 打开模型文件 487
    17.1.2 设置材料 487
    17.1.3 光源设置 488
    17.1.4 设置布景 489
    17.1.5 查看渲染效果 490
    17.1.6 保存零件模型 491
17.2 渲染应用 2——图像渲染 491

第 18 章 SolidWorks 装配体有限元分析实际综合应用 494

第一篇

SolidWorks 2014 快速入门

第 1 章　SolidWorks 2014 基础概述

1.1　SolidWorks 2014 应用模块简介

SolidWorks 是一套机械设计自动化软件，采用用户熟悉的 Windows 图形界面，操作简便、易学易用，被广泛应用于机械、汽车和航空等领域。

在 SolidWorks 2014 中共有三大模块，分别是零件、装配和工程图，其中"零件"模块中又包括草图设计、零件设计、曲面设计、钣金设计以及模具等小模块。通过认识 SolidWorks 中的模块，读者可以快速地了解它的主要功能。下面将介绍 SolidWorks 2014 中的一些主要模块。

1. 零件

SolidWorks "零件" 模块主要可以实现实体建模、曲面建模、模具设计、钣金设计以及焊件设计等。

（1）实体建模。

SolidWorks 提供了十分强大的、基于特征的实体建模功能。通过拉伸、旋转、扫描、放样、特征的阵列以及孔等操作来实现产品的设计；通过对特征和草图的动态修改，用拖拽的方式实现实时的设计修改；SolidWorks 中提供的三维草图功能可以为扫描、放样等特征生成三维草图路径或为管道、电缆线和管线生成路径。

（2）曲面建模。

通过带控制线的扫描曲面、放样曲面、边界曲面以及拖动可控制的相切操作，产生非常复杂的曲面，并可以直观地对已存在曲面进行修剪、延伸、缝合和圆角等操作。

（3）模具设计。

SolidWorks 提供内置模具设计工具，可以自动创建型芯及型腔。

在整个模具的生成过程中，可以使用一系列的工具加以控制。SolidWorks 模具设计的主要过程包括以下部分：

- 分型线的自动生成。
- 分型面的自动生成。
- 闭合曲面的自动生成。
- 型芯—型腔的自动生成。

（4）钣金设计。

SolidWorks 提供了顶端的、全相关的钣金设计技术，可以直接使用各种类型的法兰、薄片等特征，应用正交切除、角处理以及边线切口等功能使钣金操作变得非常容易。SolidWorks 2014 环境中的钣金件，可以直接进行交叉折断。

（5）焊件设计。

SolidWorks 可以在单个零件文档中设计结构焊件和平板焊件。焊件工具主要包括：

- 圆角焊缝。
- 角撑板。
- 顶端盖。
- 结构构件库。
- 焊件切割。
- 剪裁和延伸结构构件。

2. 装配

SolidWorks 提供了非常强大的装配功能，其优点如下：

- 在 SolidWorks 的装配环境中，可以方便地设计及修改零部件。
- SolidWorks 可以动态地观察整个装配体中的所有运动，并且可以对运动的零部件进行动态的干涉检查及间隙检测。
- 对于由上千个零部件组成的大型装配体，SolidWorks 的功能也可以得到充分发挥。
- 镜像零部件是 SolidWorks 技术的一个巨大突破。通过镜像零部件，用户可以用现有的对称设计创建出新的零部件及装配体。
- 在 SolidWorks 中，可以用捕捉配合的智能化装配技术进行快速的总体装配。智能化装配技术可以自动地捕捉并定义装配关系。
- 使用智能零件技术可以自动完成重复的装配设计。

3. 工程图

SolidWorks 的"工程图"模块具有如下优点：

- 可以从零件的三维模型（或装配体）中自动生成工程图，包括各个视图及尺寸的标注等。
- SolidWorks 提供了生成完整的、生产过程认可的详细工程图工具。工程图是完全相关的，当用户修改图样时，零件模型、所有视图及装配体都会自动被修改。
- 使用交替位置显示视图可以方便地表现出零部件的不同位置，以便了解运动的顺序。

交替位置显示视图是专门为具有运动关系的装配体所设计的独特的工程图功能。
- ◆ RapidDraft 技术可以将工程图与零件模型（或装配体）脱离，进行单独操作，以加快工程图的操作，但仍保持与零件模型（或装配体）的完全相关。
- ◆ 增强了详细视图及剖视图的功能，包括生成剖视图、支持零部件的图层、熟悉的二维草图功能以及详图中的属性管理。

1.2　SolidWorks 2014 软件的特色和新增功能

功能强大、技术创新和易学易用是 SolidWorks 2014 的三大主要特点，这使得 SolidWorks 成为先进的主流三维 CAD 设计软件。SolidWorks 2014 提供了多种不同的设计方案，以减少设计过程中的错误并且提高产品的质量。

如果熟悉 Windows 系统，基本上就可以使用 SolidWorks 2014 进行设计。SolidWorks 2014 资源管理器是同 Windows 资源管理器一样的 CAD 文件管理器，用它可以方便地管理 CAD 文件。SolidWorks 2014 独有的拖拽功能使用户能在较短的时间内完成大型装配设计。通过使用 SolidWorks 2014，用户能够在较短的时间内完成更多的工作，更快地将高质量的产品投放市场。

目前市场上所见到的三维 CAD 设计软件中，设计过程最简便的莫过于 SolidWorks 了。就像美国著名咨询公司 Daratech 所评论的那样："在基于 Windows 平台的三维 CAD 软件中，SolidWorks 是最著名的品牌，是市场快速增长的领导者。"

相比 SolidWorks 软件的早期版本，最新的 SolidWorks 2014 做出了如下改进：

- ◆ 二维草图。草图中新增了替换草图实体、设置固定长度和样式样条曲线功能，替换草图实体可实现无需断开参考即可使用一个草图实体替换另一个草图实体；设置固定长度可实现对样条曲线长度的固定，这样在拖动端点或更改样条曲线形状时，长度可保持不变；样式样条曲线，使用此功能绘制的曲线，可创建光滑结实的曲面，并可在 2D 和 3D 草图中使用。
- ◆ 零件与特征。在 SolidWorks 2014 零件与特征建模中，增加了锥形圆角的功能；另外删除特征时选项也有所更新，便于操作；阵列特征中增加了变化的实例选项，可实现特殊形状的特征排列。
- ◆ 钣金。在 SolidWorks 2014 加强了折弯放样命令、可以创建放样的折弯以生成物理折弯，而不是成形的几何体和平板型式的近似折弯线。折弯放样的折弯在两个平行轮廓之间形成逼真的过渡，以方便对闸压制造进行说明。
- ◆ 装配体。SolidWorks 2014 中增加了关联工具栏在装配体中应用标准配合；槽配合及球形和曲线的配合功能；在爆炸视图中增加了对零部件的旋转操作命令。
- ◆ 工程图。SolidWorks 2014 工程图中增加了角度运行尺寸、过时工程视图、替换工程视图的模型、曲面的剖面视图及图纸格式等功能。

◆ Simulation 功能。SolidWorks Simulation 增加了 Toolbox 紧固件到螺栓的自动转换、接触可视化图解及对塑料零件，可从 SolidWorks Plastics Premium 导入非线性静态算例中的温度和模内残余应力等。

◆ 成本计算。改善了 SolidWorks 成本计算操作，使其简化；创建限制刚问的 Costing 模板。

以上介绍的只是 SolidWorks 2014 新增功能的一小部分，细心的读者会发现还有很多更实用的新增功能。

1.3　SolidWorks 2014 的安装方法

安装 SolidWorks 2014 的操作步骤如下：

步骤01　SolidWorks 2014 软件有一张安装光盘，先将安装光盘放入光驱内（如果已经将系统安装文件复制到硬盘上，可双击系统安装目录下的 setup.exe 文件）。

步骤02　等待片刻后，系统弹出"SolidWorks 2014 SP0 安装管理程序"对话框，在该对话框中默认系统指定的安装类型为 ⊙ 单机安装(此计算机上)，然后单击"下一步"按钮。

步骤03　定义序列号。在"SolidWorks 2014 SP0 安装管理程序"对话框中的 输入您的序列号信息 区域中输入 SolidWorks 序列号，然后单击"下一步"按钮。

步骤04　稍等片刻，接受系统默认的安装位置及 Toolbox 选项，然后单击"现在安装"按钮。

步骤05　系统显示安装进度，等待片刻后，在对话框中选中 ⊙ 以后再提醒我 单选项，其他参数采用系统默认设置值，然后单击"完成"按钮，完成 SolidWorks 的安装。

1.4　启动 SolidWorks 软件

一般来说，有两种方法可启动并进入 SolidWorks 软件环境。

方法一：双击 Windows 桌面上的 SolidWorks 软件快捷图标（图 1.4.1）。

　　　　只要是正常安装，Windows 桌面上会显示 SolidWorks 软件快捷图标。快捷图标的名称可根据需要进行修改。

方法二：从 Windows 系统"开始"菜单进入 SolidWorks，操作方法如下：

步骤01　单击 Windows 桌面左下角的 开始 按钮。

步骤02　选择 所有程序 ➡ SolidWorks 2014 ➡ SolidWorks 2014 命令，如图 1.4.2 所示，系统进入 SolidWorks 软件环境。

第 1 章 SolidWorks 2014 基础概述

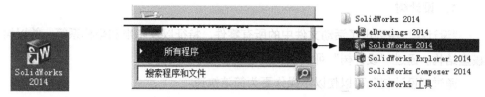

图 1.4.1　SolidWorks 快捷图标　　　　图 1.4.2　Windows "开始" 菜单

1.5　SolidWorks 2014 用户界面及功能

在学习本节时，请先打开一个模型文件。具体操作方法是：选择下拉菜单 文件(F) → 打开(O)... 命令，在"打开"对话框中选择目录 D:\sw1401\work\ch01，选中"link_base.SLDPRT"文件后，单击 打开 按钮。

SolidWorks 2014 版本的用户界面包括设计树、下拉菜单区、工具栏按钮区、任务窗格、状态栏等（图 1.5.1）。

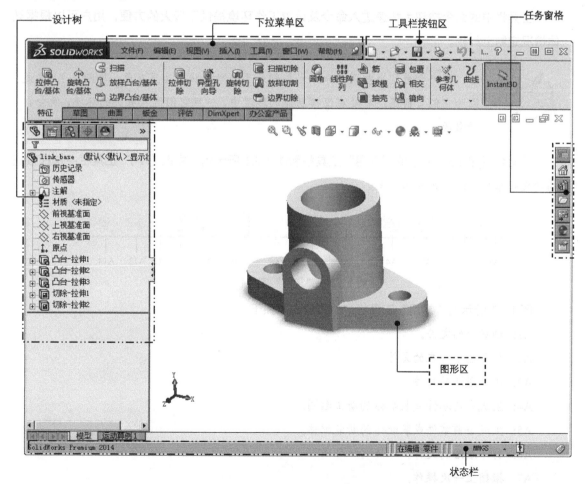

图 1.5.1　SolidWorks 工作界面

1. 设计树

"设计树"中列出了活动文件中的所有零件、特征以及基准和坐标系等，并以树的形式显示模型结构。通过"设计树"可以很方便地查看及修改模型。

通过"设计树"可以使以下操作更为简洁快速：

- 通过双击特征的名称来显示特征的尺寸。
- 通过右击某特征，然后选择 特征属性... 命令来更改特征的名称。
- 通过右击某特征，然后选择 父子关系... 命令来查看特征的父子关系。
- 通过右击某特征，然后单击"编辑特征"按钮 来修改特征参数。
- 重排序特征。在设计树中通过拖动及放置来重新调整特征的创建顺序。

2. 下拉菜单区

下拉菜单中包含创建、保存、修改模型和设置 SolidWorks 环境的一些命令。

3. 工具栏按钮区

工具栏中的命令按钮为快速进入命令及设置工作环境提供了极大的方便，用户可以根据具体情况定制工具栏。

 用户会看到有些菜单命令和按钮处于非激活状态（呈灰色，即暗色），这是因为它们目前还没有处在发挥功能的环境中，一旦它们进入有关的环境，便会自动激活。

下面介绍图 1.5.2 所示的"常用"工具栏和图 1.5.3 所示的"视图（V）"工具栏中快捷按钮的含义和作用，请务必将其记牢。

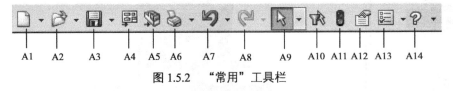

图 1.5.2 "常用"工具栏

图 1.5.2 所示的"常用"工具栏中的按钮说明如下：

A1：创建新的文件。

A2：打开已经存在的文件。

A3：保存激活的文件。

A4：生成当前零件或装配体的新工程图。

A5：生成当前零件或装配体的新装配体。

A6：打印激活的文件。

A7：撤销上一次操作。

A8：重做上一次撤销的操作。

A9：选择草图实体、边线、顶点和零部件等。

A10：切换选择过滤器工具栏的显示。

A11：重建零件、装配体或工程图。

A12：显示激活文档的摘要信息。

A13：更改 SolidWorks 选项设置。

A14：显示 SolidWorks 帮助主题。

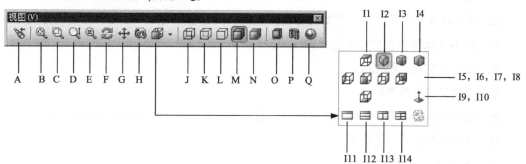

图 1.5.3 "视图（V）"工具栏

图 1.5.3 所示的"视图（V）"工具栏中的按钮说明如下：

A：显示上一个视图。

B：整屏显示全部视图。

C：以边界框放大到所选择的区域。

D：往上或往下拖动鼠标左键来放大或缩小视图。

E：放大所选的实体。

F：拖动鼠标左键来旋转模型视图。

G：拖动鼠标左键来平移模型视图。

H：以 3D 动态操纵模型视图来进行选择。

I1：上视工具。

I2：以等轴测视图显示模型。

I3：以上下二等角轴测视图显示模型。

I4：以左右二等角轴测视图显示模型。

I5：左视工具。

I6：前视工具。

I7：右视工具。

I8：后视工具。

I9：下视工具。

I10：将模型正交于所选基准面或面显示。

I11：显示单一视图。

I12：显示水平二视图。

I13：显示竖直二视图。

I14：显示四视图。

J：模型以线框形式显示，模型所有的边线显示为深颜色的实线。

K：显示模型的所有边线，当前视图所隐藏的边线以不同颜色或字体显示。

L：模型以线框形式显示，可见的边线显示为深颜色的实线，不可见的边线被隐藏起来。

M：以其边线显示模型的上色视图。

N：显示模型的上色视图。

O：在模型下显示阴影。

P：剖面视图：使用一个或多个横断面、基准面来显示零件或装配体的剖切视图。

Q：以硬件加速的上色器显示模型。

4. 状态栏

在用户操作软件的过程中，消息区会实时地显示当前操作、当前的状态以及与当前操作相关的提示信息等，以引导用户操作。

5. 图形区

SolidWorks 各种模型图像的显示区。

6. 任务窗格

SolidWorks 的任务窗格包括以下内容：

- ◆ （SolidWorks Forum）：SolidWorks 论坛，可以与其他 SolidWorks 用户在线交流。
- ◆ （SolidWorks 资源）：包括"开始"、"社区"和"在线资源"等区域。
- ◆ （设计库）：用于保存可重复使用的零件、装配体和其他实体，包括库特征。
- ◆ （文件探索器）：相当于 Windows 资源管理器，可以方便地查看和打开模型。
- ◆ （视图调色板）：用于插入工程视图，包括要拖动到工程图图样上的标准视图、注解视图和剖面视图等。
- ◆ （外观、布景和贴图）：包括外观、布景和贴图等。
- ◆ （自定义属性）：用于自定义属性标签编制程序。

1.6 SolidWorks 2014 用户界面的定制

本节主要介绍 SolidWorks 中的自定义功能，让读者对于软件工作界面的自定义了然于胸，从而合理地设置工作环境。

进入 SolidWorks 系统后，在建模环境下选择下拉菜单 工具(T) → 自定义(Z)... 命令，系统弹出图 1.6.1 所示的"自定义"对话框，利用此对话框可对工作界面进行自定义。

图 1.6.1 "自定义"对话框

1.6.1 工具栏的自定义

在图 1.6.1 所示的"自定义"对话框中单击 工具栏 选项卡，即可进行开始菜单的自定义。通过此选项卡，用户可以控制工具栏在工作界面中的显示。在"自定义"对话框左侧的列表框中选择某工具栏，单击 ☐ 图标，则图标变为 ☑，此时选择的工具栏将在工作界面中显示。

1.6.2 命令按钮的自定义

下面以图 1.6.2 所示的"参考几何体（G）"工具条的自定义来说明自定义工具条中命令按钮的一般操作过程。

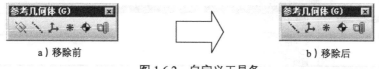

图 1.6.2 自定义工具条

步骤 01 选择下拉菜单 工具(T) → 自定义(Z)... 命令，系统弹出"自定义"对话框。

步骤 02 显示需自定义的工具条。在"自定义"对话框中选中 ☑ 参考几何体(G) 选项，则图 1.6.2a 所示的"参考几何体（G）"工具条显示在界面中。

步骤 03 在"自定义"对话框中单击 命令 选项卡，在 类别(C): 列表框中选择 参考几何体 选项，此时"自定义"对话框如图 1.6.3 所示。

图 1.6.3 "自定义"对话框

步骤04 移除命令按钮。在"参考几何体（G）"工具条单击 按钮，并按住鼠标左键拖动至图形区空白处放开，此时"参考几何体（G）"工具条如图 1.6.2b 所示。

步骤05 添加命令按钮。在"自定义"对话框单击 按钮，并按住鼠标左键拖动至"参考几何体（G）"工具条上放开，此时"参考几何体（G）"工具条如图 1.6.2a 所示。

1.6.3 菜单命令的自定义

在"自定义"对话框中单击 菜单 选项卡，即可进行下拉菜单中命令的自定义（图 1.6.4）。下面将以下拉菜单 工具(T) ➡ 草图绘制实体(K) ➡ 直线(L) 命令为例，说明自定义菜单命令的一般操作步骤（图 1.6.5）。

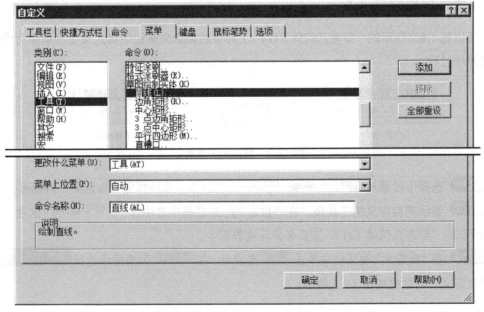

图 1.6.4 "自定义"对话框

步骤01 选择需自定义的命令。在图 1.6.4 所示的"自定义"对话框的 类别(C): 列表框中选择 工具(T) 选项，在 命令(O): 列表框中选择 直线(L).. 选项。

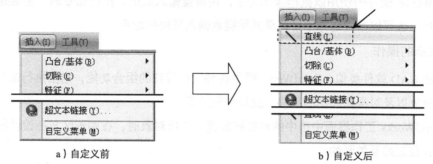

a）自定义前　　　　　　　　　　　b）自定义后

图 1.6.5　菜单命令的自定义

步骤02 在"自定义"对话框的 更改什么菜单(U): 列表框中选择 插入(&I) 选项。

步骤03 在"自定义"对话框的 菜单上位置(P): 列表框中选择 在顶端 选项。

步骤04 采用原来的命令名称。在"自定义"对话框中单击 添加 按钮，然后单击 确定 按钮完成命令的自定义（如图 1.6.5b 所示，在 插入(I) 下拉菜单中多出了 直线(L) 命令）。

1.6.4　键盘的自定义

在"自定义"对话框中单击 键盘 选项卡（图 1.6.6），即可设置执行命令的快捷键，这样能快速方便地执行命令，提高效率。

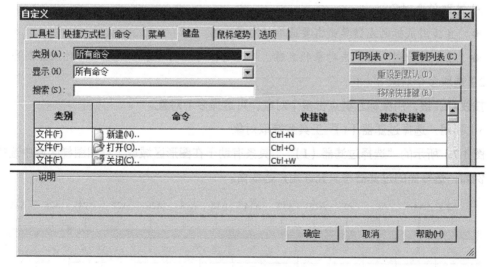

图 1.6.6　"自定义"对话框

1.7 SolidWorks 鼠标的操作方法和技巧

SolidWorks 软件的使用以鼠标操作为主，用键盘输入数值。执行命令时，主要是用鼠标单击工具图标，也可以通过选择下拉菜单或用键盘输入来执行命令。

1. 鼠标的操作

与其他 CAD 软件类似，SolidWorks 提供各种鼠标按钮的组合功能，包括执行命令、选择对象、编辑对象以及对视图和树的平移、旋转和缩放等。

在 SolidWorks 工作界面中选中的对象被加亮，选择对象时，在图形区与在设计树上选择是相同的，并且是相互关联的。

移动视图是最常用的操作，如果每次都单击工具栏中的按钮，将会浪费用户很多时间。SolidWorks 中可以通过鼠标快速地完成视图的移动。

SolidWorks 中鼠标操作的说明如下：

- ◆ 缩放图形区：滚动鼠标中键滚轮，向前滚动鼠标可看到图形在缩小，向后滚动鼠标可看到图形在变大。
- ◆ 平移图形区：先按住 Ctrl 键，然后按住鼠标中键，移动鼠标，可看到图形跟着鼠标移动。
- ◆ 旋转图形区：按住鼠标中键，移动鼠标可看到图形在旋转。

2. 对象的选择

下面介绍在 SolidWorks 中选择对象常用的几种方法。

1）选取单个对象

- ◆ 直接用鼠标的左键单击需要选取的对象。
- ◆ 在"设计树"中单击对象的名称，即可选择对应的对象，被选取的对象会高亮显示。

2）选取多个对象

按住 Ctrl 键，用鼠标左键点击多个对象，可选择多个对象。

3）利用"选择过滤器（I）"工具条选取对象

图 1.7.1 所示的"选择过滤器（I）"工具条有助于在图形区域或工程图图样区域中选择特定项。例如，选择面的过滤器将只允许用户选取面。

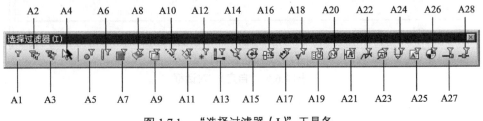

图 1.7.1 "选择过滤器（I）"工具条

在"标准"工具栏中单击 按钮,将激活"选择过滤器(I)"工具条。

图 1.7.1 所示的"选择过滤器(I)"工具条中的按钮说明如下:

A1: 切换选择过滤器。将所选过滤器打开或关闭。

A2: 消除选择过滤器。取消所有选择的过滤器。

A3: 选择所有过滤器。

A4: 逆转选择。取消所有选择的过滤器,且选择所有未选的过滤器。

A5: 过滤顶点。按下该按钮,可选取顶点。

A6: 过滤边线。按下该按钮,可选取边线。

A7: 过滤面。按下该按钮,可选取面。

A8: 过滤曲面实体。按下该按钮,可选取曲面实体。

A9: 过滤实体。用于选取实体。

A10: 过滤基准轴。用于选取实体基准轴。

A11: 过滤基准面。用于选取实体基准面。

A12: 过滤草图点。用于选取草图点。

A13: 过滤草图线段。用于选取草图线段。

A14: 过滤中间点。用于选取中间点。

A15: 过滤中心符号线。用于选取中心符号线。

A16: 过滤中心线。用于选取中心线。

A17: 过滤尺寸/孔标注。用于选取尺寸/孔标注。

A18: 过滤表面粗糙度符号。用于选取表面粗糙度符号。

A19: 过滤形位公差。用于选取形位公差。

A20: 过滤注释/零件序号。用于选取注释/零件序号。

A21: 过滤基准特征。用于选取基准特征。

A22: 过滤焊接符号。用于选取焊接符号。

A23: 过滤基准目标。用于选取基准目标。

A24: 过滤装饰螺纹线。用于选取装饰螺纹线。

A25: 过滤块。用于选取块。

A26: 过滤销钉符号。用于选取销钉符号。

A27: 过滤连接点。用于选取连接点。

A28: 过滤步路点。用于选取步路点。

1.8 在SolidWorks中操作文件

1.8.1 打开文件

假设已经退出SolidWorks软件，重新进入软件环境后，要打开名称为link_base.SLDPRT的文件，其操作过程如下：

步骤01 选择下拉菜单 文件(F) ➡ 打开(O)... 命令（或单击"标准（S）"的 按钮），系统弹出"打开"对话框。

步骤02 通过单击"查找范围"文本框右下角的 按钮，找到模型文件所在的文件夹（路径）后，在文件列表中选择要打开的文件名 link_base，单击 打开 按钮，即可打开文件（或双击文件名也可打开文件）。

 对于最近才打开的文件，可以在 文件(F) 下拉菜单将其打开。

单击 打开 文本框右侧的 按钮，从弹出的图1.8.1所示的快捷菜单中，选择 以只读打开(A) 命令，可将选中文件以只读方式打开。

单击"文件类型"文本框右下角的 按钮，从弹出的下拉列表中选取某个文件类型，文件列表中将只显示该类型的文件。单击 取消 按钮，放弃打开文件操作。

图1.8.1 "打开"快捷菜单

1.8.2 保存文件

保存文件操作分两种情况：如果所要保存的文件存在旧文件，则选择文件保存命令后，系统自动覆盖当前文件的旧文件；如果所要保存的文件为新建文件，则系统会弹出操作对话框。

步骤01 选择下拉菜单 文件(F) ➡ 保存(S) 命令（或单击"标准"工具栏中的 按钮），系统弹出"另存为"对话框。

步骤02 在"另存为"对话框的"保存在"下拉列表中选择文件保存的路径，在 文件名(N): 文本框中输入可以识别的文件名，单击"另存为"对话框中的 保存(S) 按钮，即可保存文件。

 文件(F) 下拉菜单中还有一个 另存为(A)... 命令， 保存(S) 与 另存为(A)... 命令的区别在于： 保存(S) 命令是保存当前的文件， 另存为(A)... 命令是将当前的文件复制进行保存，并且保存时可以更改文件的名称，源文件不受影响。

如果打开多个文件，并对这些文件进行了编辑，可以用下拉菜单中的 保存所有(E) 命令，将所有文件进行保存。

1.8.3 关闭文件

如果关闭文件前，已对文件进行了保存操作，可直接选择下拉菜单 文件(F) ➡ 关闭(C) 命令（或单击"标准"工具栏中的 × 按钮）关闭文件。

如果零件没有进行保存，那么选择下拉菜单 文件(F) ➡ 关闭(C) 命令后，系统将弹出"SolidWorks"对话框，提示用户是否保存修改过的文档，单击对话框中的 全部保存(S) - 将保存所有修改的文档 按钮，则将文件保存之后关闭；单击 不保存(N) - 将丢失对未保存文档所作的所有修改。 按钮，则不保存文件，直接关闭。

说明　关闭文件操作执行后，系统只退出当前文件，并不退出 SolidWorks 系统。

第 2 章　二维草图设计

2.1　进入与退出草图环境的操作

草图环境是用户建立二维草图的工作界面，通过草图设计环境中建立的二维草图实体可以生成三维实体或曲面，在草图中各个实体间添加约束来限制它们的位置和尺寸。因此，建立二维草图是建立三维实体或曲面的基础。下面详细来介绍进入与退出草图环境的操作方法。

　要进入草图环境，必须选择一个草图基准面，也就是要确定新草图在三维空间的放置位置。它可以是系统默认的三个基准面（前视基准面、上视基准面和右视基准面），也可以选择模型表面作为草图基准面，还可以选择下拉菜单 插入(I) ➡ 参考几何体(G) ➡ 基准面(P)... 命令，通过系统弹出的"基准面"对话框创建一个基准面作为草图基准面。

1. 进入草图环境的操作方法

步骤01　启动 SolidWorks 软件后，选择下拉菜单 文件(F) ➡ 新建(N)... 命令，系统弹出"新建 SolidWorks 文件"对话框；选择"零件"模板，单击 确定 按钮，系统进入零件建模环境。

步骤02　选择下拉菜单 插入(I) ➡ 草图绘制 命令，选择"前视基准面"作为草图基准面，系统进入草图设计环境。

2. 退出草图环境的操作方法

在草图设计环境中，选择下拉菜单 插入(I) ➡ 退出草图 命令（或单击图形区右上角的"退出草图"按钮 ），即可退出草图设计环境。

2.2　草图环境中的下拉菜单

工具(T) 下拉菜单是草图环境中的主要菜单，它的功能主要包括约束、轮廓和操作等，单击该下拉菜单，即可弹出相应的命令，其中绝大部分命令以快捷按钮方式出现在屏幕的工具栏中。下拉菜单中命令的作用与工具栏中命令按钮的作用一致，不再赘述。

2.3 对草图环境进行设置

1. 设置网格间距

进入草图设计环境后，用户根据模型的大小，可设置草图设计环境中的网格大小，其操作过程如下：

步骤01 选择命令。选择下拉菜单 `工具(T)` → `选项(P)...` 命令，系统弹出"系统选项"对话框。

步骤02 在"系统选项"对话框中单击 `文档属性(D)` 选项卡，然后在左侧的列表框中单击 `网格线/捕捉` 选项。

步骤03 设置网格参数。选中 `☑ 显示网格线(D)` 复选框；在 `主网格间距(M):` 文本框中输入主网格间距距离；在 `主网格间次网格数(N):` 文本框中输入网格数，单击 `确定` 按钮，完成网格设置。

2. 设置系统捕捉

在"系统选项"选项卡中单击 `系统选项(S)` 选项卡，在左边的列表框中选择 `几何关系/捕捉` 选项，可以设置在创建草图过程中是否自动产生约束。只有在这里选中了这些复选项，在绘制草图时，系统才会自动创建几何约束和尺寸约束。

3. 草图设计环境中图形区的快速调整

在"系统选项"对话框中单击 `文档属性(D)` 选项卡，然后单击 `网格线/捕捉` 选项，此时"系统选项"对话框变成"文档属性-网格线/捕捉"对话框，通过选中该对话框中的 `☑ 显示网格线(D)` 复选框可以控制草图设计环境中网格的显示。当显示网格时，如果看不到网格，或者网格太密，可以缩放图形区；如果想调整图形在草图设计环境上下、左右的位置，可以移动图形区。

鼠标操作方法说明：

- ◆ 缩放图形区：同时按住 Shift 键和鼠标中键向后拉动或向前推动鼠标来缩放图形（或者滚动鼠标中键滚轮，向前滚可看到图形以光标所在位置为基准在缩小，向后滚可看到图形以光标所在位置为基准在放大）。
- ◆ 移动图形区：按住 Ctrl 键，然后按住鼠标中键，移动鼠标，可看到图形跟着鼠标移动。
- ◆ 旋转图形区：按住鼠标中键，移动鼠标，可看到图形跟着鼠标旋转。

 图形区这样的调整不会改变图形的实际大小和实际空间位置，它的作用是便于用户查看和操作图形。

2.4 绘制二维草图

要绘制草图，应先从草图设计环境中的工具条按钮区或 `工具(T)` 下拉菜单中选择一个绘图命令，然后可通过在图形区中选取点来绘制草图。

在绘制草图的过程中，当移动鼠标指针时，SolidWorks 系统会自动确定可添加的约束并将其显示。

绘制草图后，用户还可通过"约束定义"对话框继续添加约束。

草绘环境中鼠标的使用：
◆ 草绘时，可单击鼠标左键在图形区选择位置点。
◆ 当不处于绘制元素状态时，按住 Ctrl 键并单击，可选取多个项目。

2.4.1 直线

步骤 01 选取"前视基准面"作为草图基准面，进入草图设计环境。

◆ 如果绘制新草图，则在进入草图设计环境之前，必须先选取草图基准面。
◆ 以后在绘制新草图时，如果没有特别的说明，则草图基准面为前视基准面。

步骤 02 选择命令。选择下拉菜单 工具(T) → 草图绘制实体(K) → \ 直线(L) 命令，系统弹出图 2.4.1 所示的"插入线条"对话框。

还有两种方法进入直线绘制命令。
◆ 单击"草图"工具栏中的 \ 按钮。
◆ 在图形区右击，从系统弹出的快捷菜单中选择 \ 直线 (G) 命令。

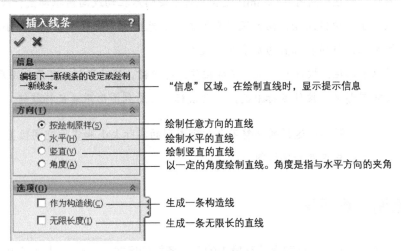

图 2.4.1 "插入线条"对话框

步骤03 选取直线的起始点。在图形区中的任意位置单击左键,以确定直线的起始点,此时可看到一条"橡皮筋"线附着在鼠标指针上。

步骤04 选取直线的终止点。在图形区中的任意位置单击左键,以确定直线的终止点,系统便在两点间绘制一条直线,并且在直线的终点处出现另一条"橡皮筋"线。

- ◆ 在绘制直线时,"插入线条"对话框的"信息"区域中会显示提示信息,在进行其他很多命令操作时,SolidWorks 工作界面的状态栏中也会有相应的提示信息,时常关注这些提示信息,能够更快速、更容易地操作软件。
- ◆ 当直线的终点处出现另一条"橡皮筋"线时,移动鼠标至直线的终止点位置后,可在直线的终止点处继续绘制一段圆弧。

步骤05 重复**步骤04**,可创建一系列连续的线段。

步骤06 在键盘上按 Esc 键,结束直线的绘制。

- ◆ 在草图设计环境中,单击"撤销"按钮 可撤销上一个操作,单击"重做"按钮 可重新执行被撤销的操作。这两个按钮在绘制草图时十分有用。
- ◆ SolidWorks 具有尺寸驱动功能,即图形的大小随着图形尺寸的改变而改变。
- ◆ 完成直线的绘制有三种方法:在键盘上按一次 Esc 键;再次选择"直线"命令;在直线的终止点位置双击鼠标,此时完成该直线的绘制,但不结束绘制直线的命令。
- ◆ "橡皮筋"是指操作过程中的一条临时虚构线段,它始终是当前鼠标光标的中心点与前一个指定点的连线。因为它可以随着光标的移动而拉长或缩短,并可绕前一点转动,所以形象地称之为"橡皮筋"。

2.4.2 矩形

矩形对于绘制拉伸、旋转的横断面等十分有用,可省去绘制四条直线的麻烦。

方法一:边角矩形

步骤01 选择命令。选择下拉菜单 工具(T) → 草图绘制实体(K) → □ 边角矩形(R) 命令。

步骤02 定义矩形的第一个对角点。在图形区某位置单击,放置矩形的一个对角点,然后将该矩形拖至所需大小。

步骤03 定义矩形的第二个对角点。再次单击,放置矩形的另一个对角点。此时,系统即在两个角点间绘制一个矩形。

步骤04 在键盘上按一次 Esc 键，结束矩形的绘制。

方法二：中心矩形

步骤01 选择命令。选择下拉菜单 **工具(T)** ➡ **草图绘制实体(K)** ➡ **□ 中心矩形** 命令。

步骤02 定义矩形的中心点。在图形区所需位置单击，放置矩形的中心点，然后将该矩形拖至所需大小。

步骤03 定义矩形的一个角点。再次单击，放置矩形的一个边角点。

步骤04 在键盘上按一次 Esc 键，结束矩形的绘制。

方法三：3 点边角矩形

步骤01 选择命令。选择下拉菜单 **工具(T)** ➡ **草图绘制实体(K)** ➡ **◇ 3 点边角矩形** 命令。

步骤02 定义矩形的第一个角点。在图形区所需位置单击，放置矩形的一个角点，然后拖至所需宽度。

步骤03 定义矩形的第二个角点。再次单击，放置矩形的第二点角点。此时，系统绘制出矩形的一条边线，向此边线的法线方向拖动鼠标至所需的大小。

步骤04 定义矩形的第三个角点。再次单击，放置矩形的第三个角点，此时，系统即在第一点、第二点和第三点间绘制一个矩形。

步骤05 在键盘上按一次 Esc 键，结束矩形的绘制。

方法四：3 点中心矩形

步骤01 选择命令。选择下拉菜单 **工具(T)** ➡ **草图绘制实体(K)** ➡ **◇ 3 点中心矩形** 命令。

步骤02 定义矩形的中心点。在图形区所需位置单击，放置矩形的中心点，然后将该矩形拖至所需大小。

步骤03 定义矩形的一边中点。再次单击，定义矩形一边的中点。然后将该矩形拖至所需大小。

步骤04 定义矩形的一个角点。再次单击，放置矩形的一个角点。

步骤05 在键盘上按一次 Esc 键，结束矩形的绘制。

2.4.3 平行四边形

绘制平行四边形的一般步骤如下：

步骤01 选择命令。选择下拉菜单 **工具(T)** ➡ **草图绘制实体(K)** ➡ **▱ 平行四边形(M)** 命令。

步骤02 定义角点 1。在图形区所需位置单击，放置平行四边形的一个角点，此时可看到一条"橡皮筋"线附着在鼠标指针上。

步骤 03 定义角点 2。单击以放置平行四边形的第二个角点。

步骤 04 定义角点 3。将该平行四边形拖至所需大小时,再次单击,放置平行四边形的第三个角点。此时,系统立即绘制一个平行四边形。

选择绘制矩形命令后,在系统弹出的"矩形"对话框的 矩形类型 区域中还有以下矩形类型可以选择。绘制多种矩形,需在命令之间切换时,可直接单击以下按钮:

- ◆ ▢ : 绘制边角矩形。
- ◆ ▢ : 绘制中心矩形。
- ◆ ◇ : 绘制 3 点边角矩形。
- ◆ ◈ : 绘制 3 点中心矩形。
- ◆ ▱ : 绘制平行四边形。

2.4.4 倒角

下面以图 2.4.2b 为例,说明绘制倒角的一般操作过程。

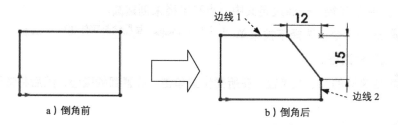

a)倒角前　　　　　　　　b)倒角后

图 2.4.2 创建倒角

步骤 01 打开文件 D:\sw1401\work\ch02.04\chamfer.SLDPRT。

步骤 02 选择命令。选择下拉菜单 工具(T) → 草图工具(T) → 倒角(C)... 命令,系统弹出图 2.4.3 所示的"绘制倒角"对话框。

图 2.4.3 "绘制倒角"对话框

步骤 03 定义倒角参数。在"绘制倒角"对话框中选中 ⊙ 距离-距离(D) 单选项，取消选中 ☐ 相等距离(E) 复选框，在 D1（距离1）文本框中输入距离值12，在 D2（距离2）文本框中输入距离值15。

步骤 04 依次选取图2.4.2所示的边线1与边线2，系统便在这两个边之间创建倒角，并将两个草图实体裁剪至交点。

步骤 05 单击 ✔ 按钮，完成倒角的绘制。

图 2.4.3 所示"绘制倒角"对话框中的选项说明如下：

- ⊙ 角度距离(A) ：按照"角度距离"方式绘制倒角。
- ⊙ 距离-距离(D) ：按照"距离-距离"方式绘制倒角。
- ☑ 相等距离(E) ：采用"距离-距离"方式绘制倒角时，选中此复选框，则距离1与距离2相等。
- D1（距离1）文本框：用于输入距离1。
- D2（距离2）文本框：用于输入距离2。

2.4.5 圆

圆的绘制有以下两种方法：

方法一：中心/半径——通过定义中心点和半径来创建圆。

步骤 01 选择命令。选择下拉菜单 工具(T) → 草图绘制实体(K) → ⊙ 圆(C) 命令，系统弹出"圆"对话框。

步骤 02 定义圆的圆心及半径。在所需位置单击，放置圆的圆心，然后将该圆拖至所需大小并单击。

步骤 03 单击 ✔ 按钮，完成圆的绘制。

方法二：三点——通过选取圆上的三个点来创建圆。

步骤 01 选择命令。选择下拉菜单 工具(T) → 草图绘制实体(K) → ⊕ 周边圆(M) 命令。

步骤 02 定义圆上的三点。在某位置单击，放置圆上第一点；在另一位置单击，放置圆上第二点；然后将该圆拖至所需大小，并单击以确定圆上第三点。

2.4.6 圆弧

共有三种绘制圆弧的方法。

方法一：通过圆心、起点和终点绘制圆弧。

步骤 01 选择命令。选择下拉菜单 工具(T) → 草图绘制实体(K) → ⊙ 圆心/起/终点画弧(A)

命令。

步骤02 定义圆弧中心点。在某位置单击，确定圆弧中心点，然后将圆拉至所需大小。

步骤03 定义圆弧端点。在图形区单击两点，以确定圆弧的两个端点。

方法二：切线弧——确定圆弧的一个切点和弧上的一个附加点来创建圆弧。

步骤01 在图形区绘制一条直线。

步骤02 选择命令。选择下拉菜单 工具(T) → 草图绘制实体(K) → 切线弧(G) 命令。

步骤03 在 **步骤01** 绘制直线的端点处单击，放置圆弧的一个端点。

步骤04 此时移动鼠标指针，圆弧呈"橡皮筋"样变化，单击放置圆弧的另一个端点，然后单击 ✓ 按钮完成切线弧的绘制。

 在第一个端点处的水平方向移动鼠标指针，然后在竖直方向上拖动鼠标，才能达到理想的效果。

方法三：三点圆弧——确定圆弧的两个端点和弧上的一个附加点来创建一个三点圆弧。

步骤01 选择命令。选择下拉菜单 工具(T) → 草图绘制实体(K) → 三点圆弧(3) 命令。

步骤02 在图形区某位置单击，放置圆弧的一个端点；在另一位置单击，放置圆弧的另一个端点。

步骤03 此时移动鼠标指针，圆弧呈"橡皮筋"样变化，单击放置圆弧上的一点，然后单击 ✓ 按钮完成三点圆弧的绘制。

2.4.7 圆角

下面以图2.4.4为例，说明绘制圆角的一般操作过程。

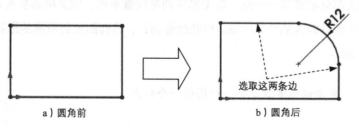

a）圆角前   b）圆角后

图 2.4.4　绘制圆角

步骤01 打开文件 D:\sw1401\work\ch02.04\fillet.SLDPRT。

步骤02 选择命令。选择下拉菜单 工具(T) → 草图工具(T) → 圆角(F)... 命令，系统弹出"绘制圆角"对话框。

步骤03 定义圆角半径。在"绘制圆角"对话框的 ⚲（半径）文本框中输入圆角半径值 12。

步骤04 选择倒圆角边。分别选取两条边，系统便在这两个边之间创建圆角，并将两个草图实体裁剪至交点。

步骤05 单击 ✔ 按钮，完成圆角的绘制。

在绘制圆角过程中，系统会自动创建一些约束。

2.4.8 中心线

中心线用于生成对称的草图特征、镜像草图和旋转特征，或作为一种构造线，它并不是真正存在的直线。中心线的绘制过程与直线的绘制完全一致，只是中心线显示为点画线。

2.4.9 椭圆

步骤01 选择下拉菜单 工具(T) → 草图绘制实体(K) → ⚪ 椭圆(长短轴)(E) 命令。

步骤02 定义椭圆中心点。在图形区的某位置单击，放置椭圆的中心点。

步骤03 定义椭圆长轴。在图形区的某位置单击，定义椭圆的长轴和方向。

步骤04 确定椭圆短轴。移动鼠标指针，将椭圆拉至所需形状并单击，以定义椭圆的短轴。

步骤05 单击 ✔ 按钮，完成椭圆的绘制。

2.4.10 部分椭圆

部分椭圆是椭圆的一部分，绘制方法与绘制椭圆方法基本相同，需指定部分椭圆的两端点。

步骤01 选择下拉菜单 工具(T) → 草图绘制实体(K) → ⚪ 部分椭圆(I) 命令。

步骤02 定义部分椭圆中心点。在图形区的某位置单击，放置椭圆的中心点。

步骤03 定义部分椭圆第一个轴。在图形区的某位置单击，定义椭圆的长轴/短轴的方向。

步骤04 定义部分椭圆的第二个轴。移动鼠标指针，将椭圆拉到所需的形状并单击，定义部分椭圆的第二个轴。

单击的位置就是部分椭圆的一个端点。

步骤05 定义部分椭圆的另一个端点。沿要绘制椭圆的边线拖动鼠标到达部分椭圆的另一个端点处单击。

步骤06 单击 ✓ 按钮，完成部分椭圆的绘制。

2.4.11 样条曲线

样条曲线是通过任意多个点的平滑曲线。下面以图 2.4.5 为例，说明绘制样条曲线的一般操作步骤。

图 2.4.5　绘制样条曲线

步骤01 选择命令。选择下拉菜单 工具(T) → 草图绘制实体(K) → ∿ 样条曲线(S) 命令。

步骤02 定义样条曲线的控制点。单击一系列点，可观察到一条"橡皮筋"样条附着在鼠标指针上。

步骤03 按 Esc 键结束样条曲线的绘制。

2.4.12 多边形

多边形对于绘制截面十分有用，可省去绘制多条线的麻烦，还可以减少约束。

步骤01 选择命令。选择下拉菜单 工具(T) → 草图绘制实体(K) → ⊙ 多边形(0) 命令，系统弹出"多边形"对话框。

步骤02 定义创建多边形的方式。在 参数 区域中选中 ⊙ 内切圆 单选项作为绘制多边形的方式。

步骤03 定义侧边数。在 参数 区域 # 文本框中输入多边形的边数 6。

步骤04 定义多边形的中心点。在系统 设定侧边数然后单击并拖动以生成 的提示下，在图形区的某位置单击，放置六边形的中心点，然后将该多边形拖至所需大小。

步骤05 定义多边形的一个角点。根据系统提示 生成6边多边形 ，再次单击，放置多边形的一个角点。此时系统立即绘制一个多边形。

步骤06 在 参数 区域中的 ⬡ 文本框中输入多边形内切圆的直径值 200 后按 Enter 键，结果如图 2.4.6 所示。

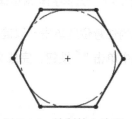

图 2.4.6　绘制的六边形

2.4.13 点的创建

点的绘制很简单。在设计曲面时,点会起到很大的作用。

步骤01 选择命令。选择下拉菜单 工具(T) → 草图绘制实体(K) → * 点(P) 命令。

步骤02 在图形区的某位置单击以放置该点。

步骤03 按 Esc 键结束点的绘制。

2.4.14 文本的创建

步骤01 选择命令。选择下拉菜单 工具(T) → 草图绘制实体(K) → A 文本(T)... 命令,系统弹出"草图文字"对话框。

步骤02 输入文本。在 文字(T) 区域中的文本框中输入字母 ABC。

步骤03 设置文本属性。

(1) 设置文本方向。在 文字(T) 区域单击 AB→ 按钮。

(2) 设置文本字体属性。

① 在 文字(T) 区域取消选中 □ 使用文档字体(U) 复选框,单击 字体(F)... 按钮,系统弹出图 2.4.7 所示的"选择字体"对话框。

② 在"选择字体"对话框的 字体(F): 区域选择 宋体 选项,在 字体样式(Y): 区域选择 倾斜 选项,在 单位(N) 区域输入数值 4.00,如图 2.4.7 所示。

③ 单击 确定 按钮,完成文本的字体设置。

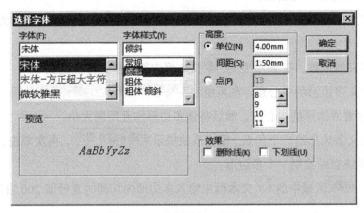

图 2.4.7 "选择字体"对话框

步骤04 定义放置位置。在图形的任意位置单击,以确定文本的放置位置。

步骤05 在"草图文字"对话框中单击 ✓ 按钮,完成文本的创建。

2.5 编辑二维草图

2.5.1 删除草图图元

删除草图实体的一般操作如下：

步骤01 在图形区单击或框选要删除的草图实体。

步骤02 按键盘上的 Delete 键，所选草图实体即被删除，也可采用下面两种方法删除草图实体：

◆ 选取需要删除的草图实体右击，在系统弹出的快捷菜单中选择 ✕ 删除(D) 命令。

◆ 选取需要删除的草图实体后，在 编辑(E) 下拉菜单中选择 ✕ 删除(D) 命令。

2.5.2 操纵草图图元

SolidWorks 提供了草图实体的操纵功能，可方便地旋转、延长、缩短和移动草图实体。

1. 直线的操纵

操纵 1 的操作流程：在图形区，把鼠标指针移到直线上，按下左键不放，同时移动鼠标（鼠标指针变为），此时直线随着鼠标指针一起移动（图 2.5.1），达到绘制意图后，松开鼠标左键。

图 2.5.1　操纵 1

操纵 2 的操作流程：在图形区，把鼠标指针移到直线的某个端点上，按下左键不放，同时移动鼠标（鼠标指针变为），此时会看到直线以另一端点为固定点伸缩或转动（图 2.5.2）。达到绘制意图后，松开鼠标左键。

图 2.5.2　操纵 2

2. 圆的操纵

操纵 1 的操作流程：把鼠标指针移到圆的边线上，按下左键不放，同时移动鼠标（鼠标指针变为），此时会看到圆在变大或缩小（图 2.5.3），达到绘制意图后，松开鼠标左键。

操纵 2 的操作流程：把鼠标指针移到圆心上，按下左键不放，同时移动鼠标（鼠标指针变为 +），此时会看到圆随着指针一起移动（图 2.5.4），达到绘制意图后，松开鼠标左键。

图 2.5.3　操纵 1　　　　　　　　图 2.5.4　操纵 2

3. 圆弧的操纵

操纵 1 的操作流程：把鼠标指针移到圆心点上，按下左键不放，同时移动鼠标，此时会看到圆弧随着指针一起移动（图 2.5.5），达到绘制意图后，松开鼠标左键。

操纵 2 的操作流程：把鼠标指针移到圆弧上，按下左键不放，同时移动鼠标，此时圆弧的两个端点固定不变，圆弧的包角及圆心位置随着指针的移动而变化（图 2.5.6），达到绘制意图后，松开鼠标左键。

操纵 3 的操作流程：把鼠标指针移到圆弧的某个端点上，按下左键不放，同时移动鼠标，此时会看到圆弧以另一端点为固定点旋转，并且圆弧的包角也在变化（图 2.5.7），达到绘制意图后，松开鼠标左键。

图 2.5.5　操纵 1　　　　　图 2.5.6　操纵 2　　　　　图 2.5.7　操纵 3

4. 样条曲线的操纵

操纵 1 的操作流程（图 2.5.8）：把鼠标指针移到样条曲线上，按下左键不放，同时移动鼠标（此时鼠标指针变为），此时会看到样条曲线随着指针一起移动，达到绘制意图后，松开鼠标左键。

操纵 2 的操作流程（图 2.5.9）：把鼠标指针移到样条曲线的某个端点上，按下左键不放，同时移动鼠标，此时样条曲线的另一端点和中间点固定不变，其曲率随着指针移动而变化，达到绘制意图后，松开鼠标左键。

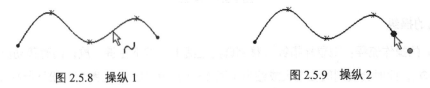

图 2.5.8　操纵 1　　　　　　　　图 2.5.9　操纵 2

操纵 3 的操作流程（图 2.5.10）：把鼠标指针移到样条曲线的中间点上，按下左键不放，同时移动鼠标，此时样条曲线的拓扑形状（曲率）不断变化，达到绘制意图后，松开鼠标左键。

图 2.5.10 操纵 3

2.5.3 剪裁草图图元

使用 剪裁(T) 命令可以剪裁或延伸草图实体,也可以删除草图实体。下面以图 2.5.11 为例,说明裁剪草图实体的一般操作步骤。

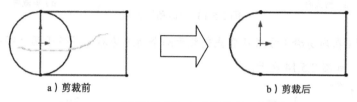

a) 剪裁前 b) 剪裁后

图 2.5.11 "强劲剪裁"方式剪裁草图实体

步骤01 打开文件 D:\sw1401\work\ch02.05\trim.SLDPRT。

步骤02 选择命令。选择下拉菜单 工具(T) → 草图工具(T) → 剪裁(T) 命令,系统弹出图 2.5.12 所示的"剪裁"对话框。

步骤03 定义剪裁方式。在对话框中单机"强劲剪裁"按钮 。

步骤04 在系统 选择一实体或拖动光标 的提示下,拖动鼠标绘制图 2.5.11a 所示的轨迹,与该路径相交的部分草图实体将被修剪掉,结果如图 2.5.11b 所示。

步骤05 在剪裁对话框中单击 按钮,完成草图实体的剪裁操作。

图 2.5.12 "剪裁"对话框

图 2.5.12 所示的"剪裁"对话框中的选项说明如下：
- 使用 方式可以剪裁或延伸所选草图实体。
- 使用 方式可以剪裁两个所选草图实体，直到它们以虚拟边角交叉，如图 2.5.13 所示。

a）剪裁前　　图 2.5.13　"边角"方式　　b）剪裁后

- 使用 方式可剪裁交叉于两个所选边界上或位于两个所选边界之间的开环实体，如图 2.5.14 所示.

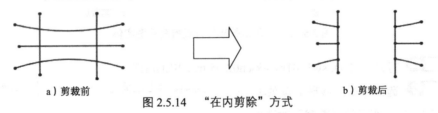

a）剪裁前　　图 2.5.14　"在内剪除"方式　　b）剪裁后

- 使用 方式可剪裁位于两个所选边界之外的开环实体，如图 2.5.15 所示。

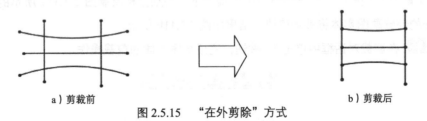

a）剪裁前　　图 2.5.15　"在外剪除"方式　　b）剪裁后

- 使用 方式可以剪裁或延伸所选草图实体，如图 2.5.16 所示。

a）剪裁前　　图 2.5.16　"剪裁到最近端"方式　　b）剪裁后

2.5.4　延伸草图图元

下面以图 2.5.17 为例，说明延伸草图实体的一般操作过程。

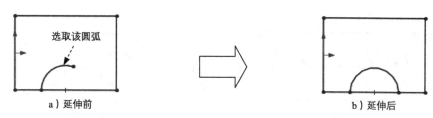

图 2.5.17 延伸草图实体

步骤01 打开文件 D:\sw1401\work\ch02.05\extend.SLDPRT。

步骤02 选择命令。选择下拉菜单 工具(T) → 草图工具(T) → 延伸(X) 命令。

步骤03 定义延伸的草图实体。单击图 2.5.17a 所示的圆弧，系统自动将该圆弧延伸到最近的边界。

步骤04 按 Esc 键完成延伸操作。

2.5.5 分割草图图元

使用 分割实体(I) 命令可以将一个草图实体分割成多个草图实体。下面以图 2.5.18 为例，说明分割草图实体的一般操作步骤。

图 2.5.18 分割草图实体

步骤01 打开文件 D:\sw1401\work\ch02.05\devition.SLDPRT。

步骤02 选择命令。选择下拉菜单 工具(T) → 草图工具(T) → 分割实体(I) 命令。

步骤03 定义分割对象及位置。在要分割的位置单击，系统在单击处断开了草图实体，如图 2.5.18b 所示。

 在选择分割位置时可以使用快速捕捉工具来捕捉曲线上的点来进行分割。

步骤04 按 Esc 键完成分割操作。

2.5.6 变换草图图元

1. 复制草图图元

下面以图 2.5.19 所示的抛物线为例，说明复制草图实体的一般操作步骤。

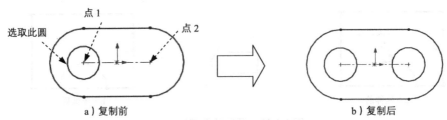

图 2.5.19　复制草图实体

步骤01　打开文件 D:\sw1401\work\ch02.05\copy.SLDPRT。

步骤02　选择下拉菜单 工具(T) → 草图工具(T) → 复制(C)... 命令，系统弹出"复制"对话框。

步骤03　选取草图实体。在图形区选取图 2.5.19a 所示的圆作为要复制的对象。

步骤04　定义复制方式。在"复制"对话框的 参数(P) 区域选中 ⊙ 从/到(F) 单选项。

步骤05　定义基准点。在系统 单击来定义复制的基准点。 的提示下，选取图 2.5.19a 所示的 1 点作为基准点。

步骤06　定义目标点。根据系统提示 单击来定义复制的目标点。 ，选取图 2.5.19a 所示的点 2 作为目标点，系统立即复制出一个与源草图实体形状大小完全一致的图形。

步骤07　在"复制"对话框中单击 ✓ 按钮，完成草图实体的复制操作。

2. 镜像草图图元

镜像操作就是以一条直线（或轴）为中心线复制所选中的草图实体，可以保留原草图实体，也可以删除原草图实体。下面以图 2.5.20 为例，说明镜像草图实体的一般操作步骤。

图 2.5.20　草图实体的镜像

步骤01　打开文件 D:\sw1401\work\ch02.05\mirror.SLDPRT。

步骤02　选择命令。选择下拉菜单 工具(T) → 草图工具(T) → 镜向(M) 命令，系统弹出"镜向"对话框。

步骤03　选取要镜像的草图实体。根据系统 选择要镜向的实体 的提示，在图形区框选要镜像的草图实体。

步骤04　定义镜像中心线。在"镜向"对话框中单击"镜像点"文本框使其激活，然后在系统 选择镜向所绕的线条或线性模型边线 的提示下，选取图 2.5.20a 所示的构造线为镜像中心线，单击按钮，完成草图实体的镜像操作。

3. 缩放草图图元

下面以图 2.5.21 为例，说明缩放草图实体的一般操作步骤。

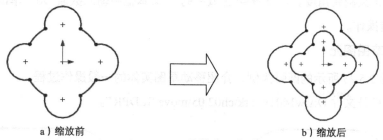

a）缩放前　　　　　　　　　　b）缩放后

图 2.5.21　缩放草图实体

步骤 01　打开文件 D:\sw1401\work\ch02.05\zoom.SLDPRT。

步骤 02　选取草图实体。在图形区框选所有图元。

步骤 03　选择命令。选择下拉菜单 工具(T) → 草图工具(T) → 缩放比例(S)... 命令，系统弹出"比例"对话框。

 在进行缩放操作时，可以先选择命令，然后再选择需要缩放的草图实体，但在定义比例缩放点时应先激活相应的文本框。

步骤 04　定义比例缩放点。选取坐标原点为比例缩放点。

步骤 05　定义比例因子。然后在 参数(P) 区域中的 文本框中输入数值 0.6，并选中 复制(Y) 复选框，单击 按钮，完成草图实体的缩放操作。

4. 旋转草图图元

下面以图 2.5.22 所示的草图为例，说明旋转草图实体的一般操作步骤。

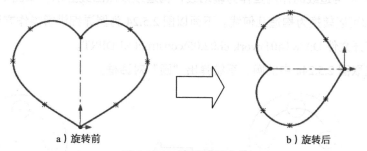

a）旋转前　　　　　　　　　　b）旋转后

图 2.5.22　旋转草图实体

步骤 01　打开文件 D:\sw1401\work\ch02.05\circumgyrate.SLDPRT。

步骤 02　选取草图实体。在图形区单击或框选要旋转的心形。

步骤03 选择命令。选择下拉菜单 工具(T) → 草图工具(T) → 旋转(R)... 命令，系统弹出"旋转"对话框。

步骤04 定义旋转中心。在图形区选取坐标原点作为旋转中心。

步骤05 定义旋转角度。在 参数(P) 区域中的 文本框中输入数值 90，单击 ✓ 按钮完成草图实体的旋转操作。

5. 移动草图图元

下面以图 2.5.23 所示的圆弧为例，介绍移动草图实体的一般操作过程。

步骤01 打开文件 D:\sw1401\work\ch02.05\move.SLDPRT。

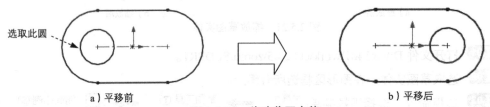

a) 平移前　　　　　　　　　　　　　　b) 平移后

图 2.5.23　移动草图实体

步骤02 选取草图实体。在图形区单击或框选图 2.5.23 所示的圆作为要移动的图元。

步骤03 选择命令。选择下拉菜单 工具(T) → 草图工具(T) → 移动(V)... 命令，系统弹出"移动"对话框。

步骤04 定义移动方式。在"移动"对话框 参数(P) 区域中选中 ⊙ X/Y 单选项。

步骤05 定义参数。在 ΔX 文本框中输入数值 32，在 ΔY 文本框中输入数值 0 并按回车键，可看到图形区中的圆已经移动。

步骤06 单击 ✓ 按钮，完成草图实体的移动操作。

2.5.7　将一般元素转换为构造元素

SolidWorks 中构造线的作用是作为辅助线，构造线以点画线显示。草图中的直线、圆弧、样条线等实体都可以转换为构造几何线。下面以图 2.5.24 为例详细讲解操作方法。

步骤01 打开文件 D:\sw1401\work\ch02.05\construct.SLDPRT。

步骤02 选取图 2.5.24a 中的圆，系统弹出"圆"对话框。

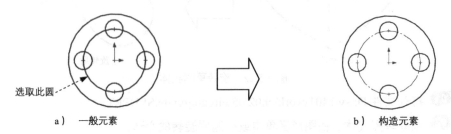

a)　一般元素　　　　　　　　　　　　b)　构造元素

图 2.5.24　将一般元素转换为构造元素

步骤03 在"属性"对话框选中 ☑作为构造线(C) 复选框,被选取的元素就转换为构造线。
步骤04 单击 ✓ 按钮,完成转换构造线操作。

2.5.8 等距草图图元

等距草图实体就是绘制被选择草图实体的等距线。下面以图 2.5.25 为例,说明等距草图实体的一般操作步骤。

图 2.5.25 等距实体

步骤01 打开文件 D:\sw1401\work\ch02.05\offset.SLDPRT。
步骤02 选取草图实体。在图形区单击或框选要等距的草图实体。

 所选草图实体可以是构造几何线,也可以是双向等距实体。在重建模型时,如果原始实体改变,等距的曲线也会随之改变。

步骤03 选择命令。选择下拉菜单 工具(T) → 草图工具(T) → ⁊ 等距实体(O)... 命令,系统弹出"等距实体"对话框。
步骤04 定义等距距离。在"等距实体"对话框的 文本框中输入数值8。
步骤05 定义等距方向。在图形区移动鼠标至图 2.5.25b 所示的位置单击,以确定等距方向,系统立即绘制出等距草图。

2.6 二维草图约束

在绘制草图实体时或绘制草图实体后,需要对绘制的草图增加一些几何约束来帮助定位,SolidWorks 系统可以很容易地做到这一点。下面对几何约束进行详细的介绍。

2.6.1 几何约束

1. 几何约束的屏幕显示控制

选择 视图(V) 下拉菜单中的 草图几何关系(E) 命令,可以控制草图几何约束的显示。当

[草图几何关系] 前的 [按钮] 按钮处于弹起状态时，草图几何约束将不显示；当 [草图几何关系] 前的 [按钮] 按钮处于按下状态时，草图几何约束将显示。

2. 几何约束符号颜色含义

◆ 约束：显示为绿色。

◆ 鼠标指针所在的约束：显示为橙色。

◆ 选定的约束：显示为青色。

3. 各种几何约束符号列表

各种几何约束的显示符号见表 2.6.1。

表 2.6.1 几何约束符号列表

约 束 名 称	约束显示符号
中点	
重合	
水平	
竖直	
同心	
相切	
平行	
垂直	
对称	
相等	
固定	
全等	
共线	
合并	

SolidWorks 所支持的几何约束种类如表 2.6.2 所示。

表 2.6.2　几何约束种类

按　钮	约　束
中点(M)	使点与选取的直线的中点重合
重合(D)	使选取的点位于直线上
水平(H)	使直线或两点水平
全等(R)	使选取的圆或圆弧的圆心重合且半径相等
相切(A)	使选取的两个草图实体相切
同心(N)	使选取的两个圆的圆心位置重合
合并(G)	使选取的两点重合
平行(E)	当两条直线被指定该约束后，这两条直线将自动处于平行状态
竖直(V)	使直线或两点竖直
相等(Q)	使选取的直线长度相等或圆弧的半径相等
对称(S)	使选取的草图实体对称于中心线
固定(F)	使选取的草图实体位置固定
共线(L)	使两条直线重合
垂直(U)	使两直线垂直

4. 创建几何约束

下面以图 2.6.1 所示的共线约束为例，说明创建几何约束的一般操作步骤。

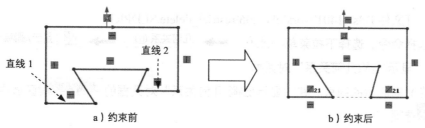

a）约束前　　　　　　　　　　b）约束后

图 2.6.1　共线约束

方法一：

步骤 01　打开文件 D:\sw1401\work\ch02.06\restrict.SLDPRT。

步骤 02　选择草图实体。按住 Ctrl 键，在图形区选取图 2.6.1 所示的直线 1 与直线 2，系统弹出"属性"对话框。

步骤 03　定义约束。在"属性"对话框的 添加几何关系 区域中单击 共线(L) 按钮，然后单击 ✓ 按钮，完成共线约束的创建。

在"属性"对话框的 添加几何关系 区域中显示了所选草图实体能够添加的所有约束。

步骤04 参考 步骤02 ~ 步骤03，可创建其他的约束。

方法二：

步骤01 选择命令。选择下拉菜单 工具(T) → 几何关系(D) → 添加(A)... 命令，系统弹出"添加几何关系"对话框。

步骤02 选取草图实体。在图形区选取直线1与直线2，此时系统弹出"添加几何关系"对话框。

步骤03 定义约束。在"添加几何关系"对话框的 添加几何关系 区域中单击 共线(L) 按钮，然后单击 ✔ 按钮，完成共线约束的创建。

5. 删除约束

下面以图 2.6.2 为例，说明删除约束的一般操作过程。

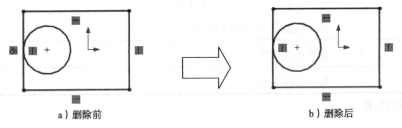

图 2.6.2　删除几何关系

步骤01 打开文件 D:\sw1401\work\ch02.06\restrict_delete.SLDPRT。

步骤02 选择命令。选择下拉菜单 工具(T) → 几何关系(D) → 显示/删除(D)... 命令，系统弹出"显示/删除几何关系"对话框。

步骤03 定义需删除的约束。在"显示/删除几何关系"对话框的 几何关系(R) 区域中的列表框中选择 相切0 选项。

步骤04 删除所选约束。在"显示/删除几何关系"对话框中单击 删除(D) 按钮，然后单击 ✔ 按钮，完成约束的删除操作。

2.6.2　尺寸约束

尺寸约束就是确定草图中的几何图形的尺寸，例如长度、角度、半径和直径等，它是一种以数值来确定草图实体精确尺寸的约束形式。一般情况下，在绘制草图之后，需要对图形进行尺寸定位，使尺寸满足预定的要求。

1. 标注线段长度

步骤01 打开文件 D:\sw1401\work\ch02.06\dimension.SLDPRT。

步骤02 选择命令。选择下拉菜单 工具(T) → 标注尺寸(S) → 智能尺寸(S) 命令。

步骤03 在系统 选择一个或两个边线/顶点后再选择尺寸文字标注的位置。 的提示下，单击位置1以选取直线（图2.6.3），系统弹出"线条属性"对话框。

步骤04 确定尺寸的放置位置。在位置2单击鼠标左键，系统弹出"尺寸"对话框和图2.6.4所示的"修改"对话框。

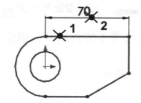

图2.6.3　线段长度尺寸的标注

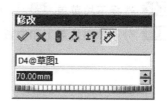

图2.6.4　"修改"对话框

步骤05 在"修改"对话框中单击 ✓ 按钮，然后单击"尺寸"对话框中的 ✓ 按钮，完成线段长度的标注。

 在学习标注尺寸前，建议用户选择下拉菜单 工具(T) → 选项(P)... 命令，在系统弹出的"系统选项（S）-普通"对话框中选择 普通 选项，取消选中 □ 输入尺寸值(I) 复选框（图2.6.5），则在标注尺寸时，系统将不会弹出"修改"对话框。

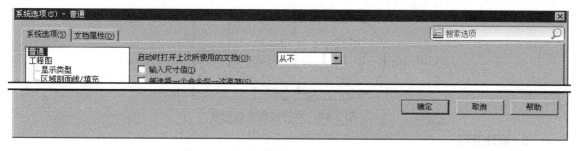

图2.6.5　"系统选项（S）-普通"对话框

2. 标注一点和一条直线之间的距离

步骤01 打开文件 D:\sw1401\work\ch02.06\dimension.SLDPRT。

步骤02 选择下拉菜单 工具(T) → 标注尺寸(S) → 智能尺寸(S) 命令。

步骤03 分别单击位置1和位置2以选择点、直线,单击位置3放置尺寸,如图2.6.6所示。

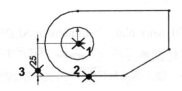

图 2.6.6 点和线间距离的标注

3. 标注两点间的距离

步骤01 打开文件 D:\sw1401\work\ch02.06\dimension.SLDPRT。

步骤02 选择下拉菜单 工具(T) ➡ 标注尺寸(S) ➡ 智能尺寸(S) 命令。

步骤03 分别单击位置1和位置2以选择两点,单击位置3放置尺寸,如图2.6.7所示。

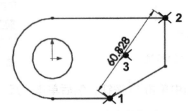

图 2.6.7 两点间距离的标注

4. 标注两条平行线间的距离

步骤01 打开文件 D:\sw1401\work\ch02.06\dimension.SLDPRT。

步骤02 选择下拉菜单 工具(T) ➡ 标注尺寸(S) ➡ 竖直尺寸(V) 命令。

步骤03 分别单击位置1和位置2以选取两条平行线,然后单击位置3以放置尺寸,如图2.6.8所示。

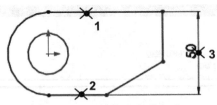

图 2.6.8 平行线距离的标注

5. 标注直径

步骤01 打开文件 D:\sw1401\work\ch02.06\dimension.SLDPRT。

步骤02 选择下拉菜单 工具(T) ➡ 标注尺寸(S) ➡ 智能尺寸(S) 命令。

步骤03 选取要标注的元素。单击位置1以选取圆。

步骤04 确定尺寸的放置位置。在位置2处单击,如图2.6.9所示。

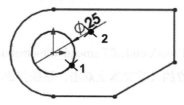

图 2.6.9　直径的标注

6. 标注半径

步骤 01　打开文件 D:\sw1401\work\ch02.06\dimension.SLDPRT。

步骤 02　选择下拉菜单 工具(T) → 标注尺寸(S) → 智能尺寸(S) 命令。

步骤 03　单击位置 1 选择圆上一点,然后单击位置 2 放置尺寸,如图 2.6.10 所示。

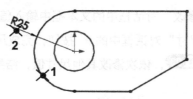

图 2.6.10　半径的标注

7. 标注两条直线间的角度

步骤 01　打开文件 D:\sw1401\work\ch02.06\dimension.SLDPRT。

步骤 02　选择下拉菜单 工具(T) → 标注尺寸(S) → 智能尺寸(S) 命令。

步骤 03　分别在两条直线上选择位置 1 和位置 2;单击位置 3 放置尺寸(钝角,如图 2.6.11 所示),或单击位置 4 放置尺寸(锐角,如图 2.6.12 所示)。

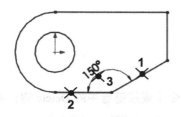
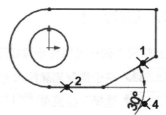

图 2.6.11　两条直线间角度的标注——钝角　　图 2.6.12　两条直线间角度的标注——锐角

2.7　对尺寸标注进行修改

2.7.1　尺寸的移动

如果要移动尺寸文本的位置,可按以下步骤操作:

单击要移动的尺寸文本,按下左键并移动鼠标,将尺寸文本拖至所需位置。

2.7.2 尺寸值修改的步骤

步骤01 打开文件 D:\sw1401\work\ch02.07\amend_dimension.SLDPRT。

步骤02 选择尺寸。在要修改的尺寸文本上双击，系统弹出"尺寸"对话框和图 2.7.1 所示的"修改"对话框。

图 2.7.1 "修改"对话框

步骤03 定义参数。在"修改"对话框中的文本框中输入值数值 70，先单击"修改"对话框中的 ✓ 按钮，然后单击"尺寸"对话框中的 ✓ 按钮，完成尺寸的修改操作。

步骤04 重复 **步骤02** ~ **步骤03**，依次修改其他尺寸值，结果如图 2.7.2b 所示。

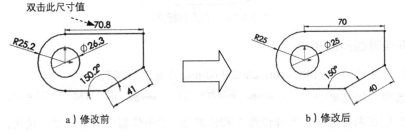

图 2.7.2 修改尺寸值 1

2.7.3 删除尺寸

删除尺寸的一般操作步骤如下：

步骤01 单击需要删除的尺寸（按住 Ctrl 键可多选）。

步骤02 选择下拉菜单 编辑(E) ➡ ✗ 删除(D) 命令（或按键盘中的 Delete 键；或右击，在系统弹出的快捷菜单中选择 ✗ 删除 命令），选取的尺寸即被删除。

2.7.4 对尺寸精度进行修改

可以使用"系统选项"对话框来指定尺寸的默认精度。

步骤01 选择下拉菜单 工具(T) ➡ 选项(P)... 命令。

步骤02 在弹出的"系统选项"对话框中单击 文档属性(D) 选项卡，然后选择 尺寸 选项，此时"系统选项"对话框变成"文档属性（D）-尺寸"对话框。

步骤03 定义尺寸值的小数位数。在"文档属性（D）-尺寸"对话框的 主要精度 区域中的下拉列表中选择尺寸值的小数位数。

步骤 04 单击"文档属性（D）-尺寸"对话框中的 确定 按钮，完成尺寸值的小数位数的修改。

增加尺寸时，系统将数值四舍五入到指定的小数位数。

第3章 零件设计

3.1 SolidWorks 零件设计的一般方法

用 SolidWorks 系统创建零件模型的方法十分灵活，主要有以下几种。

1. "积木"式的方法

这是大部分机械零件的实体三维模型的创建方法。这种方法是先创建一个反映零件主要形状的基础特征，然后在这个基础特征上创建其他的一些特征，如拉伸、旋转、倒角和圆角特征等。

2. 由曲面生成零件的实体三维模型的方法

这种方法是先创建零件的曲面特征，然后把曲面转换成实体模型。

3. 从装配体中生成零件的实体三维模型的方法

这种方法是先创建装配体，然后在装配体中创建零件。

本章将主要介绍用第一种方法创建零件模型的一般过程，其他的方法将在后面章节中陆续介绍。

下面以一个简单实体三维模型为例，说明用 SolidWorks 2014 创建零件三维模型的一般过程，同时介绍拉伸特征的基本概念及其创建方法。三维模型如图 3.1.1 所示。

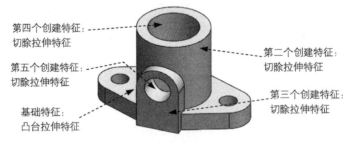

图 3.1.1 实体三维模型

3.1.1 零件文件的新建步骤

操作步骤如下：

步骤 01 选择下拉菜单 文件(F) —— 新建(N)... 命令（或在"标准（S）"工具栏中单击 按钮），此时系统弹出"新建 SolidWorks 文件"对话框。

步骤 02 选择文件类型。在对话框中选择文件类型为"零件"，然后单击 确定 按钮。

每次新建一个文件，SolidWorks 系统都会显示一个默认名。如果创建的是装配体文件，默认名的格式是"装配体"后加序号（如装配体 1），以后再新建一个装配体文件，文件名序号自动累加 1。

3.1.2 创建一个拉伸特征作为零件的基础特征

基础特征是一个零件的主要结构特征，创建什么样的特征作为零件的基础特征比较重要，一般由设计者根据产品的设计意图和零件的特点灵活掌握。本例中的三维模型的基础特征是一个图 3.1.2 所示的拉伸特征。拉伸特征是最基本且最常用的零件造型特征，它是通过将横断面草图沿着垂直方向拉伸而形成的。

图 3.1.2 拉伸特征

1. 选取拉伸特征命令

选取特征命令一般有如下两种方法：

方法一：从下拉菜单中获取特征命令。如图 3.1.3 所示，选择下拉菜单 插入(I) → 凸台/基体(B) → 拉伸(E)... 命令。

方法二：从工具栏中获取特征命令。本例可以直接单击"特征（F）"工具栏中的 命令按钮。

选择特征命令后，屏幕的图形区中应该显示图 3.1.4 所示默认的三个相互垂直的基准平面，这三个基准平面在默认情况下处于隐藏状态，在创建第一个特征时就会显示出来，以供用户选择其作为草绘基准，若想使基准平面一直处于显示状态，可在设计树中单击或右击这三个基准面，从弹出的快捷菜单中选择 命令。

2. 定义拉伸特征的横断面草图

定义拉伸特征横断面草图的方法有两种：一是选择已有草图作为横断面草图；二是创建新草图作为横断面草图。本例中，以第二种方法介绍定义拉伸特征的横断面草图，具体定义过程如下：

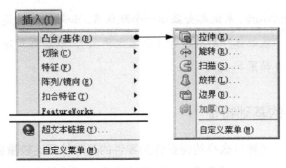
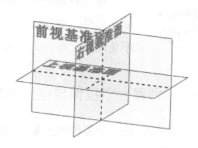

图 3.1.3 "插入"下拉菜单　　　　图 3.1.4 三个默认基准平面

步骤01 定义草图基准面。

对草图基准面的概念和有关选项介绍如下：

草图基准面是特征横断面或轨迹的绘制平面。

选择的草图基准面可以是前视基准面、上视基准面和右视基准面中的一个，也可以是模型的某个表面或新创建的基准面。

完成上步操作后，系统弹出图 3.1.5 所示的"拉伸"对话框（一），在系统  的提示下，选取上视基准面作为草图基准面，进入草绘环境。

图 3.1.5 "拉伸"对话框（一）

步骤02 绘制横断面草图。

基础拉伸特征的横断面草绘图形如图 3.1.6 所示。绘制特征横断面草图的一般步骤如下：

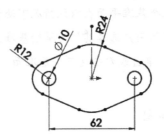

图 3.1.6 基础特征的横断面草图

（1）设置草图环境，调整草绘区。

操作提示与注意事项：

◆ 进入草绘环境后，系统不会自动调整草图视图方位，此时应单击"标准视图（E）"工具栏中的"正视于"按钮 ⬆，调整到正视于草图的方位（即使草图基准面与屏幕平行）。
◆ 除可以移动和缩放草绘区外，如果用户想在三维空间绘制草图或希望看到模型横断面草图在三维空间的方位，可以旋转草图区，方法是按住鼠标的中键并移动鼠标，此时可看到图形跟着鼠标旋转。

（2）创建横断面草图。

下面将介绍创建横断面草图的一般流程，在以后创建横断面草图时，均可参照这里的操作步骤来绘制草图，故以后不再赘述。

① 绘制横断面草图的大体轮廓。
操作提示与注意事项：
绘制草图时，开始时没有必要很精确地绘制横断面草图的几何形状、位置和尺寸，只要大概的形状与图 3.1.7 相似就可以。
绘制直线时，可直接建立水平约束和垂直约束，详细操作可参见第 2 章中草绘的相关内容。
② 建立几何约束。建立图 3.1.8 所示的相切、水平、竖直、对称和同心约束。

建立对称约束时，需先绘制中心线，并建立中心线与源点的重合约束，如图 3.1.8 所示。

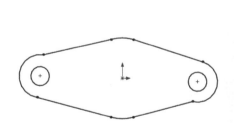

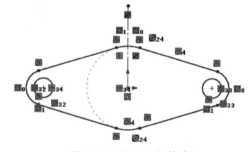

图 3.1.7　草绘横断面的初步图形　　　　图 3.1.8　建立几何约束

③ 建立尺寸约束。单击"草图"工具栏中的 ◇ 按钮，标注图 3.1.9 所示的尺寸，建立尺寸约束。

每次标注尺寸，系统默认都会弹出"修改"对话框，并提示 设定所选尺寸的属性。此时可先关闭该对话框，然后进行尺寸的总体设计。

④ 修改尺寸。将尺寸修改为设计要求的尺寸，如图 3.1.10 所示。其操作提示与注意事项如下：

尺寸的修改应安排在建立完约束以后进行。

注意修改尺寸的顺序，先修改对横断面外观影响不大的尺寸。

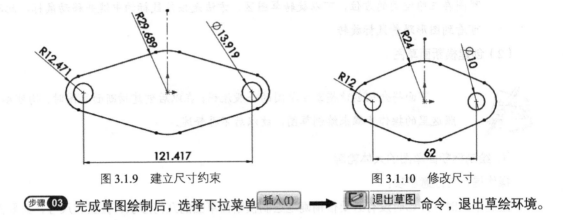

图 3.1.9　建立尺寸约束　　　　　　图 3.1.10　修改尺寸

步骤03　完成草图绘制后，选择下拉菜单 插入(I) ➡ 退出草图 命令，退出草绘环境。

> 说明
>
> 除 Step3 中的叙述外，还有三种方法可退出草绘环境。
> ◆ 单击图形区右上角的"退出草图"按钮。"退出草图"按钮的位置一般如图 3.1.11 所示。
> ◆ 在图形区右击，从弹出的快捷菜单中选择 命令。
> ◆ 单击"草图"工具栏中的 按钮，使之处于弹起状态。

图 3.1.11　"退出草图"按钮

绘制实体拉伸特征的横断面时，应该注意如下要求：

◆ 横断面的图形通常应闭合，可以包含一个或多个封闭环，生成特征后，外环以实体填充，内环则为孔。

◆ 拉伸特征的横断面可以是开放的，此时系统自动按照薄壁特征来创建。

◆ 横断面通常应避免出现如图 3.1.12 所示的缺口、有线头、环与环相切和环与环相连等情况，此时可能得到非预期的结果。

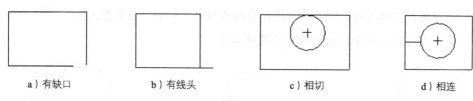

a）有缺口　　　　b）有线头　　　　c）相切　　　　d）相连

图 3.1.12　拉伸特征的几种错误横断面

3. 定义拉伸类型

退出草绘环境后，系统弹出图 3.1.13 所示的"凸台—拉伸"对话框（二），在对话框中不进行选项操作，创建系统默认的实体类型。

利用"凸台—拉伸"对话框（二）可以创建实体和薄壁两种类型的特征，下面分别介绍。

- ◆ 实体类型：创建实体类型时，实体特征的横断面草绘完全由材料填充，如图 3.1.14 所示。
- ◆ 薄壁类型：在"拉伸"对话框（二）中选中 ☑ 薄壁特征(T) 复选框，可以将特征定义为薄壁类型。当横断面草图生成实体时，薄壁特征的横断面草图则由材料填充成均厚的环，环的内侧或外侧或中心轮廓边是横断面草图，如图 3.1.15 所示。

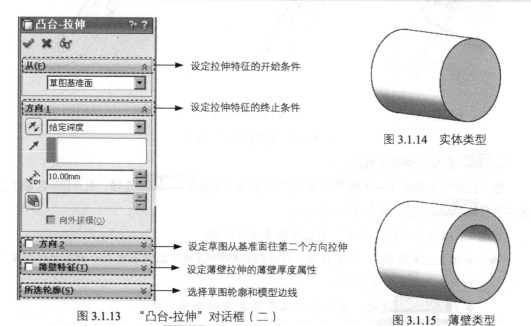

图 3.1.13　"凸台-拉伸"对话框（二）　　　　图 3.1.15　薄壁类型

- ◆ 在"拉伸"对话框的 方向1 区域中单击"拔模开/关"按钮，可以在创建拉伸特征的同时对实体进行拔模操作，拔模方向分为内外两种，由是否选中 向外拔模(O) 选项决定，图3.1.16所示即为拉伸时的拔模操作。

a）无拔模状态　　　　　　　b）10°向内拔模　　　　　　c）10°向外拔模

图3.1.16　拉伸时的拔模操作

4. 定义拉伸深度属性

步骤01　定义拉伸深度方向。采用系统默认的深度方向。

 按住鼠标的中键并移动鼠标，可将草图旋转到三维视图状态，此时在模型中可看到一个拖动手柄，该手柄表示特征拉伸深度的方向，要改变拉伸深度的方向，可在"拉伸"对话框的 方向1 区域中单击"反向"按钮；若选择深度类型为双向拉伸，则拖动手柄中的箭头，如图3.1.17所示。

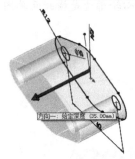 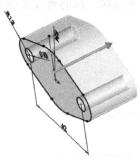 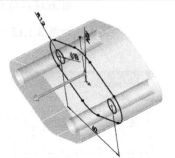

a）默认拉伸方向　　　　　　b）反向拉伸方向　　　　　　c）两侧对称拉伸

图3.1.17　定义拉伸深度属性

步骤02　定义拉伸深度类型。

在"拉伸"对话框（一）的 从(F) 区域下拉列表中选择 草图基准面 选项，在 方向1 区域下拉列表中选择 给定深度 选项，如图3.1.18所示。

对图3.1.18所示"凸台-拉伸"对话框各选项的说明：

◆ 如图3.1.18所示，"凸台-拉伸"对话框的 从(F) 区域下拉列表中表示的是拉伸深度的起始元素，各元素说明如下：
  - 草图基准面 选项：表示特征从草图基准面开始拉伸。
  - 曲面/面/基准面 选项：若选取此选项，需选择一个面作为拉伸起始面。
  - 顶点 选项：若选取此选项，需选择一个顶点，顶点所在的面即为拉伸起始面（此面与草图基准面平行）。
- 等距选项：若选取此选项，需输入一个数值，此数值代表的含义是拉伸起始面与草绘基准面的距离。必须注意的是当拉伸为反向时，可以单击下拉列表中的按钮，但不能在文本框中输入负值。

图 3.1.18 "凸台-拉伸"对话框（三）

◆ 如图 3.1.18 所示，打开"凸台-拉伸"对话框中 方向1 区域的下拉列表，特征的各拉伸深度类型选项说明如下：
- 给定深度选项：可以创建确定深度尺寸类型的特征，此时特征将从草图平面开始，按照所输入的数值（即拉伸深度值）向特征创建的方向一侧进行拉伸。
- 成形到一顶点选项：特征在拉伸方向上延伸，直至与指定顶点所在的面相交（此面必须与草图基准面平行）。
- 成形到一面选项：特征在拉伸方向上延伸，直到与指定的平面相交。
- 到离指定面指定的距离选项：若选择此选项，需先选择一个面，并输入指定的距离，特征将从拉伸起始面开始到所选面指定距离处终止。
- 成形到实体选项：特征将从拉伸起始面沿拉伸方向延伸，直到与指定的实体相交。
- 两侧对称选项：可以创建对称类型的特征，此时特征将在拉伸起始面的两侧进行拉伸，输入的深度值被拉伸起始面平均分割，起始面两边的深度值相等。

◆ 选择拉伸类型时，要考虑下列规则：
- 如果特征要终止于其到达的第一个曲面，需选择成形到下一面选项。

- 如果特征要终止于其到达的最后曲面，需选 完全贯穿 选项。
- 使用 成形到一面 选项时，可以选择一个基准平面作为终止面。
- 穿过特征可设置有关深度参数，修改偏离终止平面（或曲面）的特征深度。
- 图 3.1.19 显示了凸台特征的有效深度选项。

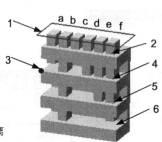

a-给定深度
b-完全贯穿
c-成形到下一面
d-成形到一顶点
e-成形到一面
f-到离指定面指定的距离

1-草绘基准平面
2-下一个曲面（平面）
3-模型的顶点
4、5、6-模型的其他曲面（平面）

图 3.1.19　拉伸深度选项示意图

步骤03　定义拉伸深度值。在"凸台-拉伸"对话框 方向1 区域的 文本框中输入数值 10.0，并按 Enter 键，完成拉伸深度值的定义。

定义拉伸深度值还可通过拖动手柄来实现，方法是选中拖动手柄直到其变红，然后移动鼠标并单击以确定所需深度值。

5. 完成凸台特征的定义

步骤01　特征的所有要素被定义完毕后，单击对话框中的 按钮，预览所创建的特征，以检查各要素的定义是否正确。

预览时，可按住鼠标中键进行旋转查看，如果所创建的特征不符合设计意图，可选择对话框中的相关选项重新定义。

步骤02　预览完成后，单击"凸台-拉伸"对话框中的 按钮，完成特征的创建。

3.1.3　创建其他特征

1. 创建第二个凸台拉伸特征

在创建零件的基本特征后，可以增加其他特征。现在要创建图 3.1.20 所示的凸台拉伸特征，操作步骤如下：

步骤01　选择命令。选择下拉菜单 插入(I) → 凸台/基体(B) → 拉伸(E)... 命令（或单击"特征(F)"工具栏中的 命令按钮），系统将弹出图 3.1.21 所示的"拉伸"对话框（一）。

此处的"拉伸"对话框(一)与图 3.1.18 所示的"拉伸"对话框显示的信息不同,原因是在此处创建的薄壁拉伸特征可以使用现有草图作为横断面草图,其中的现有草图指的是在创建基准拉伸特征过程中创建的横断面草图。

图 3.1.20 凸台拉伸特征

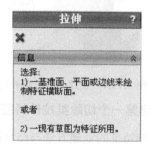

图 3.1.21 "拉伸"对话框(一)

步骤02 创建横断面草图。

(1)选取草图基准面。选取图 3.1.22 所示的模型表面作为草绘基准面,进入草绘环境。

(2)绘制特征的横断面草图。绘制图 3.1.23 所示的横断面草图,完成草图绘制后,选择下拉菜单 插入(I) → 退出草图 命令,退出草绘环境。

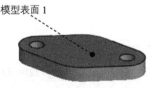

图 3.1.22 选取草绘平面

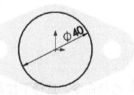

图 3.1.23 横断面草图

步骤03 定义拉伸深度属性。选择默认的拉伸方向,在 方向1 区域的下拉列表中选择 给定深度 选项,在 方向1 区域的 文本框中,输入深度值 40.0。

步骤04 单击"凸台-拉伸"对话框中的 按钮,完成特征的创建。

2. 创建第三个凸台拉伸特征

现在要创建图 3.1.24 所示的凸台拉伸特征,具体操作步骤如下:

步骤01 选择命令。选择下拉菜单 插入(I) → 凸台/基体(B) → 拉伸(E)... 命令(或单击"特征(F)"工具栏中的 命令按钮),系统将弹出"拉伸"对话框。

步骤02 创建特征的横断面草图。

(1)选取草图基准面。选取前视基准面作为草图基准面。

(2)绘制横断面草图。在草绘环境中创建图 3.1.25 所示的横断面草图,完成草图绘制后,选择下拉菜单 插入(I) → 退出草图 命令,退出草绘环境。

步骤03 定义拉伸深度属性。选择默认的拉伸方向,在 方向1 区域的下拉列表中选择 给定深度选项，在 方向1 区域的 D1 文本框中，输入深度值 25.0。

步骤04 单击"凸台-拉伸"对话框中的 ✓ 按钮，完成特征的创建。

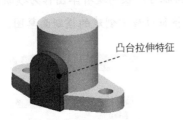
图 3.1.24　创建凸台拉伸特征

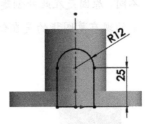
图 3.1.25　横断面草图

3. 创建第一个切除类拉伸特征

切除拉伸特征的创建方法与凸台拉伸特征基本一致，只不过凸台拉伸是增加实体，而切除拉伸则是减去实体。

现在要创建图 3.1.26 所示的切除拉伸特征，具体操作步骤如下：

图 3.1.26　创建切除拉伸特征

步骤01 选择命令。选择下拉菜单 插入(I) → 切除(C) → 拉伸(E) 命令（或单击"特征（F）"工具栏中的 命令按钮），系统弹出"拉伸"对话框。

步骤02 创建特征的横断面草图。

（1）选取草图基准面。选取图 3.1.27 所示的模型表面 1 作为草图基准面。

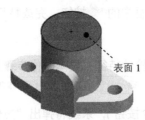
图 3.1.27　选取草图基准面

（2）绘制横断面草图。在草绘环境中创建图 3.1.28 所示的横断面草图，完成草图绘制后，选择下拉菜单 插入(I) → 退出草图 命令，退出草绘环境，此时系统弹出图 3.1.29 所示的"切除-拉伸"对话框。

第 3 章 零件设计

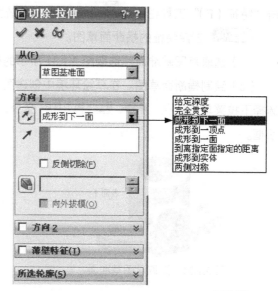

图 3.1.28 横断面草图　　　　　　　　图 3.1.29 "切除-拉伸"对话框

◆ 成形到下一面：将沿深度方向遇到的第一个曲面作为拉伸终止面。在创建基础特征时，"切除-拉伸"对话框 方向1 区域的下拉列表中没有此选项，因为模型文件中不存在其他实体。

◆ "切除-拉伸"对话框 方向1 区域中有一个 □ 反侧切除(F) 复选框，选中此复选框，系统将切除轮廓外的实体（默认情况下，系统切除的是轮廓内的实体）。

步骤 03　定义拉伸深度。

（1）选取深度方向。采用系统默认的深度方向。

（2）选取深度类型。在"切除-拉伸"对话框 方向1 区域的下拉列表中选择 完全贯穿 选项。

步骤 04　单击"切除-拉伸"对话框中的 ✓ 按钮，完成特征的创建。

4. 创建第二个切除类拉伸特征

现在要创建图 3.1.30 所示的切除拉伸特征，具体操作步骤如下：

图 3.1.30　创建切除拉伸特征

步骤 01　选择命令。选择下拉菜单 插入(I) ➡ 切除(C) ➡ 拉伸(E) 命令（或单

55

击"特征（F）"工具栏中的 命令按钮），系统弹出"拉伸"对话框。

步骤02 创建特征的横断面草图。

（1）选取草图基准面。选取图 3.1.31 所示的模型表面 1 作为草图基准面。

（2）绘制横断面草图。在草绘环境中创建图 3.1.32 所示的横断面草图，完成草图绘制后，选择下拉菜单 插入(I) ➡ 退出草图 命令，退出草绘环境，此时系统弹出"切除-拉伸"对话框。

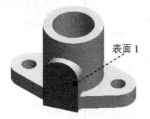

图 3.1.31　选取草图基准面

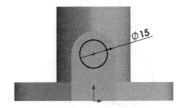

图 3.1.32　横断面草图

步骤03 定义拉伸深度。采用系统默认的深度方向，在 方向1 区域的下拉列表中选择 成形到下一面 选项。

步骤04 单击"切除-拉伸"对话框中的 ✓ 按钮，完成特征的创建。

步骤05 保存模型文件。选择下拉菜单 文件(F) ➡ 保存(S) 命令，文件名称为 link_base。

 有关模型文件的保存，详细请参见 3.3.2 节"保存文件"的具体内容。

3.2　模型显示与控制

学习本节时，请先打开模型文件 D:\sw1401\work\ch03.02\link_base.SLDPRT。

3.2.1　模型的显示方式

SolidWorks 提供了六种模型显示的方法，可通过选择下拉菜单 视图(V) ➡ 显示(D) 命令，或从"视图（V）"工具栏中选择显示方式，如图 3.2.1 所示。

图 3.2.1　"视图（V）"工具栏

（线架图显示方式）：模型以线框形式显示，所有边线显示为深颜色的细实线，如图 3.2.2

所示。

▢（隐藏线可见显示方式）：模型以线框形式显示，可见的边线显示为深颜色的实线，不可见的边线显示为虚线，如图 3.2.3 所示。

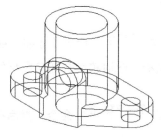

图 3.2.2　线架图显示方式

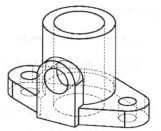

图 3.2.3　隐藏线可见显示方式

▢（消除隐藏线显示方式）：模型以线框形式显示，可见的边线显示为深颜色的实线，不可见的边线被隐藏起来（即不显示），如图 3.2.4 所示。

▢（带边线上色显示方式）：显示模型的可见边线，模型表面为灰色，部分表面有阴影感，如图 3.2.5 所示。

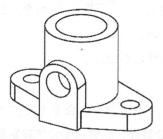

图 3.2.4　消除隐藏线显示方式

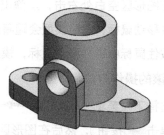

图 3.2.5　带边线上色显示方式

▢（上色显示方式）：所有边线均不可见，模型表面为灰色，部分表面有阴影感，如图 3.2.6 所示。

▢（上色模式中的阴影显示方式）：在上色模式中，当光源从当前视图的模型最上方出现时，模型下方会显示阴影，如图 3.2.7 所示。

图 3.2.6　上色显示方式

图 3.2.7　上色模式中的阴影显示方式

3.2.2 视图的平移、旋转、翻滚与缩放

视图的平移、旋转、翻转与缩放是零部件设计中的常用操作,这些操作只改变模型的视图方位而不改变模型的实际大小和空间位置,下面叙述其操作方法。

1. 平移的操作方法

(1)选择下拉菜单 视图(V) ➡ 修改(M) ➡ 平移(N) 命令(或在"视图(V)"工具栏中单击 按钮),然后在图形区按住左键并移动鼠标,此时模型会随着鼠标的移动而平移。

(2)在图形区空白处右击,从弹出的快捷菜单中选择 平移 (F) 命令,然后在图形区按住左键并移动鼠标,此时模型会随着鼠标的移动而平移。

(3)按住 Ctrl 键和鼠标中键不放并移动鼠标,模型将随着鼠标的移动而平移。

2. 旋转的操作方法

(1)选择下拉菜单 视图(V) ➡ 修改(M) ➡ 旋转(E) 命令(或在"视图(V)"工具栏中单击 按钮),然后在图形区按住左键并移动鼠标,此时模型会随着鼠标的移动而旋转。

(2)在图形区空白处右击,从弹出的快捷菜单中选择 旋转视图 (E) 命令,然后在图形区按住左键并移动鼠标,此时模型会随着鼠标的移动而旋转。

(3)按住鼠标中键并移动鼠标,模型将随着鼠标的移动而旋转。

3. 翻滚的操作方法

(1)选择下拉菜单 视图(V) ➡ 修改(M) ➡ 滚转(L) 命令(或在"视图(V)"工具栏中单击 按钮),然后在图形区按住左键并移动鼠标,此时模型会随着鼠标的移动而翻滚。

(2)在图形区空白处右击,从弹出的快捷菜单中选择 翻滚视图 (G) 命令,然后在图形区按住左键并移动鼠标,此时模型会随着鼠标的移动而翻滚。

4. 缩放的操作方法

(1)选择下拉菜单 视图(V) ➡ 修改(M) ➡ 动态放大/缩小(I) 命令(或在"视图(V)"工具栏中单击 按钮),然后在图形区按住左键并移动鼠标,此时模型会随着鼠标的移动而缩放,向上则视图放大,向下则视图缩小。

(2)选择下拉菜单 视图(V) ➡ 修改(M) ➡ 局部放大(Z) 命令(或在"视图(V)"工具栏中单击 按钮),然后在图形区框选所要放大的范围,可使此范围最大程度地显示在图形区。

(3)在图形区空白处右击,从系统弹出的快捷菜单中选择 局部放大 (B) 命令,然后在图形区选择所要放大的范围,可使此范围最大程度地显示在图形区。

（4）按住 Shift 键和鼠标中键不放，向上移动鼠标可将视图放大，向下移动鼠标则缩小视图。

在"视图（V）"工具栏中单击 按钮，可以使模型对象填满整个图形区。

3.2.3 模型的视图定向

在设计零部件时，经常需要改变模型的视图方向，利用模型的"定向"功能可以将绘图区中的模型精确定向到某个视图方向（图 3.2.8），定向命令按钮位于图 3.2.9 所示的"标准视图（E）"工具栏中，该工具栏中的按钮具体介绍如下：

图 3.2.8 原始视图方位

图 3.2.9 "标准视图（E）"工具栏

（前视）：沿着 Z 轴负向的平面视图，如图 3.2.10 所示。

（后视）：沿着 Z 轴正向的平面视图，如图 3.2.11 所示。

（左视）：沿着 X 轴正向的平面视图，如图 3.2.12 所示。

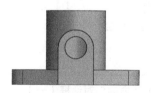
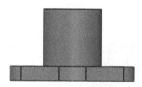

图 3.2.10 前视图　　　　　图 3.2.11 后视图　　　　　图 3.2.12 左视图

（右视）：沿着 X 轴负向的平面视图，如图 3.2.13 所示。

（上视）：沿着 Y 轴负向的平面视图，如图 3.2.14 所示。

（下视）：沿着 Y 轴正向的平面视图，如图 3.2.15 所示。

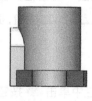
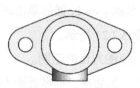

图 3.2.13 右视图　　　　　图 3.2.14 上视图　　　　　图 3.2.15 下视图

（等轴测视图）：单击此按钮，可将模型视图旋转到等轴测三维视图模式，如图 3.2.16 所示。

◘（上下二等角轴测视图）：单击此按钮，可将模型视图旋转到上下二等角轴测三维视图模式，如图 3.2.17 所示。

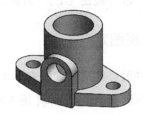

图 3.2.16　等轴测视图　　　　　图 3.2.17　上下二等角轴测视图

◘（左右二等角轴测视图）：单击此按钮，可将模型视图旋转到左右二等角轴测三维视图模式，如图 3.2.18 所示。

◘（视图定向）：这是一个定制视图方向的命令，用于保存某个特定的视图方位，若用户对模型进行了旋转操作，只需单击此按钮，便可从系统弹出的图 3.2.19 所示的"方向"对话框中，找到这个已命名的视图方位。操作方法如下：

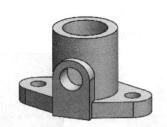

图 3.2.18　左右二等角轴测视图　　　图 3.2.19　"方向"对话框（一）

（1）将模型旋转到预定视图方位。

（2）在"标准视图（E）"工具栏中单击 按钮，系统弹出图 3.2.19 所示的"方向"对话框。

（3）在对话框中单击 按钮，系统弹出图 3.2.20 所示的"命名视图"对话框，在对话框的 视图名称(V): 文本框中输入视图方位的名称 view1，然后单击对话框中的 确定 按钮，此时 view1 出现在方向对话框的列表顶部，如图 3.2.21 所示。

（4）关闭"方向"对话框，完成视图方位的定制。

（5）将模型旋转到另一视图方位，然后在"标准视图（E）"工具栏中单击 按钮，系统弹出"方向"对话框，在对话框中双击 view1，即可回到刚才定制的视图方位。

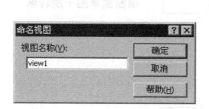
图 3.2.20 "命名视图"对话框

图 3.2.21 "方向"对话框（二）

图 3.2.21 所示"方向"对话框中各按钮的功能说明如下：

- ◆ 系统预置的视图方位是不可删除的，如需定制别的视图方位，重新创建即可。
- ◆ "方向"对话框中各按钮的功能说明如下：
  - ● ![]按钮：单击此按钮，可以创建定制新的视图定向。
  - ● ![]按钮：单击此按钮，可以重新设置所选标准视图方位（标准视图方位即系统默认提供的视图方位），但在此过程中，系统会弹出图 3.2.22 所示的 "SolidWorks"提示框（一），提示用户此更改将对工程图产生的影响，单击对话框中的 ![是(Y)] 按钮，即可重新设置标准视图方位。
  - ● ![]按钮：单击此按钮，系统将弹出图 3.2.23 所示的"SolidWorks"提示框（二），单击对话框中的 ![是(Y)] 按钮，可以将所有标准恢复到默认状态。
  - ● ![]按钮：用于固定"方位"对话框。

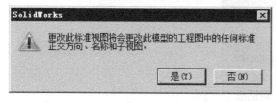
图 3.2.22 "SolidWorks"对话框（一）

图 3.2.23 "SolidWorks"对话框（二）

3.3 旋转特征

旋转（Revolve）特征是将横断面草图绕着一条轴线旋转而形成实体的特征。注意旋转特征必须有一条绕其旋转的轴线（图 3.3.1 所示为凸台旋转特征）。

要创建或重新定义一个旋转体特征，可按下列操作顺序给定特征要素。

定义特征属性（草图基准面）→绘制特征横断面图→确定旋转轴线→确定旋转方向→输入旋转角度。

值得注意的是：旋转体特征分为凸台旋转特征和切除旋转特征，这两种旋转特征的横断面都必须是封闭的。

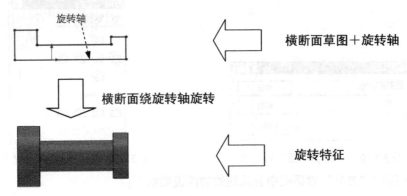

图 3.3.1 旋转特征示意图

3.3.1 旋转凸台特征

下面以图 3.3.1 所示的一个简单模型为例，说明在新建一个以旋转特征为基础特征的零件模型时，创建旋转特征的详细过程。

步骤 01 新建模型文件。选择下拉菜单 文件(F) ➡ 新建(N)... 命令，在系统弹出的"新建 SolidWorks 文件"对话框中选择"零件"模块，单击 确定 按钮，进入建模环境。

步骤 02 选择命令。选择下拉菜单 插入(I) ➡ 凸台/基体(B) ➡ 旋转(R)... 命令（或单击"特征（F）"工具栏中的 按钮），系统弹出图 3.3.2 所示的"旋转"对话框（一）。

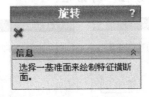

图 3.3.2 "旋转"对话框（一）

步骤 03 定义特征的横断面草图。

（1）选择草图基准面。在系统 选择一基准面来绘制特征横断面。的提示下，选取上视基准面作为草图基准面，进入草图绘制环境。

（2）绘制图 3.3.3 所示的横断面草图。

（3）完成草图绘制后，选择下拉菜单 插入(I) ➡ 退出草图 命令，退出草图绘制环境。系统弹出图 3.3.4 所示的"旋转"对话框（二）。

步骤 04 定义旋转轴线。选取图 3.3.3 所示的直线作为旋转轴线，此时"旋转"对话框中显示所选中心线的名称。

步骤 05 定义旋转属性。

（1）定义旋转方向。在图 3.3.4 所示的"旋转"对话框的 方向1 区域的下拉列表中选择 给定深度 选项，采用系统默认的旋转方向。

（2）定义旋转角度。在 方向1 区域的 文本框中输入数值 360.0。

步骤06 单击"旋转"对话框中的 ✓ 按钮，完成旋转凸台的创建。

步骤07 选择下拉菜单 文件(F) → 保存(S) 命令，命名为 revolve.SLDPRT，保存零件模型。

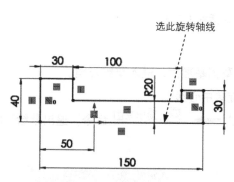

图 3.3.3 横断面草图

图 3.3.4 "旋转"对话框（二）

◆ 旋转特征必须有一条旋转轴线，围绕轴线旋转的草图只能在该轴线的一侧。
◆ 旋转轴线一般是用 中心线(N) 命令绘制的一条中心线，也可以是用 直线(L) 命令绘制的一条直线，也可以是草图轮廓的一条直线边。
◆ 如果旋转轴线是在横断面草图中，系统会自动识别。

3.3.2 切除-旋转特征

下面以图 3.3.5 所示的一个简单模型为例，说明创建切除-旋转特征的一般过程。

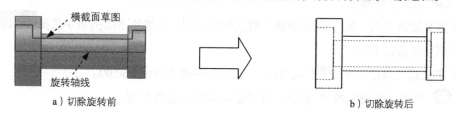

图 3.3.5 切除-旋转特征

步骤01 打开文件 D:\sw1401\work\ch03.03\revolve02.SLDPRT。

步骤02 选择命令。选择下拉菜单 插入(I) → 切除(C) → 旋转(R) 命令，系统弹出图 3.3.6 所示的"旋转"对话框（二）。

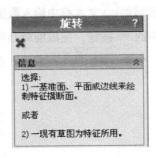

图 3.3.6 "旋转"对话框（二）

步骤03 定义特征的横断面草图。

（1）选择草图基准面。选取前视基准面作为草图基准面，进入草绘环境。

（2）绘制图 3.3.7 所示的横断面草图（包括旋转中心线）。

（3）完成草图绘制后，选择下拉菜单 插入(I) → 退出草图 命令，退出草绘环境，系统弹出图 3.3.8 所示的"切除-旋转"对话框。

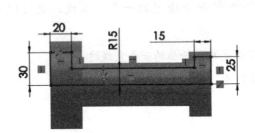

图 3.3.7 横断面草图

图 3.3.8 "切除-旋转"对话框

步骤04 定义旋转属性。

（1）定义旋转方向。在"切除-旋转"对话框的 方向1 区域的下拉列表中选择 给定深度 选项，采用系统默认的旋转方向。

（2）定义旋转角度。在 方向1 区域的 文本框中输入数值 360.00。

步骤05 单击对话框中的 ✓ 按钮，完成旋转切除特征的创建。

3.4 SolidWorks 的设计树

SolidWorks 的设计树一般出现在对话框左侧,它的功能是以树的形式显示当前活动模型中的所有特征或零件,在树的顶部显示根(主)对象,并将从属对象(零件或特征)置于其下。在零件模型中,设计树列表的顶部是零部件名称,下方是每个特征的名称;在装配体模型中,设计树列表的顶部是总装配名称,总装配下是各子装配和零件名称,每个子装配下方则是该子装配中的每个零件的名称,每个零件名称的下方是零件的各个特征的名称。

如果打开了多个 SolidWorks 对话框,则设计树内容只反映当前活动文件(即活动对话框中的模型文件)。

3.4.1 设计树界面简介

在学习本节时,先打开文件 D:\sw1401\work\ch03.04\link_base.SLDPRT
SolidWorks 的设计树界面如图 3.4.1 所示。

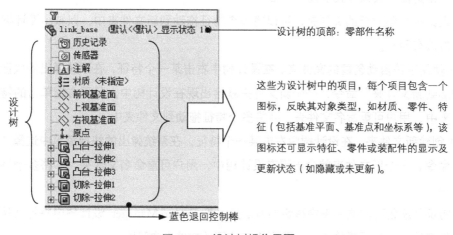

图 3.4.1 设计树操作界面

3.4.2 设计树的作用与一般规则

1. 设计树的作用

(1)在设计树中选取对象。

可以从设计树中选取要编辑的特征或零件对象,当要选取的特征或零件在图形区的模型中不可见时,此方法尤为有用;当要选取的特征和零件在模型中禁用选取时,仍可在设计树中进行选取操作。

 SolidWorks 的设计树中列出了特征的几何图形(即草图的从属对象),但在设计树中,几何图形的选取必须是在草绘状态下。

（2）更改项目的名称。

在设计树的项目名称上缓慢单击两次，然后输入新名称，即可更改所选项目的名称。

（3）在设计树中使用快捷命令。

单击或右击设计树中的特征名或零件名，可打开一个快捷菜单，从中可选取相对于选定对象的特定操作命令。

（4）确认和更改特征的生成顺序。

设计树中有一个蓝色退回控制棒，作用是指明在创建特征时特征的插入位置。在默认情况下，它的位置总是在模型树列出的所有项目的最后。可以在模型树中将其上下拖动，将特征插入到模型中的其他特征之间。将控制棒移动到新位置时，控制棒后面的项目将被隐含，这些项目将不在图形区的模型上显示。

可在退回控制棒位于任何地方时保存模型。当再次打开文档时，可使用"编辑"下拉菜单中的"退回到尾"命令，或直接拖动控制棒至所需位置。

（5）创建自定义文件夹以插入特征。

在设计树中创建新的文件夹，可以将多个特征拖动到新文件夹中，以减小设计树的长度，其操作方法有两种：

① 使用系统自动创建的文件夹。在设计树中右击某一个特征，在系统弹出的快捷菜单中选择"添加到新文件夹"命令，一个新文件夹就会出现在设计树中，且用右键单击的特征会出现在文件夹中，用户可重命名文件夹，并将多个特征拖动到文件夹中。

② 创建新文件夹。在设计树中右击某一个特征，在系统弹出的快捷菜单中选择"生成新文件夹"命令，一个新文件夹就会出现在设计树中，用户可重命名文件夹，并将多个特征拖动到文件夹中。

将特征从所创建的文件夹中移除的方法是：在 FeatureManager 设计树中将特征从文件夹拖动到文件夹外部，然后释放鼠标，即可将该特征从文件夹中移除。

拖动特征时，可将任何连续的特征或零部件放置到单独的文件夹中，但不能使用 Ctrl 键选择非连续的特征，这样可以保持父子关系。

不能将现有文件夹创建到新文件夹中。

（6）设计树的其他作用。

◆ 传感器可以监视零件和装配体的所选属性，并在数值超出指定阈值时发出警告。

◆ 在设计树中右击"注解"文件夹，可以控制尺寸和注解的显示。

◆ 可以记录"设计日志"并"创建附加件到"到"设计活页夹"文件夹。

◆ 在设计树中右击"材质"，可以创建或修改应用到零件的材质。

◆ 在"光源与相机"文件夹中可以创建或修改光源。

2. 设计树的一般规则

（1）项目图标左边的"+"符号表示该项目包含关联项，单击"+"可以展开该项目并显示其内容，若要一次折叠所有展开的项目，可用快捷键 Shift + C 或右击设计树顶部的文件名，然后从系统弹出的快捷菜单中选择"折叠项目"命令。

（2）草图有过定义、欠定义、无法解出的草图和完全定义四种类型，在设计树中分别用"（+）"、"（—）"、"（？）"表示（完全定义时草图无前缀）；装配体也有四种类型，前三种与草图一致，第四种类型为固定，在设计树中以"（f）"表示。

（3）若需重建已经更改的模型，则特征、零件或装配体之前会显示重建模型符号 。

（4）在设计树顶部显示锁形的零件，则不能对其进行编辑，此零件通常是 Toolbox 或其他标准库零件。

3.5 对特征进行编辑与重定义

3.5.1 编辑特征的操作

特征尺寸的编辑是指对特征的尺寸和相关修饰元素进行修改，以下将举例说明其操作方法。

1. 显示特征尺寸值

步骤01 打开文件 D:\sw1401\work\ch03.05\link_base.SLDPRT

步骤02 在图 3.5.1 所示模型（slide）的设计树中，双击要编辑的特征（或直接在图形区双击要编辑的特征），此时该特征的所有尺寸都显示出来，如图 3.5.2 所示，以便进行编辑（若 Instant3D 按钮 处于按下状态，只需单击即可显示尺寸）。

图 3.5.1 设计树

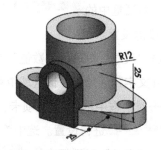

图 3.5.2 编辑零件模型的尺寸

2. 修改特征尺寸值

通过上述方法进入尺寸的编辑状态后，如果要修改特征的某个尺寸值，方法如下：

步骤 01　在模型中双击要修改的某个尺寸，系统弹出图 3.5.3 所示的"修改"对话框。

步骤 02　在"修改"对话框的文本框中输入新的尺寸，并单击对话框中的 ✓ 按钮。

步骤 03　编辑特征的尺寸后，必须进行重建操作，重新生成模型，这样修改后的尺寸才会重新驱动模型。方法是选择下拉菜单 编辑(E) ➡ 重建模型(R) 命令（或单击"标准"工具栏中的 ❽ 按钮）。

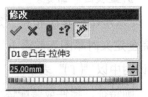

图 3.5.3　"修改"对话框

图 3.5.3 所示的"修改"对话框中各按钮的说明如下：

- ◆ ✓ 按钮：保存当前数值并退出"修改"对话框。
- ◆ ✗ 按钮：恢复原始数值并退出"修改"对话框。
- ◆ ❽ 按钮：以当前数值重建模型。
- ◆ ↗ 按钮：用于反转尺寸方向的设置。
- ◆ ±? 按钮：重新设置数值框的增（减）量值。
- ◆ 🖋 按钮：将尺寸标注为要输入进工程图中的尺寸。

3. 修改特征尺寸的修饰

如果要修改特征的某个尺寸的修饰，其一般操作步骤如下：

步骤 01　双击选中要修改尺寸的特征，在模型中单击要修改其修饰的某个尺寸，系统弹出图 3.5.4 所示的"尺寸"对话框。

步骤 02　在"尺寸"对话框中可进行尺寸数值、字体、公差/精度和显示等相应修饰项的设置修改。

（1）单击对话框中的 公差/精度(P)，系统将展开 公差/精度(P) 区域，在此区域中可以进行尺寸公差/精度的设置。

（2）单击"尺寸"对话框"数值"选项卡中的 标注尺寸文字(I)，系统将展开图 3.5.5 所示的"标注尺寸文字"区域，在该区域中可进行尺寸文字的修改。

（3）单击对话框中的 引线 选项卡，系统将切换到图 3.5.6 所示的界面，在该界面中可对 尺寸界线/引线显示(W) 进行设置。选中 ☑ 自定义文字位置 复选框，可以对文字位置进行设置。

（4）单击"尺寸"对话框中的 其它 选项卡，系统切换到图 3.5.7 所示的界面，在该界面中可进行单位和文本字体的设置。

图 3.5.4 "尺寸"对话框

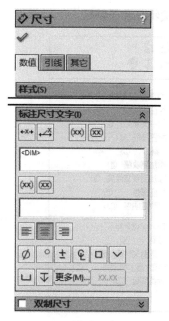

图 3.5.5 "标注尺寸文字"区域

图 3.5.6 "引线"选项卡

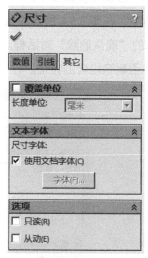

图 3.5.7 "其它"选项卡

3.5.2 如何查看特征父子关系

在设计树中右击所要查看的特征（如切除-拉伸 1），从系统弹出的图 3.5.8 所示的快捷菜单中选择 父子关系... (I) 命令，系统弹出图 3.5.9 所示的"父子关系"对话框，在对话框中可查看所选特征的父特征和子特征。

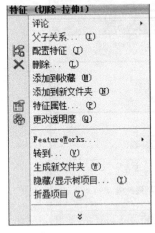

图 3.5.8　快捷菜单

图 3.5.9　"父子关系"对话框

3.5.3　怎样删除特征

删除特征的一般操作步骤如下：

（1）选择命令。在图 3.5.8 所示的快捷菜单中，选择  命令，系统弹出图 3.6.10 所示的"确认删除"对话框。

（2）定义是否删除内含的特征。在"确认删除"对话框中选中 ☑ 删除内含特征(F) 复选框。

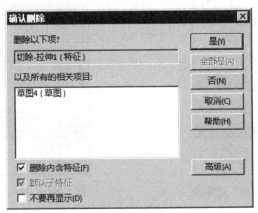

图 3.5.10　"确认删除"对话框

 内含特征即所选特征的子代特征，如本例中所选特征的内含特征即为"草图4（草图）"，若取消选中的"删除内含特征"复选框，则系统执行删除命令时，只删除特征，而不删除草图。

（3）单击对话框中的 是(Y) 按钮，完成特征的删除。

如果要删除的特征是零部件的基础特征（如模型中的拉伸特征"凸台-拉伸1"），需选中 ☑ 默认子特征 复选框，否则其子特征将因为失去参考而重建失败。

3.5.4 对特征进行重定义

当特征创建完毕后，如果需要重新定义特征的属性、横断面的形状或特征的深度选项，就必须对特征进行编辑，也叫"重定义"。下面以模型 link_base 的切除-拉伸特征为例，说明特征编辑定义的操作方法。

1. 重定义特征的属性

步骤01 在图 3.5.11 所示模型（link_base）的设计树中，右击凸台-拉伸2特征，在系统弹出的快捷菜单中，选择 命令，此时"凸台-拉伸2"对话框将显示出来，如图 3.5.12 所示。

步骤02 在对话框中重新设置特征的深度类型和深度值及拉伸方向等属性。

步骤03 单击对话框中的 ✓ 按钮，完成特征属性的修改。

图 3.5.11 设计树

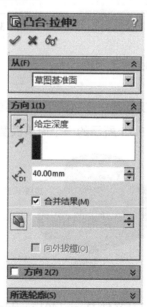

图 3.5.12 "凸台-拉伸2"对话框

2. 重定义特征的横断面草图

步骤01 在图 3.5.13 所示的设计树中右击"切除-拉伸"特征，在系统弹出的快捷菜单中选择 命令，进入草绘环境。

步骤02 在草图绘制环境中修改特征草绘横断面的尺寸、约束关系和形状等。

步骤 03　单击草绘工具栏中的 按钮，退出草图绘制环境，完成特征的修改。

在编辑特征的过程中可能需要修改草图基准平面，其方法是在图 3.5.13 所示的设计树中右击 ，从系统弹出的图 3.5.14 所示的快捷菜单中选择 命令，系统将弹出图 3.5.15 所示的"草图绘制平面"对话框，即可更改草图基准面。

图 3.5.13　设计树

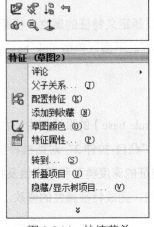
图 3.5.14　快捷菜单

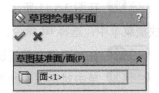
图 3.5.15　"草图绘制平面"对话框

3.6　倒角特征

倒角特征实际是一个在两个相交面的交线上建立斜面的特征。

下面以图 3.6.1 所示的一个简单模型为例，介绍创建倒角特征的一般过程。

a）倒角前　　　　　　　　　　　b）倒角后

图 3.6.1　倒角特征

步骤 01　打开文件 D:\sw1401\work\ch03.06\chamfer.SLDPRT。

步骤 02　选择命令。选择下拉菜单 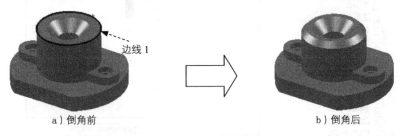 命令（或单击"特征（F）"工具栏中的 按钮），系统弹出图 3.6.2 所示的"倒角"对话框。

步骤 03　定义倒角类型。在"倒角"对话框中选中 角度距离(A) 单选项。

步骤 04　定义倒角对象。在系统的提示下，选取图 3.6.1a 所示的边线 1 作为倒角对象。

第 3 章 零件设计

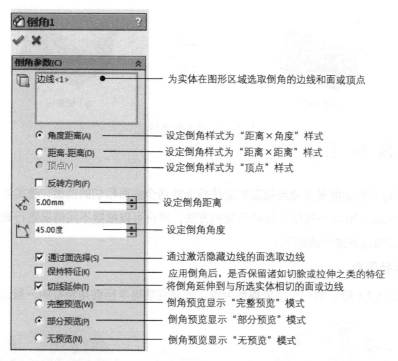

图 3.6.2 "倒角"对话框

步骤 05 定义倒角参数。在 文本框中输入数值 5.0，在 文本框中输入数值 45.0。

步骤 06 单击对话框中的 按钮，完成倒角特征的定义。

图 3.6.2 所示的"倒角"对话框的说明如下：

- 若在"倒角"对话框中选中 距离-距离(D) 单选项，可以在 D1和 D2文本框中输入参数，以定义倒角特征。

- 倒角类型的各子选项说明：
  - 通过面选择(S) 复选框：选中此复选框，可以通过激活隐藏边线的面来选取边线。
  - 保持特征(K) 复选框：选中此复选框，可以保留倒角处的特征（如拉伸、切除等），一般应用倒角命令时，这些特征将被移除。
  - 切线延伸(T) 复选框：选中此复选框，可将倒角延伸到与所选实体相切的面或边线。
  - 在"倒角"对话框中选中 完整预览(W) 、 部分预览(P) 或 无预览(N) 单选项，可以定义倒角的预览模式。

- 利用"倒角"对话框还可以创建图 3.6.3 所示的顶点倒角特征，方法是在定义倒角类型时选择"顶点"选项，然后选取所需倒角的顶点，再输入目标参数即可。

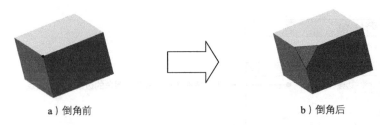

a）倒角前　　　　　　　　　　　　　　b）倒角后

图 3.6.3　顶点倒角特征

3.7　圆角特征

"圆角"特征的功能是建立与指定的边线相连的两个曲面相切的曲面，使实体曲面实现圆滑过渡。SolidWorks 2014 中提供了四种圆角的方法，用户可以根据不同情况进行圆角操作。这里将其中的三种圆角方法介绍如下。

1. 等半径圆角

下面以图 3.7.1 所示的一个简单模型为例，说明创建等半径圆角特征的一般过程。

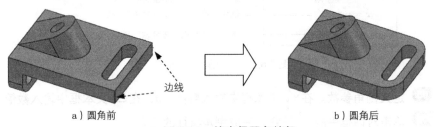

a）圆角前　　　　　　　　　　　　　　b）圆角后

图 3.7.1　等半径圆角特征

步骤 01　打开文件 D:\sw1401\work\ch03.07\round_01.SLDPRT。

步骤 02　选择命令。选择下拉菜单 插入(I) → 特征(F) → 圆角(U) 命令（或单击"特征（F）"工具栏中的 按钮），系统弹出图 3.7.2 所示的"圆角"对话框。

步骤 03　定义圆角类型。在"圆角"对话框的 手工 选项卡的 圆角类型(Y) 选项组中选中 恒定大小(C) 单选项。

步骤 04　选取要圆角的对象。在系统的提示下，选取图 3.7.1 所示的边线为要圆角的对象。

步骤 05　定义圆角参数。在"圆角"对话框 圆角项目(I) 区域的 文本框中输入数值 10.0。

步骤 06　单击"圆角"对话框中的 按钮，完成等半径圆角特征的创建。

在"圆角"对话框中，还有一个 FilletXpert 选项卡，此选项卡仅在创建等半径圆角特征时可发挥作用，使用此选项卡可生成多个圆角，并在需要时自动将圆角重新排序。

等半径圆角特征的圆角对象也可以是面或环等元素，例如选取图 5.9.3a 所示的模型表面 1 为圆角对象，则可创建图 3.7.3b 所示的圆角特征。

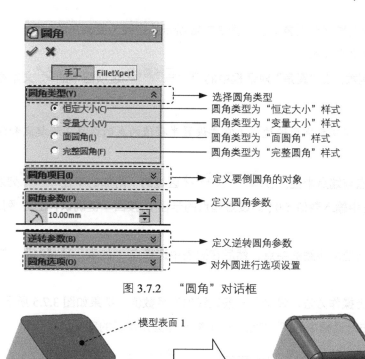

图 3.7.2 "圆角"对话框

图 3.7.3 等半径圆角特征

2. 变半径圆角

变半径值的圆角：生成包含变半径值的圆角，可以使用控制点帮助定义圆角。

下面以图 3.7.4 所示的一个简单模型为例，说明创建变半径圆角特征的一般过程。

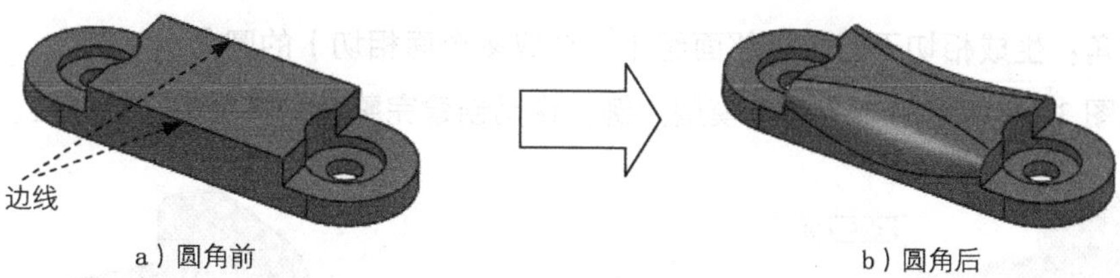

图 3.7.4 变半径圆角特征

步骤01 打开文件 D:\sw1401\work\ch03.07\round_02.SLDPRT。

步骤02 选择命令。选择下拉菜单 插入(I) → 特征(F) → 圆角(U) 命令，系统弹出"圆角"对话框。

步骤03 定义圆角类型。在"圆角"对话框中的 手工 选项卡的 圆角类型(Y) 选项组中选中 变量大小(V) 单选项。

步骤 04 选取要圆角的对象。选取图 3.7.4a 所示的边线为要圆角的对象。

步骤 05 定义圆角参数。

（1）定义实例数。在"圆角"对话框中的 变半径参数(P) 选项组中的 文本框中输入数值 1。

  实例数即所选边线上需要设置半径值的点的数目（除起点和端点外）。

（2）定义起点与端点半径。在 变半径参数(P) 区域的"附加的半径" 列表中选择"v1"，然后在 文本框中输入数值 5.0（即设置起点的半径），按回车键确认；在 列表中选择"v2"，输入半径值 5.0。

（3）在图形区选取边线的中点，然后在列表中选择点 1 的表示项"P1"，在 文本框中输入数值 12.0。

（4）参照以上操作方法，设置另一条边线的半径数值，结果如图 3.7.5 所示。

步骤 06 单击对话框中的 按钮，完成变半径圆角特征的定义。

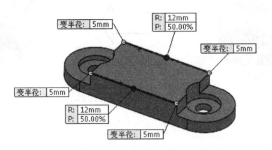

图 3.7.5 定义圆角参数

3. 完整圆角

完整圆角：生成相切于三个相邻面组（一个或多个面相切）的圆角。

下面以图 3.7.6 所示的一个简单模型为例，说明创建完整圆角特征的一般过程。

a）圆角前   b）圆角后

图 3.7.6 完整圆角特征

步骤 01 打开文件 D:\sw1401\work\ch03.07\round_03.SLDPRT。

步骤 02 选择命令。选择下拉菜单 插入(I) → 特征(F) → 圆角(F)... 命令（或单击"特征（F）"工具栏中的按钮），系统弹出"圆角"对话框。

步骤03 定义圆角类型。在"圆角"对话框的 手工 选项卡的 圆角类型(Y) 选项组中选中 ⦿ 完整圆角(F) 单选项。

步骤04 定义中央面组和边侧面组。

（1）定义边侧面组 1。选取图 3.7.6 所示的边侧面组 1。

（2）定义中央面组。在"圆角"对话框的 圆角项目(I) 区域，单击以激活"中央面组"文本框，然后选取图 3.7.6 所示的中央面组。

（3）定义边侧面组 2。单击以激活"边侧面组 2"文本框，然后选取图 3.7.6 所示的边侧面组 2。

步骤05 单击"圆角"对话框中的 ✓ 按钮，完成完整圆角特征的创建。

一般而言，在生成圆角时最好遵循以下规则。

◆ 在创建小圆角之前创建较大圆角。当有多个圆角会聚于一个顶点时，先生成较大的圆角。

◆ 在生成圆角前先创建拔模。如果要生成具有多个圆角边线及拔模面的铸模零件，在大多数情况下，应在创建圆角之前创建拔模特征。

◆ 最后创建装饰用的圆角。在大多数其他几何体定位后，尝试创建装饰圆角。越早创建它们，则系统需要花费越长的时间重建零件。

◆ 如要加快零件重建的速度，请使用单一圆角操作来处理需要相同半径圆角的多条边线。然而，如果改变此圆角的半径，则在同一操作中生成的所有圆角都会改变。

3.8 抽壳特征

抽壳特征是将实体的一个或几个表面去除，然后掏空实体的内部，留下一定壁厚（等壁厚或多壁厚）的壳（图 3.8.1）。在使用该命令时，要注意各特征的创建次序。

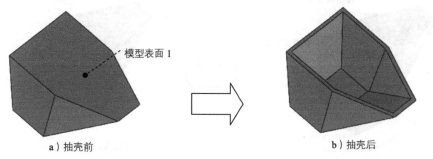

图 3.8.1 等壁厚的抽壳

1. 等壁厚抽壳

下面以图 3.8.1 所示的简单模型为例，说明创建等壁厚抽壳特征的一般过程。

步骤 01 打开文件 D:\sw1401\work\ch03.08\shell_feature.SLDPRT。

步骤 02 选择命令。选择下拉菜单 插入(I) —→ 特征(F) —→ 抽壳(S) 命令，系统弹出图 3.8.2 所示的"抽壳 1"对话框。

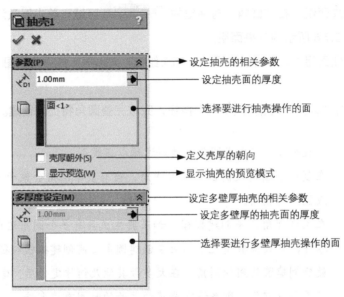

图 3.8.2 "抽壳 1"对话框

步骤 03 选取要移除的面。选取图 3.8.1a 所示的模型表面 1 为要移除的面。

步骤 04 定义抽壳厚度。在"抽壳 1"对话框的 参数(P) 区域的"厚度" 文本框中输入数值 1.0。

步骤 05 单击对话框中的 ✓ 按钮，完成抽壳特征的创建。

2. 多壁厚抽壳

利用多壁厚抽壳，可以生成在不同面上具有不同壁厚的抽壳特征。

下面以图 3.8.3 所示的简单模型为例，说明创建多壁厚抽壳特征的一般过程。

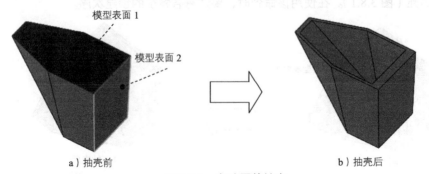

a) 抽壳前　　　　　　　　b) 抽壳后

图 3.8.3 多壁厚的抽壳

步骤 01 打开文件 D:\sw1401\work\ch03.08\shell_feature.SLDPRT。

步骤 02 选择命令。选择下拉菜单 插入(I) → 特征(F) → 抽壳(S) 命令，系统弹出"抽壳1"对话框。

步骤 03 选取要移除的面。选取图 3.8.3a 所示的模型表面 1 为要移除的面。

步骤 04 定义抽壳厚度。

（1）定义抽壳剩余面的默认厚度。在"抽壳"对话框的 参数(P) 区域的"厚度" D1 文本框中输入数值 1.0。

（2）定义抽壳中指定面的厚度。

① 在"抽壳"对话框中单击 多厚度设定(M) 区域中的"多厚度面"列表框，选取图 3.8.3a 所示的模型表面 2。

② 在"多厚度设定"区域的 D1 文本框中输入数值 3.0。

步骤 05 单击对话框中的 ✓ 按钮，完成抽壳特征的创建。

3.9 对特征进行重新排序及插入操作

3.9.1 概述

在 3.8 节中，曾提到对一个零件进行抽壳时，零件中特征的创建顺序非常重要，如果各特征的顺序安排不当，抽壳特征会生成失败，有时即使能生成抽壳，但结果也不会符合设计的要求，可按下面的操作方法进行验证：

步骤 01 打开文件 D:\sw1401\work\ch03.09\compositor.SLDPRT。

步骤 02 将模型设计树中的 圆角2 的半径从 R10 改为 R15，会看到模型的底部出现多余的实体区域，如图 3.9.1b 所示（图示为剖面图）。显然这不符合设计意图，之所以会产生这样的问题，是因为圆角特征和抽壳特征的顺序安排不当，解决办法是将圆角特征调整到抽壳特征的前面，这种特征顺序的调整就是特征的重排顺序（Reorder）。

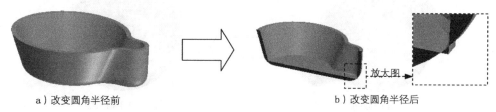

a）改变圆角半径前   b）改变圆角半径后

图 3.9.1 注意抽壳特征的顺序

3.9.2 重新排序的操作方法

这里仍以 compositor.SLDPRT 为例，说明特征重新排序（Reorder）的操作方法。如图 3.9.2

所示，在零件的设计树中选取 圆角2 特征，按住左键不放并拖动鼠标，拖至 抽壳1 特征的上面，然后松开左键，这样圆角特征就调整到抽壳特征的前面了。

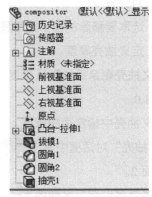

a）重新排序前　　　　　　　　　　　　a）重新排序后

图 3.9.2　特征的重新排序

> **注意**　特征的重新排序（Reorder）是有条件的，条件是不能将一个子特征拖至其父特征的前面。如果要调整有父子关系的特征的顺序，必须先解除特征间的父子关系。解除父子关系有两种办法：一是改变特征截面的标注参照基准或约束方式；二是改变特征的重定次序（Reorder），即改变特征的草绘平面和草绘平面的参照平面。

3.9.3　特征的插入操作

在上一节的 compositor.SLDPRT 的练习中，当所有的特征完成以后，假如还要创建一个图 3.9.3b 所示的凸台-拉伸特征，并要求该特征创建在 圆角2 特征的后面，利用"特征的插入"功能可以满足这一要求。下面说明其一般过程。

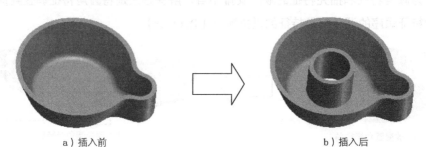

a）插入前　　　　　　　　　　　　　　b）插入后

图 3.9.3　插入拉伸特征

步骤01　定义创建特征的位置。在设计树中，将退回控制棒拖动到 圆角2 特征之后。

步骤02　定义创建的特征。

(1)选择命令。选择下拉菜单 插入(I) → 切除(C) → 拉伸(E)... 命令。

(2)定义横断面草图。选取图 3.9.4 所示的平面作为草绘基准面,绘制图 3.9.5 所示的横断面草图。

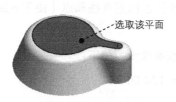
图 3.9.4 草绘基准面

图 3.9.5 绘制横断面草图

(3)定义拉伸深度属性。

① 定义深度方向,单击 按钮,采用系统默认深度方向的反向。

② 定义深度类型和深度值。在"拉伸"对话框 方向1 区域的下拉列表中选择 成形到下一面 选项。

(4)单击 ✔ 按钮,完成拉伸的创建。

步骤 03 完成特征的创建后,将退回控制棒拖动到 抽壳1 特征之后,显示所有特征。

若不用退回控制棒插入特征,而直接将拉伸特征创建到 抽壳1 之后,则生成的模型如图 3.9.6 所示。

图 3.9.6 创建拉伸特征 2

3.10 参考几何体

SolidWorks 中的参考几何体包括基准面、基准轴和点等基本几何元素,这些几何元素可作为其他几何体构建时的参照物,在创建零件的一般特征、曲面、零件的剖切面以及装配中起着非常重要的作用。

3.10.1 基准面

基准面也称基准平面。在创建一般特征时,如果模型上没有合适的平面,用户可以创建基准面作为特征截面的草图平面及其参照平面,也可以根据一个基准面进行标注,就好像它是一条边。基准面的大小都可以调整，以使其看起来适合零件、特征、曲面、边、轴或半径。

要选择一个基准面，可以选择其名称，或选择它的一条边界。

1. 通过直线/点创建基准面

利用一条直线和直线外一点创建基准面，此基准面包含指定直线和点（由于直线可由两点确定，因此这种方法也可通过选择三点来完成）。

如图 3.10.1 所示，通过直线/点创建基准平面的一般操作步骤如下：

步骤01 打开文件 D:\sw1401\work\ch03.10.01\plane_1.SLDPRT。

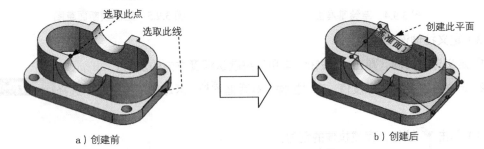

图 3.10.1　通过直线/点创建基准面

步骤02 选择命令。选择下拉菜单 插入(I) → 参考几何体(G) → 基准面(P)... 命令，系统弹出"基准面"对话框。

步骤03 定义基准面的参考实体。依次选取图 3.10.1a 所示的直线和点作为所要创建的基准面的参考实体。

步骤04 单击"基准面"对话框中的 ✔ 按钮，完成基准面的创建。

2. 垂直于曲线创建基准面

利用点与曲线创建基准面，此基准面通过所选点，且与选定的曲线垂直。

如图 3.10.2 所示，通过直线/点创建基准面的过程如下：

步骤01 打开文件 D:\sw1401\work\ch03.10.01\plane_2.SLDPRT。

步骤02 选择命令。选择下拉菜单 插入(I) → 参考几何体(G) → 基准面(P)... 命令，系统弹出"基准面"对话框。

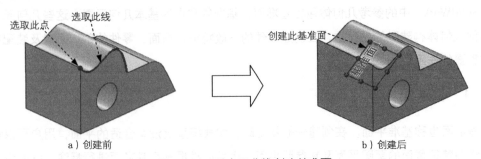

图 3.10.2　垂直于曲线创建基准面

步骤 03 定义基准面的参考实体。依次选取图 3.10.2a 所示的点和边线作为所要创建的基准面的参考实体。

步骤 04 单击对话框中的 ✔ 按钮,完成基准面的创建。

3. 创建与曲面相切的基准面

通过选择一个曲面创建基准面,此基准面与所选曲面相切。下面介绍图 3.10.3 所示与曲面相切的基准面的创建过程。

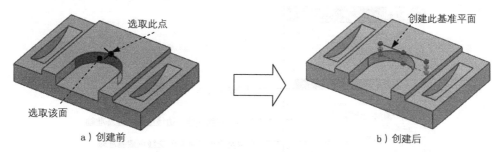

图 3.10.3 创建与曲面相切的基准面

步骤 01 打开文件 D:\sw1401\work\ch03.10.01\plane_3.SLDPRT。

步骤 02 选择命令。选择下拉菜单 插入(I) → 参考几何体(G) → 基准面(P)... 命令,系统弹出"基准面"对话框。

步骤 03 定义基准面的参考实体。依次选取图 3.10.3a 所示的曲面和点作为所要创建的基准面的参考实体。

步骤 04 单击对话框中的 ✔ 按钮,完成基准面的创建。

3.10.2 基准轴

"基准轴(axis)"按钮的功能是在零件设计模块中建立轴线,同基准面一样,基准轴也可以用于特征创建时的参照,并且基准轴对创建基准平面、同轴放置项目和径向阵列特别有用。

创建基准轴后,系统用基准轴1、基准轴2等依次自动分配其名称。要选取一个基准轴,可选择基准轴线自身或其名称。

1. 利用两平面创建基准轴

可以利用两个平面的交线创建基准轴。平面可以是系统提供的基准面,也可以是模型表面。如图 3.10.4b 所示,利用两平面创建基准轴的一般操作步骤如下:

步骤 01 打开文件 D:\sw1401\work\ch03.10.02\axis_1.SLDPRT。

步骤 02 选择命令。选择下拉菜单 插入(I) → 参考几何体(G) → 基准轴(A)... 命令(或单击"参考几何体"工具栏中的 ╱ 按钮),系统弹出图 3.10.5 所示的"基准轴"对话框。

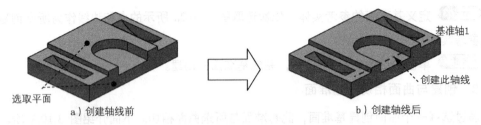

图 3.10.4 利用两平面创建基准轴

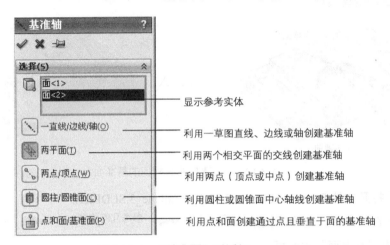

图 3.10.5 "基准面"对话框

步骤 03 定义基准轴的创建类型。在"基准轴"对话框的 选择(S) 区域中单击"两平面"按钮 。

步骤 04 定义基准轴的参考实体。选取图 3.10.4a 所示的两个平面作为参考实体。

步骤 05 单击对话框中的 ✔ 按钮,完成基准轴的创建。

2. 利用两点/顶点创建基准轴

利用两点连线创建基准轴。点可以是顶点、边线中点或其他基准点。

下面介绍图 3.10.6b 所示基准轴的创建过程。

步骤 01 打开文件 D:\sw1401\work\ch03.10.02\axis_2.SLDPRT。

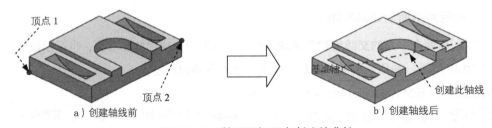

图 3.10.6 利用两点/顶点创建基准轴

步骤 02 选择命令。选择下拉菜单 插入(I) → 参考几何体(G) → 基准轴(A)... 命令，系统弹出"基准轴"对话框。

步骤03 定义基准轴的创建类型。在"基准轴"对话框的 选择(S) 区域中单击"两点/顶点"按钮。

步骤04 定义基准轴参考实体。选取图 3.10.6a 所示的顶点 1 和顶点 2 为参考实体。

步骤05 单击对话框中的 ✓ 按钮，完成基准轴的创建。

3. 利用圆柱/圆锥面创建基准轴

下面介绍图 3.10.7b 所示基准轴的创建过程。

步骤01 打开文件 D:\sw1401\work\ch03.10.02\axis_3.SLDPRT。

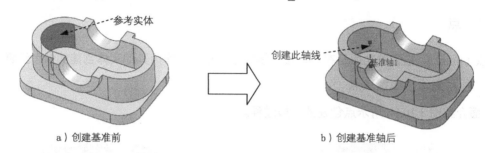

a）创建基准前　　　　　　　　　　b）创建基准轴后

图 3.10.7　利用圆柱/圆锥面创建基准轴

步骤02 选择命令。选择下拉菜单 插入(I) → 参考几何体(G) → 基准轴(A)... 命令（或单击"参考几何体"工具栏中的 按钮），系统弹出"基准轴"对话框。

步骤03 定义基准轴的创建类型。在"基准轴"对话框的 选择(S) 区域中单击"圆柱/圆锥面"按钮。

步骤04 定义基准轴参考实体。选取图 3.10.7a 所示的半圆柱面为参考实体。

步骤05 单击对话框中的 ✓ 按钮，完成基准轴的创建。

4. 利用点和面/基准面创建基准轴

选择一个曲面（或基准面）和一个点生成基准轴，此基准轴通过所选点，且垂直于所选曲面（或基准面）。需注意的是，如果所选曲面不是平面，那么所选点必须位于曲面上。

下面介绍图 3.10.8b 所示基准轴的创建过程。

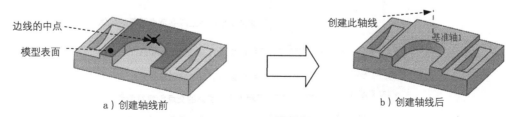

a）创建轴线前　　　　　　　　　　b）创建轴线后

图 3.10.8　利用点和面/基准面创建基准轴

步骤01 打开文件 D:\sw1401\work\ch03.10.02\axis_4.SLDPRT。

步骤02 选择命令。选择下拉菜单 插入(I) → 参考几何体(G) → 基准轴(A)... 命令，系统弹出"基准轴"对话框。

步骤03 定义基准轴的创建类型。在"基准轴"对话框的 选择(S) 区域中单击"点和面/基准面"按钮。

步骤04 定义基准轴参考实体。

（1）定义轴线通过的点。选取图 3.10.8a 所示的边线的中点为轴线通过的点。

（2）定义轴线的法向平面。选取图 3.10.8a 所示的模型表面为轴线的法向平面。

步骤05 单击对话框中的 ✔ 按钮，完成基准轴的创建。

3.10.3 点

"点（point）"按钮的功能是在零件设计模块中创建点，作为其他实体创建的参考元素。

1. 利用圆弧中心创建点

下面介绍图 3.10.9b 所示点创建的一般过程。

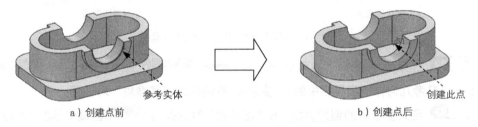

图 3.10.9 利用圆弧中心创建点

步骤01 打开文件 D:\sw1401\work\ch03.10.03\point_1.SLDPRT。

步骤02 选择命令。选择下拉菜单 插入(I) → 参考几何体(G) → 点(O)... 命令，系统弹出图 3.10.10 所示的"点"对话框。

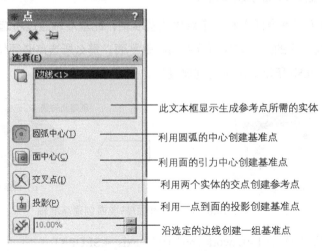

图 3.10.10 "点"对话框

步骤03 定义点的创建类型。在"点"对话框的 选择(E) 区域中单击"圆弧中心"按钮 。

步骤04 定义点的参考实体。选取图 3.10.9a 所示的边线为点的参考实体。

步骤05 单击对话框中的 ✓ 按钮,完成点的创建。

2. 利用面中心创建基准点

利用所选面的中心创建点,面的中心即面的重心。

下面介绍图 3.10.11b 所示点的创建过程。

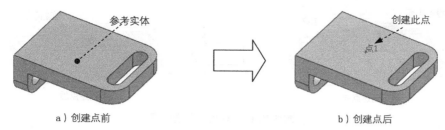

图 3.10.11 利用面中心创建点

步骤01 打开文件 D:\sw1401\work\ch03.10.03\point_2.SLDPRT。

步骤02 选择命令。选择下拉菜单 插入(I) → 参考几何体(G) → 点(O)... 命令(或单击"参考几何体"工具栏中的 按钮),系统弹出"点"对话框。

步骤03 定义点的创建类型。在"点"对话框的 选择(E) 区域中单击"面中心"按钮 。

步骤04 定义点的参考实体。选取图 3.10.11a 所示的模型表面为点的参考实体。

步骤05 单击对话框中的 ✓ 按钮,完成点的创建。

3. 利用交叉线创建点

在所选参考实体的交线处创建点,参考实体可以是边线、曲线或草图线段。

下面介绍图 3.10.12b 所示点的创建过程。

步骤01 打开文件 D:\sw1401\work\ch03.10.03\point_3.SLDPRT。

图 3.10.12 利用交叉点创建点

步骤02 选择命令。选择下拉菜单 插入(I) → 参考几何体(G) → 点(O)... 命令,系统弹出"点"对话框。

步骤03 定义点的创建类型。在"点"对话框的 选择(E) 区域中单击"交叉点"按钮 。

步骤04 定义点的参考实体。选取图 3.10.12a 所示的两条边线为点的参考实体。

步骤05 单击对话框中的 ✓ 按钮，完成点的创建。

4. 利用投影创建点

利用一个投影实体和一个被投影实体创建点，投影实体可以是曲线端点、草图线段中点和实体模型顶点；被投影实体可以是基准面、平面或曲面。

下面介绍图 3.10.13b 所示点的创建过程。

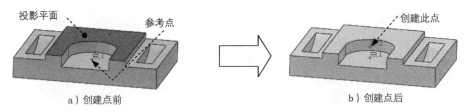

图 3.10.13 利用投影创建点

步骤01 打开文件 D:\sw1401\work\ch03.10.03\point_4.SLDPRT。

步骤02 选择命令。选择下拉菜单 插入(I) → 参考几何体(G) → ✱ 点(O)... 命令，系统弹出"点"对话框。

步骤03 定义点的创建类型。在"点"对话框的 选择(E) 区域中单击"投影"按钮 。

步骤04 定义点的参考实体。

（1）定义参考点。选取图 3.10.13a 所示的点为所创点的参考点。

（2）定义投影平面。选取图 3.10.13a 所示的模型表面为点的投影平面。

步骤05 单击对话框中的 ✓ 按钮，完成点的创建。

5. 沿曲线创建多个点

可以沿选定曲线生成一组点，曲线可以为模型边线或草图线段。

下面介绍图 3.10.14b 所示点的创建过程。

步骤01 打开文件 D:\sw1401\work\ch03.10.03\point_5.SLDPRT。

步骤02 选择命令。选择下拉菜单 插入(I) → 参考几何体(G) → ✱ 点(O)... 命令，系统弹出"点"对话框。

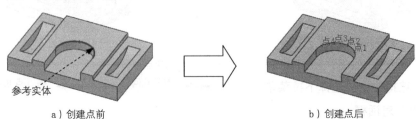

图 3.10.14 沿曲线创建多个点

步骤03 定义点的创建类型。

（1）在"点"对话框的 选择(E) 区域中单击"沿曲线距离或多个参考点"按钮。

（2）定义点的分布类型和数值。在"点"对话框中选中 均匀分布(V) 单选项，在 按钮后的文本框中输入 4，并按回车键。

步骤04 定义点的参考实体。选取图 3.10.14a 所示的边线为生成点的曲线。

步骤05 单击对话框中的 ✓ 按钮，完成点的创建。

3.10.4 坐标系

"坐标系（coordinate）"按钮的功能是在零件设计模块中创建坐标系，作为其他实体创建的参考元素。

下面介绍图 3.10.15b 所示坐标系创建的一般过程。

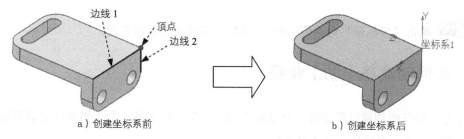

图 3.10.15　创建坐标系

步骤01 打开文件 D:\sw1401\work\ch03.10.04\coordinate..SLDPRT。

步骤02 选择命令。选择下拉菜单 插入(I) → 参考几何体(G) → 坐标系(C)... 命令，系统弹出图 3.10.16 所示的"坐标系"对话框。

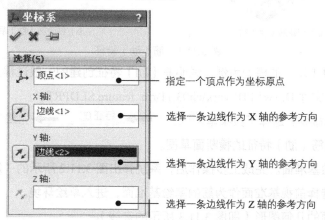

图 3.10.16　"坐标系"对话框

步骤03 定义坐标系参数。

（1）定义坐标系源点。选取图 3.10.15a 所示的顶点为坐标系源点。

有两种方法可以更改选择：一是在图形区右击，从系统弹出的快捷菜单中选择 消除选择(D) 命令，然后重新选择；二是在"源点"按钮后的文本框中右击，从系统弹出的快捷菜单中选择 消除选择(A) 命令或 删除(B) 命令，然后重新选择。

（2）定义坐标系 X 轴。选取图 3.10.15a 所示的边线 1 为 X 轴所在边线，方向如图 3.16.15b 所示。

（3）定义坐标系 Y 轴。选取图 3.10.15a 所示的边线 2 为 Y 轴所在边线，方向如图 3.16.15b 所示。

 坐标系的 Z 轴所在边线及其方向均由 X、Y 轴决定，可以通过单击"反转"按钮，实现 X、Y 轴方向的改变。

步骤04 单击"坐标系"对话框中的 按钮，完成坐标系的创建。

3.11 如何创建筋（肋）特征

筋（肋）特征的创建过程与拉伸特征基本相似，不同的是筋（肋）特征的截面草图是不封闭的，其截面只是一条直线（图 3.11.1）。

a）创建筋（肋）前　　　　　　　　b）创建筋（肋）后

图 3.11.1　筋（肋）特征

下面以图 3.11.1 所示的模型为例，说明筋（肋）特征创建的一般过程。

步骤01 打开文件 D:\sw1401\work\ch03.11\rib_feature.SLDPRT。

步骤02 选择命令。选择下拉菜单 插入(I) → 特征(F) → 筋(R) 命令。

步骤03 定义筋（肋）特征的横断面草图。

（1）选择草绘基准面。完成上步操作后，系统弹出图 3.11.2 所示的"筋"对话框（一），在系统的提示下，选择前视基准面作为筋的草绘基准面，进入草绘环境。

（2）绘制截面的几何图形（即图 3.11.3 所示的直线）。

（3）建立几何约束和尺寸约束，并将尺寸修改为设计要求的尺寸，如图 3.11.3 所示。

（4）单击 按钮，退出草绘环境。

第3章 零件设计

步骤04 定义筋（肋）特征的参数。

（1）定义筋（肋）的生成方向。图3.11.4所示的箭头指示的是筋（肋）的正确生成方向，选中对话框 参数(P) 区域的 ☑反转材料方向(F) 复选框，可以反转方向，如图3.11.5所示。

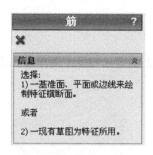
图3.11.2 "筋"对话框（一）

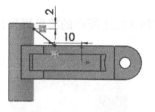
图3.11.3 横断面草图

（2）定义筋（肋）的厚度。在 参数(P) 区域中单击 ≡ 按钮，然后在 T1 文本框中输入数值2.0。

步骤05 单击对话框中的 ✓ 按钮，完成筋（肋）特征的创建。

 当绘制横断面草图时，如果所绘制的线段与现存的模型相交叉，也可以生成筋特征，如图3.11.6所示。

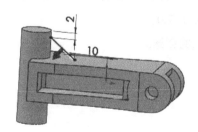
图3.11.4 定义筋（肋）的生成方向

图3.11.5 "筋"对话框（二）

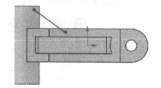
图3.11.6 横断面草图

3.12 孔特征

孔特征（Hole）命令的功能是在实体上钻孔。在SolidWorks 2014中，可以创建两种类型的孔特征。

◆ 简单孔：具有圆截面的切口，它始于放置曲面并延伸到指定的终止曲面或用户定义的深度。

◆ 异形向导孔：具有基本形状的螺孔。它是基于相关的工业标准的，可带有不同的末端形状的标准沉头孔和埋头孔。对选定的紧固件，既可计算攻螺纹，也可计算间隙直径；用户既可利用系统提供的标准查找表，也可自定义孔的大小。

3.12.1 简单直孔

下面以图 3.12.1 所示的简单模型为例，说明在模型上创建孔特征（简单直孔）的一般过程。

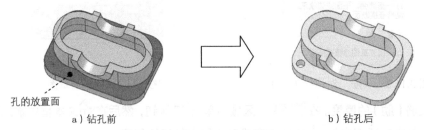

a) 钻孔前 　　　　　　　　　　　　　　b) 钻孔后

图 3.12.1 　简单孔

步骤 01 　打开文件 D:\sw1401\work\ch03\ch03.12\hole.SLDPRT。

步骤 02 　选择命令。选择下拉菜单 插入(I) → 特征(F) → 孔(H) → 简单直孔(S)... 命令。

步骤 03 　定义孔的放置面。选取图 3.12.1a 所示的模型表面为孔的放置面，系统弹出图 3.12.2 所示的"孔"对话框。

步骤 04 　定义孔的参数。

（1）定义孔的深度。在"孔"对话框中的 方向1 区域的下拉列表中选择 完全贯穿 选项。

（2）定义孔的直径。在 方向1 区域的 ⌀ 文本框中输入数值 7.0。

步骤 05 　单击"孔"对话框中的 ✔ 按钮，完成简单直孔的创建。

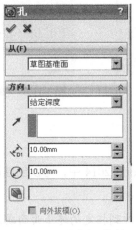

图 3.12.2 　"孔"对话框

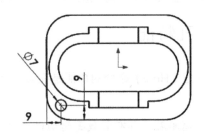

图 3.12.3 　创建尺寸约束

此时完成的简单直孔是没有经过定位的，孔所创建的位置，即为用户选择孔的放置面时，鼠标指针在模型表面单击的位置。

步骤06 编辑孔的定位。

（1）进入定位草图。在设计树中右击 孔1 ，从系统弹出的快捷菜单中选择编辑草图 命令，进入草绘环境。

（2）创建尺寸约束。创建图3.12.3所示的两个尺寸，并修改为设计要求的尺寸值。

（3）约束完成后，单击 按钮，退出草绘环境。

"孔"对话框中有两个区域：从(F) 区域和 方向1 区域。从(F) 区域主要定义孔的起始条件；方向1 区域用来设置孔的终止条件。

◆ 在图3.12.2所示"孔"对话框的 从(F) 区域中，单击"草图基准面"选项后的小三角形，可选择四种起始条件选项，各选项功能如下：

- 草图基准面 选项：表示特征从草图基准面开始生成。
- 曲面/面/基准面 选项：若选择此选项，需选择一个面作为孔的起始面。
- 顶点 选项：若选择此选项，需选择一个顶点，并且所选顶点所在的与草绘基准面平行的面即为孔的起始面。
- 等距 选项：若选择此选项，需输入一个数值，此数值代表的含义是孔的起始面与草绘基准面的距离，必须注意的是控制距离的反向可以用下拉列表右侧的"反向"按钮，但不能在文本框中输入负值。

◆ 在图3.12.2所示的"孔"对话框的 方向1 区域中，单击 完全贯穿 选项后的小三角形，可选择六种终止条件选项，各选项功能如下：

- 给定深度 选项：可以创建确定深度尺寸类型的特征，此时特征将从草绘平面开始，按照所输入的数值（即拉伸深度值）向特征创建的方向一侧生成。
- 完全贯穿 选项：特征将与所有曲面相交。
- 成形到下一面 选项：特征在拉伸方向上延伸，直到与平面或曲面相交。
- 成形到一顶点 选项：特征在拉伸方向上延伸，直至与指定顶点所在的且与草图基准面平行的面相交。
- 成形到一面 选项：特征在拉伸方向上延伸，直到与指定的平面相交。
- 到离指定面指定的距离 选项：若选择此选项，需先选择一个面，并输入指定的距离，特征将从孔的起始面开始到所选面指定距离处终止。

3.12.2 异形向导孔

下面以图 3.12.4 所示的简单模型为例，说明创建异形向导孔的一般过程。

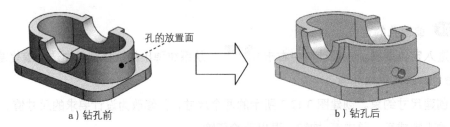

图 3.12.4 异形向导孔

步骤 01 打开文件 D:\sw1401\work\ch03.12\hole_wizard.SLDPRT。

步骤 02 选择命令。选择下拉菜单 插入(I) → 特征(F) → 孔(H) → 向导(W)... 命令，系统弹出图 3.12.5 所示的"孔规格"对话框。

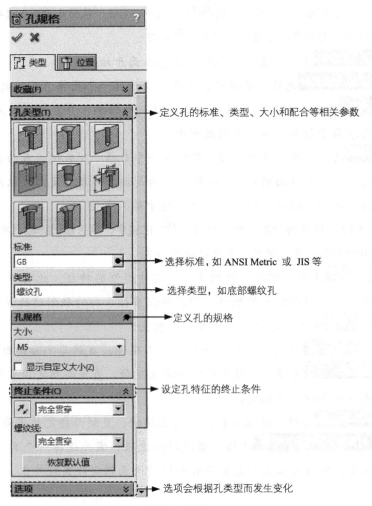

图 3.12.5 "孔规格"对话框

步骤 03 定义孔的位置。

（1）定义孔的放置面。在"孔规格"对话框中单击 位置 选项卡，系统弹出图 3.12.6 所示的"孔位置"对话框，选取图 3.12.4a 所示的模型表面为孔的放置面，然后在此面上任意单击一点。

（2）建立尺寸和约束。在"草图（K）"工具栏中单击 按钮，建立图 3.12.7 所示的尺寸约束，并添加点与边线的重合约束。

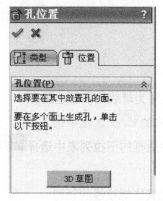

图 3.12.6　"孔位置"对话框

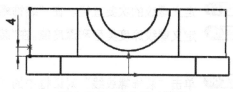

图 3.12.7　建立尺寸约束

步骤 04 定义孔的参数。

（1）定义孔的规格。在"孔位置"对话框中单击 类型 选项卡，选择孔"类型"为 （螺纹孔），标准为 GB，大小为 M5 。

（2）定义孔的终止条件。在"孔规格"对话框的 终止条件(C) 下拉列表中选择 成形到下一面 选项。在螺纹线下拉列表中选择 成形到下一面 选项。

步骤 05 单击"孔规格"对话框中的 按钮，完成异形向导孔的创建。

3.13　装饰螺纹线

装饰螺纹线（Thread）是在其他特征上创建，并能在模型上清楚地显示出来的起修饰作用的特征，是表示螺纹直径的修饰特征。与其他修饰特征不同，螺纹的线型是不能修改的，本例中的螺纹以系统默认的极限公差设置来创建。

装饰螺纹线可以表示外螺纹或内螺纹，可以是不通的或贯通的，可通过指定螺纹内径或螺纹外径（分别对于外螺纹和内螺纹）来创建装饰螺纹线，装饰螺纹线在零件建模时并不能完整反映螺纹，但在工程图中会清晰地显示出来。

创建装饰螺纹线的一般操作步骤：

这里以 thread.SLDPRT 零件模型为例，说明如何在模型的圆柱面上创建图 3.13.1 所示的装饰螺纹线。

步骤01 打开文件 D:\sw1401\work\ch03.13\thread.SLDPRT。

步骤02 选择命令。选择下拉菜单 插入(I) → 注解(N) → 装饰螺纹线(D) 命令，系统弹出"装饰螺纹线"对话框。

图 3.13.1 创建装饰螺纹线

步骤03 定义螺纹的圆形边线。选取图 3.13.1a 所示的边线为螺纹的圆形边线。

步骤04 定义螺纹的次要直径。在"装饰螺纹线"对话框的 ⌀ 文本框中输入数值 15。

步骤05 定义螺纹深度类型和深度值。在"装饰螺纹线"对话框的下拉列表中选择 成形到下一面 选项。

步骤06 单击"装饰螺纹线"对话框中的 ✓ 按钮，完成装饰螺纹线的创建。

3.14 特征生成失败及其解决方法

在创建或重定义特征时，若给定的数据不当或参照丢失，就会出现特征生成失败的警告，以下将说明特征生成失败的情况及其解决方法。

3.14.1 特征生成失败的出现

这里以一个简单模型为例进行说明。如果进行下列"编辑定义"操作（图 3.14.1），将会产生特征生成失败。

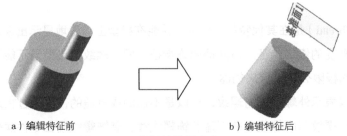

图 3.14.1 特征的编辑定义

步骤01 打开文件 D:\sw1401\work\ch03.14\fail.SLDPRT。

步骤02 在图 3.14.2 所示的设计树中，单击 凸台-拉伸1 节点前的"+"展开拉伸1特征，

右击 节点，从弹出的快捷菜单中选择 命令，进入草绘环境。

步骤 03 修改截面草图。将截面草图改为图3.14.3所示的形状，并建立几何约束和尺寸约束，单击 按钮，完成截面草图的修改。

图 3.14.2 特征树

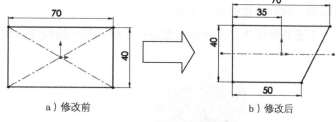

a) 修改前　　　　　　b) 修改后

图 3.14.3 修改截面草图

步骤 04 退出草绘环境的同时，系统弹出"什么错"对话框，其中提示拉伸2出错，这是因为重定义拉伸1后，其截面小大将无法盖住拉伸2的截面，导致拉伸2的深度参考丢失，所以出现特征生成失败。

3.14.2 特征生成失败的解决方法

1. 解决方法一：删除第二个拉伸特征

在系统弹出的"什么错"对话框中单击) 按钮，然后右击设计树中的 ，从系统弹出的快捷菜单中选择) 命令，在系统弹出的"确认删除"对话框中选中) 复选项，单击) 按钮，删除第二个拉伸特征及其草图。

2. 解决方法二：更改第二个拉伸特征的草绘基准面

在"什么错"对话框中单击) 按钮，然后右击设计树中的 ，从系统弹出的快捷菜单中选择 命令，修改成图3.14.4b所示的横断面草图。

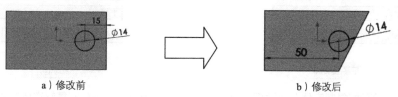

a) 修改前　　　　　　b) 修改后

图 3.14.4 修改截面草图

3.15 将模型进行平移与旋转

3.15.1 模型平移的操作方法

"平移（translation）"命令的功能是将模型沿着指定方向移动到指定距离的新位置，此功能不同于 3.3.2 节中的视图平移，模型平移是相对于坐标系移动，而视图平移则是模型和坐标系同时移动，模型的坐标没有改变。

下面将对图 3.15.1 所示模型进行平移，其一般操作步骤如下：

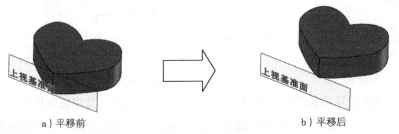

图 3.15.1 模型的平移

步骤01 打开文件 D:\sw1401\work\ch03.15\translate.SLDPRT。

步骤02 选择命令。选择下拉菜单 插入(I) → 特征(F) → 移动/复制(V)... 命令，系统弹出图 3.15.2 所示的"移动/复制实体"对话框（一），单击 平移/旋转(R) 按钮，此时对话框显示为图 3.15.3 所示。

图 3.15.2 "移动/复制实体"对话框（一）　　图 3.15.3 "移动/复制实体"对话框（二）

步骤03 定义平移实体。在图形区选取模型对象为要平移的实体。

步骤04 定义平移距离。在 平移 区域的 ΔY 文本框中输入数值 20，其余参数不变。

步骤05 单击对话框中的 ✓ 按钮，完成模型的平移操作。

- 在"移动/复制实体"对话框 平移 区域激活 文本框，可以定义平移方向参考几何体。
- 在"移动/复制实体"对话框的 要移动/复制的实体 区域中，选中 ☑ 复制(C) 复选框，即可在平移的同时复制实体。在 按钮后的文本框中输入复制实体的数值1.0（图3.15.3），完成平移复制后的模型如图3.15.4b所示。

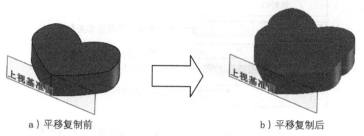

a）平移复制前　　　　　　　　b）平移复制后

图 3.15.4　模型的平移复制

3.15.2　模型旋转的操作方法

"旋转"命令的功能是将模型绕轴线旋转到新位置。此功能不同于 3.3.2 中的视图旋转，模型旋转是相对于坐标系旋转，而视图旋转则是模型和坐标系同时旋转，模型的坐标没有改变。

下面将对图 3.15.5 所示模型进行旋转，操作步骤如下：

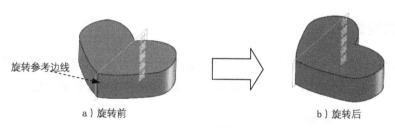

a）旋转前　　　　　　　　b）旋转后

图 3.15.5　模型的旋转

步骤01 打开文件 D:\sw1401\work\ch03.15\rotate.SLDPRT。

步骤02 选择命令。选择下拉菜单 插入(I) → 特征(F) → 移动/复制(V)... 命令，系统弹出图 3.15.6 所示的"移动/复制实体"对话框。

步骤03 定义旋转实体。选取图形区的整个模型为旋转的实体。

步骤04 定义旋转参考体。选取图 3.15.6a 所示的边线为旋转参考体。

定义的旋转参考不同，所需定义旋转参数的方式也不同。如选择一个顶点，则需定义实体在 X、Y、Z 三个轴上的旋转角度。

步骤05 定义旋转角度。在 旋转 区域的 文本框中输入数值 60.0。

步骤 06 单击对话框中的 ✓ 按钮,完成模型的旋转操作。

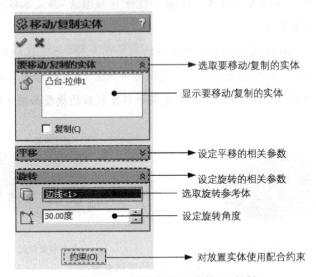

图 3.15.6 "移动/复制实体"对话框

3.16 特征变换的几种方式

特征的变换功能是按镜像、线性或圆周形式复制源特征,变换的方式包括镜像、线性阵列、圆周阵列、草图(或曲线)驱动的阵列及填充阵列,以下将详细介绍以上几种变换的方式。

3.16.1 特征的镜像

特征的镜像复制就是将源特征相对一个平面(这个平面称为镜像基准面)进行镜像,从而得到源特征的一个副本。如图 3.16.1 所示,对这个拉伸特征进行镜像复制的一般操作步骤如下:

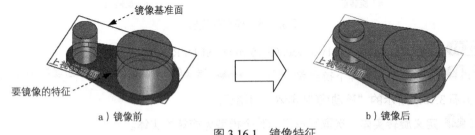

图 3.16.1 镜像特征

步骤 01 打开文件 D:\sw1401\work\ch03.16\mirror.SLDPRT。

步骤 02 选择命令。选择下拉菜单 插入(I) → 阵列/镜向(E) → 镜向(M) 命令,系统弹出"镜向"对话框。

步骤 03 选取镜像基准面。选取上视基准面作为镜像基准面。

步骤 04　选取要镜像的特征。选取图 3.16.1a 所示的拉伸 2 作为要镜像的特征。

步骤 05　单击"镜向"对话框中的 ✔ 按钮,完成特征的镜像操作。

3.16.2　线性阵列

特征的线性阵列就是将源特征以线性排列方式进行复制,使源特征产生多个副本。如图 3.16.2 所示,对这个孔特征进行线性阵列的一般操作步骤如下:

步骤 01　打开文件 D:\sw1401\work\ch03.16\rectangular.SLDPRT。

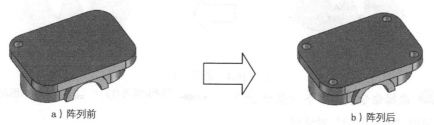

a)阵列前　　　　　　　　　　　　　　b)阵列后

图 3.16.2　线性阵列

步骤 02　选择命令。选择下拉菜单 插入(I) → 阵列/镜向(E) → 线性阵列(L)... 命令,系统弹出"线性阵列"对话框。

步骤 03　定义阵列源特征。单击 要阵列的特征(F) 区域中的文本框,选取图 3.16.2a 所示的孔 1 为阵列的源特征。

步骤 04　定义阵列参数。

(1)定义方向 1 参考边线。单击以激活 方向1 区域中 ↗ 按钮后的文本框,选取图 3.16.3 所示的边线 1 为方向 1 的参考边线。

(2)定义方向 1 参数。在 方向1 区域的 ↔D1 文本框中输入数值 72.0;在 ⁂# 文本框中输入数值 2。

(3) 选取方向 2 参考边线。单击以激活 方向2 区域中 ↗ 按钮后的文本框,选取图 3.16.3 所示的边线 2 为方向 2 的参考边线。

(4)定义方向 2 参数。在 方向2 区域的 ↔D2 文本框中输入数值 47.0;在 ⁂# 文本框中输入数值 2。

步骤 05　单击对话框中的 ✔ 按钮,完成线性阵列的创建。

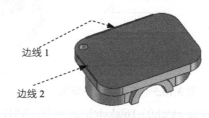

图 3.16.3　定义阵列参数

3.16.3 圆周阵列

特征的圆周阵列就是将源特征以周向排列方式进行复制，使源特征产生多个副本。如图 3.16.4 所示，进行圆周阵列的一般操作步骤如下：

步骤 01 打开文件 D:\sw1401\work\ch03.16\pattern_circle.SLDPRT。

图 3.16.4 圆周阵列

步骤 02 选择命令。选择下拉菜单 插入(I) → 阵列/镜向(E) → 圆周阵列(C)... 命令，系统弹出"圆周阵列"对话框。

步骤 03 定义阵列源特征。单击以激活 要阵列的特征(F) 区域中的文本框，选取图 3.16.4a 所示的切除-拉伸 2 和圆角 2 作为阵列的源特征。

步骤 04 定义阵列参数。

（1）定义阵列轴。选择下拉菜单 视图(V) → 临时轴(X)，即显示临时轴。单击激活 后的阵列轴文本框，选取图 3.16.4a 所示的临时轴为圆周阵列轴。

（2）定义阵列角度。在 参数(P) 区域的 后的文本框中输入数值 120。

（3）定义阵列实例数。在 参数(P) 区域的 后的文本框中输入数值 3。

步骤 05 单击对话框中的 ✔ 按钮，完成圆周阵列的创建。

3.16.4 草图驱动的阵列

草图驱动的阵列就是将源特征复制到用户指定的位置（指定位置一般以草绘点的形式表示），使源特征产生多个副本。如图 3.16.5 所示，对孔 1 特征进行草图驱动阵列的一般操作步骤如下：

图 3.16.5 草图驱动的阵列

步骤 01 打开文件 D:\sw1401\work\ch03.16\sketch_array.SLDPRT。

步骤02 选择命令。选取下拉菜单 插入(I) → 阵列/镜向(E) → 草图驱动的阵列(S) 命令，系统弹出"由草图驱动的阵列"对话框。

步骤03 定义阵列的参考草图。选取设计树中的 草图9 节点作为阵列的参考草图。

步骤04 定义阵列源特征。选取图 3.16.5a 所示的孔 1 作为阵列的源特征。

步骤05 单击对话框中的 ✓ 按钮，完成草图驱动的阵列的创建。

3.16.5 填充阵列

填充阵列就是将源特征填充到指定的区域（一般为一个草图）内，使源特征产生多个副本。如图 3.16.6 所示，对特征进行填充阵列的操作过程如下：

图 3.16.6 填充阵列

步骤01 打开文件 D:\sw1401\work\ch03.16\fill_array.SLDPRT。

步骤02 选择命令。选择下拉菜单 插入(I) → 阵列/镜向(E) → 填充阵列(F)... 命令，系统弹出"填充阵列"对话框。

步骤03 定义阵列源特征。单击以激活"填充阵列"对话框 要阵列的特征(F) 区域中的文本框，选择图 3.16.6a 所示的凸台-拉伸 2 和圆角 1 作为阵列的源特征。

步骤04 定义阵列参数。

（1）定义阵列的填充边界。激活 填充边界(L) 区域中的文本框，在设计树中选择 草图3 为阵列的填充边界。

（2）定义阵列布局。

① 定义阵列模式。在对话框的 阵列布局(O) 区域中单击 按钮。

② 定义阵列方向。系统默认将图 3.16.6a 所示的直线作为阵列方向。

③ 定义阵列尺寸。在 阵列布局(O) 区域的 按钮后的文本框中输入数值 10.0，在 按钮后的文本框中输入数值 60.0，在 按钮后的文本框中输入数值 5。

步骤05 单击对话框中的 ✓ 按钮，完成填充阵列的创建。

3.16.6 删除阵列实例

下面以图 3.16.7 所示图形为例，说明删除阵列实例的一般过程。

a）删除阵列实例前　　　　　　　　　　　　b）删除阵列实例后

图 3.16.7　删除阵列实例

步骤01　打开文件 D:\sw1401\work\ch03.16\delete_pattern.SLDPRT。

步骤02　选择命令。在图形区右击要删除的阵列实例（图 3.16.7），从弹出的快捷菜单中选择 ✕ 删除...(Y) 命令，系统弹出图 3.16.8 所示的"确认删除"对话框。

步骤03　单击对话框中的 确定 按钮，完成阵列实例的删除。

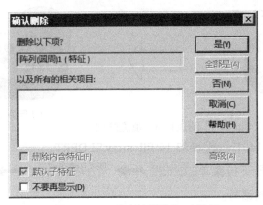

图 3.16.8　"确认删除"对话框

3.17　拔模特征

注塑件和铸件往往需要一个拔模斜面，才能顺利脱模，SolidWorks 中的拔模特征就是用来创建模型的拔模斜面。

拔模特征共有三种：中性面拔模、分型线拔模和阶梯拔模。下面将介绍建模中最常用的中性面拔模：

中性面拔模特征是通过指定拔模面、中性面和拔模方向等参数生成以指定角度切削所选拔模面的特征。

下面以图 3.17.1 所示的简单模型为例，说明创建中性面拔模特征的一般过程。

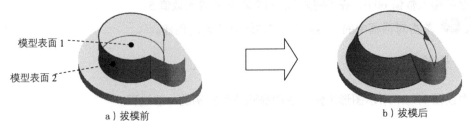

a）拔模前　　　　　　　　　　　　　　　b）拔模后

图 3.17.1　中性面拔模

步骤 01　打开文件 D:\sw1401\work\ch03.17\draft.SLDPRT。

步骤 02　选择命令。选择下拉菜单 插入(I) ➞ 特征(F) ➞ 拔模(D) 命令，系统弹出图 3.17.2 所示的"拔模"对话框。

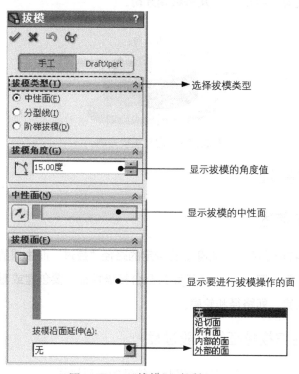

图 3.17.2　"拔模"对话框

步骤 03　定义拔模类型。在"拔模"对话框 拔模类型(T) 区域中选中 中性面(E) 单选项。

 　该对话框中会出现一个 DraftXpert 选项卡，此选项卡的作用是管理中性面拔模的生成和修改，但当用户编辑拔模特征时，该选项卡不会出现。

步骤 04　定义中性面。单击以激活对话框的 中性面(N) 区域中的文本框，选取模型表面 1 为中性面。

步骤 05　定义拔模面。单击以激活对话框的 拔模面(F) 区域中的文本框，选取图 3.17.1 所示的模型表面 2 为拔模面。

步骤 06　定义拔模属性。

（1）定义拔模方向。拔模方向如图 3.17.3 所示。

（2）输入角度值。在对话框的 拔模角度(G) 区域中的文本框中输入角度值 20.0。

步骤 07　单击对话框中的 ✓ 按钮，完成拔模特征的创建。

在定义拔模的中性面之后，模型表面将出现一个指示箭头，箭头表明的是拔模方向（即所选拔模中性面的法向），如图 3.17.3 所示，可单击 中性面(N) 区域中的"反向"按钮，反转拔模方向。

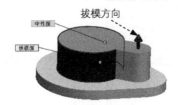

图 3.17.3　定义拔模方向

3.18　扫描特征

3.18.1　扫描特征简述

扫描（Sweep）特征是将一个轮廓沿着给定的路径"掠过"而生成的。扫描特征分为凸台扫描特征和切除扫描特征，图 3.18.1 所示即为凸台扫描特征。要创建或重新定义一个扫描特征，必须给定两大特征要素，即路径和轮廓。

3.18.2　创建凸台扫描特征的一般过程

下面以图 3.18.1 为例，说明创建扫描凸台特征的一般过程。

步骤 01　打开文件 D:\sw1401\work\ch03.18\sweep.SLDPRT。

步骤 02　选取命令。选择下拉菜单 插入(I) → 凸台/基体(B) → 扫描(S)... 命令，系统弹出图 3.18.2 所示的"扫描"对话框。

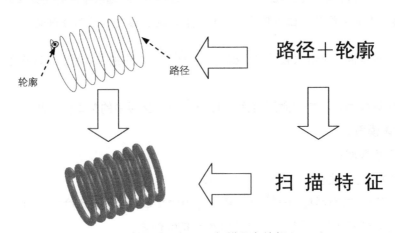

图 3.18.1　扫描凸台特征

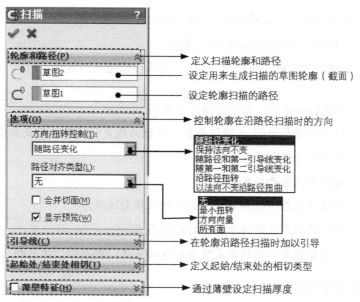

图 3.18.2 "扫描"对话框

对图 3.18.2 所示的"扫描"对话框 选项(O) 区域的说明如下：

- ◆ 方向/扭转控制(T)：通过选择下拉列表中不同的选项控制轮廓沿路径扫描的方向。
  - 随路径变化：轮廓截面相对于路径的角度保持不变。
  - 保持法向不变：轮廓截面始终与开始截面保持平行。
  - 随路径和第一引导线变化：当选择引导线时使用，则轮廓截面保持和路径、第一引导线的角度。
  - 随第一和第二引导线变化：当选择两条引导线时，轮廓截面保持和第一引导线、第二引导线的角度不变。
  - 沿路径扭转：通过设置度数、弧度或旋转来定义截面沿路径的扭转方式。
  - 以法向不变沿路径扭曲：沿路径扭转截面并保持和开始截面平行。
- ◆ 路径对齐类型(L)：只有在 方向/扭转控制(T) 下拉列表中选择 随路径变化 选项时，此选项被激活，用于稳定轮廓。
  - 无：不限制路径对齐类型。
  - 最小扭转：防止轮廓在沿路径变化时的自相交情况（只对于 3D 草图有用）。
  - 方向向量：使轮廓与所选的方向向量实体对齐（方向向量实体可以是一平面、基准面、直线、边线、圆柱、轴、特征上的顶点组等）。
  - 所有面：在路径包括多个面时，扫描轮廓在允许多情况下与相邻的面相切。
  - ☑ 显示预览(W)：选中此复选框可以显示扫描结果。

步骤03 选取扫描轮廓。选取草图 2 作为扫描轮廓。

步骤 04 选取扫描路径。选取螺旋线作为扫描路径。
步骤 05 选取引导线。采用系统默认的引导线。
步骤 06 在"扫描"对话框中单击 ✓ 按钮,完成扫描特征的创建。

创建扫描特征,必须遵循以下规则:
◆ 对于扫描凸台/基体特征而言,轮廓必须是封闭环,若是曲面扫描,则轮廓可以是开环也可以是闭环。
◆ 路径可以为开环或闭环。
◆ 路径可以是一张草图、一条曲线或模型边线。
◆ 路径的起点必须位于轮廓的基准面上。
◆ 不论是截面、路径还是所要形成的实体,都不能出现自相交叉的情况。

3.18.3 创建切除扫描特征的一般过程

下面以图 3.18.3 为例,说明创建切除扫描特征的一般过程。

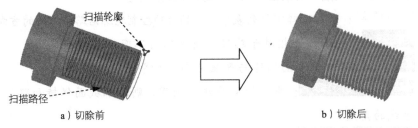

图 3.18.3 切除扫描特征

步骤 01 打开文件 D:\sw1401\work\ch03.18\sweep_cut. SLDPRT。
步骤 02 选取命令。选择下拉菜单 插入(I) → 切除(C) → 扫描(S) 命令,系统弹出的"切除–扫描"对话框。
步骤 03 选取扫描轮廓。选取草图 5 作为扫描轮廓。
步骤 04 选取扫描路径。选取螺旋线作为扫描路径。
步骤 05 选取引导线。采用系统默认的引导线。
步骤 06 在"切除–扫描"对话框中单击 ✓ 按钮,完成切除扫描特征的创建。

3.19 放样特征

3.19.1 放样特征简介

将一组不同的截面沿其边线用过渡曲面连接形成一个连续的特征,就是放样特征。放样特征分为凸台放样特征和切除放样特征，分别用于生成实体和切除实体。放样特征至少需要两个截面，且不同截面应事先绘制在不同的草图平面上。图 3.19.1 所示的放样特征是由三个截面混合而成的凸台放样特征。

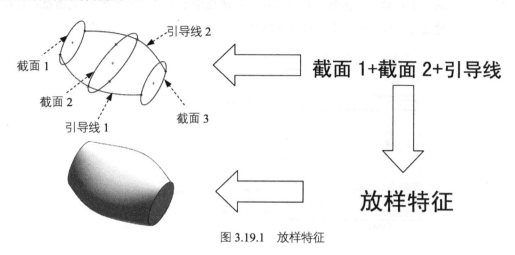

图 3.19.1 放样特征

3.19.2 创建凸台放样特征的一般过程

步骤 01 打开文件 D:\sw1401\work\ch03.19\blend_1.SLDPRT。

步骤 02 选取命令。选择下拉菜单 插入(I) —— 凸台/基体(B) —— 放样(L)... 命令（或单击"特征(F)"工具栏中的 按钮），系统弹出图 3.19.2 所示的"放样"对话框。

步骤 03 选择截面轮廓。依次选取草图 2、草图 1 和草图 3 为凸台放样特征的截面轮廓。

 凸台放样特征实际上是利用截面轮廓以渐变的方式生成，所以在选取的时候要注意截面轮廓的先后顺序，否则无法正确生成实体。选取一个截面轮廓，单击 ↑ 按钮或 ↓ 按钮可以调整轮廓的顺序。

步骤 04 选取引导线。在图形区选取草图 5 和草图 4 作为引导线。

 在一般情况下，系统默认的引导线经过截面轮廓的几何中心。

步骤 05 单击"放样"对话框中的 按钮，完成凸台放样特征的定义。

说明　使用引导线放样时，可以使用一条或多条引导线来连接轮廓，引导线可控制放样实体的中间轮廓。需注意的是：引导线与轮廓之间应存在几何关系，否则无法生成目标放样实体。在"放样"对话框中单击 ☑ 薄壁特征(T) 复选框，可以通过设定参数创建薄壁凸台放样特征。

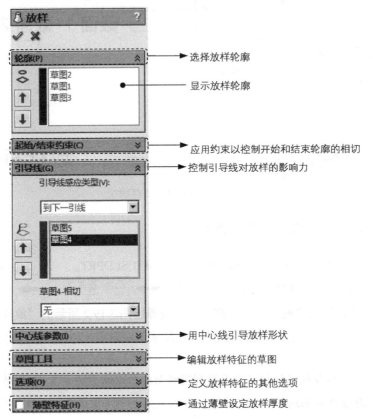

图 3.19.2　"放样"对话框

说明　使用引导线放样时，可以使用一条或多条引导线来连接轮廓，引导线可控制放样实体的中间轮廓。需注意的是：引导线与轮廓之间应存在几何关系，否则无法生成目标放样实体。在"放样"对话框中单击 ☑ 薄壁特征(T) 复选框，可以通过设定参数创建薄壁凸台放样特征。

开始和结束约束的各相切类型选项说明如下：

- **默认**：系统将在起始轮廓和结束轮廓间建立抛物线，利用抛物线中的相切来约束放样曲面，使产生的放样实体更具可预测性、更自然。
- **无**：不应用到相切约束。
- **方向向量**：根据所选轮廓，选择合适的方向向量以应用相切约束。操作时，选择一个方向向量之后，需选择一个基准面、线性边线或轴来定义方向向量。
- **垂直于轮廓**：系统将建立垂直于开始轮廓或结束轮廓的相切约束。

3.19.3 创建切除–放样特征的一般过程

创建图 3.19.3 所示的切除-放样特征的一般过程如下：

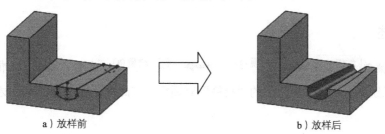

图 3.19.3 切除-放样特征

步骤01 打开文件 D:\sw1401\work\ch03.19\blend_2.SLDPRT。

步骤02 选取命令。选择下拉菜单 **插入(I)** ➡ **切除(C)** ➡ **放样(L)** 命令，系统弹出图 3.19.4 所示的"切除-放样"对话框。

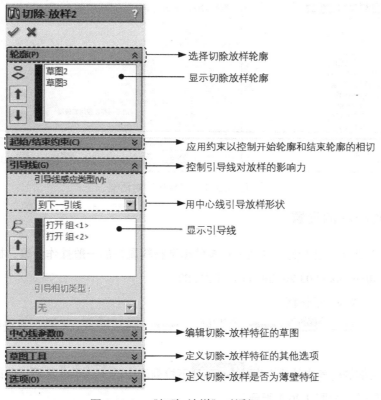

图 3.19.4 "切除-放样"对话框

步骤 03　选取截面轮廓。依次选取草图 2、草图 3 作为切除-放样特征的截面轮廓。

步骤 04　选取引导线。依次选取 3D 草图的两条直线作为引导线。

步骤 05　单击"切除-放样"对话框中的 ✓ 按钮，完成切除-放样特征的定义。

3.20　零件模型属性的设置

3.20.1　概述

选择下拉菜单 编辑(E) ➡ 外观(A) ➡ 材质(M)...命令，或在"标准"工具栏中单击 按钮，系统弹出图 3.20.1 所示的"材料"对话框，在此对话框中可创建新材料并定义零件材料的属性。

打开图 3.20.1 所示的下拉列表，列表中显示的是用户常用材料。

图 3.20.1　"材料"对话框

3.20.2　零件材料的设置

下面以一个简单模型为例，说明设置零件模型材料属性的一般操作步骤，操作前请打开模型文件 D:\sw1401\work\ch03.20\link_base.SLDPRT

步骤 01　将材料应用到模型。

（1）选择下拉菜单 编辑(E) ➡ 外观(A) ➡ 材质(M)...命令，系统弹出"材料"对话框。

（2）在对话框的列表中选择 ⊞ 红铜合金 下拉列表中的 黄铜 选项，此时在该对话框中显示所选材料属性，如图 3.20.2 所示。

（3）单击 应用(A) 按钮，将材料应用到模型，如图 3.20.3b 所示。

（4）单击 关闭(C) 按钮，关闭"材料"对话框。

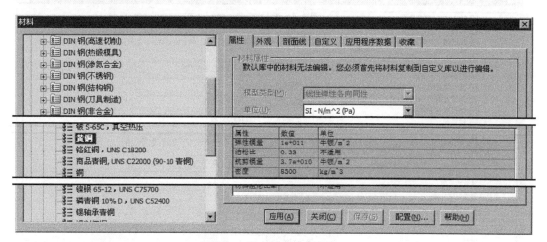

图 3.20.2 "材料"对话框

图 3.20.3 应用"黄铜"材质

说明 应用了新材料后，用户可以在"设计树"中找到相应的材料，并对其进行编辑或者删除。

步骤02 创建新材料。

（1）选择下拉菜单 编辑(E)  外观(A) 材质(M)... 命令，系统弹出"材料"对话框。

（2）右击列表中的 红铜合金 下拉列表中的 铜 选项，在系统弹出的快捷菜单中选择 复制(C) 命令。

（3）在列表底部的 自定义材料 上右击，然后在系统弹出的快捷菜单中选择 新类别(N) 命令，然后输入"自定义红铜"字样。

（4）在列表底部的 自定义红铜 上右击，在系统弹出的快捷菜单中选择 粘贴(P) 命令。然后将 自定义红铜 节点下的 铜 字样改为"锻制红铜"。此时在对话框的下部区域显示各物理属性数值（也可以编辑修改数值），如图 3.20.4 所示。

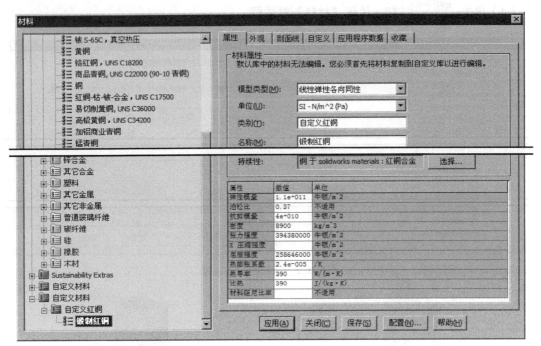

图 3.20.4 "属性"选项卡

（5）单击 外观 选项卡，在该选项卡的列表中选择 锻制红铜 选项，如图 3.20.5 所示。
（6）单击对话框中的 保存(S) 按钮，保存自定义的材料。
（7）在"材料"对话框中单击 应用(A) 按钮，应用设置的自定义材料，如图 3.20.6 所示。

图 3.20.5 "外观"选项卡

图 3.20.6 应用自定义材料

3.20.3 零件单位的设置

每个模型都有一个基本的米制和非米制单位系统,以确保该模型的所有材料属性保持测量和定义的一贯性。SolidWorks 系统提供了一些预定义单位系统,其中一个是默认单位系统,但用户也可以定义自己的单位和单位系统(称为定制单位和定制单位系统)。在进行一个产品的设计前,应该使产品中的各元件具有相同的单位系统。

选择下拉菜单 工具(T) → 选项(P)... 命令,在"文档属性"选项卡中可以设置、更改模型的单位系统。

如果要对当前模型中的单位制进行修改(或创建自定义的单位制),可参考下面的操作方法进行。

步骤01 选择下拉菜单 工具(T) → 选项(P)... 命令,系统弹出"系统选项(S)-普通"对话框。

步骤02 在该对话框中单击 文档属性(D) 选项卡,然后在对话框左侧列表中选择 单位 选项,此时对话框右侧出现默认的单位系统,如图 3.20.7 所示。

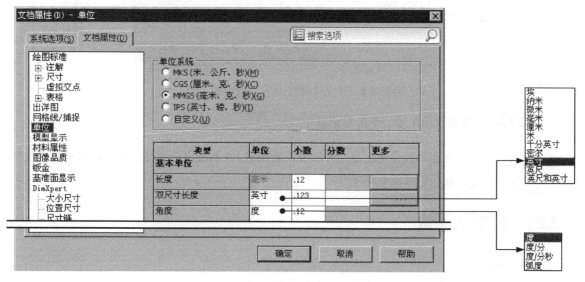

图 3.20.7 "文档属性-单位"对话框(一)

系统默认的单位系统是 MMGS（毫米、克、秒）单选项表示的单位系统，而系统提供的单位系统是对话框 单位系统 选项组的前四个选项。

步骤 03 如果要对模型应用系统提供其他的单位系统，只需在对话框的 单位系统 选项组中选择所要应用的单选项，除此之外，只可更改 双尺寸长度 和 角度 区域中的选项；若要自定义单位系统，须先在 单位系统 选项组中选中 自定义 单选项，此时 基本单位 和 质量/截面属性 区域中的各选项将变亮，如图 3.20.8 所示，用户可根据自身需要来定制相应的单位系统。

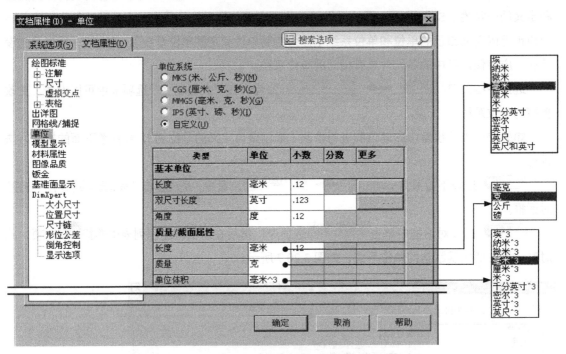

图 3.20.8 "文档属性-单位"对话框（二）

步骤 04 完成修改操作后，单击对话框中的 确定 按钮。

在各单位系统区域均可调整小数位数，此参数由所需显示数据的精确程度决定，默认小数位数为 2。

3.21 模型的测量

3.21.1 概述

严格的产品设计离不开模型的测量与分析，本节主要介绍的是 SolidWorks 中的测量操作，包括测量距离、角度、曲线长度和面积等，这些测量功能在产品设计过程中具有非常重要的作用。

通过选择 工具(T) 下拉菜单的 测量(R)... 命令，系统弹出图 3.21.1a 所示的"测量"对话框，单击其中的 按钮后，"测量"对话框如图 3.21.1b 所示，模型的基本测量都可以使用该对话框来操作。

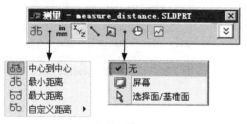
a) 展开前

b) 展开后

图 3.21.1 "测量"对话框

图 3.21.1 所示"测量"对话框中的选项按钮说明如下：

◆ ：选择测量圆弧或圆时的方式。
  ● 中心到中心 按钮：测量圆弧或圆的距离时，以中心到中心显示。
  ● 最小距离 按钮：测量圆弧或圆的距离时，以最小距离显示。
  ● 最大距离 按钮：测量圆弧或圆的距离时，以最大距离显示。
  ● 自定义距离 按钮：测量圆弧或圆的距离时，自定义各测量对象的条件。

◆ in mm 按钮：单击此按钮，系统弹出"测量单位/精度"对话框，利用该对话框可设置测量时显示的单位及精度。

◆ XYZ 按钮：控制是否在所选实体之间显示 dX、dY 和 dZ 的测量。

◆ 按钮：测量模型上任意两点之间的距离。

◆ 按钮：用于选择投影面。
  ● 无 按钮：测量时，投影和正交不计算。
  ● 屏幕 按钮：测量时，投影到屏幕所在的平面。
  ● 选择面/基准面 按钮：测量时，投影到所选的面或基准面。

3.21.2 测量面积及周长

下面以图 3.21.2 为例，说明测量面积及周长的一般操作方法。

步骤 01 打开文件 D:\sw1401\work\ch03.21\measure_area.SLDPRT。

步骤 02 选择命令。选择下拉菜单 工具(T) → 测量(R)... 命令，系统弹出"测量"对话框。

步骤 03 定义要测量的面。选取图 3.21.2 所示的模型表面为要测量的面。

步骤 04 查看测量结果。完成上步操作后，在图形区和图 3.21.3 所示的"测量-measure_area"

对话框中均会显示测量的结果。

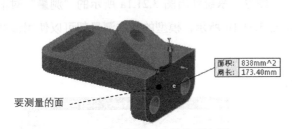

图 3.21.2 选取指示测量的模型表面

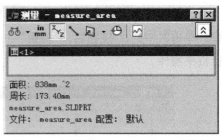

图 3.21.3 "测量-measure area"对话框

3.21.3 测量距离

下面以一个简单模型为例,说明测量距离的一般操作方法。

步骤 01 打开文件 D:\sw1401\work\ch03.21\measure_distance.SLDPRT。

步骤 02 选择命令。选择下拉菜单 工具(T) ➡ 测量(R)... 命令,系统弹出"测量"对话框。

步骤 03 在"测量"对话框中单击 按钮,使之处于按下状态。

步骤 04 测量面到面的距离。先选取图 3.21.4 所示的模型表面 1,然后选取模型表面 2,在图形区和图 3.21.5 所示的"测量-measure_distance"对话框中均会显示测量的结果。

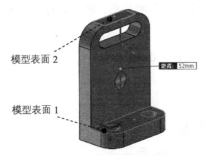

图 3.21.4 选取要测量的面

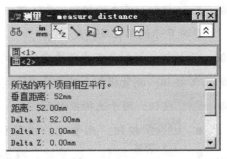

图 3.21.5 "测量-measure distance"对话框

步骤 05 测量点到面的距离,如图 3.21.6 所示。

步骤 06 测量点到线的距离,如图 3.21.7 所示。

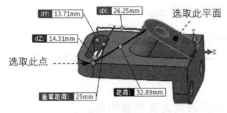

图 3.21.6 点到面的距离

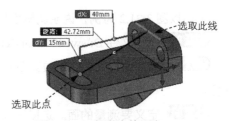

图 3.21.7 点到线的距离

步骤 07 测量点到点的距离，如图 3.21.8 所示。
步骤 08 测量线到线的距离，如图 3.21.9 所示。

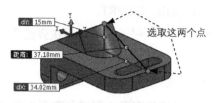
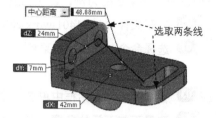

图 3.21.8　点到点的距离　　　　　图 3.21.9　线到线的距离

步骤 09 测量点到曲线的距离，如图 3.21.10 所示。
步骤 10 测量线到面的距离，如图 3.21.11 所示。

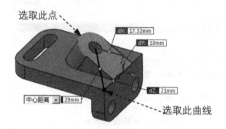
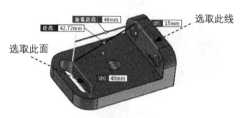

图 3.21.10　点到曲线的距离　　　　图 3.21.11　线到面的距离

步骤 11 测量点到点之间的投影距离，如图 3.21.12 所示。

（1）选取图 3.21.12 所示的点 1 和点 2。

（2）在"测量"对话框中单击 后的 按钮，在弹出的下拉列表中选择 选择面/基准面 命令。

（3）定义投影面。在"测量"对话框中的 投影于: 文本框中单击，然后选取图 3.21.12 所示的模型表面作为投影面。此时选取的两点的投影距离在对话框中显示（图 3.21.13）。

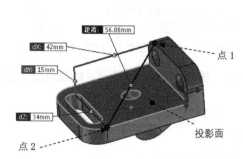
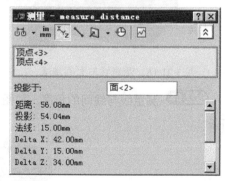

图 3.21.12　选取点和面　　　　　图 3.21.13　"测量-测量与分析"对话框

3.21.4 测量角度

下面以一个简单模型为例,说明测量角度的一般操作方法。

步骤01 打开文件 D:\sw1401\work\ch03.21\measure_angle.SLDPRT。

步骤02 选择命令。选择下拉菜单 工具(T) → 测量(R)... 命令,系统弹出"测量"对话框。

步骤03 在"测量"对话框中单击 XYZ 按钮,使之处于按下状态。

步骤04 测量面与面间的角度。选取图 3.21.14 所示的模型表面 1 和模型表面 2 为要测量的两个面。完成选取后,在图 3.21.15 所示的"测量"对话框中可看到测量的结果。

图 3.21.14 测量面与面间的角度

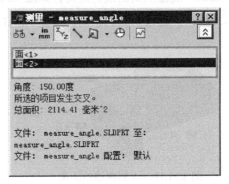
图 3.21.15 "测量-测量与分析"对话框(一)

步骤05 测量线与面间的角度,如图 3.21.16 所示。操作方法参见 Step4,结果如图 3.21.17 所示。

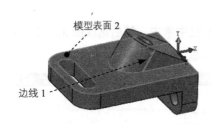
图 3.21.16 测量线与面间角度

图 3.21.17 "测量-测量与分析"对话框(二)

步骤06 测量线与线间的角度,如图 3.21.18 所示。操作方法参见 Step4,结果如图 3.21.19 所示。

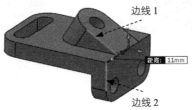
图 3.21.18 测量线与线间的角度

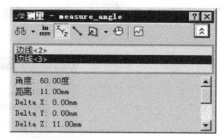

图 3.21.19 "测量-测量与分析"对话框（三）

3.21.5 测量曲线长度

下面以图 3.21.20 为例，说明测量曲线长度的一般操作方法。

步骤01 打开文件 D:\sw1401\work\ch03.21\measure_curve_length.SLDPRT。

步骤02 选择命令。选择下拉菜单 工具(T) → 测量(R)... 命令，系统弹出"测量"对话框。

步骤03 在"测量"对话框中单击 按钮，使之处于按下状态。

步骤04 测量曲线的长度。选取图 3.21.20 所示的曲线为要测量的曲线。完成选取后，在图形区和图 3.21.21 所示"测量"对话框中可以看到测量的结果。

图 3.21.20 选取曲线

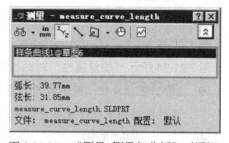

图 3.21.21 "测量-测量与分析"对话框

3.21.6 模型的质量属性分析

通过质量属性的分析，可以获得模型的体积、总的表面积、质量、密度、重心位置、惯性力矩和惯性张量等数据，对产品设计有很大参考价值。下面以一个简单模型为例，说明质量属性分析的一般操作过程。

步骤01 打开文件 D:\sw1401\work\ch03.21\measure_inertia.SLDPRT。

步骤02 选择命令。选择 工具(T) → 质量属性(M)... 命令。

步骤03 选择项目。在图形区选取图 3.21.22 所示的模型。

如果图形区只有一个实体，则系统将自动选取该实体作为要分析的项目。

步骤 04 在"质量属性"对话框中单击 选项(O)... 按钮,系统弹出图 3.21.23 所示的"质量/剖面属性选项"对话框。

图 3.21.22 选择模型

图 3.21.23 "质量/剖面属性选择"对话

步骤 05 设置单位。在"质量/剖面属性选项"对话框中选中 ⊙ 使用自定义设定(U) 单选项,然后在 质量(M) 下拉列表中选择 千克 选项,在 单位体积(V) 下拉列表中选择 米^3 选项,单击 确定 按钮完成设置。

步骤 06 在"质量属性"对话框中单击 重算(R) 按钮,其列表框中将会显示模型的质量属性(图 3.21.24)。

图 3.21.24 所示"质量属性"对话框的说明如下:

- ◆ 选项(O)... 按钮:用于打开"质量/剖面属性选项"对话框,利用该对话框可设置质量属性数据的单位以及查看材料属性等。
- ◆ 覆盖质量属性... 按钮:手动设置一组值覆盖质量、质量中心和惯性张量。
- ◆ 重算(R) 按钮:用于计算所选项目的质量属性。
- ◆ 打印(P)... 按钮:该按钮用于打印分析的质量属性数据。
- ◆ ☑ 包括隐藏的实体/零部件(H) 复选框:选中该复选框,则在进行质量属性的计算中包括隐藏的实体和零部件。
- ◆ ☑ 创建质心特征 复选框:选中该复选框,则在模型中添加质量中心特征。
- ◆ ☑ 显示焊缝质量 复选框:选中该复选框,则显示模型中焊缝等质量。

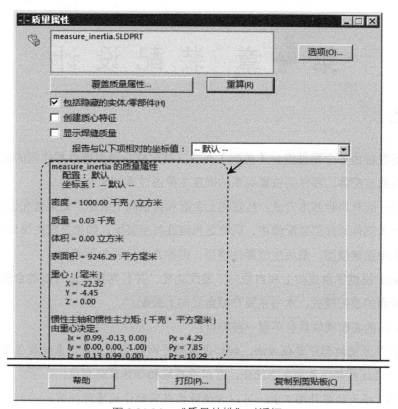

图 3.21.24 "质量特性"对话框

第 4 章 装配设计

4.1 概述

一个产品往往由多个零件组合（装配）而成，装配模块用来建立零件间的相对位置关系，从而形成复杂的装配体。零件间位置关系的确定主要通过添加配合实现。

装配设计一般有两种基本方式：自底向上装配和自顶向下装配。如果首先设计好全部零件，然后将零件作为部件添加到装配体中，则称之为自底向上装配；如果是首先设计好装配体模型，然后在装配体中组建模型，最后生成零件模型，则称之为自顶向下装配。

SolidWorks 提供了自底向上和自顶向下装配功能，并且两种方法可以混合使用。自底向上装配是一种常用的装配模式，本书主要介绍自底向上装配。

SolidWorks 的装配模块具有下面一些特点：

◆ 提供了方便的部件定位方法，轻松设置部件间的位置关系。系统提供了十几种配合方式，通过对部件添加多个配合，可以准确地把部件装配到位。

◆ 提供了强大的爆炸图工具，可以方便地生成装配体的爆炸视图。

相关术语和概念

零件：是组成部件与产品最基本的单元。

部件：可以是一个零件，也可以是多个零件的装配结果。它是组成产品的主要单元。

装配体：也称为产品，是装配设计的最终结果。它是由部件之间的配合关系及部件组成的。

配合：在装配过程中，配合是指部件之间相对的限制条件，可用于确定部件的位置。

4.2 装配的下拉菜单及工具条

在装配体环境中，"插入"菜单中包含了大量进行装配操作的命令，而"装配体"工具条（图4.2.1）中则包含了装配操作的常用按钮，这些按钮是进行装配的主要工具，而且有些按钮是在下拉菜单中找不到的。

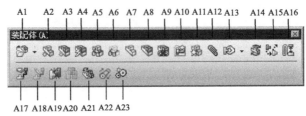

图 4.2.1 "装配体"工具条

图 4.2.1 所示"装配"工具条中各按钮的说明如下：

A1：插入零部件。将一个现有零件或子装配体插入到装配体中。

A2：新零件。新建一个零件，并且添加到装配体中。

A3：新装配体。新建一个装配体并且添加到当前的装配体中。

A4：大型装配体模式。切换到大型装配体模式。

A5：隐藏/显示零部件。隐藏或显示零部件。

A6：更改透明度。使零部件透明度在 0%~75% 切换。

A7：改变压缩状态。使零部件在压缩与还原之间切换。

A8：编辑零部件。在编辑零件状态与装配体状态之间切换。

A9：无外部参考。零部件的参考发生变化时，零部件不会发生变化。

A10：智能扣件。使用 SolidWorks Toobox 标准件库，将扣件添加到装配体中。

A11：制作智能零部件。随相关联的零部件或特征定义智能零部件。

A12：配合。为零部件添加配合。

A13：移动零部件。在零部件的自由度内移动零部件。

A14：旋转零部件。在零部件的自由度内旋转零部件。

A15：替换零部件。以零件或子装配体替换原有零部件或子装配。

A16：替换配合实体。替换某些或所有配合中的实体。

A17：爆炸视图。将零部件按指定的方向分离。

A18：爆炸直线草图。添加或编辑显示爆炸的零部件之间的 3D 草图。

A19：干涉检查。检查零部件之间的任何干涉。

A20：装配体透明度。设定除在关联装配体中正被编辑的零部件以外的零部件透明度。

A21：显示隐藏的零部件。临时显示所有隐藏的零部件并使选定的零部件可见。

A22：传动带/链。插入传动带（传动链）。

A23：新建运动算例，插入新运动算例。

4.3 装配配合

通过装配配合，可以指定零件相对于装配体中其他零部件的位置。装配配合的类型包括重合、平行、垂直、相切和同轴心等。在 SolidWorks 中，一个零件通过装配配合添加到装配体后，它的位置会随着与其有配合关系的零部件改变而相应改变，而且配合设置值作为参数可随时修改，并可与其他参数建立关系方程，这样整个装配体实际上是一个参数化的装配体。

关于装配配合，请注意以下几点：

◆ 一般来说，建立一个装配配合时，应选取零部件的参照。零部件的参照是零件和装配体中用于配合定位和定向的点、线、面。例如通过"重合"配合将一根轴放入装配体的一个孔中,轴的中心线就是零件的参照,而孔的中心线就是装配体的参照。

◆ 要对一个零件在装配体中完整地指定、放置和定向(即完整约束),往往需要定义数个配合。

◆ 系统一次只添加一个配合。例如不能用一个"重合"配合将一个零件上两个不同的孔与装配体中的另一个零件上两个不同的孔对齐,必须定义两个不同的重合配合。

◆ 在 SolidWorks 中装配零件时,可以将多于所需的配合添加到零件上。即使从数学的角度来说,零件的位置已完全约束,还可能需要指定附加配合,以确保装配件达到设计意图。

1. "重合"配合

"重合"配合可以使两个零件的点、直线或平面处于同一点、直线或平面内,并且可以改变它们的朝向,如图 4.3.1 所示。

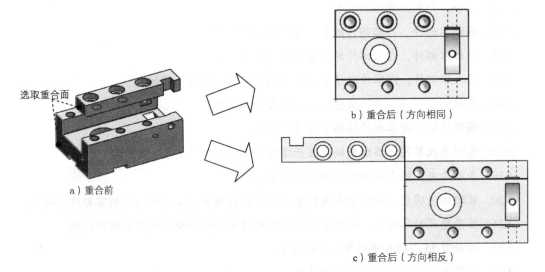

图 4.3.1 "重合"配合

2. "平行"配合

"平行"配合可以使两个零件的直线或面处于彼此间距相等的位置,并且可以改变它们的朝向。

3. "垂直"配合

"垂直"配合可以将所选直线或平面处于彼此之间的夹角为 90°的位置,并且可以改变它们的朝向,如图 4.3.3 所示。

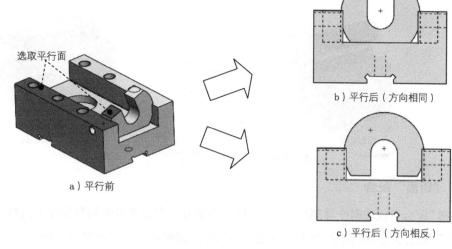

图 4.3.2 "平行"配合

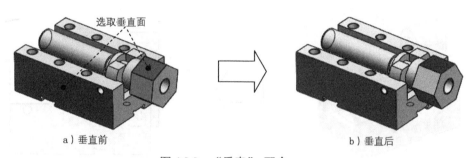

图 4.3.3 "垂直"配合

4. "相切"配合

"相切"配合将所选元素处于相切状态（至少有一个元素必须为圆柱面、圆锥面或球面），并且可以改变它们的朝向，如图 4.3.4 所示。

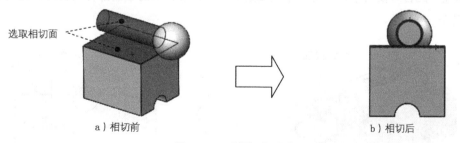

图 4.3.4 "相切"配合

5. "同轴心"配合

"同轴心"配合可以使所选的轴线或直线处于重合位置（图 4.3.5），该配合经常用于轴类零件的装配。

图 4.3.5 "同轴心"配合

6. "距离"配合

"距离"配合可以使两个零部件上的点、线或面建立一定距离来限制零部件的相对位置关系，而"平行"配合只是将线或面处于平形状态，却无法调整它们的相对距离，所以"平行"配合与"距离"配合经常一起使用，从而更准确地将零部件放置到理想位置，如图 4.3.6 所示。

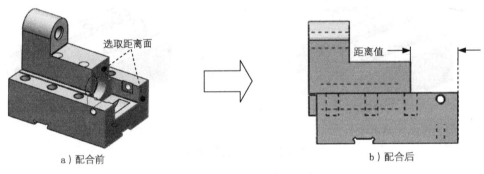

图 4.3.6 "距离"配合

7. "角度"配合

"角度"配合可使两个元件上的线或面建立一个角度，从而限制部件的相对位置关系，如图 4.3.7b 所示。

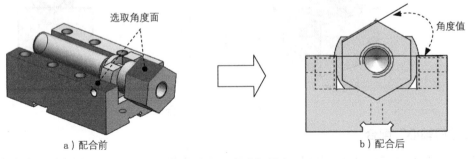

图 4.3.7 "角度"配合

4.4 装配的过程和方法

下面以一个装配体模型——夹持器的装配为例（图 4.4.1），说明装配体创建的一般过程。

图 4.4.1 轴和轴套的装配

4.4.1 新建装配文件

新建装配体文件的一般操作过程：

步骤01 选择命令。选择下拉菜单 文件(F) ➡ 新建(N)... 命令，系统弹出"新建 SolidWorks 文件"对话框。

步骤02 选择新建模板。在"新建 SolidWorks 文件"对话框中选择"装配体"模板，单击 确定 按钮，系统进入装配环境。

4.4.2 装配第一个零件

步骤01 选择要添加的模型。在"开始零部件"窗口的 要插入的零件/装配体(P) 区域中单击 浏览(B)... 按钮，系统弹出"打开"对话框，在 D:\sw1401\work\ch04.04 下选择件模型文件 top_cramp.SLDPRT，再单击 打开(O) 按钮。

步骤02 确定零件位置。直接单击对话框中的 ✓ 按钮，即可把零件固定到装配原点处（即零件的三个默认基准平面与装配中的三个默认基准平面对齐）。

4.4.3 装配其余零件

1. 引入第二个零件

步骤01 选择命令。选择下拉菜单 插入(I) ➡ 零部件(O) ➡ 现有零件/装配体(E)... 命令，系统弹出"插入零部件"窗口。

步骤02 选择要添加的模型。在"插入零部件"窗口的 要插入的零件/装配体(P) 区域中单击 浏览(B)... 按钮，系统弹出"打开"对话框，在 D:\sw1401\work\ch04.04 下选择轴套零件模型文件 down_cramp.SLDPRT，再单击 打开(O) 按钮。

步骤03 在图形区中合适的位置单击放置第二个零件。

2. 添加配合前的准备

在放置第二个零件时，可能与第一个组件重合，或者其方向和方位不便于进行装配放置。解决这种问题的方法如下：

步骤01 选择命令。单击"装配体"工具栏中的"移动零部件"按钮 。系统弹出"移动零部件"窗口。

"移动零部件"窗口的说明如下：

- ◆ 后的下拉列表中提供了五种移动方式。
  - 自由拖动：选中所要移动的零件后拖拽鼠标，零件将随鼠标移动。
  - 沿装配体 XYZ：零件沿装配体的 X 轴、Y 轴或 Z 轴移动。
  - 沿实体：零件沿所选的实体移动。
  - 由 Delta XYZ 选项：通过输入 X 轴、Y 轴和 Z 轴的变化值来移动零件。
  - 到 XYZ 位置：通过输入移动后 X、Y、Z 的具体数值来移动零件。
- ◆ 标准拖动：系统默认的选项，选中此单选项可以根据移动方式进行移动零件。
- ◆ 碰撞检查：系统会自动碰撞，所移动零件将无法与其余零件发生碰撞。
- ◆ 物理动力学：选中此单选项后，用鼠标拖动零部件时，此零部件就会向其接触的零部件施加一个力。

步骤02 选择移动方式。在"移动零部件"窗口 移动(M) 区域的 下拉列表中选择 自由拖动 选项。

步骤03 调整第二个零件的位置。在图形区中选定轴套模型，并拖动鼠标可以看到轴套模型随着鼠标移动，将轴套模型的位置移动到合适位置。

步骤04 单击"移动零部件"窗口中的 按钮，完成第二个零件的移动。

说明：在图形区中将鼠标放在要移动的零件上，按住左键并移动鼠标，可以直接拖动该零件。

3. 完全约束第二个零件

若使轴套完全定位，共需要向它添加三种配合关系，分别为两个重合配合与一个同轴配合。选择下拉菜单 插入(I) ➡ 配合(M) 命令，系统弹出图 4.4.2 所示的"配合"窗口，以下的所有配合都将在"配合"窗口中完成。

步骤01 定义第一个装配配合。

（1）确定配合类型。在"配合"窗口的"标准配合"区域中单击"重合"按钮 。

（2）选取配合面。分别选取图 4.4.3 所示的面 1 与面 2 作为配合面，系统弹出图 4.4.4 所示的快捷工具条。

（3）在快捷工具条中单击 按钮，完成图 4.4.5 所示第一个装配配合。

图 4.4.2 "配合"窗口

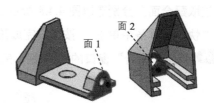

图 4.4.3 选取配合面

图 4.4.4 快捷工具条

图 4.4.5 完成第一个装配配合

步骤02 定义第二个装配配合。

（1）确定配合类型。在"配合"窗口的"标准配合"区域中单击"重合"按钮 。

（2）选取配合面。分别选取图 4.4.6 所示的面 1 与面 2 作为配合面，系统弹出快捷工具条。

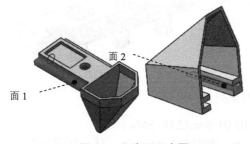

图 4.4.6 选取配合面

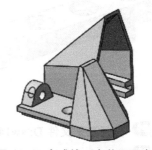

图 4.4.7 完成第二个装配配合

（3）改变方向。在"配合"窗口的标准区域的 配合对齐: 后单击"反向对齐"按钮。

（4）在快捷工具条中单击 ✓ 按钮，完成图4.4.7所示第二个装配配合。

步骤 03 定义第三个装配配合。

（1）确定配合类型。在"配合"窗口的"标准配合"区域中单击"同轴心"按钮。

（2）选取配合面。分别选取图4.4.8所示的面1与面2作为配合面，系统弹出快捷工具条。

（3）在快捷工具条中单击 ✓ 按钮，完成第三个装配配合。

步骤 04 单击"配合"窗口的 ✓ 按钮，完成装配体的创建。

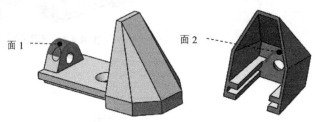

图4.4.8　选取配合面

步骤 05 至此，装配体模型创建完毕。选择下拉菜单 文件(F) → 💾 保存(S) 命令，将零件模型保存命名为glass_fix，即可保存模型。

4.5　阵列装配

与零件模型中的特征阵列一样，在装配体中也可以对部件进行阵列。部件阵列的类型主要包括"线性阵列"、"圆周阵列"及"特征驱动"阵列。

4.5.1　线性阵列

线性阵列可以将一个部件沿指定的方向进行阵列复制，下面以图4.5.1所示装配体模型为例，说明"线性阵列"的一般过程。

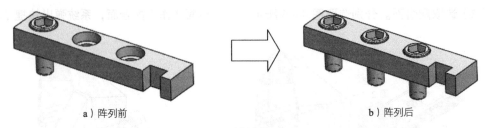

a）阵列前　　　　　　　　　b）阵列后

图4.5.1　线性阵列

步骤 01 打开装配文件 D:\sw1401\work\ch04.05.01\size.SLDASM。

步骤 02 选择命令。选择下拉菜单 插入(I) → 零部件阵列(E) → 线性阵列(L) 命令，系统弹"线性阵列"窗口。

步骤03 确定阵列方向。在图形区选取图 4.5.2 所示的边为阵列参考方向。

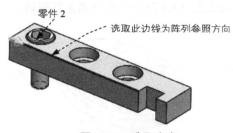

图 4.5.2　选取方向

步骤04 设置间距及个数。在"线性阵列"窗口的 **方向1** 区域的零件"间距" 后的文本框中输入数值 25，在"阵列个数" 后的文本框中输入数值 3。

步骤05 定义要阵列的零部件。在"线性阵列"窗口的 **要阵列的零部件(C)** 区域中单击 后的文本框，选取图 4.5.2 所示的零件 2 作为要阵列的零部件。

步骤06 单击 按钮，完成线性阵列的操作。

"线性阵列"窗口的说明如下：

◆ **方向1** 区域中是关于零件在一个方向上阵列的相关设置。
  - 单击 按钮可以使阵列方向相反。该按钮后面的文本框中显示阵列的参考方向，可以通过单击激活此文本框。
  - 通过在 后的文本框输入数值，可以设置阵列后零件的间距。
  - 通过在 后的文本框输入数值，可以设置阵列零件的总个数（包括原零件）。

◆ **要阵列的零部件(C)** 区域用来选择原零件。

◆ 若在 **可跳过的实例(I)** 区域中选择了零件，则在阵列时跳过所选的零件后继续阵列。

4.5.2　圆周阵列

下面以图 4.5.3 所示模型为例，说明"圆周阵列"的一般过程。

a）阵列前　　　　　　　　　　　　b）阵列后

图 4.5.3　圆周阵列

步骤01 打开装配文件 D:\sw1401\work\ch04.05.02\rotund.SLDASM。

步骤02 选择命令。选择下拉菜单 插入(I) ➡ 零部件阵列(E) ➡ 圆周阵列(R) 命令，系统弹出"圆周阵列"窗口。

步骤03 确定阵列轴。选取图 4.5.4 所示的临时轴为阵列轴。

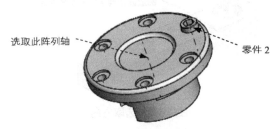

图 4.5.4 选取阵列轴

步骤04 设置角度间距及个数。在"圆周阵列"窗口中选中 等间距(E) 复选框，此时 参数(P) 区域 后的文本框中自动更改为 360，在 后的文本框中输入阵列个数 6。

步骤05 定义要阵列的零部件。在"圆周阵列"窗口的 要阵列的零部件(C) 区域中单击 后的文本框，再选取图 4.5.4 所示的零件 2 作为要阵列的零部件。

步骤06 单击 按钮，完成圆周阵列的操作。

"圆周阵列"窗口的说明如下：

- 参数(P)：用于设置阵列的参数。
  - 单击 按钮可以改变阵列方向。激活该按钮后的文本框，在图形区选取一条基准轴或线性边线，圆周阵列是以此轴/边作为中心轴进行的。
  - 通过在 后的文本框输入数值，可以设置阵列后零件之间的角度。
  - 通过在 后的文本框输入数值，可以设置阵列零件的总个数（包括原零件）。
  - 等间距(E)：选中此复选框，系统默认将零件在 360 度内等间距的阵列相应的个数。
- 要阵列的零部件(C)：用来选择阵列源零件。
- 可跳过的实例(I)：在阵列时跳过所选的零件。

4.5.3 图案驱动

图案驱动是以装配体中某一部件的阵列特征为参照进行部件的阵列。在图 4.5.5b 中，四个螺钉是参照装配体中零件 1 上的四个阵列孔进行创建的，所以在使用"图案驱动"命令之前，应提前在装配体的某一零件中创建阵列特征。下面以图 4.5.5 为例，说明"图案驱动"的操作过程。

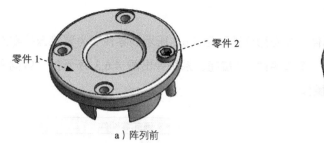

a）阵列前　　　　　　　　　　　　　b）阵列后

图 4.5.5　图案驱动

步骤01　打开装配文件 D:\sw1401\work\ch04.05.03\reusepattern.SLDASM。

步骤02　选择命令，选择下拉菜单 插入(I) → 零部件阵列(P) → 图案驱动(P)... 命令，系统弹出"阵列驱动"窗口。

步骤03　定义要阵列的零部件。在图形区选取图 4.5.5 所示的零件 2 为要阵列的零部件。

步骤04　确定驱动特征。单击"阵列驱动"对话框的 驱动特征或零部件(D) 区域中的文本框，然后在设计树中展开 (固定) bearing_cover<1> 节点，在其节点下选取选择 阵列(圆周)1 为驱动特征。

步骤05　单击 ✓ 按钮，完成图案驱动操作。

4.6　零部件的镜像

在装配体中，经常会出现两个部件关于某一平面对称的情况，这时不需要再次为装配体插入相同的部件，只需将原有部件进行镜像复制即可，如图 4.6.1 所示。镜像复制操作的一般过程如下：

步骤01　打开装配文件 D:\sw1401\work\ch04.06\symmetry.SLDASM。

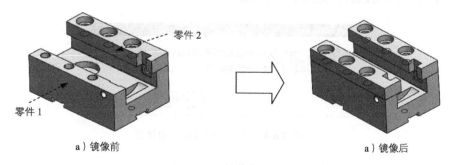

a）镜像前　　　　　　　　　　　　　a）镜像后

图 4.6.1　镜像复制

步骤02　选择命令。选择下拉菜单 插入(I) → 镜向零部件(R) 命令，系统弹出"镜向零部件"窗口（一）。

步骤03　定义镜像基准面。然后在设计树中展开 注解，在其下方选取图 4.6.2 所示的"前视基准面"作为镜像平面。

步骤 04 确定要镜像的零部件。在图形区选取图 4.6.1 所示的零件 2 为要镜像的零部件。

步骤 05 单击"镜向零部件"窗口中的 按钮，系统弹出图 4.6.3 所示的"镜向零部件"窗口（二），进入镜像的下一步操作。

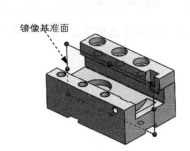
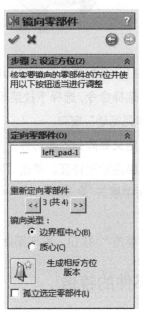

图 4.6.2　选取镜像基准面　　　　　图 4.6.3　"镜向零部件"窗口（二）

步骤 06 单击"镜向零部件"窗口（二）中的"生成相反方位版本"按钮 ，再单击"镜向零部件"窗口（二）中的 按钮，此时系统弹出图 4.6.4 所示的"SolidWorks"对话框，单击对话框中的 确定 按钮，，完成零件的镜像

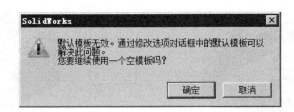

图 4.6.4　"SolidWorks"对话框

4.7　简化表示

为了提高系统性能，减少模型重建的时间，以及生成简化的装配体视图等，可以通过切换零部件的显示状态和改变零部件的压缩状态使复杂的装配体简化。

4.7.1 切换零部件的显示状态

暂时关闭零部件的显示,可以将它从视图中移除,以便容易地处理被遮蔽的零部件。隐藏或显示零部件仅影响零部件在装配体中的显示状态,不影响重建模型及计算的速度,但可以提高显示的性能。以图 4.7.1 所示模型为例,隐藏零部件的操作步骤如下:

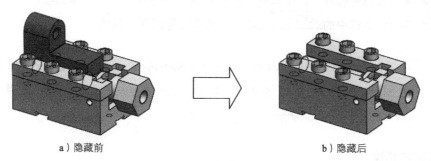

a)隐藏前　　　　　　　　　　　　　　b)隐藏后

图 4.7.1　隐藏零部件

步骤01　打开文件 D:\sw1401\work\ch04.07.01\intervene.SLDASM。
步骤02　在设计树中选择 clamp<1> 为要隐藏的零件。
步骤03　在 clamp<1> 节点上右击,在弹出的快捷菜单中选择 命令,图形区中的该零件即被隐藏,如图 4.7.1b 所示。

显示零部件的方法与隐藏零部件的方法基本相同,在设计树上右击要显示的零件名称,然后在弹出的快捷菜单中选择 命令。

4.7.2　压缩状态

压缩状态包括零部件的压缩及轻化。

1. 压缩零部件

使用压缩状态可暂时将零部件从装配体中移除,在图形区将隐藏所压缩的零部件。被压缩的零部件无法被选取,并且不装入内存,不再是装配体中有功能的部分。在设计树中压缩后的零部件呈暗色显示。以图 4.7.2 所示模型为例,压缩零部件的操作步骤如下:

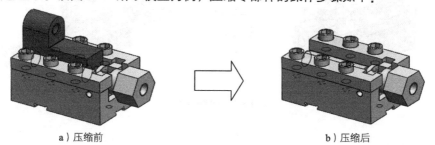

a)压缩前　　　　　　　　　　　　　　b)压缩后

图 4.7.2　压缩零部件

步骤01 打开文件 D:\sw1401\work\ch04.07.02\intervene.SLDASM。

步骤02 在设计树中选取 clamp<1> 为要压缩的零件。

步骤03 在 clamp<1> 上右击，在弹出的快捷菜单中选择 命令，系统弹出"零部件属性"对话框。

步骤04 在"零部件属性"对话框的 压缩状态 区域中选中 压缩(S) 单选项。

步骤05 单击对话框中的 确定(K) 按钮，完成压缩零部件的操作。

> 还原零部件的压缩状态可以在"零部件属性"对话框中更改，也可以直接在设计树上右击要还原的零部件，然后在弹出的快捷菜单中选择 设定为还原 (I) 命令。

2. 轻化零部件

当零部件为轻化状态时，只有零件模型的部分数据装入内存，其余的模型数据根据需要装入。使用轻化的零件可以明显地提高大型装配体的装配性能，使装配体的装入速度更快，计算数据的效率更高。在设计树中，轻化后的零部件的图标为 。

轻化零件的设置操作方法与压缩零部件的方法基本相同，在此不再赘述。

4.8 装配的爆炸视图

装配体中的爆炸视图就是将装配体中的各零部件沿着坐标轴或直线移动，使各个零件从装配体中分离出来。爆炸视图对于表达各零部件的相对位置十分有帮助，因而常常用于表达装配体的装配过程。

4.8.1 创建爆炸视图

下面以图 4.8.1 所示为例，说明生成爆炸视图的一般过程。

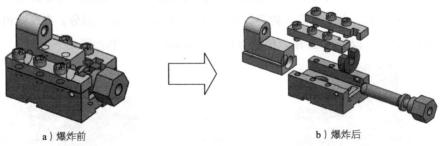

a）爆炸前　　　　　　　　　b）爆炸后

图 4.8.1　爆炸视图

步骤01 打开装配文件 D:\sw1401\work\ch04.08.01\axes_01.SLDASM。

步骤02 选择命令。选择下拉菜单 插入(I) → 爆炸视图(V) 命令，系统弹出图 4.8.2 所示的"爆炸"窗口。

步骤03 创建图 4.8.3b 所示的爆炸步骤 1。

（1）定义要爆炸零件。在图形区选取图 4.8.3a 所示的零件。

（2）确定爆炸方向。选取 X 轴（红色箭头）为移动方向。

（3）定义移动距离。在"爆炸"窗口的 设定(T) 区域的 D1 后输入数值 100.0。

（4）预览爆炸图形。在"爆炸"窗口的 设定(T) 区域中单击 应用(P) 按钮。

（5）单击 完成(D) 按钮，完成第一个零件的爆炸移动。

步骤04 创建图 4.8.4b 所示爆炸步骤 2。操作方法参见 步骤03，爆炸零件为图 4.8.4a 所示的零件，爆炸方向为 X 轴的负方向，爆炸距离为 85.0（在 D1 后输入数值-85.0）。

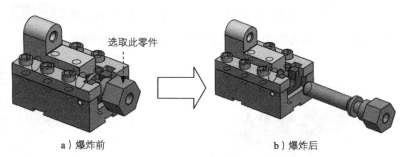

图 4.8.3　爆炸步骤 1

图 4.8.2　"爆炸"窗口

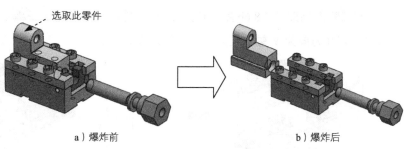

图 4.8.4　爆炸步骤 2

图 4.8.2 所示"爆炸"窗口的说明如下：

◆ 爆炸步骤(S) 区域中只有一个文本框，用来记录爆炸零件的所有步骤。

- ◆ 设定(T) 区域用来设置关于爆炸的参数。
  - 后的文本框用来显示要爆炸的零件，可以单击激活此文本框后，再选取要爆炸的零件。
  - 单击 按钮，可以改变爆炸方向，该按钮后的文本框用来显示爆炸的方向。
  - 在 D1 后的文本框中输入爆炸的距离值。
  - 单击 应用(P) 按钮后，将当前爆炸步骤应用于装配体模型。
  - 单击 完成(D) 按钮后，完成当前爆炸步骤。
- ◆ 选项(O) 区域提供了自动爆炸的相关设置。
  - 选中 拖动后自动调整零部件间距(A) 复选项后，所选零件将沿轴心自动均匀地分布。
  - 调节 后的滑块可以改变通过 拖动后自动调整零部件间距(A) 爆炸后零部件之间的距离。
  - 选中 选择子装配体的零件(B) 复选框后，可以选择子装配体中的单个零部件；取消选中此复选框，只能选择整个子装配体。
  - 单击 重新使用子装配体爆炸(R) 按钮后，可以使用所选子装配体中已经定义的爆炸步骤。

步骤 05 创建图 4.8.5b 所示爆炸步骤 3。操作方法参见 **步骤 03**，爆炸零件为图 4.8.5a 所示的 8 个零件。爆炸方向为 Y 轴的正方向，爆炸距离为 60.0。

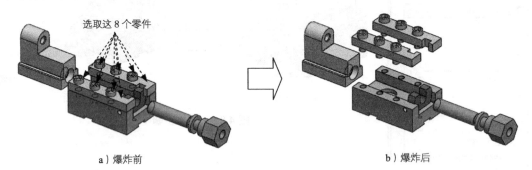

a）爆炸前　　　　　　　　　　　b）爆炸后

图 4.8.5　爆炸步骤 3

步骤 06 创建图 4.8.6b 所示爆炸步骤 4。操作方法参见 **步骤 03**，爆炸零件为图 4.8.5a 所示的零件。爆炸方向为 Y 轴的正方向，爆炸距离为 35.0。

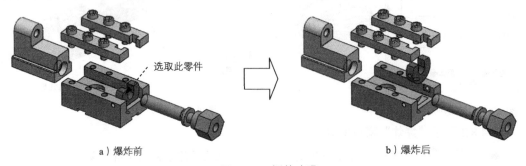

a）爆炸前　　　　　　　　　　　b）爆炸后

图 4.8.6　爆炸步骤 4

4.8.2 创建步路线

下面以图 4.8.7 所示模型为例，说明生成爆炸直线草图的一般过程。

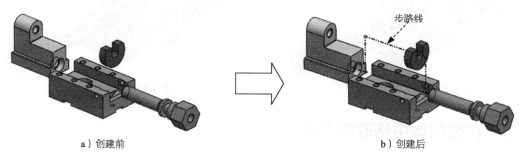

a）创建前　　　　　　　　　　　b）创建后

图 4.8.7　爆炸直线草图

步骤01　打开装配文件 D:\sw1401\work\ch04.08.02\axes_02.SLDASM。

步骤02　选择命令。选择下拉菜单 插入(I) ➡ 爆炸直线草图(L) 命令，系统弹出图 4.8.8 所示的"步路线"窗口。

步骤03　定义连接项目。选取图 4.8.9 所示的面 1、面 2 和面 3 为连接项目，效果如图 4.8.9 所示。

 说明　若方向不对可选中"步路线"窗口中的 ☑ 反转(R) 按钮进行调节。

 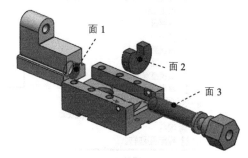

图 4.8.8　"步路线"窗口　　　　　图 4.8.9　选取连接项目

步骤04　调整步路线的位置。在绘图区域中选取图 4.8.10 所示的步路线，移动鼠标将其移动至图 4.8.11 所示的位置。

步骤05　单击两次 ✓ 按钮后，退出草图环境，完成步路线的创建。

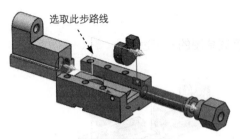
图 4.8.10 步路线预览图 1

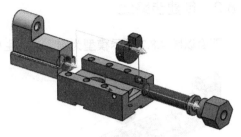
图 4.8.11 调整后

4.9 在装配体中修改零部件

一个装配体完成后，可以对该装配体中的任何零部件进行下面的一些操作：零部件的打开与删除、零部件尺寸的修改、零部件装配配合的修改（如距离配合中距离值的修改）以及部件装配配合的重定义等。完成这些操作一般要从特征树开始。

4.9.1 更改设计树中零部件的名称

大型的装配体中会包括数百个零部件，若要选取某个零件就只能在设计树中进行操作，这样设计树中零部件的名称就显得十分重要。下面以图 4.9.1 所示的设计树为例，来说明在设计树中更改零部件名称的一般过程。

步骤01 打开装配文件 D:\sw1401\work\ch04.09.01\sliding_bearing.SLDASM

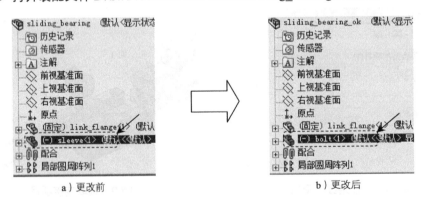

a）更改前　　　　　　　　　　　b）更改后

图 4.9.1 在设计树中更改零部件名称

步骤02 更改名称前的准备。
（1）选择下拉菜单 工具(T) → 选项(P)... 命令，系统弹出"系统选项"对话框。
（2）在"系统选项"对话框的 系统选项(S) 选项卡左侧的列表框中单击 外部参考 选项。
（3）在"系统选项"对话框的 系统选项(S) 选项卡的 装配体 区域中取消选中 □当文件被替换时更新零部件名称(C) 复选框。

（4）单击 确定 按钮，关闭"系统选项"对话框。

步骤03 在设计树中右击 `(-) sleeve<1>` 节点，在弹出的快捷菜单中选择 命令，系统弹出"零部件属性"对话框。

步骤04 在"零部件属性"对话框的 一般属性 区域中，将 零部件名称(N): 后文本框中的零部件名称更改为 bolt。

步骤05 单击 确定(K) 按钮，完成设计树中零部件名称的更改。

这里更改的是在设计树中显示的名称，零件模型文件的名称并没有更改。

4.9.2 修改零部件的尺寸

下面以在图 4.9.2 所示的装配体模型为例，来说明修改装配体中零部件的一般操作过程。

步骤01 打开装配文件 D:\sw1401\work\ch04.09.02\symmetry.SLDASM。

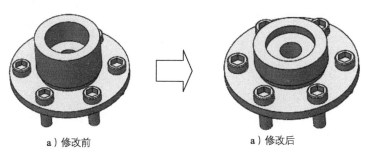

a）修改前　　　　　　a）修改后

图 4.9.2　零部件的操作过程

步骤02 定义要更改的零部件并选择命令。在设计树中右击 `(固定) link_flange<1>` 节点，在弹出的快捷菜单中单击"编辑"按钮，此时装配体进入编辑状态，如图 4.9.3 所示。

图 4.9.3　编辑状态

步骤03 在设计树中单击 `(固定) link_flange<1>` 前的"+"号，展开 link_flange 零件模型的设计树。

步骤 04　定义修改特征。在设计树中单击/右击 [凸台—拉伸1] 节点，在弹出的快捷菜单中单击 [图标] 按钮，系统弹出"凸台—拉伸1"窗口。

步骤 05　更改尺寸。在"凸台—拉伸1"窗口的 [方向1] 区域中，将 [图标] 后文本框中的尺寸改为 10。

步骤 06　单击 ✓ 按钮，完成对"凸台—拉伸1"的修改。

步骤 07　单击"装配"工具栏中的 [图标] 按钮，退出编辑状态。

第 5 章　工程图设计

5.1　概述

使用 SolidWorks 工程图环境中的工具可创建三维模型的工程图，且图样与模型相关联。因此，图样能够反映模型在设计阶段中的更改，可以使图样与装配模型或单个零部件保持同步。其主要特点如下：

- ◆ 用户界面直观、简洁、易用，可以快速方便地创建图样。
- ◆ 可以快速地将视图放置到图样上，系统会自动正交对齐视图。
- ◆ 具有从图形对话框编辑大多数制图对象（如尺寸和符号等）的功能。用户可以创建制图对象，并立即对其进行编辑。
- ◆ 系统可以用图样视图的自动隐藏线渲染。
- ◆ 使用对图样进行更新的用户控件，能有效地提高工作效率。

5.1.1　工程图的组成

在学习本节前，请打开文件 D:\sw1401\work\ch05.01.01\link_base.SLDDRW（图 5.1.1），SolidWorks 的工程图主要由三部分组成：

- ◆ 视图：包括标准视图（前视图、后视图、左视图、右视图、仰视图、俯视图和轴测图）和各种派生视图（剖视图、局部放大图、折断视图等）。在制作工程图时，根据零件的特点，选择不同的视图组合，以便简洁地将设计参数和生产要求表达清楚。
- ◆ 尺寸、公差、表面粗糙度及注释文本：包括形状尺寸、位置尺寸、尺寸公差、基准符号、形状公差、位置公差、零件的表面粗糙度以及注释文本。
- ◆ 图框、标题栏等。

5.1.2　工程图环境中的工具条

打开文件 D:\ sw1401\ch05.01.02\link_base.SLDDRW，进入工程图环境，此时系统的下拉菜单和工具条将会发生一些变化。下面对工程图环境中较为常用的工具条进行介绍。

1. "工程图"工具条

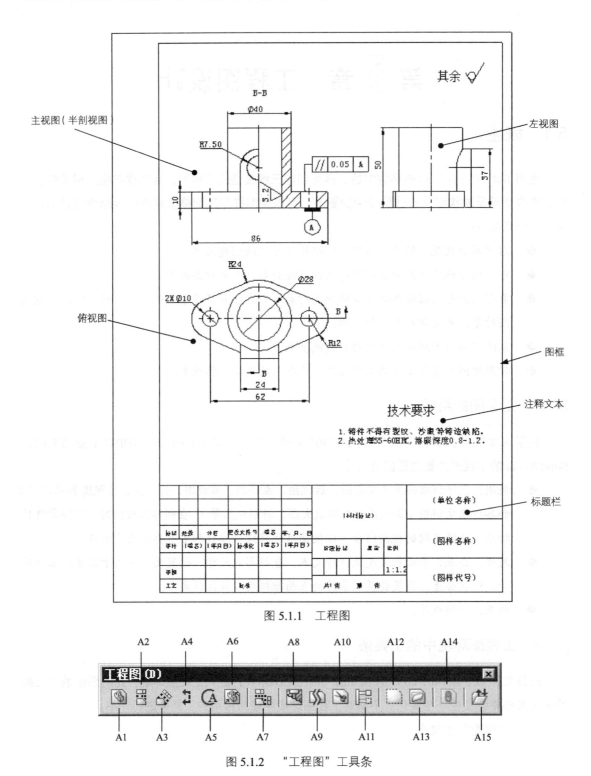

图 5.1.1 工程图

图 5.1.2 "工程图"工具条

图 5.1.2 所示"工程图"工具条中的各按钮说明如下：

A1：模型视图。　　　　　　　　A2：投影视图。

A3：辅助视图。　　　　　　　　A4：剖面视图。

A5：局部视图。　　　　　　　　A6：相对视图。

A7：标准三视图。　　　　　　　A8：断开的剖视图。

A9：断裂视图。　　　　　　　　A10：剪裁视图。

A11：交替位置视图。　　　　　　A12：空白视图。

A13：预定义的视图。　　　　　　A14：更新视图。

A15：替换模型。

2. "尺寸/几何关系"工具条

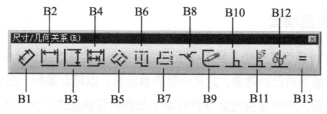

图 5.1.3　"尺寸/几何关系"工具条

图 5.1.3 所示"尺寸/几何关系"工具条中各按钮的说明如下：

B1：智能尺寸。　　　　　　　　B2：水平尺寸。

B3：竖直尺寸。　　　　　　　　B4：基准尺寸。

B5：尺寸链。　　　　　　　　　B6：水平尺寸链。

B7：竖直尺寸链。　　　　　　　B8：倒角尺寸。

B9：完全定义草图。　　　　　　B10：添加几何关系。

B11：自动几何关系。　　　　　　B12：显示或删除几何关系。

B13：搜索相等关系。

3. "注解"工具条

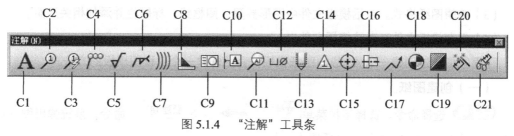

图 5.1.4　"注解"工具条

图 5.1.4 所示"工程图"工具条中各按钮的说明如下：

C1：注释。　　　　　　　　　　C2：零件序号。

C3: 自动零件序号。　　　　　　C4: 成组的零件序号。
C5: 表面粗糙度符号。　　　　　C6: 焊接符号。
C7: 焊缝毛虫。　　　　　　　　C8: 焊缝端点处理。
C9: 形位公差。　　　　　　　　C10: 基准特征。
C11: 基准目标。　　　　　　　C12: 孔标注。
C13: 装饰螺纹线。　　　　　　C14: 修订符号。
C15: 中心符号线。　　　　　　C16: 中心线。
C17: 多转折引线。　　　　　　C18: 销钉符号。
C19: 区域剖面线或填充。　　　C20: 模型项目。
C21: 隐藏或显示注解。

5.1.3 制作工程图模板

SolidWorks 本身提供了一些工程图模板，往往各企业的在产品设计中都会有自己的工程图标准，这时我们可根据自己的需要，定义一些参数属性，以符合国标、企业标准的工程图模板。

基于标准的工程图模板是生成多零件标准工程图的最快捷的方式，所以在制作工程图之前首要的工作就是建立标准的工程图模板。设置工程图模板大致有三项内容：

◆ 建立符合国标的图框和图纸格式、图框大小、投影类型、标题栏内容等。具体操作方法如下：右击工程图工作区域空白处，在弹出的快捷菜单中选择 编辑图纸格式 (F) 命令，设置工程图模板的标题栏和图框。

◆ 设置具体的尺寸标注，标注文字字体，文字大小，箭头，各类延伸线等细节。

◆ 调整已生成的视图的线型和具体标注尺寸的类型，注释文字等，修改细节，以符合标准。

制作工程图模板具体步骤如下：

（1）新建图纸。指定图纸的大小。
（2）定义图纸文件属性。包括视图投影类型、图纸比例、视图标号等。
（3）编辑图纸格式。包括模板文件中图形界限、图框线、标题栏并添加相关注解。
（4）保存模板文件至系统模板文件夹。

下面我们通过创建一个 A3 纵向图纸模板，介绍创建一个工程图模板的方法。

（一）创建图纸

步骤 01 选择命令。选择下拉菜单 文件(F) → 新建(N)... 命令，系统弹出图 5.1.5 所示的"新建 SolidWorks 文件"对话框（一）。

第5章 工程图设计

图 5.1.5 "新建 SolidWorks 文件"对话框（一）

步骤02 定义新建类型。在"新建 SolidWorks 文件"对话框（一）中单击 高级 按钮，系统弹出"新建 SolidWorks 文件"对话框（二）。在"新建 SolidWorks 文件"对话框中选择 模板 区域中的 gb_a3 选项，创建工程图文件，单击 确定 按钮，完成工程图的新建。

步骤03 在系统弹出的"模型视图"对话框中单击 ✖ 按钮，退出模型视图环境。

步骤04 清除已有的标准。选择下拉菜单 编辑(E) → 图纸格式(F) 命令，进入图纸的编辑状态；在图纸中选取所有的边线及文本，在空白处右击，在弹出的快捷菜单中选择 ✖ 删除 命令将其删除；选择下拉菜单 编辑(E) → 图纸(H) 命令，退出图纸的编辑状态。

（二）定义图纸属性

步骤01 在设计树中右击 ⊞ 图纸1，在弹出的快捷菜单中选择 属性...(G) 命令，系统弹出"图纸属性"对话框。

步骤02 定义图纸大小。在系统弹出的"图纸属性"对话框中选中 ⊙ 自定义图纸大小(M) 单选项，在 宽度(W): 文本框中输入 297，在 高度(H): 文本框中输入 420。

步骤03 单击 确定(O) 按钮，完成图纸属性的定义。

（三）编辑图纸格式

步骤01 进入图纸格式编辑界面。在图形区右击，在弹出的快捷菜单中选择 编辑图纸格式(H) 命令，系统进入编辑"图纸格式"环境。

步骤02 创建图 5.1.6 所示的图形界限和图框线。

（1）绘制矩形。选择下拉菜单 工具(T) → 草图绘制实体(K) → 边角矩形(R) 命令，绘制图 5.1.7 所示的矩形，并添加尺寸约束。

（2）固定图形界线。选中矩形左下角点，在图 5.1.8 所示的点对话框中的 参数 区域中设定点的坐标为（0，0），并在 添加几何关系 区域中单击 固定(F) 按钮，将点固定在（0，0）点上。

（3）绘制图框线并添加尺寸约束。在图 5.1.7 所示的为矩形内侧绘制一矩形，并添加图 5.1.9 所示的尺寸约束。

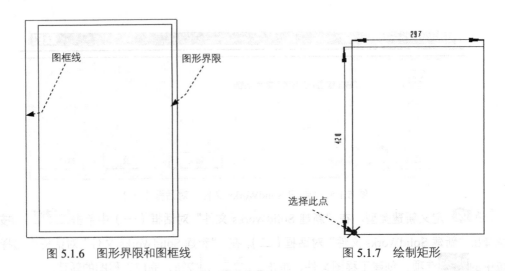

图 5.1.6　图形界限和图框线　　　图 5.1.7　绘制矩形

（4）设置图框线线型。在图形区域选取内侧矩形的四条边线，单击线型工具栏中的 ≡ 按钮，在打开的线型框中选择第三种线宽来更改内侧矩形的边线。

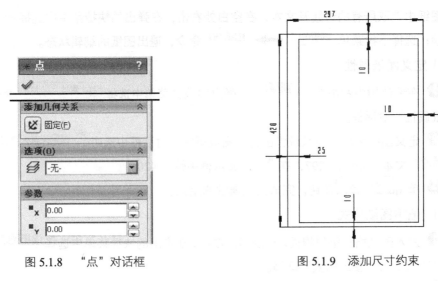

图 5.1.8　"点"对话框　　　图 5.1.9　添加尺寸约束

步骤 03　添加标题栏。绘制图 5.1.10 所示的标题栏，并添加尺寸约束。

步骤 04　隐藏尺寸标注。在设计树中选中 [A]注解 ，右击，在弹出的快捷菜单取消选中 ☑ 显示参考尺寸(D)，如图 5.1.11 所示。

步骤 05　添加注解文字。

（1）选择命令。选择下拉菜单 插入(I) → 注解(A) → [A] 注释(N) 命令，系统弹出"注释"对话框。

（2）选择引线类型。单击 引线(L) 区域中的无引线按钮 ✎。

（3）创建文本。在图 5.1.11 中的标题栏内分别创建图 5.1.12 所示的注释文本。

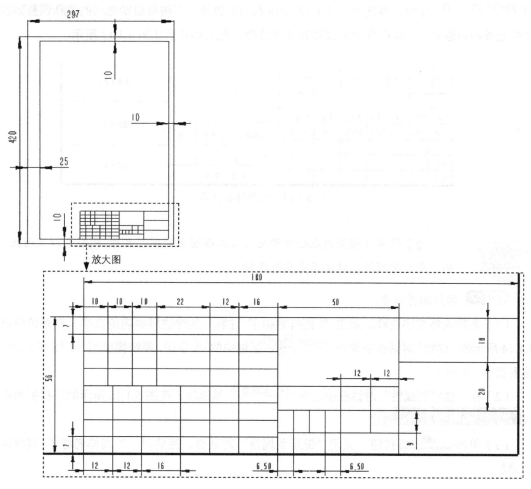

图 5.1.10 添加标题栏

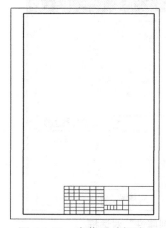

图 5.1.11 隐藏尺寸标注

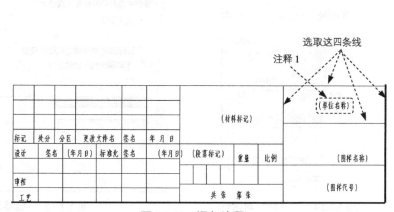

图 5.1.12 添加注释

步骤 06 调整注释文字。选择图 5.1.12 所示的注释 1，右击，在弹出的快捷菜单中选择 捕捉到矩形中心 (N) 命令，再选取图 5.1.12 所示的四条边线，系统将自动选取的注释调整到四条边线组成的矩形中心。以同样的方式对齐其他注释，完成对齐后如图 5.1.13 所示。

图 5.1.13 对齐注释文字

为了将零件模型的属性自动反应在工程图中的模型名称、模型号以及图纸比例、当前时间等，就要设置属性连接。

步骤 07 添加属性链接。

（1）选择连接文字注释。双击"（图样名称）"注释，删除注释框内的文字，在系统弹出图 5.1.14 所示的"注释"对话框中单击 文字格式(T) 区域中的 按钮，系统弹出图 5.1.15 所示的"链接到属性"对话框。

（2）在"链接到属性"对话框中选中 ⊙ 当前文件 单选项，在图 5.1.15 所示的下拉列表中选择 SW-文件名称(File Name) 选项。

（3）单击 确定 按钮，关闭"链接到属性"对话框，完成对 "（图样名称）"属性连接的添加。

图 5.1.14 "注释"对话框

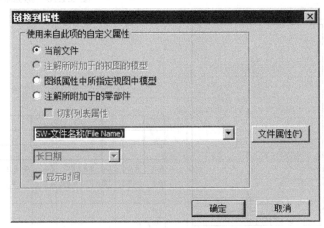

图 5.1.15 "链接到属性"对话框

（四）为图纸设置 GB 环境

步骤01 选择命令。选择下拉菜单 工具(T) → 选项(P)... 命令，系统弹出"系统选项（s）- 普通"对话框。

步骤02 单击 文档属性(D) 选项卡，在该选项卡的左侧选择 绘图标准 选项，在对话框中进行图 5.1.16 所示的设置。

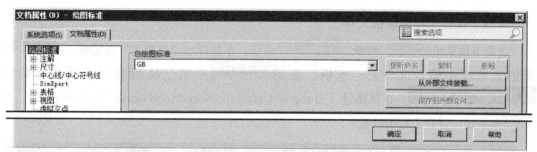

图 5.1.16 "文档属性（D）-绘图标准"对话框（一）

步骤03 在 文档属性(D) 选项卡的左侧选择 尺寸 选项，在对话框中进行图 5.1.17 所示的设置。

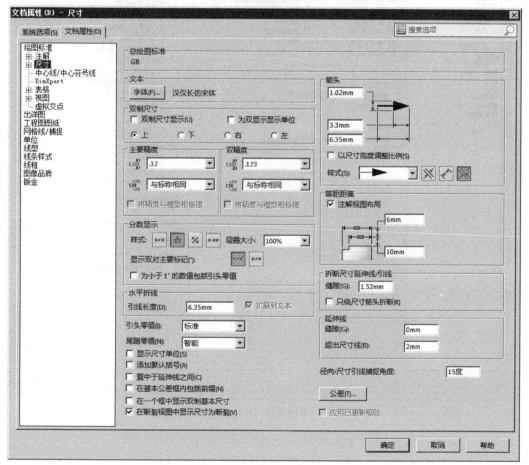

图 5.1.17 "文档属性（D）-尺寸"对话框（二）

步骤04 在 文档属性(D) 选项卡的左侧选择 出详图 选项，设置参数如图 5.1.18 所示，单击 确定 按钮。

在设置好工程图模板后，还需要将其添加到新建 SolidWorks 文件的对话框中。就是要将设置好的模板文件添加到模板文件所在的目录中(。

（五）保存工程图模板文件

选择下拉菜单 文件(F) → 保存(S) 命令，系统弹出"另存为"对话框，在 文件名(N): 后的文本框中输入文件名：模板，在 保存类型(T): 后的下拉列表中选择文件类型：工程图模板 (*.drwdot)，选择路径 C:\ProgramData\SolidWorks\SolidWorks 2014\templates，单击 保存(S) 按钮，保存工程图模板。

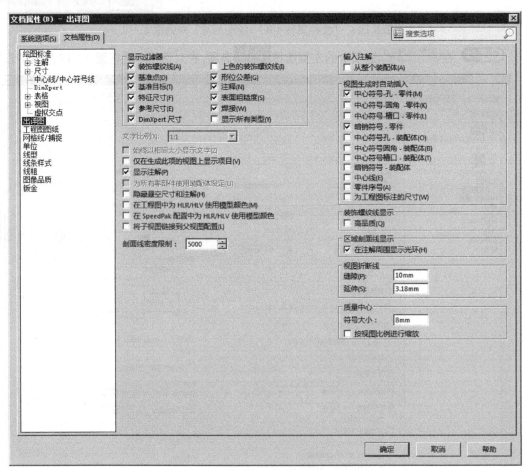

图 5.1.18 "文档属性（D）-出详图"对话框（三）

SolidWorks 2014 默认的模板文件目录一般是在 C:\Program Data\SolidWorks\SolidWorks2014\templates 和 C:\Program Files\SolidWorks Corp\SolidWorks\lang\chinese-simplified\Tutorial，所以在新建工程图模板时应该正确的设置好模板文件目录，具体设置过程：

步骤01 选择命令。选择 工具(T) → 选项(P)... 命令，系统弹出"系统选项（s）- 普通"对话框。

步骤02 选择要设置的项目。在 系统选项(S) 选项卡下单击 文件位置 选项，系统弹出"系统选项"对话框，在 显示下项的文件夹(S): 下拉列表中选择 文件模板 选项。

步骤03 更改目录设置。单击 添加(D)... 按钮选择模板文件的目录，单击 确定 按钮关闭"系统选项（s）- 文件位置"对话框，完成模板文件目录的设置。

5.2 新建工程图

下面介绍新建工程图的一般操作步骤：

步骤01 选择命令。选择下拉菜单 文件(F) → 新建(N)... 命令，系统弹出"新建 SolidWorks 文件"对话框。

步骤02 选择模板类型。在"新建 SolidWorks 文件"对话框中单击 高级 按钮，选择 模板 下的"模板"选项，以选择创建工程图文件，单击 确定 按钮，完成工程图的创建。

我国国标（GB 标准）对工程图做出了许多规定，例如尺寸文本的方位与字高、尺寸箭头的大小等都有明确的规定。本书随书光盘中的 sw1401_system_file 文件夹中提供了模板文件"**模板.DRWDOT**"，要使所创建的工程图符合我国国标（GB 标准），则必须将此模板文件复制到 C:\ProgramData\SolidWorks\SolidWorks 2014\templates（模板文件目录）文件夹中。

如果 SolidWorks 软件的模板文件不在该目录中，则需要根据用户的安装目录找到相应的文件夹。

5.3 工程图视图

工程图视图主要用来表达部件模型的外部结构及形状，是按照三维模型的投影关系生成的。在 SolidWorks 的工程图模块中，视图包括基本视图、各种剖视图、局部视图、相对视图和折断视图等。下面分别以具体的实例来介绍各种视图的创建方法。

5.3.1 基本视图

基本视图包括主视图和投影视图，下面将分别介绍。

1. 创建主视图

下面以 link_base.SLDPRT 零件模型的主视图为例（图 5.3.1），说明创建主视图的一般操作过程。

步骤01 新建一个工程图文件。

（1）选择命令。选择下拉菜单 文件(F) —→ 新建(N)... 命令，系统弹出"新建"对话框。

（2）选择新建类型。在"新建 SolidWorks 文件"对话框中选择 下的"模板"选项，单击 确定 按钮，系统弹出"模型视图"对话框，进入"工程图"环境。

> 说明：在工程图模块中，通过选择下拉菜单 插入(I) —→ 工程视图(V) —→ 模型(M)... 命令（图 5.3.2），也可打开"模型视图"对话框。

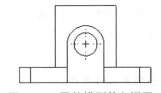

图 5.3.1 零件模型的主视图

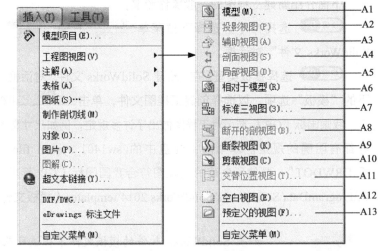

图 5.3.2 "插入"下拉菜单

图 5.3.2 所示"插入"下拉菜单中的各命令说明如下：

- ◆ A1：插入零件（或装配体）模型并创建基本视图。
- ◆ A2：创建投影视图。
- ◆ A3：创建辅助视图。
- ◆ A4：创建全剖、半剖和阶梯剖等剖视图。
- ◆ A5：创建局部放大图。

第 5 章 工程图设计

- A6：创建相对视图。
- A7：创建标准三视图，包括主视图、俯视图和左视图。
- A8：创建局部剖视图。
- A9：创建断开视图。
- A10：创建裁剪视图。
- A11：将一个工程视图精确叠加于另一个工程视图之上。
- A12：创建空白视图。
- A13：创建预定义的视图。

步骤02 选择零件模型。在系统 选择一零件或装配体以从之生成视图，然后单击下一步 的提示下，单击 要插入的零件/装配体(E) 区域中的 浏览(B)... 按钮，系统弹出"打开"对话框，在"查找范围"下拉列表中选择目录 D:\sw1401\work\ch05.03.01，然后选择 link_base.SLDPRT，单击 打开 按钮，载入模型。

 如果在 要插入的零件/装配体(E) 区域的 打开文档 列表框中已存在该零件模型，此时只需双击该模型就可将其载入。

步骤03 定义视图参数。

（1）在"模型视图"对话框的 方向(O) 区域中单击 按钮，再选中 预览(P) 复选框，预览要生成的视图。

（2）定义视图比例。在 比例(A) 区域中选中 使用图纸比例(E) 单选项。

步骤04 放置视图。将鼠标放在图形区，会出现视图的预览（图 5.3.3）；选取合适的放置位置单击，以生成主视图。

步骤05 单击 按钮，完成操作。

 如果在生成主视图之前，在 选项(N) 区域中选中 自动开始投影视图(A) 复选框，则在生成一个视图之后会继续生成其他投影视图。

2. 创建投影视图

投影视图包括仰视图、俯视图、右视图和左视图。下面以图 5.3.4 所示的视图为例，说明创建投影视图的一般操作过程。

步骤01 打开工程图文件 D:\sw1401\work\ch05.03.01\template.SLDDRW，如图 5.3.3 所示。

步骤02 选择命令。选择下拉菜单 插入(I) → 工程图视图(V) → 投影视图(P) 命令，在对话框中出现投影视图的虚线框。

步骤03 选择投影父视图。采用系统默认的视图作为投影的父视图。

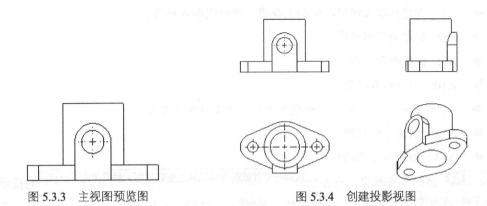

图 5.3.3　主视图预览图　　　　　　　图 5.3.4　创建投影视图

　　　　如果该视图中只有一个视图，系统默认选择该视图为投影的父视图；如果该视图中有多个视图时，需要我们手动的选取一个视图作为投影的俯视图。

步骤04 放置视图。在主视图的右侧单击生成左视图；在主视图的下方单击，生成俯视图；在主视图的右下方单击，生成轴测图。

步骤05 单击"投影视图"对话框中的 ✔ 按钮，完成操作。

5.3.2 视图基本操作

1. 移动视图和锁定视图

在创建完主视图和投影视图后，如果它们在图样上的位置不合适、视图间距太小或太大，用户可以根据自己的需要移动视图，具体方法为：将鼠标停放在视图的虚线框上，此时光标会变成 ⁛，按住鼠标左键，并移动至合适的位置后放开。

当视图的位置放置好了以后，可以在该视图上右击，在弹出的快捷菜单中选择 锁住视图位置 (I) 命令，使其不能被移动。再次右击，在弹出的快捷菜单中选择 解除锁住视图位置 (I) 命令，该视图又可被移动。

2. 对齐视图

根据"高平齐、长对正"的原则（即左、右视图与主视图水平对齐，俯、仰视图与主视图竖直对齐），用户移动投影视图时，只能横向或纵向移动视图。在特征树中选中要移动的视图并右击，在弹出的快捷菜单中依次选择 视图对齐 ➡ 解除对齐关系 (A) 命令（图 5.3.5），可移动视图至任意位置。当用户再次右击选择 视图对齐 ➡ 中心水平对齐 (D) 命令后，再选取主视图，被移动的视图又会与主视图沿中心线对齐。

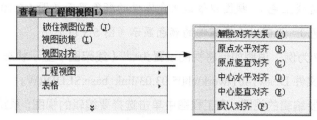

图 5.3.5 解除对齐关系

3. 旋转视图

右击要旋转的视图，在弹出的快捷菜单中依次选择 缩放/平移/旋转 ▶ ➡ 旋转视图 (E) 命令，系统弹出图 5.3.6 所示的"旋转工程视图"对话框，在工程视图角度文本框中输入要旋转的角度值后，单击 应用 按钮即可旋转视图，旋转完成后单击 关闭 按钮；也可直接将鼠标移至该视图中，按住鼠标左键并移动以旋转视图。

4. 删除视图

要将某个视图删除，可先选中该视图并右击，然后在弹出的快捷菜单中选择 ✗ 删除 命令，或选择要删除的视图直接按 Delete 键，系统弹出"确认删除"对话框，单击 是(Y) 按钮即可删除该视图。

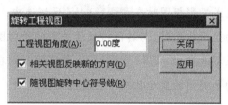

图 5.3.6 "旋转工程视图"对话框

5.3.3 视图的显示模式

在 SolidWorks 的工程图模块中选中视图，利用弹出的"工程视图"对话框可以设置视图的显示模式。下面介绍几种一般的显示模式。

◆ ▭（线架图）：视图中的不可见边线以实线显示（图 5.3.7）。
◆ ▭（隐藏线可见）：视图中的不可见边线以虚线显示（图 5.3.8）。
◆ ▭（消除隐藏线）：视图中的不可见边线以实线显示（图 5.3.9）。

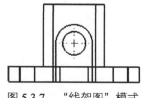 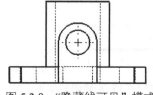 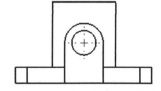

图 5.3.7 "线架图"模式　　图 5.3.8 "隐藏线可见"模式　　图 5.3.9 "消除隐藏线"模式

- ▣（带边线上色）：视图以带边上色零件的颜色显示（图 5.3.10）。
- ▣（上色）：视图以上色零件的颜色显示（图 5.3.11）。

下面以图 5.3.7 为例，说明如何将视图设置为 ▣（线架图）显示状态。

步骤 01 打开文件 D:\sw1401\work\ch05.03.03\link_base.SLDDRW。

步骤 02 选择要编辑的视图。在工程图中单击选择要编辑的视图，系统弹出"工程图视图 1"对话框。

步骤 03 选择"显示样式"。在"工程图视图 1"对话框的显示样式区域中单击线架图按钮 ▣（图 5.3.12）。

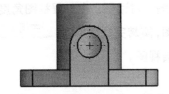
图 5.3.10 "带边线上色"模式

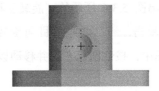
图 5.3.11 "上色"模式

图 5.3.12 "显示样式"对话框

步骤 04 单击 ✓ 按钮，完成操作。

> 当在生成投影视图时在 **显示样式(D)** 区域选中 ☑ 使用父关系样式(U) 复选框，改变父视图的显示状态时，与其保持父子关系的子视图的显示状态也会相应地发生变化，如果不选中 ☑ 使用父关系样式(U) 复选框，则在改变父视图时，则与其保持父子关系的子视图的显示状态不会发生变化。

5.3.4 辅助视图

辅助视图类似于投影视图，但它是垂直于现有视图中参考边线的展开视图。下面以图 5.3.13 为例，说明如何创建辅助视图的一般过程。

步骤 01 打开文件 D:\ sw1401\ch05.03.04\checkpost.SLDDRW。

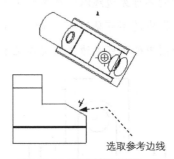
图 5.3.13 创建辅助视图

步骤02 选择命令。选择下拉菜单 插入(I) → 工程图视图(V) → 辅助视图(A) 命令，系统弹出"辅助视图"对话框。

步骤03 选择投影参考线。在系统 选择展开视图的一个边线、轴、或草图直线。 的提示下，选取图 5.3.13 所示的直线作为投影的参考边线。

步骤04 放置视图。选择合适的位置单击，放置辅助视图。

步骤05 在"辅助视图"对话框的 A→ 文本框中输入视图标号"A"。

 如果生成的视图与结果不一致，可以选中 ☑ 反转方向(F) 复选框调整。

步骤06 单击"工程视图"对话框中的 ✓ 按钮，完成操作。

5.3.5 全剖视图

全剖视图是用剖切面完全地剖开零件所得的剖视图。全剖视图主要用于表达内部形状复杂的不对称零件，或外形简单的对称零件。下面以图 5.3.14 为例，说明创建全剖视图的一般过程。

步骤01 打开文件 D:\sw1401\work\ch05.03.05\all_cut_view.SLDDRW。

步骤02 绘制剖切线。绘制图 5.3.14 所示的直线作为剖切线，然后选中。

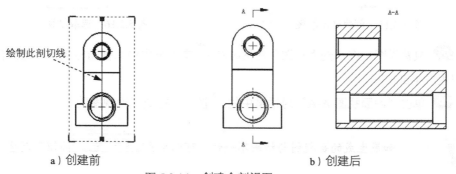

a) 创建前　　　　　　　　b) 创建后

图 5.3.14　创建全剖视图

步骤03 选择命令。选择下拉菜单 插入(I) → 工程图视图(V) → 剖面视图(S) 命令，系统弹出"剖面视图"对话框。

步骤04 在"剖面视图"对话框的 A→ 文本框中输入视图标号"A"，单击 反转方向(L) 按钮。

步骤05 放置视图。选择合适的位置单击，生成全剖视图。

步骤06 单击"剖面视图 A-A"对话框中的 ✓ 按钮，完成操作。

5.3.6 半剖视图

当零件有对称面时,在零件的投影视图中,以对称线为界一半画成剖视图,另一半画成视图,这种组合的图形称为半剖视图。下面以图 5.3.15 所示的半剖视图为例,说明如何创建半剖视图的一般过程。

步骤01 打开工程图文件 D:\ sw1401\ch05.03.06\half_cut_view.SLDDRW。

步骤02 选择命令。选择下拉菜单 插入(I) → 工程图视图(V) → 剖面视图(S) 命令,系统弹出"剖面视图"对话框。

步骤03 在"剖面视图"对话框中选择 半剖面 选项卡,在 半剖面 区域单击 按钮,然后选取图 5.3.16 所示的圆心。

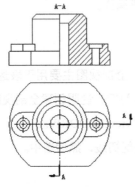
图 5.3.15 创建半剖视图

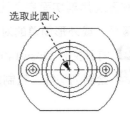
图 5.3.16 选取剖切点

步骤04 放置视图。在"剖面视图"对话框的 文本框中输入视图标号 A,选择合适的位置单击以生成半剖视图。

步骤05 单击"剖面视图 A-A"对话框中的 按钮,完成半剖视图的创建。

如果生成的剖视图与结果不一致,可以单击 反转方向(L) 按钮来调整。

5.3.7 阶梯剖视图

阶梯剖视图属于 2D 截面视图,其与全剖视图在本质上没有区别,只是阶梯剖视图的截面是偏距截面,创建阶梯剖视图的关键是创建好偏距截面,可以根据不同的需要创建偏距截面来实现阶梯剖视图,以达到充分表达视图的需要。下面以图 5.3.17 所示的阶梯剖视图为例,说明创建阶梯剖视图的一般过程。

步骤01 打开文件 D:\ sw1401\ch05.03.07\stepped_cutting_view.SLDDRW。

步骤02 选择命令。选择下拉菜单 插入(I) → 工程图视图(V) → 剖面视图(S) 命令，系统弹出"剖面视图"对话框。

步骤 03 选取切割线类型。在 **切割线** 区域单击 按钮，取消选中 □ 自动启动剖面实体 复选框。

步骤 04 然后选取图 5.3.18 所示的边线中点 1，在系统弹出的快捷菜单中单击 按钮，在图 5.3.18 所示的位置 2 处单击，在图 5.3.18 所示的圆心 3 处单击，在系统弹出的快捷菜单中单击 按钮，在图 5.3.18 所示的位置 4 处单击，在图 5.3.18 所示的边线中点 5 处单击，单击 按钮。

步骤 05 放置视图。在"剖面视图"对话框的 文本框中输入视图标号 A，然后选择合适的位置单击以生成阶梯剖视图。

如果生成的剖视图与结果不一致，可以单击 按钮来调整。

步骤 06 单击"剖面视图 A-A"对话框中的 按钮，完成阶梯剖视图的创建。

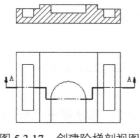
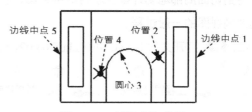

图 5.3.17 创建阶梯剖视图　　　　图 5.3.18 选取剖切位置

5.3.8 旋转剖视图

旋转剖视图是完整的截面视图，但它的截面是一个偏距截面（因此需要创建偏距剖截面）。其显示绕某一轴的展开区域的截面视图，且该轴是一条折线。下面以图 5.3.19 为例，说明如何创建旋转剖视图的一般过程。

步骤 01 打开工程图文件 D:\sw1401\work\ch05.03.08\ revolved_cutting_view. SLDDRW。

步骤 02 选择命令。选择下拉菜单 插入(I) → 工程图视图(V) → 剖面视图(S) 命令，系统弹出"剖面视图"对话框。

步骤 03 选取切割线类型。在 **切割线** 区域单击 按钮，取消选中 □ 自动启动剖面实体 复选框。

步骤 04 然后选取图 5.3.20 所示的圆心 1、圆心 2、圆心 3，然后单击 按钮。

步骤 05 放置视图。在"剖面视图"对话框的 文本框中输入视图标号 A，然后选择合适的位置单击以生成旋转剖视图。

如果生成的剖视图与结果不一致，可以单击 反转方向(L) 按钮来调整。

步骤 06 单击"剖面视图 A-A"对话框中的 ✓ 按钮，完成旋转剖视图的创建。

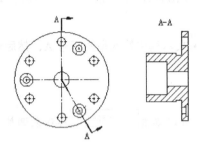

图 5.3.19　创建旋转剖视图

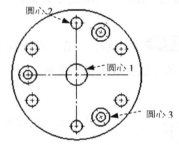

图 5.3.20　选取剖切点

5.3.9　局部剖视图

用剖切面局部地切开零件所得的剖视图，称为局部剖视图。下面以图 5.3.21 为例，说明创建局部剖视图的一般过程。

步骤 01 打开文件 D:\ sw1401\ch05.03.09\ part_cutaway_view.SLDDRW。

步骤 02 选择命令。选择下拉菜单 插入(I) → 工程图视图(V) → 断开的剖视图(B)... 命令，系统弹出"断开的剖视图"对话框。

步骤 03 绘制剖切范围。绘制图 5.3.22 所示的样条曲线作为剖切范围。

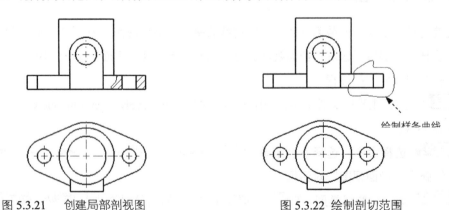

图 5.3.21　创建局部剖视图　　　　图 5.3.22　绘制剖切范围

步骤 04 选择深度参考。选取图 5.3.23 所示的圆作为深度参考放置视图。

步骤 05 选中"断开的剖视图"对话框（图 5.3.24）中的 ☑ 预览(P) 复选框，预览生成的视图。

第 5 章 工程图设计

步骤06 单击"断开的剖视图"对话框中的 ✓ 按钮,完成操作。

 如果生成的剖视图的剖面线间距较大可双击进行调整。

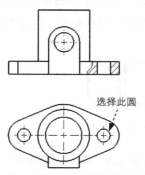

图 5.3.23 选取深度参考放置视图

图 5.3.24 选中"断开的剖视图"对话框

5.3.10 局部视图

局部视图是将零件的某一部分结构用大于原图形所采用的比例画出的图形,根据需要可画成视图、剖视图和断面图,放置时应尽量放在被放大部位的附近。下面以图 5.3.25 为例,说明如何创建局部放大图的一般过程。

步骤01 打开文件 D:\ sw1401\ch05.03.10\ magnify_view.SLDDRW。

步骤02 选择命令。选择下拉菜单 插入(I) → 工程图视图(V) → (A) 局部视图(D) 命令,系统弹出"局部视图"对话框。

步骤03 绘制视图范围。绘制图 5.3.25 所示的圆作为剖切范围。

步骤04 定义缩放比例。在"局部视图 1"对话框的 比例(S) 区域中选中 ⊙ 使用自定义比例(C) 单选项,在其下方的下拉列表中选择比例为 5:1 。

步骤05 放置视图。选择合适的位置单击以放置视图。

步骤06 单击"局部视图 1"对话框中的 ✓ 按钮,完成操作。

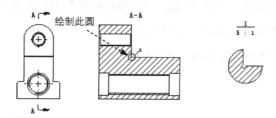

图 5.3.25 创建局部视图

5.3.11 折断视图

在机械制图中，经常遇到一些细长形的零部件，若要反映整个零件的尺寸形状，需用大幅面的图纸来绘制。为了既节省图纸幅面，又可以反映零件形状尺寸，在实际绘图中常采用折断视图。折断视图指的是从零件视图中删除选定的视图部分，将余下的两部分合并成一个带折断线的视图。下面以图 5.3.26 所示的折断视图为例，说明创建折断视图的一般过程。

图 5.3.26 创建折断视图

步骤 01 打开工程图文件 D:\sw1401\work\ch05.03.11\broken_view.SLDDRW。

步骤 02 选择命令。选择下拉菜单 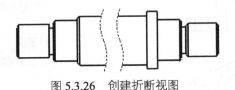 命令，系统弹出"断裂视图"对话框。

步骤 03 选取图 5.3.27 所示的视图为要断裂的视图。

步骤 04 放置第一条折断线，如图 5.3.27 所示。

步骤 05 放置第二条折断线，如图 5.3.27 所示。

图 5.3.27 选择断裂视图和放置折断线

步骤 06 设置断裂视图参数。在 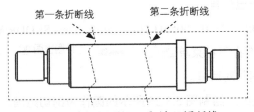 区域 缝隙大小: 文本框中输入数值 8，在 折断线样式: 下拉列表中选择 曲线切断 （图 5.3.28）。

步骤 07 单击"断裂视图"对话框中的 ✓ 按钮，完成操作。

图 5.3.28 所示"断裂视图设置"区域的"折断线样式"下拉列表中各选项的说明：

- 曲线切断：折断线为曲线（图 5.3.26）。
- 直线切断：折断线为直线（图 5.3.29）。

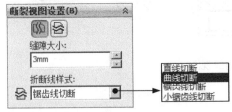

图 5.3.28 选择锯齿线切断

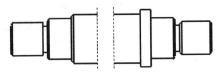

图 5.3.29 "直线切断"折断样式

- 锯齿线切断：折断线为锯齿线（图 5.3.30）。
- 小锯齿线切断：折断线为小锯齿线（图 5.3.31）。

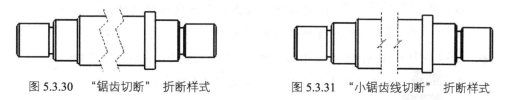

图 5.3.30　"锯齿切断"折断样式　　　　图 5.3.31　"小锯齿线切断"折断样式

5.4　工程图标注

工程图中的尺寸标注是与模型相关联的，而且模型中的尺寸修改会反映到工程图中。通常用户在生成每个零件特征时就会生成尺寸，然后将这些尺寸插入各个工程视图中。在模型中改变尺寸会更新工程图，在工程图中改变尺寸，模型也会发生相应当的改变。

SolidWorks 的工程图模块具有方便的尺寸标注功能，既可以由系统根据已有约束自动地标注尺寸，也可以由用户根据需要手动标注。

1. 自动标注尺寸

"自动标注尺寸"命令可以一步生成全部的尺寸标注（图 5.4.1），其操作过程如下：

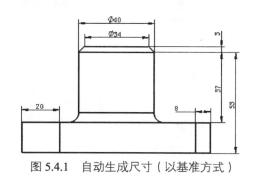

图 5.4.1　自动生成尺寸（以基准方式）

步骤01　打开文件 D:\sw1401\work\ch05.04.01\automotive_dimlinear.SLDDRW。

步骤02　选择命令。选择下拉菜单 工具(T) → 标注尺寸(S) → 智能尺寸(S) 命令，系统弹出图 5.4.2 所示的"尺寸"对话框，单击 自动标注尺寸 选项卡，系统弹出图 5.4.3 所示的"自动标注尺寸"对话框。

图 5.4.2　"尺寸"对话框

图 5.4.3 所示"自动标注尺寸"对话框中各命令的说明如下：
- **要标注尺寸的实体(E)** 区域：
  - **所有视图中实体(L)**：标注所选视图中所有实体的尺寸。
  - **所选实体(S)**：只标注所选实体的尺寸。
- **水平尺寸(H)** 区域：水平尺寸标注方案控制的尺寸类型包括以下几种：
  - **链**：以链的方式生成尺寸，如图 5.4.4 所示。
  - **基准**：以基准尺寸的方式生成尺寸，如图 5.4.1 所示。
  - **尺寸链**：以尺寸链的方式生成尺寸，如图 5.4.5 所示。

图 5.4.3 "自动标注尺寸"对话框

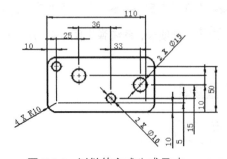

图 5.4.4 以链的方式生成尺寸

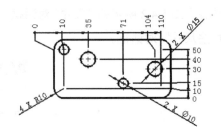

图 5.4.5 以尺寸链的方式生成尺寸

第 5 章 工程图设计

- ⊙ 视图以上(A)：将尺寸放置在视图上方。
- ⊙ 视图以下(W)：将尺寸放置在视图下方。
- ◆ 竖直尺寸(V) 区域类似于 水平尺寸(H) 区域。
  - ⊙ 视图左侧(F)：将尺寸放置在视图左侧。
  - ⊙ 视图右侧(G)：将尺寸放置在视图右侧。

步骤 03 在要标注尺寸的实体区域选择 ⊙ 所有视图中实体(L) 单选项，在 水平尺寸(H) 区域选中 ⊙ 视图以上(A) 单选项，在 略图(M) 下拉列表中选择 基准 选项；在 竖直尺寸(V) 区域中 略图(M) 下拉列表中选择 基准 选项。

步骤 04 选取要标注尺寸的视图。

本例中只有一个视图，所以系统默认将其选中。在选择要标注尺寸的视图时，必须要在视图以外、视图虚线框以内的区域单击。

步骤 05 单击 ✓ 按钮，将尺寸移动至合适的位置完成操作。

2. 手动标注尺寸

当自动生成尺寸不能全面地表达零件的结构，或在工程图中需要增加一些特定的标注时，就需要手动标注尺寸。这类尺寸受零件模型所驱动，所以又常被称为"从动尺寸"。手动标注的尺寸与零件或组件具有单向关联性，即这些尺寸受零件模型所驱动，当零件模型的尺寸改变时，工程图中的尺寸也随之改变；但这些尺寸的值在工程图中不能被修改。选择 工具(T) 下拉菜单中的 标注尺寸(S) 命令，系统弹出图 5.4.6 所示的"标注尺寸"子菜单，使用该菜单可以标注尺寸。

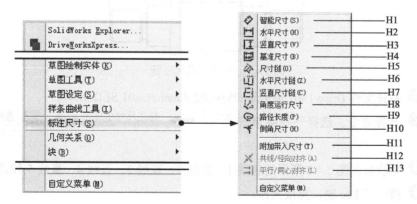

图 5.4.6 "标注尺寸"子菜单

图 5.4.6 所示"标注尺寸"下拉菜单的说明如下：

H1：根据用户选取的对象以及光标位置，智能地判断尺寸类型。

H2：创建水平尺寸。

H3：创建竖直尺寸。

H4：创建基准尺寸。

H5：创建尺寸链，包括水平尺寸链和竖直尺寸链，且尺寸链的类型（水平或竖直）由用户所选点的方位来定义。

H6：创建水平尺寸链。

H7：创建竖直尺寸链。

H8：创建角度运行尺寸。

H9：创建路径长度尺寸。

H10：创建倒角尺寸。

H11：添加工程图附加带入的尺寸。

H12：使所选尺寸共线或径向对齐。

H13：使所选尺寸平行或同心对齐。

下面将详细介绍标注基准尺寸、尺寸链和倒角尺寸的方法。

1）标注基准尺寸

基准尺寸为用于工程图中的参考尺寸，用户无法更改其数值或使用其数值来驱动模型。下面以图 5.4.7 为例，说明标注基准尺寸的一般操作过程：

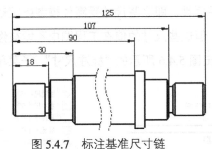

图 5.4.7　标注基准尺寸链

步骤 01　打开文件 D:\sw1401\work\ch05.04.02\dimension01.SLDDRW。

步骤 02　选择命令。选择下拉菜单 工具(T) ➡ 标注尺寸(S) ➡ 基准尺寸(B) 命令。

步骤 03　依次选取图 5.4.8 所示的直线 1、直线 2、直线 3、直线 4、直线 5 和直线 6。

步骤 04　按一下 Esc 键，完成操作。

2）标注水平尺寸链

尺寸链为从工程图或草图中的零坐标开始测量的尺寸组，在工程图中，它们属于参考尺寸，用户不能更改其数值或者使用其数值来驱动模型。下面以图 5.4.9 为例，说明标注水平尺寸链的一般操作过程。

步骤01 打开文件 D:\sw1401\work\ch05.04.02\dimension02.SLDDRW。

步骤02 选择命令。选择下拉菜单 工具(T) → 标注尺寸(S) → 水平尺寸链(Z) 命令。

步骤03 选择尺寸放置位置。在系统 选择一个边线/顶点后再选择尺寸文字标注的位置。 的提示下，选取图 5.4.8 所示的直线 1，选择合适的位置单击以放置第一个尺寸。

步骤04 依次选取图 5.4.8 示的直线 2、直线 3、直线 4、直线 5 和直线 6。

步骤05 单击"尺寸"对话框中的 ✓ 按钮，完成操作。

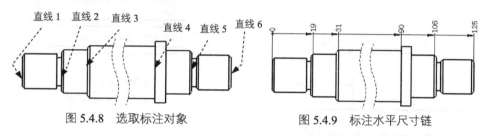

图 5.4.8 选取标注对象　　　图 5.4.9 标注水平尺寸链

3）标注竖直尺寸链

下面以图 5.4.10 为例，说明标注竖直尺寸链的一般操作过程。

步骤01 打开文件 D:\sw1401\work\ch05.04.02\dimension03.SLDDRW。

步骤02 选择命令。选择下拉菜单 工具(T) → 标注尺寸(S) → 竖直尺寸链(C) 命令。

步骤03 定义尺寸放置位置。在系统 选择一个边线/顶点后再选择尺寸文字标注的位置。 的提示下，选取图 5.4.9 所示的直线 1，选择合适的位置单击，以放置第一个尺寸。

步骤04 依次选取图 5.4.11 所示的直线 2 和直线 3。

步骤05 单击"尺寸"对话框中的 ✓ 按钮，完成操作。

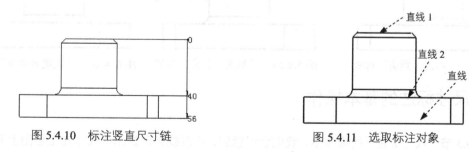

图 5.4.10 标注竖直尺寸链　　　图 5.4.11 选取标注对象

4）标注倒角尺寸

下面以图 5.4.12 为例，说明标注倒角尺寸的一般操作过程：

步骤01 打开文件 D:\sw1401\work\ch05.04.02\chamfer.SLDDRW。

171

步骤02 选择命令。选择下拉菜单 工具(T) → 标注尺寸(S) → 倒角尺寸(H) 命令。

步骤03 选取倒角边。在系统 选择倒角的边线、参考边线，然后选择文字位置 的提示下，依次选取图 5.4.12 所示的直线 1 和直线 2。

步骤04 放置尺寸。选择合适的位置单击，以放置尺寸。

步骤05 定义标注尺寸文字类型。在图 5.4.13 所示的 标注尺寸文字(I) 区域单击 C1 按钮。

步骤06 单击"尺寸"对话框中的 ✓ 按钮，完成操作。

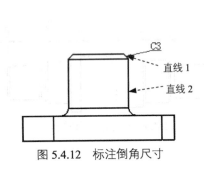

图 5.4.12 标注倒角尺寸

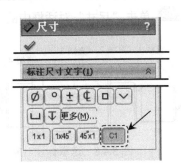

图 5.4.13 "标注尺寸文字"对话框

图 5.4.13 所示"标注尺寸文字"区域的说明如下：

◆ 1x1 ：距离×距离，如图 5.4.14 所示。
◆ 45°x1 ：角度×距离，如图 5.4.15 所示。
◆ 1x45° ：距离×角度，如图 5.4.16 所示。
◆ C1 ：C 距离，如图 5.4.12 所示。

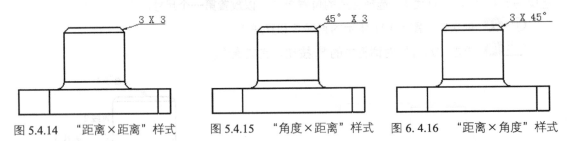

图 5.4.14 "距离×距离"样式　　图 5.4.15 "角度×距离"样式　　图 6.4.16 "距离×角度"样式

5.5 尺寸标注的基本操作

从 5.5 节"尺寸标注"的操作中，我们会注意到，由系统自动显示的尺寸在工程图上有时会显得杂乱无章，如尺寸相互遮盖，尺寸间距过松或过密，某个视图上的尺寸太多，出现重复尺寸（例如：两个半径相同的圆标注两次）等，这些问题通过尺寸的操作工具都可以解决，尺寸的操作包括尺寸（包括尺寸文本）的移动、隐藏和删除，尺寸的切换视图，修改尺寸线和尺寸延长线，修改尺寸的属性。下面分别对它们进行介绍。

1. 移动尺寸

移动尺寸及尺寸文本有以下三种方法：

◆ 拖拽要移动的尺寸，可在同一视图内移动尺寸。

◆ 按住 Ctrl 键拖拽尺寸，可将尺寸复制至另一个视图。

◆ 按住 Shift 键拖拽尺寸，可将尺寸移至另一个视图。

2. 隐藏与显示尺寸

隐藏尺寸及尺寸文本的方法：选中要隐藏的尺寸并右击，在弹出的快捷菜单中选 隐藏(K) 命令。选择 视图(V) 下拉菜单中的 隐藏/显示注解(N) 命令，此时被隐藏的尺寸呈灰色，选择要显示的尺寸，再按 Esc 键即可将其显示。

5.6 标注尺寸公差

下面标注图 5.6.1 所示的尺寸公差，说明标注尺寸公差的一般操作过程。

步骤 01 打开文件 D:\sw1401\ch05.06\size_tolerance.SLDDRW。

步骤 02 选择命令。选择下拉菜单 工具(T) → 标注尺寸(S) → 智能尺寸(S) 命令，系统弹出"尺寸"对话框。

步骤 03 标注图 5.6.1 所示的圆心 1 与圆心 2 尺寸，选择合适的位置单击以放置尺寸。

步骤 04 定义公差。在"尺寸"对话框的 公差/精度(P) 区域中设置图 5.6.2 所示的参数。

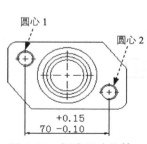

图 5.6.1　标注尺寸公差

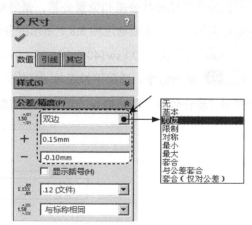

图 5.6.2　"尺寸"对话框

步骤 05 单击"尺寸"对话框中的 ✔ 按钮，完成操作。

5.7 标注基准特征符号

下面标注图 5.7.1 所示的基准特征符号。操作过程如下：

步骤01 打开文件 D:\ sw1401\ch05.07\norm_character_sign.SLDDRW。

步骤02 选择命令。选择下拉菜单 插入(I) → 注解(A) → 基准特征符号(U)... 命令，系统弹出"基准特征"对话框。

步骤03 设置参数。在 标号设定(S) 区域的 A 文本框中输入 A，取消选中 使用文件样式(U) 复选框，单击"基准特征"对话框 、 和 按钮。

步骤04 放置基准特征符号。选取图 5.7.1 所示的边线，在合适的位置处单击。

步骤05 单击 按钮，完成操作。

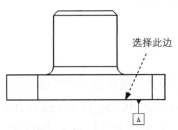

图 5.7.1 标注基准特征符号

5.8 标注形位公差

形位公差包括形状公差和位置公差，是针对构成零件几何特征的点、线、面的形状和位置误差所规定的公差。下面标注图 5.8.1 所示的形位公差，操作过程如下：

步骤01 打开文件 D:\ sw1401\ch05.08\geometric_tolerance.SLDDRW。

步骤02 选择命令。选择下拉菜单 插入(I) → 注解(A) → 形位公差(T)... 命令，系统弹出"形位公差"对话框和"属性"对话框。

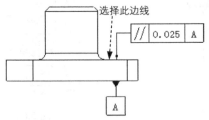

图 5.8.1 形位公差的标注

步骤03 定义形位公差。

（1）在"属性"对话框中单击 符号 区域的 按钮，然后单击 按钮。

（2）在 公差1 文本框中输入公差值 0.025。

（3）在 主要 文本框中输入基准符号 A。

步骤 04 定义引线样式。在"形位公差"对话框 引线(L) 区域中选中 、 和 单选项。

步骤 05 放置基准特征符号。选取图 5.8.1 所示的边线，再选择合适的位置单击，以放置形位公差。

步骤 06 单击 确定 按钮，完成操作。

5.9 标注表面粗糙度

表面粗糙度是指加工表面上具有较小的间距和峰谷所组成的微观几何特征。下面标注图 5.9.1 所示的表面粗糙度，操作过程如下：

步骤 01 打开文件 D:\ sw1401\ch05.09\surfaceness.SLDDRW。

步骤 02 选择命令。选择下拉菜单 插入(I) → 注解(A) → 表面粗糙度符号(F) 命令，系统弹出"表面粗糙度"对话框。

步骤 03 定义表面粗糙度符号。在"表面粗糙度"对话框设置图 5.9.2 所示的参数。

步骤 04 放置表面粗糙度符号。选取图 5.9.1 所示的边线放置表面粗糙度符号。

步骤 05 单击 按钮，完成操作。

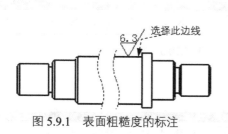

图 5.9.1 表面粗糙度的标注

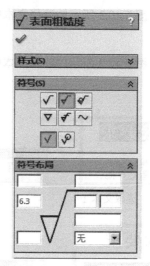

图 5.9.2 放置表面粗糙度符号

5.10 注 释 文 本

在工程图中，除了尺寸标注外，还应有相应的文字说明，即技术要求，如工件的热处理要求、表面处理要求等。所以在创建完视图的尺寸标注后，还需要创建相应的注释标注。

选择下拉菜单 插入(I) → 注解(A) → A 注释(N) 命令，系统弹出"注释"对话框，利用该对话框可以创建用户所要求的属性注释。

下面创建图 5.10.1 所示的注释文本。操作过程如下：

步骤01 打开文件 D:\ sw1401\ch05.10\text.SLDDRW。

步骤02 选择命令。选择下拉菜单 插入(I) → 注解(A) → 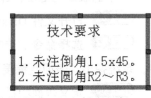 命令，系统弹出图 5.10.2 所示的"注释"对话框。

步骤03 选择引线类型。单击 引线(L) 区域中的 按钮。

步骤04 创建文本。在图形区单击一点以放置注释文本，在系统弹出的注释文本框中输入图 5.10.3 所示的注释文本。

图 5.10.1　创建注释文本　　　图 5.10.2　"注释"对话框　　　图 5.10.3　创建文本 1

步骤05 设定文本格式。

（1）在图 5.10.3 所示的注释文本中选取图 5.10.4 所示的文本 1，设定为图 5.10.5 所示的文本格式。

（2）在图 5.10.3 所示的注释文本中选取图 5.10.6 所示的文本 2，设定为图 5.10.7 所示的文本格式。

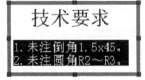

图 5.10.4　选取文本 1

图 5.10.5　文本格式

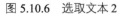

图 5.10.6　选取文本 2

图 5.10.7　文本格式

步骤06 单击 按钮，完成操作。

单击"注释"对话框的 引线(L) 区域中的 ☑ 按钮，出现注释文本的引导线，拖动引导线的箭头至图 5.10.8 所示的直线，再调整注释文本的位置，单击 ✔ 按钮即可创建带有引导线的注释文本，结果如图 5.10.8 所示。

图 5.10.8 添加带有引导线的注释文本

5.11 剖面视图中筋（肋）特征的处理方法

在创建剖面视图时，当剖切平面通过筋（肋）或类筋特征的对称平面时，按照国标规定：筋（肋）或类筋特征的剖面不画剖面线，而是用粗实线将筋（肋）或类筋特征的剖面与相邻的剖面部分分开。

SolidWorks 软件在创建剖面视图时可以区分筋（肋）或类筋特征和其他特征，因而建立的剖面视图符合国标。

步骤 01 打开工程图文件 D:\sw1401\work\ch05.11\ribbed01.SLDDRW。

步骤 02 选择命令。选择下拉菜单 插入(I) → 工程图视图(V) → 剖面视图(S) 命令，系统弹出"剖面视图辅助"对话框。

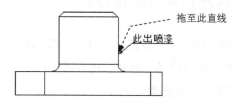

图 5.11.1 创建剖视图

步骤 03 选取切割线类型。在 切割线 区域单击 按钮，取消选中 □ 自动启动剖面实体 复选框。

步骤 04 然后选取图 5.11.1 所示的圆心 1，然后单击 ✔ 按钮，系统弹出"剖面范围"对话框。

步骤 05 定义剖面范围。在设计树中选取 筋1 作为要排除的区域，单击 确定 按钮。

177

(步骤06) 在"剖面视图"对话框的 A→A 文本框中输入视图标号"A"。
(步骤07) 放置视图。选择合适的位置单击，生成全剖视图。
(步骤08) 单击"剖面视图 A-A"对话框中的 ✓ 按钮，完成操作。

5.12 SolidWorks 软件打印出图的方法

打印出图是 CAD 工程设计中必不可少的一个环节。在 SolidWorks 软件中的工程图模块中，选择下拉菜单 文件(F) ➡ 🖨 打印(P)... 命令，就可进行打印出图操作。

下面举例说明工程图打印的一般步骤。

(步骤01) 打开工程图 D:\sw1401\work\ch05.12\link_base.SLDDRW。

(步骤02) 选择命令。选择下拉菜单 文件(F) ➡ 🖨 打印(P)... 命令，系统弹出"打印"对话框。

(步骤03) 选择打印机。在"打印"对话框的 名称(N): 下拉列表中选择 Microsoft Office Document Image Writer 选项。

 在名称下拉列表中显示的是当前已连接的打印机，不同的用户可能会出现不同的选项。

(步骤04) 定义页面设置。

（1）单击"打印"对话框中的 页面设置(S)... 按钮，系统弹出"页面设置"对话框。

（2）定义打印比例。在 ⊙ 比例(S): 文本框中输入数值 100，以选择 1∶1 的打印比例。

（3）定义打印纸张的大小。在 大小(Z): 下拉列表中选择 A4 选项。

（4）选择工程图颜色。在 工程图颜色 选项组中选中 ⊙ 黑白(B) 单选项。

（5）选择方向。在 方向 选项组中选中 ⊙ 纵向(P) 单选项，单击 确定 按钮，完成页面设置（图 5.12.1）。

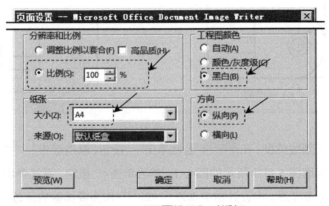

图 5.12.1 "页面设置"对话框

第 5 章 工程图设计

步骤 05　选择打印范围。在"打印"对话框的 打印范围 区域中选中 ⊙ 所有图纸(A) 单选项，单击"打印"对话框中的 关闭 按钮。

步骤 06　打印预览。选择下拉菜单 文件(F) → 打印预览(V) 命令，系统弹出打印预览界面，可以预览工程图的打印效果。

在 步骤 05 中也可直接单击 确定 按钮，打印工程图。

步骤 07　在打印预览界面中单击 打印(P)... 按钮，系统弹出"打印"对话框，单击该对话框中的 确定 按钮，即可打印工程图。

第二篇

SolidWorks 2014 进阶

第 6 章 曲面设计

6.1 概述

SolidWorks 中的曲面设计功能主要用于创建形状复杂的零件。这里要注意，曲面是没有厚度的几何特征，不要将曲面与实体里的薄壁特征相混淆，薄壁特征本质上是实体，只不过它的壁很薄。

用曲面创建形状复杂的零件的主要过程如下：
（1）创建数个单独的曲面。
（2）对曲面进行剪裁、填充和等距等操作。
（3）将各个单独的曲面缝合为一个整体的面组。
（4）将曲面（面组）转化为实体零件。

6.2 创建曲线

曲线是构成曲面的基本元素，在绘制许多形状不规则的零件时，经常要用到曲线工具。

本节主要介绍通过参考点的曲线、投影曲线、通过 x、y、z 点的曲线、螺旋线/涡状线、组合曲线和分割线的一般创建过程。

6.2.1 通过参考点的曲线

通过参考点的曲线就是通过已有的点来创建曲线。下面以图 6.2.1 所示的曲线为例，介绍通过参考点创建曲线的一般过程。

第 6 章 曲面设计

a）创建前　　　　　　　　　　　　　　　　b）创建后

图 6.2.1　创建通过参考点的曲线

步骤01 打开文件 D:\sw1401\work\ch06.02.01\Curve_Through_Reference_Point s.SLDPRT。

步骤02 选择命令。选择下拉菜单 插入(I) ➡ 曲线(U) ➡ 通过参考点的曲线(T)... 命令，系统弹出图 6.2.2 的"通过参考点的曲线"对话框。

步骤03 定义通过点。依次选取图 6.2.3 所示的点 1、点 2、点 3 和点 4 为曲线通过点。

图 6.2.2　"通过参考点的曲线"对话框

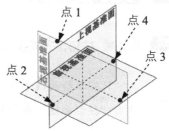

图 6.2.3　定义通过点

步骤04 然后选中 ☑ 闭环曲线(O) 复选框，单击 ✓ 按钮，完成曲线创建。

6.2.2　投影曲线

投影曲线就是将曲线沿其所在平面的法向投射到指定曲面上而生成的曲线。投影曲线的产生包括"草图到面"和"草图到草图"两种方式。下面以图 6.2.4 所示的曲线为例，介绍创建投影曲线的一般过程。

步骤01 打开文件 D:\sw1401\work\ch06.02.02\projection_curves.SLDPRT。

步骤02 选择命令。选择下拉菜单 插入(I) ➡ 曲线(U) ➡ 投影曲线(P)... 命令，系统弹出"投影曲线"对话框。

a）投影前　　　　　　　　　　　　　　　　b）投影后

图 6.2.4　创建投影曲线

步骤 03 定义投影方式。在"投影曲线"对话框的 选择(S) 区域的下拉列表中选中 ⊙ 面上草图(K) 单选项。

步骤 04 定义投影曲线。选取图 6.2.5 的曲线为投影曲线。

步骤 05 定义投影面。单击 列表框后，选取图 6.2.5 的圆柱面为投影面。

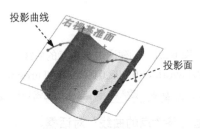

图 6.2.5 定义投影参照

步骤 06 定义投影方向。选中 选择(S) 区域中的 ☑ 反转投影(R) 复选框，使投影方向朝向投影面。

步骤 07 单击 ✔ 按钮，完成投影曲线的创建。

> 只有草绘曲线才可以进行投影，实体的边线及下面所讲到的分割线等是无法使用"投影曲线"命令的。

6.2.3 组合曲线

组合曲线是将一组连续的曲线、草图或模型的边线合成为一条曲线。下面以图 6.2.6 为例来介绍创建组合曲线的一般过程。

a）创建前

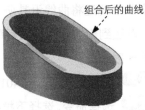

b）创建后

图 6.2.6 创建组合曲线

步骤 01 打开文件 D:\sw1401\work\ch06.02.03\Composite_Curve.SLDPRT。

步骤 02 选择命令。选择下拉菜单 插入(I) → 曲线(U) → 🗲 组合曲线(C)... 命令，系统弹出图 6.2.7 所示的"组合曲线"对话框。

步骤 03 定义组合曲线。依次选取图 6.2.8 所示的边线 1、边线 2、边线 3 和边线 4 为组合对象。

 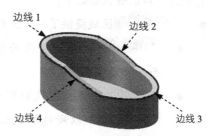

图 6.2.7 "组合曲线"对话框　　　　图 6.2.8 定义组合曲线

步骤 04 单击 ✔ 按钮，完成曲线的组合。

6.2.4 分割线

"分割线"命令可以将草图、实体边缘、曲面、面、基准面或曲面样条曲线投影到曲面或平面，并将所选的面分割为多个分离的面，从而允许对分离的面进行操作。下面以图 6.2.9 所示的分割线为例，介绍分割线的一般创建过程。

a) 创建前　　　　　　　　　　　　b) 创建后

图 6.2.9 创建分割线

步骤 01 打开文件 D:\sw1401\work\ch06.02.04\splid_line.SLDPRT。

步骤 02 选择命令。选择下拉菜单 插入(I) → 曲线(U) → 分割线(S)... 命令，系统弹出"分割线"对话框。

步骤 03 定义分割类型。在"分割线"对话框的 分割类型(T) 区域中选中 投影(P) 单选项。

步骤 04 定义分割参照。选择图 6.2.10 所示的草图为要投影的草图。

步骤 05 定义分割面。选取图 6.2.10 所示的曲面为要分割的面。

步骤 06 单击 ✔ 按钮，完成分割曲线的创建。

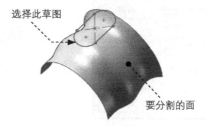

图 6.2.10 定义分割参照

"分割线"对话框说明如下：

- **分割类型(T)** 区域提供了以下三种分割类型。
  - **轮廓(S)**：用基准平面与模型表面或曲面相交生成的轮廓作为分割线分割曲面。
  - **投影(P)**：将曲线投影到曲面或模型表面，生成分割线。
  - **交叉点(I)**：以所选择的实体、曲面、面、基准面或曲面样条曲线的相交线生成分割线。
- **选择(E)** 区域：包括了需要选取的元素。
  - 文本框：单击该文本框后，选择投影草图。
  - 列表框：激活该列表框后，选择要分割的面。

6.2.5 通过 xyz 点的曲线

通过 xyz 点的曲线是通过输入 X、Y、Z 的坐标值建立点之后，再将这些点连接成曲线。创建通过 xyz 点的曲线的一般操作过程如下：

步骤 01 打开文件 D:\sw1401\work\ch06.02.05\Curve_Through_XYZ_Points.SLDPRT。

步骤 02 选择命令。选择下拉菜单 插入(I) → 曲线(U) → 通过 XYZ 点的曲线… 命令，系统弹出"曲线文件"对话框。

步骤 03 定义曲线通过的点。单击对话框中的 浏览… 按钮，选择 D:\sw1401\work\ch06.02.05 目录中的 Points_Data 文件，然后单击 打开(O) 按钮，此时每个单元格中的坐标值如图 6.2.11 所示。

- 在最后一行的单元格中双击，即可添加新点。
- 在 点 下方选择要删除的点，然后按 Delete 键即可删除该点。

步骤 04 单击 确定 按钮，完成曲线创建，结果如图 6.2.12 所示。

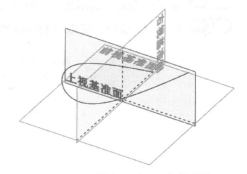

图 6.2.11 "曲线文件"对话框　　　　图 6.2.12 创建通过 xyz 点的曲线

图 6.2.11 所示"曲线文件"对话框中的选项按钮说明如下：
- 单击对话框中的 浏览... 按钮，可以打开曲线文件，也可以打开 X、Y、Z 坐标清单的 TXT 文件，但是文件中不能包括任何标题。
- 单击 保存 按钮，可以保存已创建的曲面文件。
- 单击 另存为 按钮，可以另存已创建的曲面文件。
- 单击 插入 按钮，可以插入新的点。具体方法为：在 点 下方选择插入点的位置（某一行），然后单击 插入 按钮。

6.2.6 螺旋线/涡状线

在创建螺旋线/涡状线之前，必须绘制一个圆或选取包含单一圆的草图用来定义螺旋线的断面。下面以图 6.2.13 为例来介绍创建螺旋线/涡状线的一般过程。

a）创建前

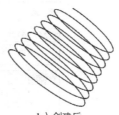
b）创建后

图 6.2.13　创建螺旋线/涡状线

步骤01 打开文件 D:\sw1401\work\ch06.02.06\Helix_Spiral.SLDPRT。

步骤02 选择命令。选择下拉菜单 插入(I) → 曲线(U) → 螺旋线/涡状线(H)... 命令，系统弹出"螺旋线/涡状线"对话框。

步骤03 定义螺旋线横断面。选取图 6.2.13a 所示的圆为螺旋线横断面。

步骤04 定义螺旋线的方式。在"螺旋线/涡状线"对话框的 定义方式(D): 区域的下拉列表中选择 高度和圈数 选项。

步骤05 定义螺旋线参数。在"螺旋线/涡状线"对话框的 参数(P) 区域中选中 恒定螺距(C) 单选项，在 高度(H): 文本框中输入数值 20；在 圈数(R): 文本框中输入数值 8，其余参数采用默认设置值（图 6.2.14）。

步骤06 单击 ✔ 按钮，完成螺旋线/涡状线的创建。

图 6.2.14 所示"螺旋线/涡状线"对话框中的选项按钮说明如下：
- 定义方式(D): 区域：提供了四种创建螺旋线的方式。
  - 螺距和圈数：通过定义螺距和圈数生成螺旋线。
  - 高度和圈数：通过定义高度和圈数生成螺旋线。
  - 高度和螺距：通过定义高度和螺距生成螺旋线。

- 涡状线：通过定义螺距和圈数生成涡状线。

◆ 参数(P)区域：用于定义螺旋线或涡状线的参数。
- 恒定螺距(C)：生成的螺旋线的螺距是恒定的。
- 可变螺距(L)：根据用户指定的参数，生成可变螺距的螺旋线。
- 螺距(I)：输入螺旋线的螺距值。
- 反向(V)：使螺旋线或涡状线的生成方向相反。
- 圈数(R)：输入螺旋线或涡状线的旋转圈数。
- 起始角度(S)：设置螺旋线或涡状线在断面上旋转的起始位置。
- 顺时针(C)：设置旋转方向为顺时针。
- 逆时针(W)：设置旋转方向为逆时针。

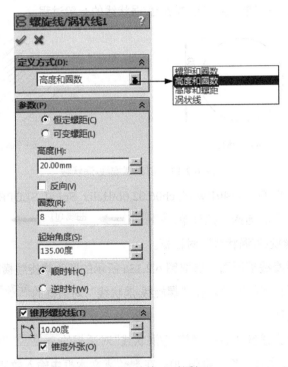

图 6.2.14 "螺旋线/涡状线"对话框

6.2.7 曲线曲率的显示

在创建曲面时，必须认识到，曲线是形成曲面的基础，要得到高质量的曲面，必须先有高质量的曲线，质量差的曲线不可能得到质量好的曲面。通过显示曲线的曲率，用户可以方便地查看和修改曲线，从而使曲线更光顺，使设计的产品更完美。

下面以图 6.2.15 所示的曲线为例，说明显示曲线曲率的一般操作过程。

图 6.2.15 显示曲线曲率

步骤01 打开文件 D:\sw1401\work\ch06.02.07\curve_curvature.SLDPRT。

步骤02 在图形区右击图 6.2.15a 所示的样条曲线，在弹出的快捷按钮中单击"编辑草图"按钮 ，此时系统进入草图环境；再选取样条曲线，系统弹出"样条曲线"对话框。

步骤03 在"样条曲线"对话框的 选项(O) 区域选中 ☑ 显示曲率(S) 复选框，系统弹出"曲率比例"对话框。

步骤04 定义比例和密度。在 比例(S) 区域的文本框中输入数值 25，在 密度(D) 区域的文本框中输入数值 96。

定义曲率的比例时，可以拖动 比例(S) 区域中的轮盘来改变比例值；定义曲率的密度时，可以拖动 密度(D) 区域中的滑块来改变密度值。

步骤05 单击"曲率比例"对话框中的 ✓ 按钮，完成曲线的曲率显示操作。

6.3 创建基本曲面

6.3.1 拉伸曲面

拉伸曲面是将曲线或直线沿指定的方向拉伸所形成的曲面。下面以图 6.3.1 所示的曲面为例，介绍创建拉伸曲面的一般过程。

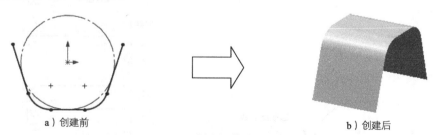

图 6.3.1 创建拉伸曲面

步骤01 打开文件 D:\sw1401\work\ch06.03.01\extrude.SLDPRT。

步骤02 选择命令。选择下拉菜单 插入(I) → 曲面(S) → 拉伸曲面(E)... 命令，系统弹出图 6.3.2 所示的"拉伸"对话框。

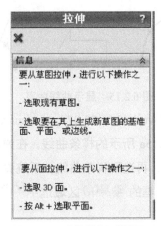

图 6.3.2 "拉伸"对话框

步骤03 定义拉伸曲线。选取图 6.3.3 所示的曲线为拉伸曲线。

步骤04 定义深度属性。

（1）确定深度类型。在"曲面-拉伸"对话框的 **方向1** 区域中 后的下拉列表中选择 给定深度 选项，如图 6.3.4 所示。

（2）确定拉伸方向。采用系统默认的拉伸方向。

（3）确定拉伸深度。在"曲面-拉伸"对话框的 **方向1** 区域的 文本框中输入深度值 45.0，如图 6.3.4 所示。

步骤05 在对话框中，单击 按钮，完成拉伸曲面的创建。

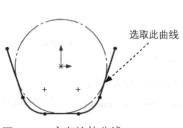

图 6.3.3 定义拉伸曲线

图 6.3.4 "曲面-拉伸"对话框

6.3.2 旋转曲面

旋转曲面是将曲线绕中心线旋转所形成的曲面。下面以图 6.3.5 所示的模型为例,介绍创建旋转曲面的一般过程。

图 6.3.5　创建旋转曲面

步骤 01 打开文件 D:\sw1401\work\ch06.03.02\rotate.SLDPRT。

步骤 02 选择命令。选择下拉菜单 插入(I) → 曲面(S) → 旋转曲面(R)... 命令,系统弹出"旋转"对话框。

步骤 03 定义旋转曲线。选取图 6.3.6 所示的曲线为旋转曲线,弹出图 6.3.7 所示"曲面-旋转"对话框。

步骤 04 定义旋转轴。采用系统默认的旋转轴。

 在选取旋转曲线时,系统自动将图 6.3.6 所示的中心线选取为旋转轴,所以此例不需要再选取旋转轴;用户也可以通过激活 后的文本框来选择中心线。

步骤 05 定义旋转类型及角度。在"曲面-旋转"对话框的 方向1 区域中 后的下拉列表中选择 给定深度 选项;在 后的文本框中输入角度值 180,如图 6.3.7 所示。

步骤 06 单击 按钮,完成旋转曲面的创建。

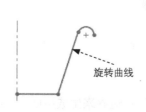

图 6.3.6　定义旋转曲线

图 6.3.7　"曲面-旋转"对话框

6.3.3 等距曲面

等距曲面是将选定曲面沿其法线方向偏移后所生成的曲面。下面介绍图 6.3.8 所示的等距曲面的创建过程。

图 6.3.8 创建等距曲面
a) 创建前　　b) 创建后

步骤 01 打开文件 D:\sw1401\work\ch06.03.03\Offset_Surface.SLDPRT。

步骤 02 选择命令。选择下拉菜单 插入(I) ➔ 曲面(S) ➔ 等距曲面(O)... 命令，系统弹出图 6.3.9 所示的"等距曲面"对话框。

图 6.3.9 "等距曲面"对话框

步骤 03 定义等距曲面。选取图 6.3.10 所示的曲面为等距曲面。

步骤 04 定义等距面组。在"等距曲面"对话框的 等距参数(O) 区域的 后的文本框中输入数值 20，等距曲面如图 6.3.8b 所示。

步骤 05 单击 按钮，完成等距曲面的创建。

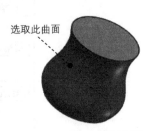

图 6.3.10 定义等距曲面

6.3.4 平面区域

"平面区域"命令可以通过一个非相交、单一轮廓的闭环边界来生成平面。下面介绍图 6.3.11

所示的平面区域的创建过程:

a) 创建前　　　　　　　　　　　　　　　b) 创建后

图 6.3.11　创建平面区域

步骤01 打开文件 D:\sw1401\work\ch06.03.04\planar_surface.SLDPRT。

步骤02 选择命令。选择下拉菜单 插入(I) → 曲面(S) → 平面区域(P)... 命令,系统弹出图 6.3.12 所示的"平面"对话框。

步骤03 定义边界实体。选取图 6.3.13 所示的边线为边界实体。

步骤04 单击 ✔ 按钮,完成平面区域的创建。

图 6.3.12　"平面"对话框

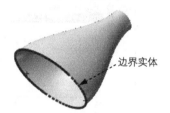

图 6.3.13　定义边界实体

6.3.5　填充曲面

填充曲面是将现有模型的边线、草图或曲线定义为边界,在其内部构建任意边数的曲面修补。下面以图 6.3.14 所示的模型为例,来介绍创建填充曲面的一般过程。

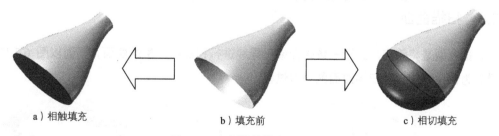

a) 相触填充　　　　　　　b) 填充前　　　　　　　c) 相切填充

图 6.3.14　曲面的填充

步骤01 打开文件 D:\sw1401\work\ch06.03.05\filled_surface_1.SLDPRT。

步骤02 选择命令。选择下拉菜单 插入(I) → 曲面(S) → 填充(I)... 命令,系统弹出图 6.3.15 所示的"填充曲面"对话框。

步骤 03 定义修补边界。选取图 6.3.16 所示的边线为修补边界。

步骤 04 在对话框中单击 ✔ 按钮,完成填充曲面的创建,如图 6.3.14a 所示。

- ◆ 若在选取每条边之后都在"填充曲面"对话框的 修补边界(B) 区域的下拉列表中选取 相切 选项,单击 反转曲面(R) 可以调整方向曲面的凹凸方向,则填充曲面的创建结果如图 6.3.14c 所示。
- ◆ 为了方便快速地选取修补边界,在填充前可对需要进行修补的边界进行组合(选择下拉菜单 插入(I) ➡ 曲线(U) ➡ 组合曲线(C)... 命令)。

图 6.3.15 "填充曲面"对话框

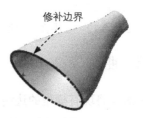

图 6.3.16 定义修补边界

6.3.6 扫描曲面

扫描曲面是将轮廓曲线沿一条路径或引导线进行扫掠所产生的曲面,下面以图 6.3.17 所示的模型为例,介绍创建扫描曲面的一般过程。

a)创建前　　　　　　　　　　　　　　b)创建后

图 6.3.17 创建扫描曲面

步骤 01 打开文件 D:\sw1401\work\ch06.03.06\Sweep.SLDPRT。

步骤 02 选择命令。选择下拉菜单 插入(I) → 曲面(S) → 扫描曲面(S)... 命令，系统弹出"曲面-扫描"对话框。

步骤 03 定义轮廓曲线。选取图 6.3.18 所示的曲线 1 为轮廓曲线。

步骤 04 定义扫描路径。选取图 6.3.18 所示的曲线 2 为扫描路径，此时"曲面-扫描"对话框显示如图 6.3.19 所示。

步骤 05 在对话框中单击 ✔ 按钮，完成扫描曲面的创建。

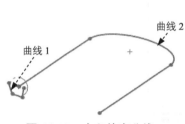

图 6.3.18　定义轮廓曲线

图 6.3.19　"曲面-扫描"对话框

6.3.7　放样曲面

放样曲面是将两个或多个不同的轮廓通过引导线连接所生成的曲面。下面以图 6.3.20 所示的模型为例，介绍创建"通过曲线"曲面的一般过程。

步骤 01 打开文件 D:\sw1401\work\ch06.03.07\Blend_Surface.SLDPRT。

步骤 02 选择命令。选择下拉菜单 插入(I) → 曲面(S) → 放样曲面(L)... 命令，系统弹出"曲面-放样"对话框。

步骤 03 定义放样轮廓。选取图 6.3.21 所示的曲线 1 和曲线 2 为轮廓。

图 6.3.20　创建放样曲面

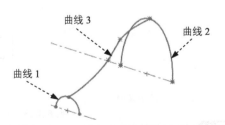

图 6.3.21　定义放样轮廓和引导线

步骤 04 定义放样引导线。在"曲面-放样"对话框中激活"引导线"文本框，选取图 6.3.21 所示的曲线 3 为引导线，在 引导线感应类型(V): 下拉列表中选择 到下一尖角 选项，如图 6.3.22 所示。

步骤 05 在对话框中单击 ✓ 按钮，完成放样曲面的创建。

图 6.3.22 "曲面-放样"对话框

6.3.8 边界曲面

"边界曲面"可用于生成在两个方向上（曲面的所有边）相切或曲率连续的曲面。多数情况下，边界曲面的结果比放样曲面的结果质量更高。下面以图 6.3.23 所示的边界曲面为例，介绍创建边界曲面的一般过程。

a) 创建前　　　　　　　　　　　b) 创建后

图 6.3.23 创建边界曲面

步骤 01 打开文件 D:\sw1401\work\ch06.03.08\boundary_surface.SLDPRT。

步骤 02 选择命令。选择下拉菜单 插入(I) ➡ 曲面(S) ➡ 边界曲面(B)... 命令，系统弹出图 6.3.24 所示的"边界-曲面"对话框。

步骤 03 定义边界曲线。选取图 6.3.25 所示的边线 1 和边线 2 为方向 1 的边界，在"边界-

曲面 1"对话框中激活"方向 2"文本框，然后选取边线 3、边线 4 和边线 5 为方向 2 的边界曲线。

步骤 04 单击 ✓ 按钮，完成边界曲面的创建。

图 6.3.24 "边界-曲面"对话框

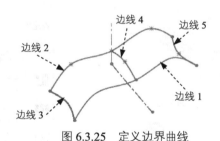

图 6.3.25 定义边界曲线

6.4 曲面的曲率分析

6.4.1 曲面曲率的显示

下面以图 6.4.1 所示的曲面为例，说明曲面曲率显示的一般操作过程。

a）显示前　　　　　　　　b）显示后

图 6.4.1 显示曲面曲率

步骤 01　打开文件 D:\sw1401\work\ch06.04.01\surface_curvature.SLDPRT。

步骤 02　选择命令。选择下拉菜单 视图(V) → 显示(D) → 曲率(C) 命令，图形区立即显示曲面的曲率图。

> 说明　显示曲面的曲率后，当鼠标移动到曲面上时，系统会显示鼠标所在点的位置的曲率和曲率半径（图 6.4.1b）。

6.4.2　曲面斑马条纹的显示

下面以图 6.4.2 为例，说明曲面斑马条纹显示的一般操作过程。

步骤 01　打开文件 D:\sw1401\work\ch06.04.02\surface_curvature.SLDPRT。

步骤 02　选择命令。选择下拉菜单 视图(V) → 显示(D) → 斑马条纹(Z) 命令，系统弹出图 6.4.3 所示的"斑马条纹"对话框，同时图形区显示曲面的斑马条纹图。

步骤 03　单击 ✔ 按钮，完成曲面的斑马条纹显示操作。

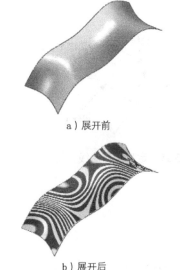

图 6.4.2　显示曲面斑马条纹
a）展开前
b）展开后

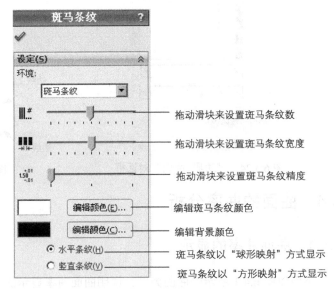

图 6.4.3　"斑马条纹"对话框

6.5　对曲面进行编辑

6.5.1　曲面的延伸

曲面的延伸就是将曲面延长某一距离、延伸到某一平面或延伸到某一点，延伸曲面与原始曲面可以是同一曲面，也可以为线性。下面以图 6.5.1 为例来介绍曲面延伸的一般操作过程。

第 6 章 曲面设计

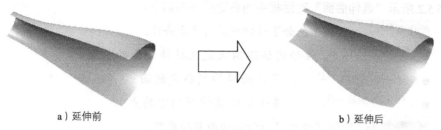

a）延伸前　　　　　　　　　　　　　　b）延伸后

图 6.5.1　曲面的延伸

步骤01 打开文件 D:\sw1401\work\ch06.05\extension_surface.SLDPRT。

步骤02 选择命令。选择下拉菜单 插入(I) → 曲面(S) → 延伸曲面(X)... 命令，系统弹出图 6.5.2 所示的"曲面-延伸 1"对话框。

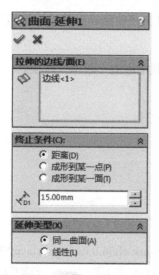

图 6.5.2　"曲面-延伸 1"对话框

步骤03 定义延伸边线。选取图 6.5.3 所示的边线为延伸边线。

步骤04 定义终止条件类型。在"延伸曲面"对话框的 终止条件(C): 区域中选中 距离(D) 单选项，输入延伸值为 15.0。

步骤05 定义延伸类型。在 延伸类型(X) 区域中选中 同一曲面(A) 单选项。

步骤06 在对话框中单击 ✔ 按钮，完成延伸曲面的创建。

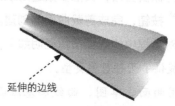

图 6.5.3　定义延伸边线

图 6.5.2 所示"延伸曲面"对话框中的各选项说明如下：
- **终止条件(C):** 区域中包含了延伸曲面的终止条件。
  - **距离(D)**：按给定的距离来定义延伸曲面的长度。
  - **成形到某一面(T)**：将曲面延伸到指定的面。
  - **成形到某一点(P)**：将曲面边延伸到指定的点。
- **延伸类型(X)** 区域提供了两种延伸曲面的类型。
  - **同一曲面(A)**：沿着原始曲面几何体延伸曲面。
  - **线性(L)**：沿边线相切于原有曲面的方向线性延伸曲面。

6.5.2 曲面的剪裁

曲面的剪裁是通过曲面、基准面或曲线等剪裁工具将相交的曲面进行剪裁，它类似于实体的切除功能。

下面以图 6.5.4 为例来介绍剪裁曲面的一般操作过程。

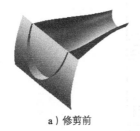

a）修剪前　　　　　　　　　　b）修剪后

图 6.5.4 曲面的剪裁

步骤 01 打开文件 D:\sw1401\work\ch06.05\trim_surface.SLDPRT。

步骤 02 选择命令。选择下拉菜单 插入(I) → 曲面(S) → 剪裁曲面(T)... 命令，系统弹出图 6.5.5 所示的"剪裁曲面"对话框。

步骤 03 定义剪裁类型。在"剪裁曲面"对话框的 剪裁类型(T) 区域中选中 标准(D) 单选项。

步骤 04 定义剪裁工具。选取图 6.5.6 所示的曲面为剪裁工具。

步骤 05 定义保留曲面。在"剪裁曲面"对话框的 选择(S) 区域中选中 保留选择(K) 单选项；选取图 6.5.7 所示的曲面为保留曲面，其他参数选用默认设置值。

步骤 06 在对话框中单击 ✔ 按钮，完成剪裁曲面的创建。

图 6.5.5 所示"剪裁曲面"对话框中的选项按钮说明如下：
- **剪裁类型(T)** 区域：提供了两种剪裁类型。
  - **标准(D)**：使用曲面、草图、曲线和基准面等剪裁工具来剪裁曲面。
  - **相互(M)**：使用相交曲面的交线来剪裁两个曲面。

◆ 选择(S) 区域：包括选择剪裁工具及选择保留面或移除面。
  ● 剪裁工具(T)：单击该文本框，可以在图形区域中选择曲面、草图、曲线或基准面作为剪裁工具。
  ● 保留选择(K)：选择要保留的部分。
  ● 移除选择(R)：选择要移除的部分。
◆ 曲面分割选项区域包括 ☑分割所有(A) 、 ⊙自然(N) 和 ⊙线性(L) 三个选项。
  ● 分割所有(A)：使剪裁后的曲面分割成单独的曲面。
  ● 自然(N)：使边界边线随曲面形状变化。
  ● 线性(L)：使边界边线随剪裁点的线性方向变化。

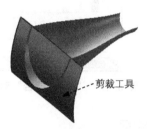

图 6.5.6 定义裁剪工具

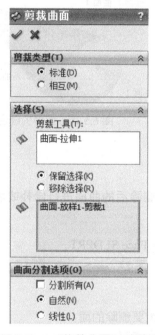

图 6.5.7 定义保留曲面

图 6.5.5 "修剪曲面"对话框

6.5.3 曲面的缝合

"缝合曲面"可以将多个独立曲面缝合到一起作为一个曲面。下面以图 6.5.8 所示的模型为例，来介绍创建曲面缝合的一般过程。

图 6.5.8 曲面的缝合

步骤01 打开文件 D:\sw1401\work\ch06.05\sew.SLDPRT。

步骤02 选择命令。选择下拉菜单 插入(I) → 曲面(S) → 缝合曲面(K)... 命令，系统弹出图 6.5.9 所示的"缝合曲面"对话框。

步骤03 定义缝合对象。选取图 6.5.10 所示的曲面 1、曲面 2 和曲面 3 为缝合对象。

步骤04 在对话框中 缝合公差(K): 下的文本框中输入值 0.04，然后单击 ✓ 按钮，完成缝合曲面的创建。

图 6.5.9 "曲面-缝合"对话框

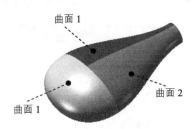
图 6.5.10 曲面的缝合

6.5.4 删除面

"删除"命令可以把现有多个面进行删除，并对删除后的曲面进行修补或填充。下面以图 6.5.11 为例来说明其操作过程。

步骤01 打开文件 D:\sw1401\work\ch06.05\Delete_Face.SLDPRT。

步骤02 选择命令。选择下拉菜单 插入(I) → 面(F) → 删除(D)... 命令，系统弹出图 6.5.12 所示的"删除面"对话框。

步骤03 定义删除面。选取图 6.5.13 所示的面 1 为要删除的面。

步骤04 定义删除类型。在 选项(O) 区域中选中 ⊙ 删除 单选项，其他参数选用默认设置值。

步骤05 在对话框中单击 ✓ 按钮，完成删除面的创建。结果如图 6.5.11b 所示。

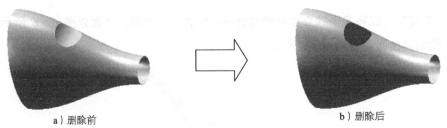

a) 删除前　　　　　　　　　　　　b) 删除后

图 6.5.11 删除面

第 6 章 曲面设计

图 6.5.12 "删除面"对话框

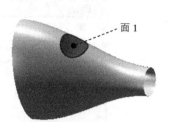

图 6.5.13 定义删除面

图 6.5.12 所示"删除面"对话框中的选项按钮说明如下：

◆ 选择 区域中只有一个列表框，单击该列表框后，选取要删除的面。

◆ 选项(O) 区域中包含关于删除面的设置。

- 删除：从多个曲面中删除某个面，或从实体中删除一个或多个面并且删除对面生成曲面实体。

- 删除并修补：从曲面或实体中删除一个面，并自动对曲面或实体进行修补和剪裁。

- 删除并填补：删除多个面以生成单一面。

6.6 曲面的圆角

曲面的圆角可以在两组曲面表面之间建立光滑连接的过渡曲面。生成的过渡曲面的剖面线可以是圆弧、二次曲线、等参数曲线或其他类型的曲线。

6.6.1 等半径圆角

下面以图 6.6.1 所示模型为例，来介绍创建等半径圆角的一般过程。

步骤01 打开文件 D:\sw1401\work\ch06.06\Fillet_01.SLDPRT。

a) 倒圆前　　　　　　　　　　　　　　b) 倒圆后

图 6.6.1 创建等半径圆角

步骤02 选择命令。选择下拉菜单 插入(I) → 曲面(S) → 圆角(U)... 命令，系统弹出图 6.6.2 所示的"圆角"对话框。

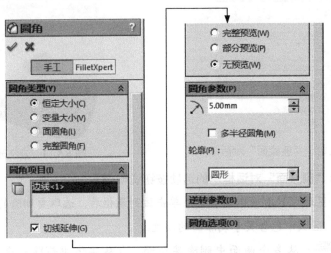

图 6.6.2 "圆角"对话框

步骤03 定义圆角类型。在"圆角"对话框的 圆角类型(Y) 区域中选中 恒定大小(C) 单选项。

步骤04 定义圆角对象。选取图 6.6.3 所示的边线为圆角对象。

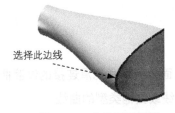

图 6.6.3 定义圆角边线

步骤05 定义圆角半径。在"圆角"对话框的 圆角项目(I) 区域的 后的文本框中输入数值 5，其他参数选用默认设置值。

步骤06 在对话框中单击 按钮，完成等半径圆角的创建。

图 6.6.2 所示"圆角"对话框中的选项按钮说明如下：

◆ 圆角类型(Y) 区域中提供了四种圆角类型。
  ● 恒定大小(C)：生成半径相同的圆角。
  ● 变量大小(V)：生成带有可变半径值的圆角。
  ● 面圆角(L)：在两个面之间圆角。
  ● 完整圆角(F)：生成相切于三个相邻面的圆角。

◆ 圆角项目区域中是用来设置圆角的参数。

- ![img] 后的文本框：用于输入圆角半径。
- ![img] 列表框：用于选择需要进行圆角的边线、面、特征和环。
- 选中 ☑ 多半径圆角(M) 复选框后，将圆角延伸到所有与所选面相切的面。
- 选中 ☑ 切线延伸(G) 复选框后，可以生成有不同半径值的圆角。

6.6.2 变半径圆角

变半径圆角可以生成带有可变半径值的圆角。创建图 6.6.4 所示变半径圆角的一般过程如下：

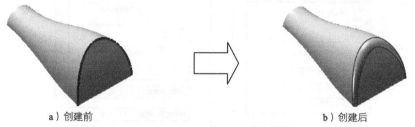

a）创建前　　　　　　　　　　　　　b）创建后

图 6.6.4　创建变半径圆角

步骤 01 打开文件 D:\sw1401\work\ch06.06\Fillet_02.SLDPRT。

步骤 02 选择下拉菜单 插入(I) → 曲面(S) → 圆角(U)... 命令，系统弹出"圆角"对话框。

步骤 03 定义圆角类型。在"圆角"对话框的 圆角类型(Y) 区域中选中 ⊙ 变量大小(V) 单选项，圆角对话框如图 6.6.5 所示。

步骤 04 定义圆角对象。选取图 6.6.6 所示的边线为圆角对象。

步骤 05 设置实例数（变半径数）。在"圆角"对话框的 变半径参数(P) 区域的 文本框中输入数值 1，按回车键。

步骤 06 定义圆角半径。

（1）单击圆角边线上的"p1"点（图 6.6.7），在"圆角"对话框的 变半径参数(P) 区域的 文本框中输入数值 5，按回车键。

（2）在"圆角"对话框的 变半径参数(P) 区域的 列表框中选择 V1 选项后，在 文本框中输入数值 2，按回车键。

（3）在"圆角"对话框的 变半径参数(P) 区域的 列表框中选择 V2 选项后，在 文本框中输入数值 2，按回车键。其他选用默认设置。

步骤 07 单击 ✔ 按钮，完成变半径圆角的创建。

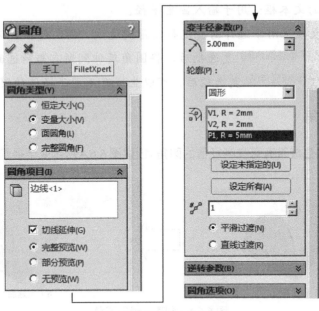

图 6.6.5 "圆角"对话框

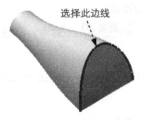

图 6.6.6 定义圆角边线

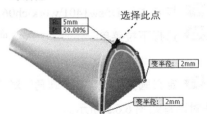

图 6.6.7 创建变半径圆角

6.6.3 面圆角

面圆角是把两个面用圆角连接并剪切掉多余的部分。下面以图 6.6.8 所示的模型为例,来介绍创建面圆角的一般过程。

步骤01 打开文件 D:\sw1401\work\ch06.06\fillet_03.SLDPRT。

步骤02 选择下拉菜单 插入(I) → 曲面(S) → 圆角(U)... 命令,系统弹出图 6.6.9 所示的"圆角"对话框。

步骤03 定义圆角类型。在"圆角"对话框的 圆角类型(Y) 区域中选中 ⊙ 面圆角(L) 单选项。

步骤04 定义圆角面。在"圆角"对话框的 圆角项目(I) 区域中,单击第一个列表框后,选取图 6.6.8a 所示的面 1,单击面组 1 文本框前的 按钮;单击第二个列表框后,选取图 6.6.8a 所示的面 2,单击面组 2 文本框前的 按钮。

步骤05 定义圆角半径。在 "圆角"对话框 圆角项目(I) 区域的 文本框中输入数值 3,

其他参选选用默认设置值。

步骤 06 在对话框中单击 ✔ 按钮，完成面圆角的创建。

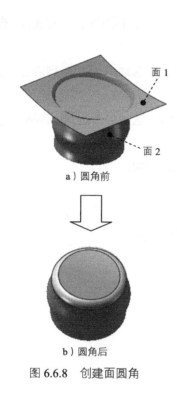

图 6.6.8　创建面圆角

图 6.6.9　"圆角"对话框

6.6.4　完整圆角

完整圆角是相切于三个相邻面的圆角。下面以图 6.6.10 所示的模型为例，来介绍创建完整圆角的一般过程。

图 6.6.10　创建完整圆角

步骤 01 打开文件 D:\sw1401\work\ch06.06\Fillet_04.SLDPRT。

步骤 02 选择下拉菜单 插入(I) → 曲面(S) → 圆角(U)... 命令，系统弹出"圆角"对话框。

步骤03 定义圆角类型。在"圆角"对话框的 圆角类型(Y) 区域中选中 ⊙ 完整圆角(F) 单选项,此时"圆角"对话框。

步骤04 定义圆角面。

(1)定义边侧面组1。在"圆角"对话框的 圆角项目(I) 区域中单击 ▢ 列表框,选取图6.6.11所示的曲面1为边侧面组1。

(2)定义边中央面组。在"圆角"对话框的 圆角项目(I) 区域中单击 ▢ 列表框,选取图6.6.11所示的曲面2为中央面组。

(3)定义边侧面组2。在"圆角"对话框的 圆角项目(I) 区域中单击 ▢ 列表框,选取图6.6.11所示的曲面3为边侧面组2。

步骤05 在对话框中单击 ✔ 按钮,完成完整圆角的创建。

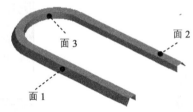

图 6.6.11 定义圆角面

6.7 将曲面转化为实体

6.7.1 闭合曲面的实体化

"缝合曲面"命令可以将封闭的曲面缝合成一个面,并将其实体化。下面以图 6.7.1 所示的模型为例,介绍闭合曲面实体化的一般过程。

图 6.7.1 闭合曲面实体化

步骤01 打开文件 D:\sw1401\work\ch06.07\Thickening_the_Model.SLDPRT。

步骤02 用剖面视图查看零件模型为曲面。

(1)选择剖面视图命令。选择下拉菜单 视图(V) → 显示(D) → 剖面视图(V) 命令,系统弹出图 6.7.2 所示的"剖面视图"对话框。

(2)定义剖面。在"剖面视图"对话框的 剖面1 区域中单击 ▱ 按钮,以右视基准面作为剖面,此时可看到在绘图区中显示的特征为曲面(图 6.7.3),单击 ✖ 按钮,关闭"剖面视图"对话框。

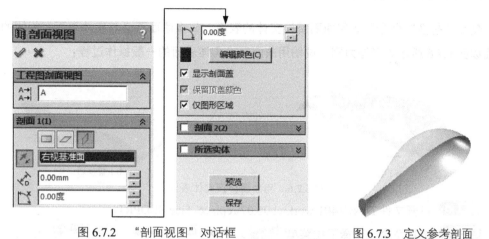

图 6.7.2 "剖面视图"对话框　　　　图 6.7.3 定义参考剖面

步骤03 选择缝合曲面命令。选择下拉菜单 插入(I) → 曲面(S) → 缝合曲面(K)... 命令，系统弹出图 6.7.4 所示的"缝合曲面"对话框。

步骤04 定义缝合对象。在设计树中选取 曲面-放样1 、 镜向1 、 曲面填充1 和 曲面-基准面1 为缝合对象。

步骤05 定义实体化。在"缝合曲面"对话框的 选择 区域中选中 ☑ 尝试形成实体(T) 复选框。

步骤06 单击 ✓ 按钮，完成曲面实体化的操作。

步骤07 用剖面视图查看零件模型为实体。

（1）选择剖面视图命令。选择下拉菜单 视图(V) → 显示(D) → 剖面视图(V) 命令，系统弹出图 6.7.2 所示的"剖面视图"对话框。

（2）定义剖面。在"剖面视图"对话框的 剖面1 区域中单击 按钮，以右视基准面作为剖面，此时可看到在绘图区中显示的特征为实体特征（图 6.7.5），单击 ✗ 按钮，关闭"剖面视图"对话框。

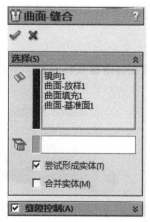

图 6.7.4 "曲面-缝合"对话框　　　　图 6.7.5 定义参考剖面

6.7.2 用曲面替换实体表面

使用"替换"命令可以用曲面替换实体的表面,替换曲面不必与实体表面有相同的边界。下面以图 6.7.6 所示的模型为例,说明用曲面替换实体表面的一般操作过程:

a)替换前　　　　　　　　　　　　　　b)替换后

图 6.7.6　用曲面替换实体表面

步骤01　打开文件 D:\sw1401\work\ch06.07\replace_face.SLDPRT。

步骤02　选择命令。选择下拉菜单 插入(I) → 面(F) → 替换(R)... 命令,系统弹出图 6.7.7 所示的"替换面"对话框。

步骤03　定义替换的目标面。选取图 6.7.8 所示的曲面 1 为替换的目标面。

步骤04　定义替换面。单击"替换面 2"对话框 后的列表框,选取图 6.7.8 所示的曲面 2 为替换面。

步骤05　在对话框中单击 按钮,完成替换面操作。

图 6.7.7　"替换面"对话框

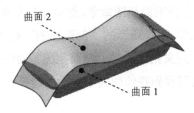

图 6.7.8　定义替换的目标面

6.7.3 开放曲面的加厚

"加厚"命令可以将开放的曲面(或开放的面组)转化为薄板实体特征。下面以图 6.7.9 为例,来说明加厚曲面的一般操作过程。

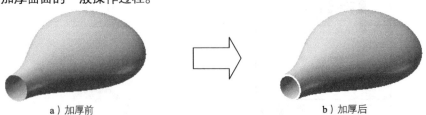

a)加厚前　　　　　　　　　　　　　　b)加厚后

图 6.7.9　曲面的加厚

第 6 章 曲面设计

步骤 01 打开文件 D:\sw1401\work\ch06.07\thicken.SLDPRT。

步骤 02 选择命令。选择下拉菜单 插入(I) → 凸台/基体(B) → 加厚(T)... 命令，系统弹出图 6.7.10 所示的"加厚"对话框。

步骤 03 定义加厚曲面。选取图 6.7.11 所示的曲面为加厚曲面。

步骤 04 定义加厚方向。在"加厚"对话框的 加厚参数(T) 区域中单击 ≡ 按钮。

步骤 05 定义厚度。在"加厚"对话框的 加厚参数(T) 区域的 的文本框中输入数值 1.5。

步骤 06 在对话框中单击 ✓ 按钮，完成开放曲面的加厚。

图 6.7.10 "加厚"对话框

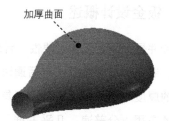

图 6.7.11 定义加厚曲面

第 7 章 钣金设计

7.1 钣金设计入门

本章主要介绍了钣金设计概念及 SolidWorks 钣金中的菜单和工具条,它们是钣金设计入门的必备知识,希望读者在认真学习本章后对钣金的基本知识有一定的了解。

7.1.1 钣金设计概述

钣金件是利用金属的可塑性,针对金属薄板(一般是指 5mm 以下)通过弯边、冲裁、成形等工艺,制造出单个零件,然后通过焊接、铆接等装配成完整的钣金件。其最显著的特征是同一零件的厚度一致。由于钣金成形具有材料利用率高、质量轻、设计及操作方便等特点,所以钣金件的应用十分普遍,几乎占据了所有行业。如机械、电器、仪器仪表、汽车和航空航天等行业。在一些产品中钣金零件占全部金属制品的 80% 左右,图 7.1.1 所示的为常见的几种钣金零件。

图 7.1.1 常见的几种钣金件

使用 SolidWorks 软件创建钣金件的一般过程如下。

(1)新建一个"零件"文件,进入建模环境。

（2）以钣金件所支持或保护的内部零部件大小和形状为基础，创建基体-法兰（基础钣金）。例如设计机床床身护罩时，先要按床身的形状和尺寸创建基体-法兰。

（3）创建其余法兰。在基体-法兰创建之后，往往需要在其基础上创建另外的钣金，即边线-法兰、斜接法兰等。

（4）在钣金模型中，还可以随时创建一些实体特征，如（切除）拉伸特征、孔特征、圆角特征和倒角特征等。

（5）进行钣金的折弯。

（6）进行钣金的展开。

（7）创建钣金件的工程图。

7.1.2 钣金菜单及其工具条

（1）SolidWorks 2014 版本的用户界面包括设计树、下拉菜单区、工具栏按钮区、任务窗格、状态栏以及"自定义"菜单等。

（2）下拉菜单中包含创建、保存、修改模型和设置 SolidWorks 环境的一些命令。钣金设计的命令主要分布在 插入(I) ➡ 钣金(H) 子菜单中。

（3）工具栏按钮区

工具栏中的命令按钮为快速进入命令及设置工作环境提供了极大的方便，用户可以根据具体情况定制工具栏。在工具栏处右击，在弹出的快捷菜确认 钣金(H) 选项被激活（ 钣金(H) 前的 按钮被按下），"钣金（H）"工具栏（图 7.1.2）显示在工具栏按钮区。

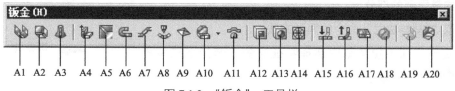

图 7.1.2 "钣金" 工具栏

A1：基体-法兰/薄片	A11：成形工具
A2：转换到钣金	A12：拉伸切除
A3：放样折弯	A13：简单直孔
A4：边线法兰	A14：通风口
A5：斜接法兰	A15：展开
A6：褶边	A16：折叠
A7：转折	A17：展开
A8：绘制的折弯	A18：不折弯
A9：交叉折断	A19：插入折弯
A10：边角	A20：切口

用户会看到有些菜单命令和按钮处于非激活状态（呈灰色，即暗色），这是因为它们目前还没有处在发挥功能的环境中，一旦它们进入有关的环境，便会自动激活。

4. 状态栏

在用户操作软件的过程中，消息区会实时地显示当前操作、当前的状态以及与当前操作相关的提示信息等，以引导用户操作。

7.2 钣金法兰

本节详细介绍了基体-法兰/薄片、边线-法兰、斜接法兰、褶边和平板特征的创建方法及技巧，通过典型范例的讲解，读者可快速掌握这些命令的创建过程，并领悟其中的含义。另外还介绍了折弯系数的设置和释放槽的创建过程。

7.2.1 基体-法兰

1. 基体-法兰概述

使用"基体-法兰"命令可以创建出厚度一致的薄板，它是一个钣金零件的"基础"，其他的钣金特征（如成形、折弯、拉伸等）都需要在这个"基础"上创建，因而基体-法兰特征是整个钣金件中最重要的部分。

选取"基体-法兰"命令的两种方法。

方法一：从下拉菜单中选择特征命令。选择下拉菜单 插入(I) → 钣金(H) → 基体法兰(A)... 命令。

方法二：从工具栏中获取特征命令。在"钣金（H）"工具栏中单击"基体-法兰"按钮 。

只有当模型中不含有任何钣金特征时，"基体-法兰"命令才可用，否则"基体-法兰"命令将会成为"薄片"命令，并且每个钣金零件模型中最多只能存在一个"基体-法兰"特征。

"基体-法兰"的类型：

基体-法兰特征与实体建模中的凸台-拉伸特征相似，都是通过特征的横断面草图拉伸而成的，而基体-法兰特征的横断面草图可以是单一开放环草图、单一封闭环草图或者多重封闭环草图，根据不同类型的横断面草图，所创建的基体-法兰也各不相同，下面将详细讲解三种不同类型的基体-法兰特征的创建过程。

2. 创建基体-法兰的一般过程

使用"开放环横断面草图"创建基体-法兰。

在使用"开放环横断面草图"创建基体-法兰时，需要先绘制横断面草图，然后给定钣金壁厚度值和深度值，则系统将轮廓草图延伸至指定的深度，生成基体-法兰特征，如图7.2.1所示。

下面以图7.2.1所示的模型为例，说明"开放环横断面草图"创建基体-法兰的一般操作过程。

图 7.2.1 用"开放环横断面草图"创建基体-法兰

步骤01 新建模型文件。选择下拉菜单 文件(F) → 新建(N)... 命令，在系统弹出的"新建 SolidWorks 文件"对话框中选择"零件"模块，单击 确定 按钮，进入建模环境。

步骤02 选择命令。选择下拉菜单 插入(I) → 钣金(H) → 基体法兰(A)... 命令。

步骤03 定义特征的横断面草图。

（1）定义草图基准面。选取前视基准面作为草图基准面。

（2）定义横断面草图。在草绘环境中绘制图7.2.2所示的横断面草图。

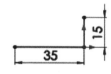

图 7.2.2 横断面草图

（3）选择下拉菜单 插入(I) → 退出草图 命令，退出草绘环境，此时系统弹出图7.2.3所示的"基体法兰"对话框。

步骤04 定义钣金参数属性。

（1）定义深度类型和深度值。在 方向1 区域的 下拉列表中选择 两侧对称 选项，在 D1 文本框中输入深度值为72.0。

也可以拖动图7.2.4所示的箭头改变深度和方向。

（2）定义钣金参数。在 钣金参数(S) 区域的文本框 T1 中输入厚度值为1.0，在 文本框中输入圆角半径为1.0mm。

（3）定义钣金折弯系数。在 ☑ 折弯系数(A) 区域的文本框中选择 K因子，把文本框 K 因子系数改为 0.5。

（4）定义钣金自动切释放槽类型。在 ☑ 自动切释放槽(T) 区域的文本框中选择 矩形 选项，选中 ☑ 使用释放槽比例(A) 复选框，在 比例(T): 文本框中输入比例系数为 0.5。

步骤 05 单击 ✓ 按钮，完成基体-法兰特征的创建。

 当完成基体-法兰 1 的创建后，系统将自动在设计树中生成 ⊞ 钣金 和 ⊞ 平板型式 两个特征。用户可对 ⊞ 平板型式 特征进行压缩或解压缩，把模型折叠或展平。

步骤 06 保存钣金零件模型。选择下拉菜单 文件(F) → 保存(S) 命令，将零件模型保存命名为 Base_Flange.01_ok，即可保存模型。

图 7.2.3 "基体法兰"对话框

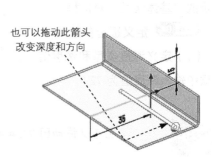

图 7.2.4 设置深度和方向

关于"开放环横断面草图"的几点说明：

◆ 在单一开放环横截面草图中不能包含样条曲线。

◆ 单一开放环横断面草图中的所有尖角无需进行创建圆角，系统会根据设定的折弯半径在尖角处生成"基体折弯"特征，从上面例子中设计树可以看到，系统自动生成了一个"基体折弯"特征，如图 7.2.5 所示。

图 7.2.3 所示的"基体法兰"对话框中各选项的说明如下：

◆ 方向1 区域的下拉列表用于设置基体-法兰的拉伸类型。
◆ 钣金规格(M) 区域用于设定钣金零件的规格。
  ● ☑ 使用规格表(G)：选中此复选框，则使用钣金规格表设置钣金规格。
◆ 钣金参数(S) 区域用于设置钣金的参数。
  ● T1：设置钣金件的厚度值。
  ● ☑ 反向(E)：定义钣金厚度的方向（图 7.2.6）。
  ● ：设置钣金的折弯半径值。

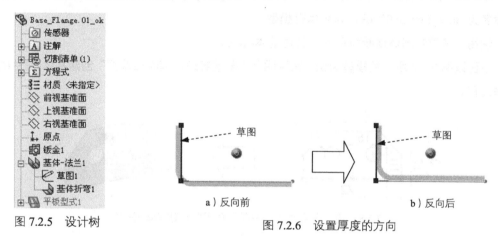

图 7.2.5 设计树　　图 7.2.6 设置厚度的方向

使用"封闭环横断面草图"创建基体-法兰

使用"封闭环横断面草图"创建基体-法兰时，需要先绘制横断面草图（封闭的轮廓），然后给定钣金厚度值。

下面以图 7.2.7 所示的模型为例，来说明用"封闭环横断面草图"创建基体-法兰的一般操作过程。

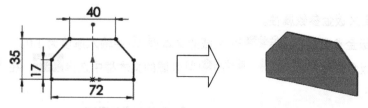

图 7.2.7 用"封闭环横断面草图"创建基体-法兰

步骤01 新建模型文件。选择下拉菜单 文件(F) → 新建(N)... 命令，在系统弹出的"新建 SolidWorks 文件"对话框中选择"零件"模块，单击 确定 按钮，进入建模环境。

步骤02 选择命令。选择下拉菜单 插入(I) —→ 钣金(H) —→ 基体法兰(A)... 命令。

步骤03 定义特征的横断面草图。选取前视基准面作为草图基准面，绘制图7.2.7所示的横断面草图。

步骤04 定义钣金参数属性。

（1）定义钣金参数。在 钣金参数(S) 区域的文本框 T1 中输入厚度为1.0。

（2）定义钣金折弯系数。在 折弯系数(A) 区域的文本框中选择 K 因子，在 K 因子系数文本框输入数值0.5。

（3）定义钣金自动切释放槽类型。在 自动切释放槽(T) 区域的文本框中选择 矩形 选项，选中 使用释放槽比例(A) 复选框，在 比例(T): 文本框中输入比例系数为0.5。

步骤05 单击 ✓ 按钮，完成基体-法兰特征的创建。

步骤06 保存钣金零件模型。选择下拉菜单 文件(F) —→ 保存(S) 命令，将零件模型保存命名为 Base_Flange.02_ok，即可保存模型。

使用"多重封闭环横断面草图"创建基体-法兰。

下面以图7.2.8所示的模型为例，来说明用"多重封闭环横断面草图"创建基体-法兰的一般操作过程。

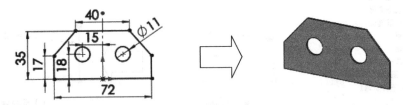

图7.2.8 用"多重封闭环横断面草图"创建基体-法兰

步骤01 新建模型文件。选择下拉菜单 文件(F) —→ 新建(N)... 命令，在系统弹出的"新建 SolidWorks 文件"对话框中选择"零件"模块，单击 确定 按钮，进入建模环境。

步骤02 选择命令。选择下拉菜单 插入(I) —→ 钣金(H) —→ 基体法兰(A)... 命令。

步骤03 定义特征的横断面草图。选取前视基准面作为草图基准面，绘制图7.2.8所示的横断面草图。

步骤04 定义钣金参数属性。

（1）定义钣金参数。在 钣金参数(S) 区域的文本框 T1 中输入厚度为1.0。

（2）定义钣金折弯系数。在 折弯系数(A) 区域的文本框中选择 K 因子，在 K 因子系数文本框输入数值0.5。

（3）定义钣金钣金自动切释放槽类型。在 自动切释放槽(T) 区域的文本框中选择 矩形 选项，选中 使用释放槽比例(A) 复选框，在 比例(T): 文本框中输入比例系数为0.5。

步骤05 单击 ✓ 按钮，完成基体-法兰特征的创建。

步骤 06 保存零件模型。选择下拉菜单 文件(F) ➡ 保存(S) 命令，将零件模型保存命名为 Base_Flange.03_ok，即可保存模型。

7.2.2 折弯系数

折弯系数包括折弯系数表、K-因子、折弯系数和折弯扣除。

1. 折弯系数表

折弯系数表包括折弯半径、折弯角度和钣金件的厚度值。可以在折弯系数表中指定钣金件的折弯系数或折弯扣除值。

一般情况下，有两种格式的折弯系数表：一种是嵌入的 Excel 电子表格，另一种是扩展名为*.btl 的文本文件。

这两种格式的折弯系数表有如下的区别：

嵌入的 Excel 电子表格格式的折弯系数表只可以在 Microsoft Excel 软件中进行编辑，当使用这种格式的折弯系数表，与别人共享零件时，折弯系数表自动包括在零件内，因为其已被嵌入；而扩展名为*.btl 的文本文件格式的折弯系数表，其文字表格可在一系列应用程序中编辑，当使用这种格式的折弯系数表，与别人共享零件时，必须记住同时也共享其折弯系数表。

可以在单独的 Excel 对话框中编辑折弯系数表。单击编辑、系列零件设计表、在新对话框中编辑表格。

◆ 如果有多个折弯厚度表的折弯系数表，半径和角度必须相同。例如，假设将一新的折弯半径值插入有多个折弯厚度表的折弯系数表，必须在所有表中插入新数值。

◆ 除非有 SolidWorks2000 或早期版本的旧制折弯系数表，推荐使用 Excel 电子表格。

2. K-因子

K-因子为代表钣金件中性面在钣金件厚度中的位置。

当选择 K-因子作为折弯系数时，可以指定 K-因子折弯系数表。SolidWorks 应用程序自带 Microsoft Excel 格式的 K-因子折弯系数表格。其文件位于 SolidWorks 应用程序的安装目录 SolidWorks\ lang\chinese-simplified\Sheetmetal Bend Tables\kfactor base bend table.xls。 也可通过使用钣金规格表来应用基于材料的默认 K-因子，定义 K-因子的含义（图 7.2.9）。

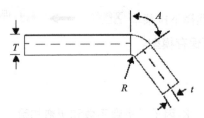

图 7.2.9 定义 K-因子

带 K-因子的折弯系数使用以下计算公式：

$$B_A = \pi (R + KT) A/180$$

计算公式中各字母所代表的含义说明如下：

B_A —— 折弯系数；

R —— 内侧折弯半径（mm）；

K —— K-因子，$K = t/T$；

T —— 材料厚度（mm）；

t —— 内表面到中性面的距离（mm）；

A —— 折弯角度（经过折弯材料的角度）。

3. 折弯扣除数值

当在生成折弯时，可以通过输入数值来给任何一个钣金折弯指定一个明确的折弯扣除值。定义折弯扣除值的含义（图 7.2.10）。

 按照定义，折弯扣除为折弯系数与双倍外部逆转之间的差。

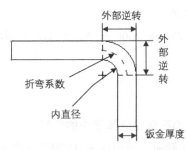

图 7.2.10 定义折弯扣除值

7.2.3 边线-法兰

边线-法兰是在已存在的钣金壁的边缘上创建出简单的折弯和弯边区域，其厚度与原有钣金厚度相同。

1. 选择"边线-法兰"命令

方法一：从下拉菜单中选择特征命令 插入(I) → 钣金(H) → 边线法兰(E)... 命令。

方法二：从工具栏中选择特征命令。在"钣金（H）"工具栏中单击"边线-法兰"按钮。

2. 创建边线–法兰的一般过程

在创建边线-法兰特征时，须先在已存在的钣金中选取某一条边线或多条边作为边线-法兰钣金壁的附着边，所选的边线可以是直线，也可以是曲线，其次需要定义边线-法兰特征的尺寸，设置边线-法兰特征与已存在钣金壁夹角的补角值。

下面以图 7.2.11 所示的模型为例，说明定义一条附着边创建边线-法兰钣金壁的一般操作过程。

图 7.2.11 定义一条附着边创建边线-法兰特征

步骤01 打开文件 D:\sw1401\work\ch07.02.03\Edge_Flange_01.SLDPRT。

步骤02 选择命令。选择下拉菜单 插入(I) ➝ 钣金(H) ➝ 边线法兰(E)... 命令。

步骤03 定义附着边。选取图 7.2.12 所示的模型边缘为边线-法兰的附着边。

图 7.2.12 选取边线-法兰的附着边

步骤04 定义法兰参数。

（1）定义法兰角度值。在图 7.2.13 所示的"边线-法兰"对话框 角度(G) 区域中的 文本框中输入角度值 90.0。

（2）定义长度类型和长度值。

① 在"边线-法兰"对话框 法兰长度(L) 区域的 下拉列表中选择 给定深度 选项。

② 方向如图 7.2.14 所示，在 文本框中输入深度值为 15.0。

③ 在此区域中单击"内部虚拟交点"按钮。

（3）定义法兰位置。在 法兰位置(N) 区域中，单击"材料在内"按钮，取消选中 剪裁侧边折弯(T) 和 等距(E) 复选框。

步骤05 单击 ✓ 按钮，完成边线-法兰的创建。

步骤06 选择下拉菜单 文件(F) ➔ 另存为(A)... 命令，将零件模型保存命名为 Edge_Flange_01_ok，即可保存模型。

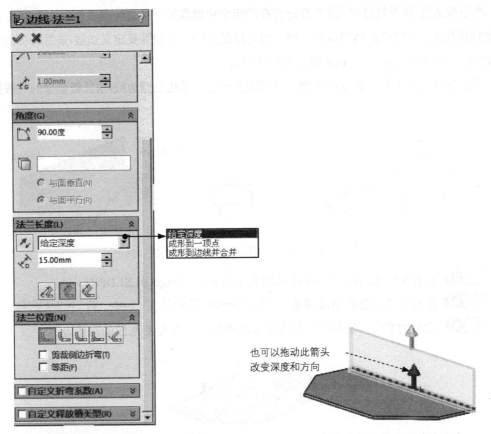

图 7.2.13 "边线-法兰"对话框　　　图 7.2.14 设置深度和方向

图 7.2.13 所示的"边线-法兰"对话框中各选项的说明如下。

◆ 法兰参数(P) 区域

- 图标旁边的文本框：用于收集所选取的边线-法兰的附着边。
- 编辑法兰轮廓(E) 按钮：单击此按钮后，系统弹出"轮廓草图"对话框，并进入编辑草图模式，在此模式下可以编辑边线-法兰的轮廓草图。
- ☑ 使用默认半径(U)：是否使用默认的半径。
- 文本框：用于设置边线-法兰折弯半径。
- 文本框：用于设置边线-法兰之间缝隙距离，如图 7.2.15 所示。

图 7.2.15 设置缝隙距离

◆ **角度(G)** 区域

● **文本框**：可以输入折弯角度的值，该值是与原钣金所成角度的补角值，几种折弯角度如图 7.2.16 所示。

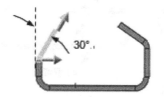 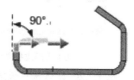 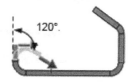

图 7.2.16 设置折弯角度值

● **文本框**：单击以激活此文本框，用于选择面。
● **与面垂直(N)**：创建后的边线-法兰与选择的面垂直，如图 7.2.17 所示。
● **与面平行(R)**：创建后的边线-法兰与选择的面平行，如图 7.2.18 所示。

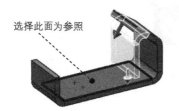 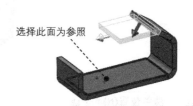

图 7.2.17　与面垂直　　　　　　　　图 7.2.18　与面平行

◆ **法兰长度(L)** 区域

● **给定深度** 选项：创建确定深度尺寸类型的特征。
● **按钮**：单击此按钮，可切换折弯长度的方向（图 7.2.19）。

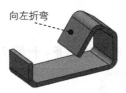 

a）反向前　　　　　　　　　　　　　　　b）反向后

图 7.2.19　设置折弯长度的方向

● **文本框**：用于设置深度值。

- "外部虚拟交点"按钮：边线-法兰的总长是从折弯面的外部虚拟交点处开始计算，直到折弯平面区域端部为止的距离，如图 7.2.20a 所示。
- "内部虚拟交点"按钮：边线-法兰的总长是从折弯面的内部虚拟交点处开始计算，直到折弯平面区域端部为止的距离，如图 7.2.20b 所示。
- "双弯曲"按钮：边线-法兰的总长距离是从折弯面相切虚拟交点处开始计算，直到折弯平面区域的端部为止的距离（只对大于 90°度的折弯有效），如图 7.2.20c 所示。

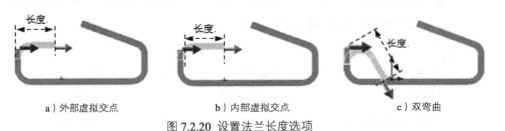

a) 外部虚拟交点　　　　b) 内部虚拟交点　　　　c) 双弯曲

图 7.2.20　设置法兰长度选项

- **成形到一顶点** 选项：特征在拉伸方向上延伸，直至与指定顶点所在的面相交，如图 7.2.21 所示。

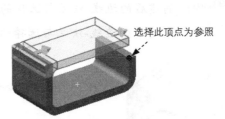

图 7.2.21　成形到一顶点

◆ **法兰位置(N)** 区域

- "材料在内"按钮：边线-法兰的外侧面与附着边平齐，如图 7.2.22 所示。

图 7.2.22　材料在内

- "材料在外"按钮：边线-法兰的内侧面与附着边平齐，如图 7.2.23 所示。

图 7.2.23　材料在外

-

- "折弯在外"按钮：把折弯特征直接加在基础特征上来创建材料而不改变基础特征尺寸，如图 7.2.24 所示。

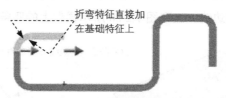

图 7.2.24 折弯在外

- "虚拟交点的折弯"按钮：把折弯特征加在虚拟交点处，如图 7.2.25 所示。
- "与折弯相切"按钮：把折弯特征加在折弯相切处（只对大于 90°的折弯有效）。

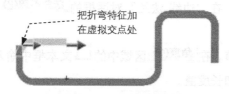

图 7.2.25 虚拟交点的折弯

- ☑ 剪裁侧边折弯(T) 复选框：是否移除邻近折弯的多余材料，如图 7.2.26 所示。
- ☑ 等距(E) 复选框：选择以等距法兰。

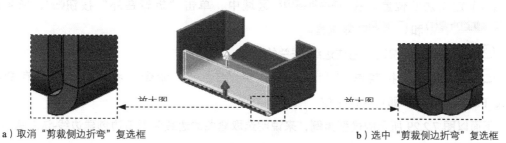

a）取消"剪裁侧边折弯"复选框   b）选中"剪裁侧边折弯"复选框

图 7.2.26 设置"剪裁侧边折弯"

下面以图 7.2.27 所示的模型为例，来说明定义多条附着边创建边线-法兰钣金壁的一般操作过程。

a）创建前   b）创建后

图 7.2.27 定义多条附着边创建边线-法兰特征

步骤01 打开文件 D:\sw1401\work\ch07.02.03\Edge_Flange_02.SLDPRT。

步骤02 选择命令。选择下拉菜单 插入(I) → 钣金(H) → 边线法兰(E)... 命令。

步骤03 定义特征的边线。选取图 7.2.28 所示模型上的四条边线为边线-法兰的附着边。

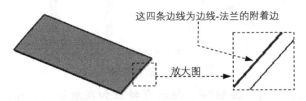

图 7.2.28 选取边线-法兰的附着边

步骤04 定义边线法兰属性。

（1）定义法兰参数。在"边线-法兰"对话框的 法兰参数(P) 区域的 文本框中输入缝隙距离值 1.0。

（2）定义法兰角度值。在 角度(G) 区域中的 文本框中输入角度值为 90.0。

（3）定义长度类型和长度值。

① 在"边线-法兰"对话框 法兰长度(L) 区域的 下拉列表中选择 给定深度 选项。

② 在 文本框中输入深度值为 10.0。

③ 在此区域中单击"内部虚拟交点"按钮 。

（4）定义法兰位置。在 法兰位置(N) 区域中，单击"折弯在外"按钮 ，取消选中 剪裁侧边折弯(T) 和 等距(E) 复选框。

步骤05 单击 按钮，完成边线-法兰的创建。

步骤06 选择下拉菜单 文件(F) → 另存为(A)... 命令，将零件模型保存命名为 Edge_Flange_02_ok，即可保存模型

下面以图 7.2.29 所示的模型为例，来说明选取弯曲的边线为附着边创建边线-法兰钣金壁的一般操作过程。

a）创建前　　　　　　　　　　　　b）创建后

图 7.2.29 创建边线-法兰特征

步骤01 打开文件 D:\sw1401\work\ch07.02.03\Edge_Flange_03.SLDPRT。

步骤02 选择命令。选择下拉菜单 插入(I) → 钣金(H) → 边线法兰(E)... 命令。

步骤03 定义特征的边线：选取图 7.2.30 所示的边线为边线-法兰的附着边。

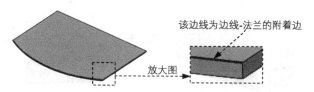

图 7.2.30 选取边线-法兰的附着边

步骤 04 定义边线法兰属性。

（1）定义折弯半径。在"边线-法兰"对话框的 法兰参数(P) 区域中取消选中 □ 使用默认半径(U) 复选框，在 ⚲ 文本框中输入折弯半径值为 2.0。

（2）定义法兰角度值。在 角度(G) 区域中的 ⚲ 文本框中输入角度值为 90.0。

（3）定义长度类型和长度值。

① 在"边线-法兰"对话框 法兰长度(L) 区域的 ⚲ 下拉列表中选择 给定深度 选项。

② 在 ⚲ 文本框中输入深度值为 20.0。

③ 在此区域中单击"内部虚拟交点"按钮 ⚲。

（4）定义法兰位置。在 法兰位置(N) 区域中单击"折弯在外"按钮 ⚲，取消选中 □ 剪裁侧边折弯(T) 和 □ 等距(E) 复选框。

步骤 05 单击 ✔ 按钮，完成边线-法兰特征的创建。

步骤 06 选择下拉菜单 文件(F) ➡ 另存为(A)... 命令，将零件模型保存命名为 Edge_Flange_03_ok，即可保存模型。

3 释放槽

当附加钣金壁部分地与附着边相连，并且弯曲角度不为 0 时，需要在连接处的两端创建释放槽，也称减轻槽。

SolidWorks 2014 系统提供的释放槽分为三种：矩形释放槽、矩圆形释放槽和撕裂形释放槽。

在附加钣金壁的连接处，将主壁材料切割成矩形缺口构建的释放槽为矩形释放槽，如图 7.2.31 所示。

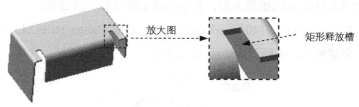

图 7.2.31 矩形释放槽

在附加钣金壁的连接处，将主壁材料切割成矩圆形缺口构建的释放槽为矩圆形释放槽，如图 7.2.32 所示。

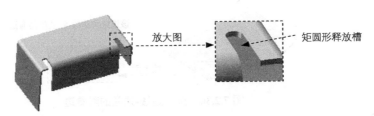

图 7.2.32 矩圆形释放槽

撕裂形释放槽分为切口撕裂形释放槽和延伸撕裂形释放槽两种。

◆ 切口撕裂形释放槽

在附加钣金壁的连接处,通过垂直切割主壁材料至折弯线处构建的释放槽为切口撕裂形释放槽,如图 7.2.33 所示。

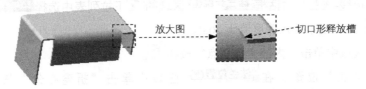

图 7.2.33 切口形撕裂释放槽

◆ 延伸撕裂形释放槽

在附加钣金壁的连接处用材料延伸折弯构建的释放槽为延伸撕裂形释放槽,如图 7.2.34 所示。

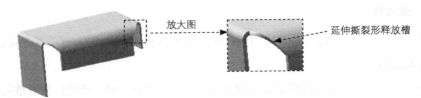

图 7.2.34 延伸撕裂形释放槽

下面以图 7.2.35 所示的模型为例,介绍创建止裂口的一般过程。

步骤01 打开文件 D:\sw1401\work\ch07.02.03\Edge_Flange_relief.SLDPRT。

步骤02 创建图 7.2.35 所示的边线-法兰特征。

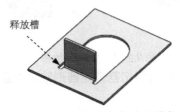

图 7.2.35 创建边线-法兰特征

(1)选择命令。选择下拉菜单 插入(I) —→ 钣金(H) —→ 边线法兰(E)... 命令。

（2）定义附着边。选取图7.2.36所示的模型边缘为边线-法兰的附着边。

（3）定义边线法兰属性。

① 定义法兰角度值。在"边线-法兰"对话框 角度(G) 区域中的 文本框中输入角度值为90.0。

② 定义长度类型和长度值。在"边线-法兰"对话框 法兰长度(L) 区域的 下拉列表中选择 给定深度 选项，在 文本框中输入深度值为30.0，设置折弯方向，参照图7.2.35所示模型，单击"内部虚拟交点"按钮 。

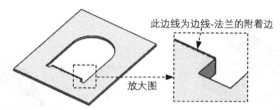

图7.2.36 定义边线-法兰的附着边

（4）定义法兰位置。在 法兰位置(N) 区域中，单击"材料在内"按钮 ，取消 □ 剪裁侧边折弯(T) 和 □ 等距(F) 复选框。

（5）定义钣金自动切释放槽类型。选中图7.2.37所示的 ☑ 自定义释放槽类型(R) 复选框，在其下拉列表中选择 矩圆形 选项；在 ☑ 自定义释放槽类型(Y) 区域中取消选中 □ 使用释放槽比例(E) 复选框，并在 W（宽度）文本框中输入数值为4，在 D（深度）文本框中输入数值为2。

（6）单击 ✓ 按钮，完成边线-法兰的创建。

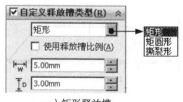
a）矩形释放槽

b）选中"使用释放槽比例"

c）撕裂形释放槽

图7.2.37 "自定义释放槽类型"区域

（7）选择下拉菜单 文件(F) → 另存为(A)... 命令，将零件模型保存命名为 Edge_Flange_relief_ok，即可保存模型。

图7.2.37所示的 ☑ 自定义释放槽类型(R) 区域中各选项的说明如下：

◆ 矩形：将释放槽的形状设置为矩形。

◆ 矩圆形：将释放槽的形状设置为矩圆形。

● ☑ 使用释放槽比例(A) 复选框：是否使用释放槽比例，如果取消选中此复选框可以在 W 和 D 文本框中设置释放槽的宽度和深度。

● 比例(T) 文本框：设置矩形或长圆形切除的尺寸与材料的厚度比例值。

- ◆ 撕裂形：将释放槽的形状设置为撕裂形。
  - ● ：设置为撕裂形释放槽。
  - ● ：设置为延伸撕裂形释放槽。

4. 自定义边线–法兰的形状

在创建边线-法兰钣金壁后，用户可以自由定义边线-法兰的形状。下面以图 7.2.38 所示的模型为例，说明自定义边线-法兰形状的一般过程：

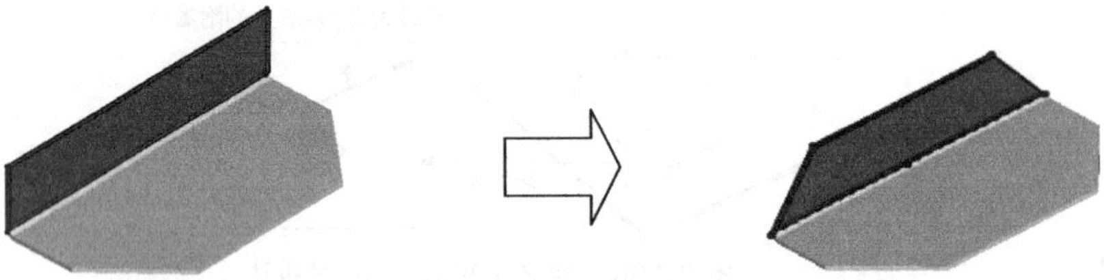

a）编辑前　　　　　　　　　b）编辑后

图 7.2.38　编辑边线-法兰的形状

步骤 01 打开文件 D:\sw1401\work\ch07.02.03\Edge_Flange_04.SLDPRT。

步骤 02 选择编辑特征。在设计树的 边线-法兰1 上右击，在弹出的快捷菜单中选择 命令，系统自动转换为编辑草图模式。

步骤 03 编辑草图。修改后的草图，如图 7.2.39 所示；退出草绘环境，完成边线-法兰特征的创建。

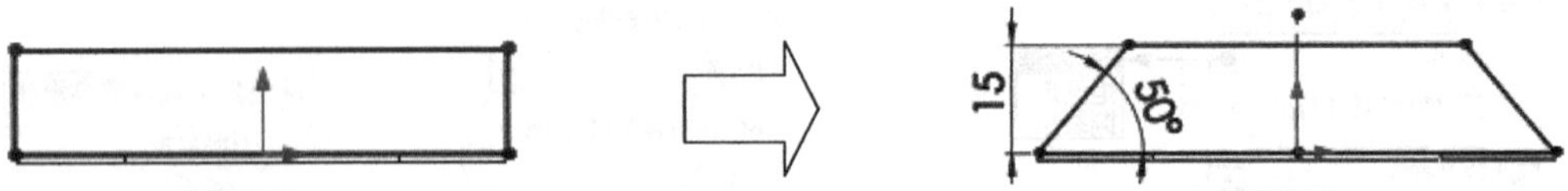

a）修改前　　　　　　　　　b）修改后

图 7.2.39　修改横断面草图

步骤 04 选择下拉菜单 文件(F) → 另存为(A)... 命令，将零件模型保存命名为 Edge_Flange_04_ok，即可保存模型。

7.2.4 斜接法兰

1. 斜接法兰概述

"斜接法兰"是将一系列法兰创建到钣金零件的一条或多条边线上，创建"斜接法兰"时，首先必须以"基体-法兰"为基础生成"斜接法兰"特征的草图。

选取"斜接法兰"命令有如下两种方法。

方法一：选择下拉菜单 插入(I) → 钣金(H) → 斜接法兰(M)... 命令。

方法二：在"钣金（H）"工具栏中单击 按钮。

2. 在一条边上创建斜接法兰

下面以图 7.2.40 所示的模型为例，讲述在一条边上创建斜接法兰的一般过程。

a）创建"斜接法兰"前　　　　　　　　b）创建"斜接法兰"后

图 7.2.40　斜接法兰

步骤01　打开文件 D:\sw1401\work\ch07.02.04\Miter_Flange_01.SLDPRT。

步骤02　选择命令。选择下拉菜单 插入(I) ➡ 钣金(H) ➡ 斜接法兰(M)... 命令。

步骤03　定义斜接参数。

（1）定义边线。选取图 7.2.41 所示的草图，系统弹出图 7.2.42 所示的"斜接法兰"对话框，系统默认图 7.2.43 所示的边线，图形中出现图 7.2.43 所示的斜接法兰的预览。

图 7.2.42　"斜接法兰"对话框

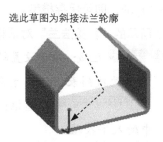

图 7.2.41　定义斜接法兰轮廓

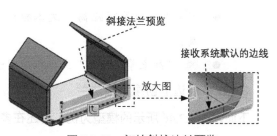

图 7.2.43　初始斜接法兰预览

(2)定义法兰位置。在"斜接法兰"对话框中的 法兰位置(L): 选项中,单击"材料在外"按钮。

步骤04 定义启始(起始)/结束处等距。在"斜接法兰"对话框中的 启始/结束处等距(O) 区域中,在 (开始等距距离)文本框中输入数值15,在 (结束等距距离)文本框中输入数值15,如图7.2.44所示为斜接法兰的预览。

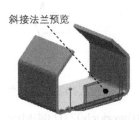

图 7.2.44 参数化后斜接法兰的预览

步骤05 定义释放槽。在"斜接法兰"对话框中,单击选中 自定义释放槽类型(Y): 复选框,在其下拉列表中选择 矩圆形 选项,在 自定义释放槽类型(Y): 区域中取消选中 使用释放槽比例(E) 复选框,并在 (宽度)文本框中输入数值3,在 (深度)文本框中输入数值2。

步骤06 单击"斜接法兰"对话框中的 ✓ 按钮,完成斜接法兰的创建。

步骤07 选择下拉菜单 文件(F) ➡ 另存为(A)... 命令,将零件模型保存命名为 Miter_Flange_01_ok,即可保存模型。

图7.2.42所示的"斜接法兰"对话框中的各项说明如下。

◆ 斜接参数(M) 区域:用于设置斜接法兰的附着边、折弯半径、法兰位置和缝隙距离。

● 沿边线列表框:用于显示用户所选择的边线。

● 使用默认半径(U) 复选框:单击消除此复选框后,可以在 折弯半径文本框中输入半径值。

● 法兰位置(L): 法兰位置区域中提供了与边线法兰相同的法兰位置。

● 缝隙距离(N): 若同时选择多条边线时,在切口缝隙文本框中输入的数值则为相邻法兰之间的距离。

◆ 启始/结束处等距(O) 区域:用于设置斜接法兰的第一方向和第二方向的长度。如图7.2.45所示。

● "开始等距距离"文本框:用于设置斜接法兰附加壁的第一个方向的距离。

● "结束等距距离"文本框:用于设置斜接法兰附加壁的第二个方向的长度。

3. 在多条边上创建斜接法兰

下面以图7.2.46所示的模型为例,讲述在多条边上创建斜接法兰的一般操作过程。

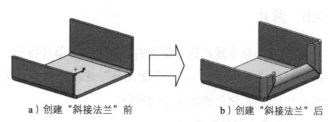

图 7.2.45 设置两个方向的长度　　　　　图 7.2.46 创建斜接法兰

步骤01 打开文件 D:\sw1401\work\ch07.02.04\Miter_Flange_02.SLDPRT。

步骤02 选择命令。选择下拉菜单 插入(I) → 钣金(H) → 斜接法兰(M)... 命令。

步骤03 定义斜接参数。

（1）定义斜接法兰轮廓。选取图 7.2.47 所示的草图为斜接法兰轮廓，系统将自动预览图 7.2.49 所示的斜接法兰。

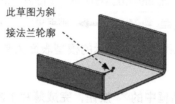

图 7.2.47 定义斜接法兰轮廓

（2）定义斜接法兰边线。单击图 7.2.48 所示的相切按钮，系统自动捕捉到与默认边线相切的所有边线，图形中会出现图 7.2.49 所示的斜接法兰的预览。

（3）设置法兰位置。在"斜接法兰"对话框中的 法兰位置(L): 选项中，单击"材料在外"按钮。

（4）定义缝隙距离。在"斜接法兰"对话框中的 文本框中输入缝隙距离值为 0.25。

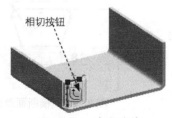　　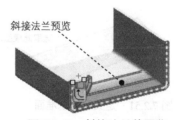

图 7.2.48 定义边线　　　　　　图 7.2.49 斜接法兰的预览

步骤04 定义启始(起始)/结束处等距。在"斜接法兰"对话框中的 启始/结束处等距(O) 区域中"开始等距距离" 文本框中输入数值 0，在"结束等距距离" 文本框中输入数值 0。

步骤05 单击"斜接法兰"对话框中的"完成"按钮，完成斜接法兰的创建。

步骤06 保存钣金零件模型。选择下拉菜单 文件(F) → 另存为(A)... 命令，将零件模型保存命名为 Miter_Flange_02_ok，即可保存模型。

7.2.5 薄片

"薄片"命令是在钣金零件的基础上创建薄片特征,其厚度与钣金零件厚度相同。薄片的草图可以是"单一闭环"或"多重闭环"轮廓,但不能是开环轮廓。绘制草图的面或基准面的法线必须与基体-法兰的厚度方向平行。

1. 选择"薄片"命令

方法一:选择下拉菜单 插入(I) → 钣金(H) → 基体法兰(A)... 命令。

方法二:在"钣金(H)"工具栏中单击 按钮。

2. 使用单一闭环创建薄片的一般过程

下面以图 7.2.50 所示的模型为例,来说明单一闭环创建薄片的一般操作过程。

步骤01 打开文件 D:\sw1401\work\ch07.02.05\Sheet_Metal_Tab01.SLDPRT。

步骤02 选择命令。选择下拉菜单 插入(I) → 钣金(H) → 基体法兰(A)... 命令。

步骤03 绘制横断面草图。选取图 7.2.51 所示的模型表面为草图基准面,绘制图 7.2.52 所示的横断面草图。

步骤04 单击"基体法兰"对话框中的 按钮,完成薄片 1 的创建。

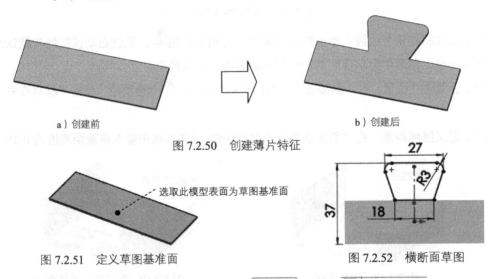

a) 创建前　　　　　　　　　　　b) 创建后

图 7.2.50 创建薄片特征

图 7.2.51 定义草图基准面　　　　图 7.2.52 横断面草图

步骤05 保存钣金零件模型。选择下拉菜单 文件(F) → 另存为(A)... 命令,将零件模型以 Sheet_Metal_Tab01_ok 命名保存,即可保存模型。

3. 使用多重闭环创建薄片的一般过程

下面以图 7.2.53 所示的模型为例,来说明多重闭环创建薄片的一般操作过程。

a）创建前　　　　　　　　　　　　b）创建后

图 7.2.53　创建薄片特征

步骤 01　打开文件 D:\sw1401\work\ch07.02.05\Sheet_Metal_Tab02.SLDPRT。

步骤 02　选择命令。选择下拉菜单 插入(I) → 钣金(H) → 基体法兰(A)... 命令。

步骤 03　绘制横断面草图。选取图 7.2.54 所示的模型表面为草图基准面，绘制图 7.2.55 所示的横断面草图。

步骤 04　单击"基体法兰"对话框中的 ✓ 按钮，完成薄片 1 的创建。

步骤 05　保存钣金零件模型。选择下拉菜单 文件(F) → 另存为(A)... 命令，将零件模型保存命名为 Sheet_Metal_Tab02_ok，即可保存模型。

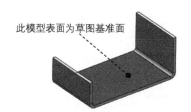

图 7.2.54　定义草图基准面

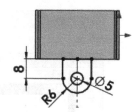

图 7.2.55　横断面草图

7.2.6　放样折弯

在以放样的方式产生钣金壁的时候，需要先定义两个不封闭的横断面草图，然后给定钣金的参数，系统便将这些横断面放样成薄壁实体。放样折弯相当于以放样的方式生成一个基体-法兰，因此放样的折弯不与基体-法兰特征一起使用。

1. 选择"放样折弯"命令

方法一：选择下拉菜单 插入(I) → 钣金(H) → 放样的折弯(L)... 命令。

方法二：在"钣金（H）"工具栏中单击"展开"按钮 。

2. 创建放样折弯特征的一般过程

应用放样折弯的一般创建步骤如下：

（1）绘制两个单独的不封闭的横断面草图，且开口同向。

（2）选择"放样折弯"命令。

（3）定义放样折弯轮廓。

（4）定义放样折弯的厚度值。

（5）完成放样折弯特征的创建。

下面以图 7.2.56 为例，介绍创建放样折弯特征的操作过程。

a）放样折弯前　　　　　　　　　　　　　　b）放样折弯后

图 7.2.56　放样折弯

步骤 01　打开文件 D:\sw1401\work\ch07.02.06\ blend.SLDPRT。

步骤 02　选择命令。选择下拉菜单 插入(I) ➡ 钣金(H) ➡ 放样的折弯(L)… 命令，系统弹出图 7.2.57 所示的"放样折弯"对话框。

步骤 03　定义放样轮廓。依次选取草图 1 和草图 2 作为"放样折弯"的轮廓（图 7.2.58）。

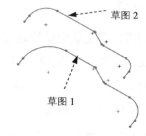

图 7.2.57　"放样折弯"对话框　　　　图 7.2.58　定义放样轮廓

步骤 04　查看路径预览。单击上移按钮 ↑ 调整轮廓的位置，查看不同位置时的放样结果。

步骤 05　定义放样的厚度值。在"放样折弯"对话框的 厚度 文本框中输入数值 3.0。

如果想要改变加材料方向，可以单击 厚度 文本框前面的"反向"按钮 来改变加材料方向。

步骤 06　单击"放样折弯"对话框中的 ✓ 按钮，完成放样折弯特征的创建。

步骤 07 保存零件模型。选择下拉菜单 文件(F) ➡ 保存(S) 命令，将零件模型保存命名为 bend_ok，即可保存模型。

图 7.2.57 所示的"放样折弯"对话框中各按钮的说明如下：

- 单击上移按钮 ↑ 或下移按钮 ↓ 来调整轮廓的顺序，或重新选择草图将不同的点连接在轮廓上。
- 厚度 区域：此区域是用来控制"放样折弯"的厚度值。
- "反向"按钮：单击此按钮则可以改变加材料方向。
- 折弯线控制 区域：该区域可以设定到控制平板形式的折弯线的粗糙度，包含下面两个选项。
  - 折弯线数量：通过增加折弯线数量的方法可以降低最大误差值。
  - 最大误差：通过设定最大误差值可以改变折弯处的光滑度。

7.2.7 切除–拉伸

在钣金设计中"切除-拉伸"特征是应用较为频繁的特征之一，它是在已有的零件模型中去除一定的材料，从而达到需要的效果。

1. 选择"切除–拉伸"命令

方法一：选择下拉菜单 插入(I) ➡ 切除(C) ➡ 拉伸(E)... 命令。

方法二：在"钣金（H）"工具栏中单击"切除-拉伸" 按钮。

2. 钣金与实体"切除–拉伸"特征的区别

若当前所设计的零件为钣金零件，则选择下拉菜单 插入(I) ➡ 切除(C) ➡ 拉伸(E)... 命令（或在工具栏中单击"切除-拉伸"按钮），屏幕左侧会出现图 7.2.59 所示的对话框，该对话框比实体零件"切除-拉伸"对话框多了 ☑ 与厚度相等(L) 和 ☑ 正交切除(N) 两个复选框。

两种"切除-拉伸"去除材料特征的区别：当草图基准面与模型表面平行时，二者没有区别，但当不平行时，二者有明显的差异。在确认已经选中 ☑ 正交切除 复选框后，钣金拉伸切除是垂直于钣金表面切除，形成垂直孔，如图 7.2.60 所示；实体（切除）拉伸是垂直于草绘平面去切除，形成斜孔，如图 7.2.61 所示。

图 7.2.59 所示对话框的说明：

- ☑ 与厚度相等(L) 选中此复选框，切除深度与钣金壁厚相等。
- ☑ 正交切除(N) 选中此复选框，不管草绘平面是否与钣金表面平行，拉伸切除都是垂直于钣金表面去切除，形成垂直孔。

a）钣金"切除-拉伸"对话框　　　　　　b）实体"切除-拉伸"对话框

图 7.2.59　两个"切除-拉伸"对话框

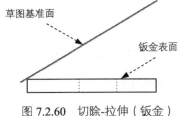

图 7.2.60　切除-拉伸（钣金）　　　　　图 7.2.61　切除-拉伸（实体）

3. 拉伸切除的一般创建过程

生成"切除-拉伸"特征的步骤如下（以图 7.2.62 所示的模型为例）：

a）切除-拉伸前　　　　　　　　b）切除-拉伸后

图 7.2.62　切除-拉伸

步骤 01　打开 D:\sw1401\work\ch07.02.07\remove.SLDPRT 文件。

步骤 02　选择命令。选择下拉菜单 插入(I) ➡ 切除(C) ➡ 拉伸(E)... 命令，系统弹出图 7.2.63 所示的"拉伸"对话框。

步骤 03　定义特征的横断面草图。选取基准面 1 为草绘基准，绘制图 7.2.64 所示的横断面草图。

第 7 章 钣金设计

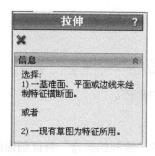

图 7.2.63 "拉伸"对话框

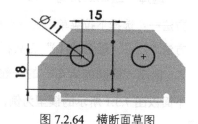

图 7.2.64 横断面草图

> **说明**　单击 按钮可以改变切除方向。

选择下拉菜单 插入(I) → 退出草图 命令,退出草绘环境,此时系统弹出"切除-拉伸"对话框。

步骤04 定义切除-拉伸属性。在"切除-拉伸"对话框 方向1 区域的 下拉列表中选择 完全贯穿 选项,选中 ☑ 正交切除(N) 复选框。

步骤05 单击对话框中的 ✓ 按钮,完成切除-拉伸的创建。

步骤06 保存零件模型。选择下拉菜单 文件(F) → 另存为(A)... 命令,将零件模型保存命名为 remove_ok,即可保存模型。

7.3 折弯钣金体

对钣金件进行折弯是钣金成形过程中很常见的一种工序,通过折弯命令可以对钣金的形状进行改变,从而获得所需要的钣金件。本节在讲述折弯钣金体的时候,根据各种不同的实际情况均配备了范例讲述,建议读者认真阅读每一个范例,从而迅速掌握本节的知识点。

7.3.1 绘制的折弯

"绘制的折弯"是将钣金的平面区域以折弯线为基准弯曲某个角度。在进行折弯操作时,应注意折弯特征仅能在钣金的平面区域建立,不能跨越另一个折弯特征。折弯线可以是一条或多条直线,各折弯线应保持方向一致且不相交,其长度无需与折弯面的长度相同。

钣金折弯特征包括如下四个要素:

- ◆ 折弯线:确定折弯位置和折弯形状的几何线。
- ◆ 固定面:折弯时固定不动的面。
- ◆ 折弯半径:折弯部分的弯曲半径。

◆ 折弯角度：控制折弯的弯曲程度。

1. 选择"绘制的折弯"命令

方法一：选择下拉菜单 插入(I) → 钣金(H) → 绘制的折弯(S)... 命令。

方法二：在"钣金(H)"工具栏中单击"绘制的折弯"按钮。

2. 创建"绘制的折弯"的一般过程

下面以图 7.3.1 所示的模型为例，介绍折弯线为一条直线的"绘制的折弯"特征创建的一般过程。

图 7.3.1 绘制的折弯

步骤 01 打开文件 D:\sw1401\work\ch07.03.01\sketched_bend01.SLDPRT。

步骤 02 选择下拉菜单 插入(I) → 钣金(H) → 绘制的折弯(S)... 命令。

步骤 03 定义特征的折弯线。

（1）定义折弯线基准面。选取图 7.3.2 的模型表面作为草图基准面。

（2）定义折弯线草图。在草绘环境中绘制图 7.3.3 所示的折弯线。

（3）选择下拉菜单 插入(I) → 退出草图 命令，退出草绘环境，此时系统弹出图 7.3.4 所示的"绘制的折弯"对话框。

图 7.3.2 折弯线基准面

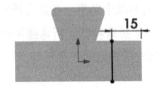

图 7.3.3 折弯线

图 7.3.4 "绘制的折弯"对话框

图 7.3.4 所示"绘制的折弯"对话框中各选项的说明如下。

◆ "固定面"文本框：固定面是指在创建钣金折弯特征中固定不动的平面，该平面是折弯钣金壁的基准。
- "折弯中心线"按钮：单击该按钮，创建的折弯区域将均匀地分布在折弯线两侧。
- "材料在内"按钮：单击该按钮，折弯线将位于固定面所在平面与折弯壁的外表面所在平面的交线上。
- "材料在外"按钮：单击该按钮，折弯线位于固定面所在平面的外表面和折弯壁的内表面所在平面的交线上。
- "折弯在外"按钮：单击该按钮，折弯区域将置于折弯线的外侧。
- "反向按钮"按钮：该按钮用于更改折弯方向。单击该按钮，可以将折弯方向更改为系统给定的相反方向。再次单击该按钮，将返回原来的折弯方向。
- 文本框：在该文本框中输入的数值为折弯特征折弯部分的角度值。
- 使用默认半径(U) 复选框：该复选框默认为选中状态，取消该选项后才可以对折弯半径进行编辑。
- 文本框：在该文本框中输入的数值为折弯特征折弯部分的半径值。

步骤04 定义折弯线位置。在 折弯位置 选项组中单击"折弯中心线"按钮。

步骤05 定义折弯固定面。在图7.3.5所示的位置处单击，确定折弯固定面。

图 7.3.5 折弯固定面

步骤06 定义折弯参数。在"折弯角度"文本框中输入数值为90.0；接受系统默认的其他参数设置值。

 如果想要改变折弯方向，可以单击"反向"按钮。

步骤07 单击 ✓ 按钮，完成折弯特征的创建。

步骤08 保存零件模型。选择下拉菜单 文件(F) —— 另存为(A)... 命令，将零件模型保存命名为 sketched_bend01_ok，即可保存模型

下面以图7.3.6所示的模型为例，讲述折弯线为多条直线时"绘制的折弯"特征创建的一般过程。

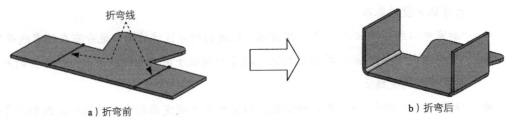

a）折弯前 b）折弯后

图 7.3.6 绘制的折弯

步骤 01 打开文件 D:\sw1401\work\ch07.03.01\sketched_bend02.SLDPRT。

步骤 02 选择下拉菜单 插入(I) → 钣金(H) → 绘制的折弯(S)... 命令。

步骤 03 定义特征的折弯线。选取图 7.3.7 的模型表面作为草图基准面，绘制图 7.3.8 所示的折弯线。

步骤 04 定义折弯线位置。在 折弯位置: 选项组中单击"折弯中心线"按钮。

步骤 05 定义折弯固定面。在图 7.3.9 所示的位置处单击，确定折弯固定面。

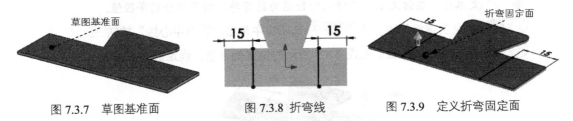

图 7.3.7 草图基准面　　图 7.3.8 折弯线　　图 7.3.9 定义折弯固定面

步骤 06 定义折弯参数。在"折弯角度"文本框中输入数值为 90.0；接受系统默认的其他参数设置值。

 如果想要改变折弯方向可以单击"反向" 按钮来改变折弯方向。

步骤 07 单击 ✓ 按钮，完成折弯特征的创建。

步骤 08 保存零件模型。选择下拉菜单 文件(F) → 另存为(A)... 命令，将零件模型保存命名为 sketched_bend02_ok，即可保存模型。

7.3.2 褶边

"褶边"命令可以在钣金模型的边线上创建不同形状的卷曲，其壁厚与基体-法兰相同。在创建褶边时，须先在现有的基体-法兰上选取一条或多条边线作为褶边的附着边，其次需要定义其侧面形状及尺寸等参数。

1. 选择"褶边"命令

选取"褶边"命令有如下两种方法：

方法一：选择下拉菜单 插入(I) → 钣金(H) → 褶边(H)... 命令。
方法二：在"钣金(H)"工具栏中单击 按钮。

2. 创建褶边特征的一般过程

下面以图 7.3.10 所示的模型为例，说明在一条边上创建褶边的一般过程。

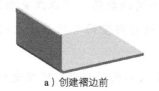 

a）创建褶边前　　　　　　　　　　　b）创建褶边后

图 7.3.10　创建褶边特征

步骤 01　打开文件 D:\sw1401\work\ch07.03.02\Hem_01.SLDPRT。

步骤 02　选择命令。选择下拉菜单 插入(I) → 钣金(H) → 褶边(H)... 命令。

步骤 03　定义褶边边线。选取图 7.3.11 所示的边线为褶边边线。

 褶边边线必须为直线。

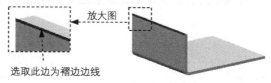

图 7.3.11　定义褶边边线

步骤 04　定义褶边位置。在"褶边"对话框的 边线(E) 区域中单击"材料在内"按钮 。

步骤 05　定义类型和大小。

（1）定义类型。在"褶边"对话框的 类型和大小(T) 区域中单击"闭合"按钮 。

（2）定义大小。在 （长度）文本框中输入数值 8.0。

步骤 06　单击"褶边"对话框中的 按钮，完成褶边特征的创建。

步骤 07　保存零件模型。选择下拉菜单 文件(F) → 另存为(A)... 命令，将零件模型保存命名为 Hem_01_ok，即可保存模型。

"褶边"对话框中的各项说明如下：

◆ 边线(E) 列表框中显示用户选取的褶边边线。
  ● "反向"按钮：单击该按钮，可以切换褶边的生成方向。
  ● 材料在内：在成形状态下，褶边边线位于褶边区域的外侧。
  ● 折弯在外：在成形状态下，褶边边线位于褶边区域的内侧。

◆ 类型和大小(T) 区域中提供了四种的褶边形式，选择每种形式，都需要设置不同的几何参数。

● 闭合：选择此类型后整个褶边特征的内壁面与附着边之间的垂直距离为 0.10，此距离不能改变。

● （长度）文本框：在此文本框中输入不同的数值，可以改变褶边的长度。

● 打开：选择此类型后可以定义褶边特征的内壁面与附着边之间的缝隙距离。

● （缝隙距离）文本框：在此文本框中输入不同的数值，可改变褶边特征的内壁面与附着边之间的垂直距离。

● 撕裂形：创建撕裂形的褶边特征。

● （角度）文本框：此角度只能在 180°~270°之间。

● （半径）文本框：在此文本框中输入不同的数值，可改变撕裂形褶边内侧半径的大小。

● 滚扎：此类型包括"角度"和"半径"文本框，角度值在 0°~360°之间。

下面以图 7.3.12 所示的模型为例，来说明在多条边上创建褶边的一般过程。

a）创建褶边前　　　　　　　　b）创建褶边后

图 7.3.12　创建褶边特征

步骤01　打开文件 D:\sw1401\work\ch07.03.02\Hem_02.SLDPRT。

步骤02　选择命令。选择下拉菜单 插入(I) → 钣金(H) → 褶边(H)... 命令。

步骤03　定义褶边边线。选取图 7.3.13 所示边线为褶边边线。

 同时在多条边线上创建褶边时，这些边线必须处于同一个平面上。

步骤04　定义褶边位置。在"褶边"对话框的 边线(E) 区域中单击"材料在内"按钮。

步骤05　定义类型和大小。

（1）定义类型。在"褶边"对话框的 类型和大小(T) 区域中单击"滚轧"按钮。

（2）定义大小。在 （角度）文本框中输入数值 225.0，在 （半径）文本框中输入数值 0.5。

步骤06　定义斜接缝隙。在 斜接缝隙 区域中的 （缝隙距离）文本框中输入数值 1.0。

Step7 单击"褶边"对话框中的 ✓ 按钮,完成褶边特征的创建。

步骤 08 保存零件模型。选择下拉菜单 文件(F) → 另存为(A)... 命令,将零件模型保存命名为 Hem_02_ok,即可保存模型。

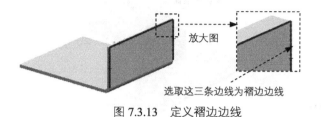

图 7.3.13 定义褶边边线

7.3.3 转折

"转折"特征是在平整钣金件上创建两个成一定角度的折弯区域,并且在转折特征上创建材料。"转折"特征的折弯线位于放置平整钣金件上,并且必须是一条直线,该直线不必是"水平"或"垂直"直线,折弯线的长度不必与折弯面的长度相同。

1. 选择"转折"命令

方法一:选择下拉菜单 插入(I) → 钣金(H) → 转折(J)... 命令。

方法二:在"钣金(H)"工具栏中单击"转折"按钮。

2. 创建转折特征的一般过程

(1) 定义转折特征的草绘平面。

(2) 定义转折特征的草图。

(3) 定义转折的固定平面。

(4) 定义转折的参数(转折等距、转折位置、转折角度等)。

(5) 完成转折特征的创建。

下面以如图 7.3.14 所示的模型为例,讲述"转折"特征创建的一般过程。

图 7.3.14 转折的一般过程

步骤 01 打开文件 D:\sw1401\work\ch07.03.03\jog.SLDPRT。

步骤 02 选择下拉菜单 插入(I) → 钣金(H) → 转折(J)... 命令。

步骤03 定义特征的折弯线。

① 定义折弯线基准面。选取图 7.3.15 的模型表面作为草图基准面。

图 7.3.15　草图基准面

② 定义折弯线草图。在草绘环境中绘制图 7.3.16 所示的折弯线。

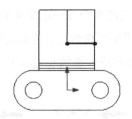

图 7.3.16　绘制折弯线

③ 选择下拉菜单 插入(I) ➡ 退出草图 命令，退出草绘环境，此时系统弹出图 7.3.17 所示的"转折"对话框。

在钣金零件的平面上绘制一条或多条直线作为折弯线，各直线应保持方向一致且不相交；折弯线的长度可以是任意的。

步骤04 定义折弯固定面。在图 7.3.18 所示的位置处单击，确定折弯固定面。

步骤05 定义折弯参数。定义"转折等距"的"终止条件"为 给定深度 ，在 文本框中输入数值 8.0，在 尺寸位置: 下面的选项组中单击"外部等距"按钮 ，取消选中 □ 固定投影长度(X) 复选框；在 转折位置(P) 区域中单击"折弯在外"按钮 ；在"折弯角度"文本框中输入数值 90.0；接受系统默认的其他参数设置值。

若要改变折弯方向可单击"转折等距"下面的"反向"按钮 。

第 7 章 钣金设计

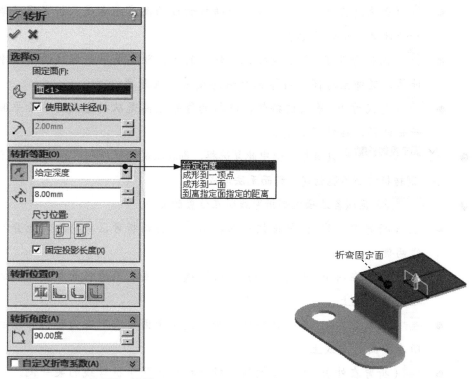

图 7.3.17 "转折"对话框　　　　图 7.3.18 要选取的固定面

步骤 06 单击完成 ✔ 按钮，完成转折特征的创建。

步骤 07 保存零件模型。选择下拉菜单 文件(F) ➡ 另存为(A)... 命令，将零件模型保存命名为 jog_ok，即可保存模型。

图 7.3.17 所示的"转折"对话框中按钮的功能说明如下。

- （固定面）：固定面是指在创建钣金折弯特征中，作为钣金折弯特征放置面的某一模型表面。
- 使用默认半径(U) 复选框：该复选框默认为选中状态，取消该选项后才可以对折弯半径进行编辑。
- 文本框：在该文本框中输入的数值为折弯特征折弯部分的半径值。
- 反向按钮：该按钮用于更改折弯方向。单击该按钮，可以将折弯方向更改为系统给定的相反方向。再次单击该按钮，将返回原来的折弯方向。
- 后的下拉列表：该下拉列表用来定义"转折等距"的终止条件，包含 给定深度、成形到一顶点、成形到一面、到离指定面指定的距离 等选项。
- 后的文本框：在该文本框中输入的数值为折弯特征折弯部分的高度值。
- 尺寸位置 选项组各选项控制折弯高度类型。

- ：单击该按钮，转折的顶面高度距离是从折弯线的草绘平面开始计算，延伸至总高。
- ：单击该按钮，转折的等距距离是从折弯线的草绘平面开始计算，延伸至总高，再根据材料厚度来偏置距离。
- ：单击该按钮，转折的等距距离是从折弯线的草绘平面的对面开始计算，延伸至总高。

◆ ☑ 固定投影长度(X) 复选框：选中此复选框，则转折的面保持相同的长度；取消此复选框，则转折特征不能创建材料而无法形成。

◆ 转折位置(P) 区域各选项控制折弯线所在位置的类型。
- ：单击该按钮，第一个转折折弯区域将均匀地分布在折弯线两侧。
- ：单击该按钮，折弯线位于固定面所在面和折弯壁的外表面之间的交线上。
- ：单击该按钮，折弯线位于固定面所在面和折弯壁的内表面所在平面的交线上。
- ：单击该按钮，折弯特征将置于折弯线的某一侧。

◆ 转折角度(A) 区域各选项控制转折角度的大小。
- 文本框：在该文本框中输入的数值为转折特征的角度值。

7.3.4 展开

在钣金设计中，如果需要在钣金件的折弯区域创建剪裁或孔等特征，首先用展开命令可以将折弯特征展平，然后就可以在展平的折弯区域创建剪裁或孔等特征，这种展开与"平板形式"解除压缩来展开整个钣金零件是不一样的。

1 选择"展开"命令

方法一：选择下拉菜单 插入(I) → 钣金(H) → 展开(U)... 命令。

方法二：在"钣金（H）"工具栏中单击"展开"按钮 。

2 创建展开特征的一般过程

（1）在钣金工具栏上选取"展开"命令按钮。

（2）定义"展开"特征的固定面。

（3）选择要展开的折弯。

（4）完成折弯的展开。

（5）在展开的钣金模型上创建特征。

下面以图 7.3.19 为例，讲述展开特征的一般创建过程。

步骤 01 打开文件 D:\sw1401\work\ch07.03.04\ extension.SLDPRT。

步骤 02 选择下拉菜单 插入(I) → 钣金(H) → 展开(U)... 命令，系统弹出图 7.3.20 所示的"展开"对话框。

图 7.3.20 "展平实体"工具栏中各按钮的说明如下。

- ◆ （固定面）按钮：选取固定面。以此面为基准展开所要展开的折弯特征。
- ◆ （展开的折弯）按钮：选取要展开的折弯特征。
- ◆ 收集所有折弯(A) 按钮：单击该按钮，系统自动将模型中所有的折弯特征全部选中。

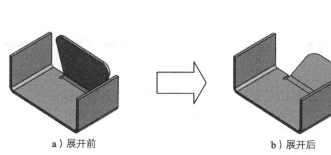

a）展开前　　　　　　　b）展开后

图 7.3.19 钣金的展开　　　　　图 7.3.20 "展开"对话框

步骤 03 定义固定面。选取图 7.3.21 所示的模型表面为固定面。

步骤 04 定义展开的折弯特征。在模型上单击图 7.3.22 所示的折弯特征，系统将所选的折弯特征显示在 要展开的折弯: 列表框中。

 如果不需要将所有的折弯特征全部展开，则可以在 要展开的折弯: 列表框中选择不需要展开的特征，右击，在弹出的快捷菜单中选择 删除(B) 命令。

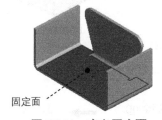 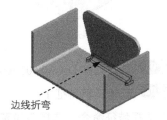

固定面　　　　　　　　　　边线折弯

图 7.3.21 定义固定面　　　　图 7.3.22 定义展开的折弯特征

步骤 05 在"展开"对话框中单击 ✓ 按钮，完成展开特征的创建。

在钣金设计中，首先用展开命令可以取消折弯钣金件的折弯特征，然后就可以在展平的折弯区域创建裁剪或孔等特征，最后通过"折叠"命令将展开的钣金件折叠起来。

步骤06 保存零件模型。选择下拉菜单 文件(F) → 另存为(A)... 命令，将零件模型保存命名为 extension_ok，即可保存模型。

7.3.5 折叠

折叠与展开的操作方法相似，但是作用相反；通过折叠特征可以使展开的钣金零件重新回到原样。

1. 选择"折叠"命令

方法一：从下拉菜单中获取特征命令。选择下拉菜单 插入(I) → 钣金(H) → 折叠(F)... 命令。

方法二：从工具栏中获取特征命令。单击"钣金（H）"工具栏上的"折叠"按钮 。

2. 创建折叠特征的一般过程

（1）在钣金工具栏上单击"折叠"命令按钮。
（2）定义"折叠"特征的固定面。
（3）选择要折叠的特征。
（4）完成折叠特征的创建。

下面以图 7.3.23 所示的模型为例，讲述"折叠"特征创建的一般过程：

a）展开状态   b）折叠后

图 7.3.23　折叠的一般过程

步骤01 打开文件 D:\sw1401\work\ch07.03.05\ afresh_bend.SLDPRT。

步骤02 创建折叠特征1。

（1）选择特征命令。选择下拉菜单 插入(I) → 钣金(H) → 折叠(F)... 命令，系统弹出图 7.3.24 所示的"折叠"对话框。

图 7.3.24 "折叠"对话框

（2）定义固定面。系统自动选取图 7.3.25 所示的模型表面为固定面。

（3）定义折叠的折弯特征。在 选择(S) 区域中单击 收集所有折弯(A) 按钮。

步骤 03 单击 ✓ 按钮，完成折叠特征的创建。

步骤 04 保存零件模型。选择下拉菜单 文件(F) ➡ 另存为(A)... 命令，将零件模型保存命名为 afresh_bend_ok，即可保存模型。

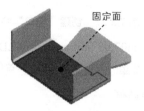

图 7.3.25 定义固定面

图 7.3.24 所示的"折叠"对话框中各按钮的说明如下。

- （固定面）：在图 7.3.24 所示的对话框中激活该选项(该选项为默认选项)，可以选择钣金零件的平面表面作为平板实体的固定面，在选定固定面后系统将以该平面为基准将展开的折弯特征折叠起来。

- （要折叠的折弯）：在图 7.3.24 所示的对话框中激活该选项，可以根据需要选择模型中可折叠的折弯特征，然后以已选择的参考面为基准将钣金零件折叠，创建钣金实体。

- 收集所有折弯(A)：单击该按钮，系统自动选中模型中所有可以折叠的折弯特征。

7.3.6 将实体零件转换成钣金件

将实体零件转换成钣金件是另外一种设计钣金的方法，是通过"切口"和"折弯"两个命令将实体零件转换成钣金零件。"切口"命令可以切开类似盒子形状实体的边角，使转换后的钣金件能够顺利展开。"折弯"命令是实体零件转换成钣金件的钥匙，它可以将抽壳或具有薄壁特征的实体零件转换成钣金件。

下面以图 7.3.26 所示为例，讲述将实体零件转换成钣金零件的一般创建过程。

图 7.3.26　将实体零件转换成钣金零件

1. 创建切口特征（图 7.3.27）

图 7.3.27　创建"切口"特征

步骤01　打开 D:\sw1401\work\ch07.03.06\transition.SLDPRT。

步骤02　选择命令。选择下拉菜单 插入(I) → 钣金(H) → 切口(R)... 命令，系统弹出图 7.3.28 所示的"切口"对话框。

步骤03　定义切口参数。

（1）选取要切口的边线。选取图 7.3.29 所示的边线。

 在"要切口的边线"区域中，要选取的边线可以是外部边线、内部边线，还可以是线性草图实体。

图 7.3.28　"切口"对话框

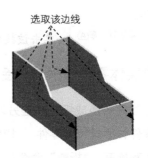

图 7.3.29　定义切口边线

（2）定义切口缝隙大小。在 切口参数(R) 区域的 G（缝隙距离）文本框中输入数值 0.1。

步骤 04 单击对话框中的 ✓ 按钮，完成切口的创建。

图 7.3.28 所示 切口参数(R) 区域各选项说明：

◆ 单击 改变方向(C) 按钮，可以切换三种不同类型的切口方向。默认情况下，系统使用"双向"切口，如图 7.3.30 所示。

a）双向　　　　　　　　　b）单项 1　　　　　　　　c）单项 2

图 7.3.30　切换切口方向

◆ G（缝隙距离）文本框，就是所切除材料的后两法兰之间的距离。在 G 文本框中输入数值 1.0 和输入数值 3.0 的比较如图 7.3.31 所示。

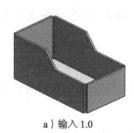 

a）输入 1.0　　　　　　　　　　　　　b）输入 3.0

图 7.3.31　切口缝隙

2. 创建折弯特征

步骤 01 选择命令。选择下拉菜单 插入(I) → 钣金(H) → 折弯(B)... 命令，系统弹出"折弯"对话框。

步骤 02 定义折弯参数。

（1）定义固定面或边线。选取图 7.3.32 所示的面为折弯固定面。

（2）定义折弯半径。在 折弯参数(B) 区域的 文本框中输入折弯半径值为 3.0。

步骤 03 定义折弯系数。在 折弯系数(A) 区域的文本框中选择 K 因子，把文本框 K 因子系数改为 0.5。

步骤 04 定义自动切释放槽类型。在 ☑ 自动切释放槽(T) 区域的"自动释放槽类型"下拉列表中选择 矩形 选项，"释放槽比例"文本框中输入比例系数为 0.5。

步骤 05 单击"完成"按钮 ✓，系统弹出图 7.3.33 所示的信息对话框，单击 确定 按钮，完成将实体零件转换成钣金件的转换。

步骤06 保存零件模型。选择下拉菜单 文件(F) → 另存为(A)... 命令，将零件模型保存命名为 body_to_sm_ok，即可保存模型。

图 7.3.32 定义折弯固定面

图 7.3.33 "SolidWorks" 对话框

 当完成折弯特征的创建后，系统将自动创建 钣金1、展开-折弯1、加工-折弯1 和 平板型式 四个钣金特征，每一个特征都代表在实体模型转换成钣金件过程中的一个步骤。

◆ 钣金1 特征表示进入钣金状态用户可以利用该特征的 命令来对钣金参数进行修改。
◆ 展开-折弯1 特征表示展开零件。它保存了"尖角"、"圆角"转换成"折弯"的所有信息。展开该特征的列表，可以看到每一个替代尖角和圆角的折弯。要想编辑尖角特征，可以利用该特征的 命令来实现。
◆ 加工-折弯1 特征表示钣金件已经从展开状态到了成形状态。
◆ 平板型式 特征解压缩该特征时，可以显示钣金零件的展开状态。

7.4 钣金的其他处理方法

通过前几节的学习，已经熟悉了一些钣金设计的命令，应用这些命令来完成整个钣金件的设计还是不够的，下面将结合实例讲解钣金设计的其余命令。

7.4.1 边角剪裁

"边角剪裁"命令是在展开钣金零件的内边角边切除材料，其中包括"释放槽"及"折断边角"两个部分。"边角剪裁"特征只能在 平板型式 的解压状态下创建，当 平板型式 压缩之后，"边角剪裁"特征也随之压缩。

1. 选择"边角-剪裁"命令

方法一：选择下拉菜单 插入(I) → 钣金(H) → 边角剪裁(T)... 命令。

第 7 章 钣金设计

方法二：在工具栏中选择 [图标] ➡ [边角剪裁] 命令。

2. 创建边角-剪裁特征的一般过程

下面将举例说明"边角-剪裁"释放槽的一般创建过程。

步骤01 打开 D:\sw1401\work\ch07.04.01\corner_dispose_01.SLDPRT。

步骤02 展平钣金件（图 7.4.1）。在设计树的 [平板型式1] 上右击，在弹出的菜单上选择 [图标] 命令。

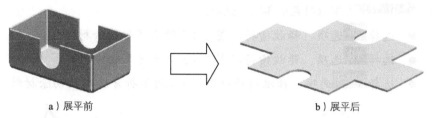

a) 展平前   b) 展平后

图 7.4.1 展平钣金件

步骤03 创建释放槽，如图 7.4.2 所示。

（1）选择命令。选择下拉菜单 [插入(I)] ➡ [钣金(H)] ➡ [边角剪裁(T)...] 命令，系统弹出图 7.4.3 所示的"边角-剪裁"对话框。

（2）定义边角边线。在 [释放槽选项(R)] 区域中单击 [聚集所有边角] 按钮，选取图 7.4.4 所示的边线。

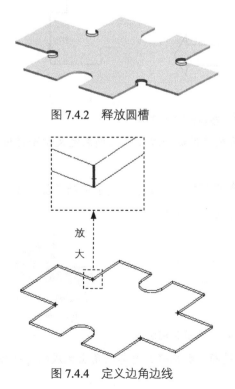

图 7.4.2 释放圆槽

图 7.4.4 定义边角边线

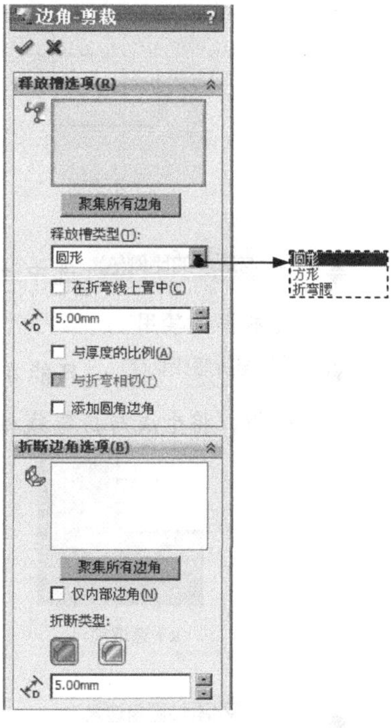

图 7.4.3 "边角-剪裁"对话框

253

（3）定义释放槽类型。在 释放槽选项(R) 区域的 释放槽类型(T): 下拉列表中选择 圆形 选项。
（4）定义边角剪裁参数。在 文本框中输入半径值为5.0，其他采用参数默认设置值。

步骤04　单击对话框中的 按钮，完成边角-剪裁释放槽特征的创建。

步骤05　保存零件模型。选择下拉菜单 文件(F) ➔ 另存为(A)... 命令，将零件模型保存命名为 corner_dispose_01_ok，即可保存模型。

图 7.4.3 所示 释放槽选项(R) 区域中各选项说明。

- 释放槽类型(T): 下拉列表中各选项说明：
  - 选择 圆形 选项，释放槽将以图 7.4.2 所示圆形切除材料。
  - 选择 方形 选项，释放槽将以图 7.4.5 所示方形切除材料。
  - 选择 折弯腰 选项，释放槽将以图 7.4.6 所示折弯腰形状切除材料。

图 7.4.5　释放方形槽　　　　　图 7.4.6　释放折弯腰形槽

- ☑ 在折弯线上置中(C)　只对被设置为 圆形 或 方形 的释放槽时可用，选中该复选框后，切除部分将平均在折弯线的两侧，如图 7.4.7 所示。

a）不选时　　　　　　　　　　　b）选取后

图 7.4.7　在折弯线上置中

- ☑ 与厚度的比例(A): 选中此复选框系统将用钣金厚度的比例来定义切除材料的大小, 文本框被禁用。

- ☑ 与折弯相切(T): 只能在 ☑ 在折弯线上置中(C) 复选框被选中的前提下使用，选中此复选框，将生成与折弯线相切的边角切除（图 7.4.8）。

a）选取前　　　　　　　　　　　b）选取后

图 7.4.8　与折弯相切

- ☑ 添加圆角边角：选中此复选框，系统将在内部边角上生成指定半径的圆角（图

7.4.9)。

图 7.4.9 创建圆角边角

折断边角选项(B) 区域中各选项说明：

◆ **折断类型**：当在选项中单击"倒角"按钮 后，边角以倒角的形式生成。
◆ **仅内部边角(N)** 此复选框相当于过滤器，系统自动选中筛选掉外部边角。创建外部边角，在钣金件中切除材料；创建内部边角则是创建材料，如图 7.4.10 所示。

图 7.4.10 创建边角-剪裁

下面将以图 7.4.11 所示模型为例，说明折断边角的一般创建过程。

图 7.4.11 创建折断边角

步骤01 打开文件 D:\sw1401\work\ch07.04.01\corner_dispose_02.SLDPRT。

步骤02 展平钣金件。在设计树的 平板型式1 上右击，在弹出的菜单上选择 命令。

步骤03 创建折断边角。

（1）选择命令。选择下拉菜单 插入(I) → 钣金(H) → 边角剪裁(T)... 命令，系统弹出"边角-剪裁"对话框。

（2）选取边线。在 折断边角选项(B) 区域中单击 聚集所有边角 。

（3）定义折断类型。在 折断类型: 选项中单击"圆角"按钮 。

（4）定义参数。在 文本框中输入半径值为 10.0，其它采用参数默认设置值。

步骤04 单击对话框中的 按钮，完成折断边角的创建。

步骤05 保存零件模型。选择下拉菜单 文件(F) → 另存为(A)... 命令，将零件模型保存命名为 corner_dispose_02_ok，即可保存模型。

7.4.2 闭合角

"闭合角"命令可以将法兰通过延伸至大于 90° 法兰壁，使开放的区域闭合相关壁，并且在边角处进行剪裁以达到封闭边角的效果，它包括对接、重叠、欠重叠三种闭合形式。

1. 选择"闭合角"命令

方法一：选择下拉菜单 插入(I) → 钣金(H) → 闭合角(C)... 命令。
方法二：在工具栏中选择 → 闭合角 命令。

2. 创建闭合角特征的一般过程

下面以图 7.4.12 所示的钣金件模型为例，说明创建闭合角的一般过程。

a）创建前　　　　　　　　　　　　b）创建后

图 7.4.12　创建闭合角

步骤01 打开 D:\sw1401\work\ch07.04.02\closed_corner.SLDPRT。

步骤02 选择命令。选择下拉菜单 插入(I) → 钣金(H) → 闭合角(C)... 命令，此时系统自动弹出"闭合角"对话框。

步骤03 定义延伸面。选取图 7.4.13 所示的面组。

要延伸的面可以是一个或多个。

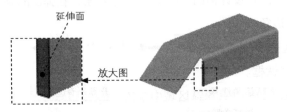

图 7.4.13　定义延伸面

步骤04 定义边角类型。在 边角类型 选项中单击"对接"按钮 。

步骤05 定义闭合角参数。在 文本框中输入缝隙距离为 0.1，选中 ☑ 开放折弯区域(O) 复选框。

步骤06 单击对话框中的 ✔ 按钮，完成闭合角的创建。

步骤07 保存零件模型。选择下拉菜单 文件(F) ➡ 另存为(A)... 命令，将零件模型保存命名为 closed_corner_ok，即可保存模型

"闭合角"对话框中 要延伸的面(F) 区域中各选项说明：

- 单击 ▥（对接）按钮后，所选面的延伸面到参照面的距离等于参照面的延伸面到所选面的距离。
- 单击 ▥（重叠）按钮后，参照面的延伸面到所选面有一垂直距离。
- 单击 ▥（欠重叠）按钮后，所选面到参照面有一垂直距离。
- ↙G（缝隙距离）文本框：在文本框中输入的数值就是延伸面与参照面之间的垂直距离。
- 重叠/欠重叠比例"按钮 ╬ 只能在选择"重叠"按钮 ▥ 或"欠重叠"按钮 ▥ 后才可用，它可用来调整延伸面与参照面之间的重叠厚度。
- 选中 ☑ 开放折弯区域(O) 复选框后生成的闭合角，如图 7.4.14 所示；取消选中 ☐ 开放折弯区域(O) 复选框生成的闭合角，如图 7.4.15 所示。

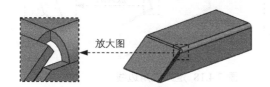
图 7.4.14　选中"开放折弯区域"复选框

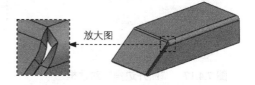
图 7.4.15　不选中"开放折弯区域"复选框

7.4.3　断裂边角

"断裂边角"命令是在钣金件的边线创建或切除材料，相当于实体建模中的"倒角"和"圆角"命令，但断裂边角命令只能对钣金件厚度上的边进行操作，而倒角/圆角能对所有的边进行操作。

1．选择"断裂边角"命令

方法一：选择下拉菜单 插入(I) ➡ 钣金(H) ➡ 断裂边角(K)... 命令。

方法二：在工具栏中选择 ▣ ▾ ➡ 断开边角/边角剪裁 命令。

2．创建断裂边角特征的一般过程

下面以图 7.4.16 所示的模型为例，介绍"断裂边角"的创建过程。

a) 创建前　　　　　　　　　　b) 创建后

图 7.4.16　断裂边角

步骤 01 打开 D:\sw1401\work\ch07.04.03\break_corner.SLDPRT。

步骤 02 选择命令。选择下拉菜单 插入(I) → 钣金(H) → 断裂边角(K)... 命令，系统弹出图 7.4.17 所示的"断开边角"对话框。

步骤 03 定义边角边线。选取图 7.4.18 所示的边线。

步骤 04 定义折断类型。在"断开边角"对话框 折断边角选项(B) 区域的 折断类型: 选项中单击圆角按钮，在 文本框中输入半径值 5.0。

步骤 05 单击对话框中的 ✓ 按钮，完成断裂边角特征的创建。

步骤 06 保存零件模型。选择下拉菜单 文件(F) → 另存为(A)... 命令，将零件模型保存命名为 break_corner_ok，即可保存模型。

图 7.4.17 "断开边角"对话框

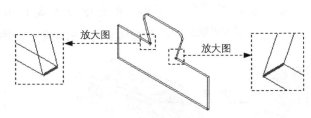

图 7.4.18 定义边角边线

图 7.4.17 所示 折断边角选项(B) 区域 折断类型: 选项说明：

◆ 单击 （倒角）按钮后，边角以倒角的形式生成，如图 7.4.19 所示。
◆ 单击 （圆角）按钮后，边角以圆角的形式生成，如图 7.4.19 所示。

a）倒角   b）圆角

图 7.4.19 折断类型

7.5 钣金成形

本节详细介绍了 SolidWorks 2014 软件中创建成形特征的一般过程，以及定义成形工具文件夹的方法，通过本节提供的一些具体范例的操作，读者可以掌握钣金设计中成形特征的创建方法。

7.5.1 成形工具

在成形特征的创建过程中成形工具的选择尤其重要，有了一个很好的成形工具才可以创建完美的成形特征。在 SolidWorks 2014 中用户可以直接使用软件提供的成形工具或将其修改后使用，也可按要求自己创建成形工具。本节将详细讲解使用成形工具的几种方法。

1. 软件提供的成形工具

在任务窗格中单击"设计库"按钮，系统打开图 7.5.1 所示的"设计库"对话框。

SolidWorks 2014 软件在设计库的 `forming tools`（成形工具）文件夹下提供了一套成形工具的实例，`forming tools`（成形工具）文件夹是一个被标记为成形工具的零件文件夹，包括 embosses（压凸）、extruded flanges（冲孔）、lances（切口）、louvers（百叶窗）和 ribs（肋）。`forming tools` 文件夹中的零件是 SolidWorks 2014 软件中自带的工具，专门用来在钣金零件中创建成形特征，这些工具称为标准成形工具。

如果设计库对话框中没有 `design library` 文件夹，可以按照下面的方法进行创建。

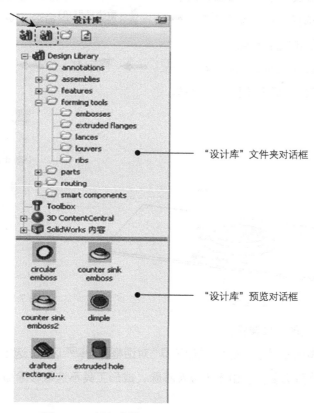

图 7.5.1 任务窗格

步骤01 在"设计库"对话框中单击"添加文件位置"按钮，系统弹出"选取文件夹"对话框。

步骤02 在 查找范围(I): 下拉列表中找到 C:\Program Data\SolidWorks\SolidWorks 2014\design library 文件夹后，单击 确定 按钮。

2. 转换修改成形工具

在 SolidWorks "设计库"中提供了许多类型的成形工具，但是这些成形工具不是*.sldftp 格式的文件，都是零件文件，而且在设计树中没有"成形工具"特征。

步骤01 在任务窗格中单击"设计库"按钮，系统打开设计库对话框。

步骤02 打开系统提供的成形工具。在 forming tools（成形工具）文件夹下的 embosses（压凸）子文件夹中找到 circular emboss.sldprt 文件，右击 circular emboss.sldprt 文件从快捷菜单中选择"打开"命令。

步骤03 删除特征。

（1）在设计树中右击 Orientation Sketch，在弹出的快捷菜单中选择 ✕ 删除…(D) 命令。

（2）用同样的方法删除 Cut-Extrude1 和 Sketch4。

步骤04 修改尺寸。单击设计树中 Boss-Extrude1 节点，此时将图 7.5.2 所示的尺寸"5"改成"8"，并选择下拉菜单 编辑(E) → 重建模型(R) 命令，更新模型。

步骤05 创建成形工具。

（1）选择命令。选择下拉菜单 插入(I) → 钣金(H) → 成形工具 命令，系统弹出图 7.5.3 所示的"成形工具"对话框。

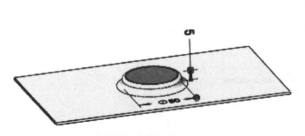

图 7.5.2 编辑草图

图 7.5.3 "成形工具"对话框

（2）定义成形工具属性。

① 定义停止面属性。激活"成形工具"对话框 停止面 区域，选中图 7.5.4 所示的"停止面"。

② 定义移除面属性。由于不涉及移除，成形工具不选取移除面。

第 7 章 钣金设计

图 7.5.4 选取停止面

（3）单击 ✔ 按钮，完成成形工具的创建。

步骤 06 转换成形工具。模型保存于 D:\sw1401\work\ch07.05\form_tool，并命名为 form_tool_01，保存类型(T): 为（*.sldftp）。

步骤 07 成形工具调入设计库。

（1）单击任务窗格中的"设计库"按钮，打开设计库对话框。

（2）在"设计库"对话框中单击"添加文件位置"按钮，系统弹出"选取文件夹"对话框，在 查找范围(I): 下拉列表中找到 D:\sw1401\work\ch07.05\form_tool 文件夹后，单击 确定 按钮。

（3）此时在设计库中出现 form_tool 节点，右击该节点，在弹出的快捷菜单中选择 成形工具文件夹 命令，确认 成形工具文件夹 命令前面显示 ✔ 符号。

3. 自定义成形工具

用户也可以自己设计并在"设计库"对话框中创建成形工具文件夹。

 在默认情况下，"C:\Program Data\SolidWorks\SolidWorks2014\design library\forming tools" 文件夹以及它的子文件夹被标记为成形工具文件夹。

选择"成形工具"命令有两种方法：选择 插入(I) 下拉菜单 钣金(H) 子菜单中的 成形工具 命令或者在"钣金（H）"工具栏中单击"成形工具"按钮。

在钣金件的创建过程中，使用到的成形工具有两种类型：不带移除面的成形工具和带移除面的成形工具。

下面以图 7.5.5 所示的成形工具为例，讲述不带移除面成形工具的创建操作过程。

步骤 01 打开文件 D:\sw1401\work\ch07.05\form_tool_01.sldprt。

步骤 02 创建成形工具 1。

（1）选择命令。选择下拉菜单 插入(I) → 钣金(H) → 成形工具 命令，系统弹出"成形工具"对话框。

（2）定义成形工具属性。激活"成形工具"对话框 停止面 区域，选取图 7.5.5 所示的"停止面"。

（3）单击 ✔ 按钮，完成成形工具的创建。

261

步骤03 选择下拉菜单 文件(F) → 另存为(A)... 命令，将模型保存于 D:\sw1401\work\ch07.05\ form_tool_sldprt。

步骤04 成形工具调入设计库。

（1）单击任务窗格中的设计库按钮，打开设计库对话框。

（2）在"设计库"对话框中单击"添加文件位置"按钮，系统弹出"选取文件夹"对话框，在 查找范围(I): 下拉列表中找到 D:\sw1401\work\ch07.05\form_tool_sldprt 文件夹后，单击 确定 按钮。

（3）此时在设计库中出现 form_tool_sldftp 节点，右击该节点，在弹出的快捷菜单中选择 成形工具文件夹 命令，确认 成形工具文件夹 命令前面显示 ✓ 符号。

下面以图 7.5.6 所示的成形工具为例，讲述带移除面成形工具的创建操作过程。

步骤01 打开文件 D:\sw1401\work\ch07.05\ form_tool_02.SLDPRT。

步骤02 创建成形工具 1。

（1）选择命令。选择下拉菜单 插入(I) → 钣金(H) → 成形工具 命令，系统弹出"成形工具"对话框。

（2）定义成形工具属性。

① 定义停止面属性。激活"成形工具"对话框 停止面 区域，选取图 7.5.5 所示的"停止面"。

② 定义移除面属性。激活"成形工具"对话框 要移除的面 区域，选取图 7.5.5 所示的"要移除的面"。

（3）单击 ✓ 按钮，完成成形工具的创建。

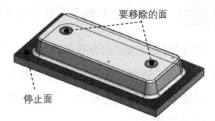

图 7.5.5 选取停止面　　　　　图 7.5.6 选取停止面和要移除的面

步骤03 选择下拉菜单 文件(F) → 另存为(A)... 命令，把模型保存于 D:\sw1401\work\ch07.05\form_tool_sldprt。

7.5.2 创建成形工具特征的一般过程

把一个实体零件（冲模）上的某个形状印贴在钣金件上而形成的特征，就是钣金成形特征。

1. 一般过程

使用"设计库"中的成形工具，应用到钣金零件上创建成形工具特征的一般过程如下：

（1）在"设计库"预览对话框中将成形工具拖放到钣金模型中要创建成形工具特征的表面上。

（2）在松开鼠标左键之前，根据实际需要，使用键盘上的 Tab 键，以切换成形工具特征的方向。

（3）松开鼠标左键以放置成形工具。

（4）编辑草图以定位成形工具的位置。

（5）编辑定义成形特征以改变尺寸。

  设计库中的成形工具根据设计需要，从设计库中提取、修改使用或自己设计创建到设计库中。

2. 实例 1

下面以图 7.5.7 所示的模型为例，来说明用"创建的成形工具"创建成形特征的一般过程。

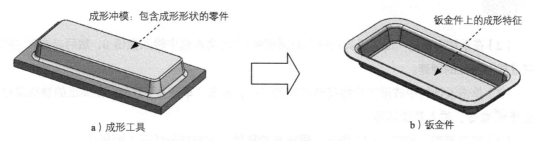

图 7.5.7　创建钣金成形特征

步骤 01　打开文件 D:\sw1401\work\ch07.05\SM_FORM_01.SLDPRT。

步骤 02　单击任务窗格中的"设计库"按钮，打开"设计库"对话框。

步骤 03　调入成形工具。

（1）选择成形工具文件夹。在"设计库"对话框中单击 form_tool_sldftp （创建的成形工具夹）。

（2）查看成形工具文件夹的状态。右击 form_tool_sldftp 文件夹，系统弹出图 7.5.8 所示的快捷菜单，确认 成形工具文件夹 命令前面显示 ✓ 符号（如果 成形工具文件夹 命令前面没有显示 ✓ 符号，可以在快捷菜单中选择 成形工具文件夹 命令以切换是否显示 ✓ 符号）。

  如果在查看某个成形工具文件夹的状态时，成形工具文件夹 命令前面没有显示 ✓ 符号，当使用该成形工具文件夹中的成形工具，在钣金件上创建成形特征时，将无法完成成形特征的创建，并且弹出图 7.5.9 所示的 SolidWorks 对话框。

图 7.5.8 快捷菜单

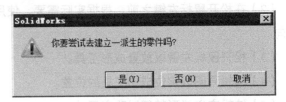
图 7.5.9 SolidWorks 对话框

步骤04 放置成形工具。

（1）选择成形工具。在"设计库"预览对话框中选择"form_tool_01"文件并拖动到图 7.5.10 所示的平面，此时系统弹出"成形工具特征"对话框。

在松开鼠标左键之前，通过键盘中的 Tab 键可以更改成形特征的方向。

（2）在系统弹出的"成形工具特征"对话框中  的文本框中输入数值 0，然后单击 按钮，完成成形特征的创建。

（3）单击设计树中成形工具特征节点前的"+"，右击"草图2"节点，在弹出的快捷菜单中选择 命令，进入草绘环境。

（4）编辑草图，如图 7.5.11 所示。退出草绘环境，完成成形特征 1 的创建。

步骤05 保存零件模型。选择下拉菜单 文件(F) ➡ 另存为(A)... 命令，将零件模型保存命名为 SM_FORM_01_ok，即可保存模型。

此时完成成形特征的创建，从模型上观察到成形特征太大或太小，不符合设计要求，可以修改成形工具的尺寸大小。从设计库中打开成型工具。

◆ 在设计树中右击 注解 ，在弹出的快捷菜单中选择 显示特征尺寸(C) 命令（确认命令的前面显示 ✓ 符号），此时成形模型上显示出尺寸。

◆ 修改成形工具的尺寸。在模型中，双击尺寸，将模具尺寸修改为符合设计的尺寸。

◆ 重建模型。在"标准"工具栏中单击"重建模型"按钮 。

◆ 隐藏尺寸。再次在设计树中右击 注解 ，在弹出的快捷菜单中选择 显示特征尺寸(C) 命令（确认命令的前面不显示 ✓ 符号）。

第 7 章 钣金设计

图 7.5.10 定义放置平面

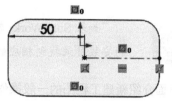

图 7.5.11 编辑草图

7.6 创建钣金工程图的方法

钣金工程图的创建方法与一般零件基本相同，所不同的是钣金件的工程图需要创建平面展开图。创建钣金工程图时，系统会自动创建一个"平板形式"的配置，该配置用于创建钣金件展开状态的视图。所以，在创建带折弯特征的钣金工程图的时候，不需要展开钣金件。

下面以图 7.6.1 所示的工程图为例，来说明创建钣金工程图的一般过程。

1. 新建工程图

在学习本节前，请先将随书光盘中 sw1401_system_file\模板.DRWDOT 文件复制到 C:\ProgramData\SolidWorks\SolidWorks 2014\templates（模板目录）文件夹中。

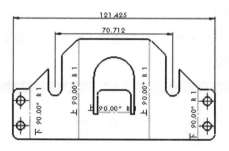

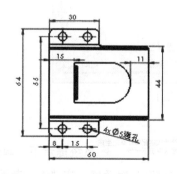
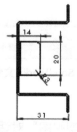
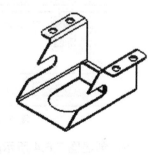

图 7.6.1 创建钣金工程图

如果 SolidWorks 软件不是安装在 C:\Program Files 目录中，则需要根据用户的安装目录找到相应的文件夹。

下面介绍新建工程图的一般操作步骤。

步骤01 选择下拉菜单 文件(F) ➡ 新建(N)... 命令，系统弹出图 7.6.2 所示的"新建 SolidWorks 文件"对话框（一）。

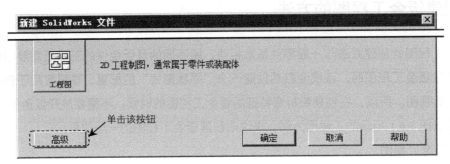

图 7.6.2 "新建 SolidWorks 文件"对话框（一）

步骤02 在"新建 SolidWorks 文件"对话框（一）中单击 高级 按钮，系统弹出图 7.6.3 所示的"新建 SolidWorks 文件"对话框（二）。

步骤03 在"新建 SolidWorks 文件"对话框（二）中选择"模板"，以选择创建工程图文件，单击 确定 按钮，完成工程图的创建。

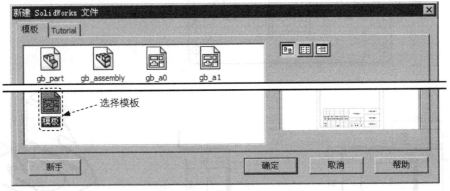

图 7.6.3 "新建 SolidWorks 文件"对话框（二）

2. 创建图 7.6.4 所示的主视图

步骤01 选择零件模型。在"模型视图"对话框中的 选择一零件或装配体以从之生成视图，然后单击下一步。 系统提示下，单击 要插入的零件/装配体(E) 区域中的 浏览(B)... 按钮，系统弹出"打开"对话框，在"查找范围"下拉列表中选择目录 D:\sw1401\work\ch07.06，然后选择 sheet_drawing，单击 打开 按钮，系统弹出"模型视图"对话框。

步骤 02 定义视图参数。

（1）在 方向(O) 区域中单击"前视"按钮（图 7.6.5）。

（2）在 选项(N) 区域中取消选中 □ 自动开始投影视图(A) 复选框。

（3）选择比例。在 比例(A) 区域中选中 ⊙ 使用自定义比例(C) 单选项，在其下方的列表框中选择 1:1 选项（图 7.6.6）。

步骤 03 放置视图。将鼠标移动到模板中，选择合适的位置单击，以生成主视图，如图 7.6.4 所示。

步骤 04 单击"工程图视图 1"对话框中的 ✓ 按钮，完成主视图的创建。

 说明 如果在生成主视图之前，在 选项(N) 区域中选中 ☑ 自动开始投影视图(A) 复选框（图 7.6.7），则在生成一个视图之后会继续生成其投影视图。

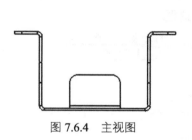

图 7.6.4 主视图

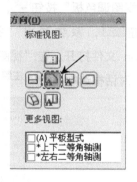

图 7.6.5 "方向"区域

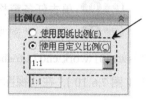

图 7.6.6 "比例"区域

图 7.6.7 "选项"区域

3. 创建投影视图

投影视图包括仰视图、俯视图、轴测图和左视图等。下面以图 7.6.8 所示的视图为例，说明创建投影视图的一般操作过程。

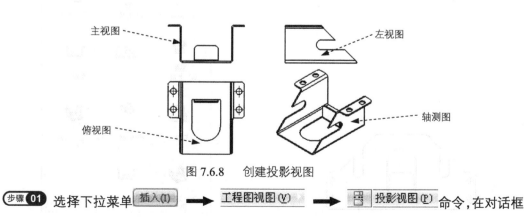

图 7.6.8 创建投影视图

步骤 01 选择下拉菜单 插入(I) → 工程图视图(V) → 投影视图(P) 命令，在对话框中出现投影视图的虚线框。

步骤02 系统自动选取图 7.6.8 所示的主视图作为投影的父视图。

 如果该视图中只有一个视图，系统默认选择该视图为投影的父视图。

步骤03 放置视图。在主视图的右侧单击以生成左视图；在主视图的下方单击，以生成俯视图；在主视图的右上方单击，以生成等轴测图，并调整其视图位置如图 7.6.8 所示，完成投影视图的创建。

4. 创建展开视图

钣金工程图的创建方法与一般零件基本相同，所不同的是钣金件的工程图需要创建平面展开图。下面以图 7.6.9 所示的视图为例，说明创建平面展开视图的一般操作过程。

步骤01 单击任务窗格中的"视图调色板"按钮 ，打开"视图调色板"对话框。

步骤02 单击"浏览"按钮 ，系统弹出"打开"对话框。在对话框中选取 D:\sw1401\work\ch07.06\sheet_drawin 文件打开。在"视图调色板"对话框中显示零件的视图预览（图 7.6.10），在"视图调色板"对话框选中 ☑ 输入注解 复选框。

图 7.6.9　创建平面展开视图　　　　图 7.6.10　"视图调色板"对话框

步骤 03　在打开的"视图调色板"对话框中,将"(A)平板形式"的视图拖到工程图模板中。

步骤 04　放置视图。将鼠标移动到图形区,选择合适的放置位置单击,此时生成展开视图。

步骤 05　调整平板型形式显示。在系统弹出的"工程图视图 5"对话框的 平板型式显示(F) 区域中的 文本框中输入数值 90。

步骤 06　调整视图比例。在系统弹出的"工程图视图 5"对话框的 比例(A) 区域中选中 使用自定义比例(C) 单选项,在其下方的列表框中选择 1:1 选项。

步骤 07　单击"工程图视图 5"对话框中的 ✓ 按钮,完成展开视图的创建。

5. 创建图 7.6.12 所示的尺寸标注

工程图中的尺寸标注是与模型相关联的,而且模型中的尺寸修改会反映到工程图中。通常用户在生成每个零件特征时就会生成尺寸,然后将这些尺寸插入各个工程视图中。

步骤 01　选择下拉菜单 工具(T) → 标注尺寸(S) → 智能尺寸(S) 命令,系统弹出图 7.6.11 所示的"尺寸"对话框。

步骤 02　定义尺寸标注。尺寸标注完成后的效果如图 7.6.12 所示。

图 7.6.11　"尺寸"对话框

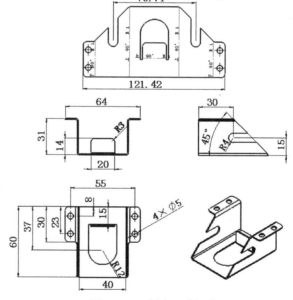
图 7.6.12　创建尺寸标注

步骤 03　调整尺寸。将尺寸调整到合适的位置。

步骤 04　单击"尺寸"对话框中的 ✓ 按钮,完成尺寸的标注。

6. 创建图 7.6.13 所示的注解。

步骤 01　选择下拉菜单 插入(I) → 注解(A) → A 注释(N)... 命令,系统弹出"注释"对话框。

步骤02 定义放置位置。选取图 7.6.14 所示的边线，在合适的位置处单击放置。

步骤03 定义注解内容。在注解文本框中输入"1.0 厚"。

步骤04 单击 ✓ 按钮，完成注解的创建。

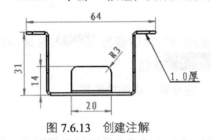
图 7.6.13 创建注解

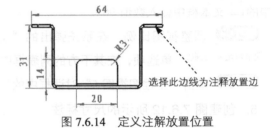
图 7.6.14 定义注解放置位置

7. 保存文件

选择下拉菜单 文件(F) ➡ 保存(S) 命令，将钣金工程图保存命名为 sheet_drawing，保存类型为 drw；即可保存模型。

第 8 章 焊件设计

8.1 概述

8.1.1 焊件设计概述

通过焊接技术将多个零件焊接在一起的零件称为焊件,焊件实际上是一个装配体,但是焊件在材料明细表中是作为单独的零件来处理的,所以在建模过程中仍然将焊件作为多实体零件来建模。

由于焊件具有方便灵活、价格便宜,材料的利用率高、设计及操作方便等特点,焊件应用于很多行业,日常生活中也十分常见,图 8.1.1 为几种常见的焊件。

图 8.1.1 常见的几种焊件

在多实体零件中创建一个焊件特征,零件即被标识为焊件,形成焊件零件的设计环境,SolidWorks 的焊件功能可完成以下任务:

- ◆ 创建结构构件、角支撑、顶端盖和圆角焊缝;
- ◆ 利用特殊的工具对结构构件进行剪裁和延伸;
- ◆ 创建和管理子焊件;
- ◆ 管理切割清单并在工程图中建立切割清单。

使用 SolidWorks 软件创建焊件的一般过程如下:

(1)新建一个"零件"文件,进入建模模环境。
(2)通过二维草绘或三维草绘功能创建出框架草图。
(3)根据框架草图创建结构构件。
(4)对结构构件进行剪裁或延伸。

（5）创建焊件切割清单。

（6）创建焊件工程图。

8.1.2 下拉菜单及工具栏简介

1. 下拉菜单

焊件设计的命令主要分布在 插入(I) 下拉菜单的 焊件(W) 子菜单中，如图 8.1.2 所示。

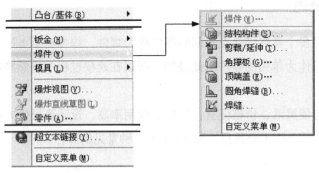

图 8.1.2 "焊件" 子菜单

2. 工具栏

在工具栏处右击，在弹出的快捷菜单中确认 焊件(D) 选项被激活，"焊件"工具条（图 8.1.3）显示在工具栏按钮区。

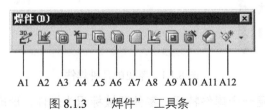

图 8.1.3 "焊件" 工具条

图 8.1.3 所示的"焊件"工具栏各按钮说明如下。

A1：3D 草图　　　　　　　　　A7：角撑板

A2：焊件　　　　　　　　　　A8：焊缝

A3：结构构件　　　　　　　　A9：拉伸切除

A4：剪裁/延伸　　　　　　　　A10：异型孔向导

A5：拉伸凸台/基体　　　　　　A11：倒角

A6：顶端盖　　　　　　　　　A12：参考几何体

8.2 结构构件

可使用2D或3D草图定义焊件零件的框架草图,然后沿草图线段创建结构构件,生成图8.2.1所示的焊件。可使用线性或弯曲草图实体生成多个带基准面的2D草图、3D草图或2D和3D草图组合。使用这种方法建立焊接零件时,只需建立焊件的框架草图,再分别选取框架草图中的线段生成不同的结构构件:

◆ 生成焊件轮廓;
◆ 选择草图线段;
◆ 指定结构构件轮廓的方向和位置;
◆ 指定构建边角处理条件。

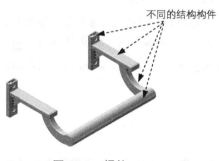

图 8.2.1 焊件

8.2.1 3D 草图的创建

在创建焊件时,经常使用 3D 草图来布局焊件的框架草图,焊件中的 3D 草图只包能含直线和圆弧。在管道及电力模块中,管筒和电缆系统中的 3D 草图可以通过样条曲线来创建,通过控制样条曲线的型值点位置、数量和相切控制点来改变样条曲线的形状。

1. 坐标系的使用

在创建 3D 草图时,坐标系的使用非常重要,使用 Tab 键在不同的平面(XY 平面、YZ 平面和 ZX 平面)之间切换,以创建出理想的 3D 草图。

3D 草图是三维空间的草图,但在用户绘制 3D 草图时仍然是在一个二维的平面上开始的,当用户激活绘图工具时,系统默认在前视基准面上绘制草图,在绘制的过程中,光标的下面显示当前草图所在的基准面。如果用户不切换坐标系,绘制的所有图形均位于当前的基准面上。

2. 3D 草图中样条曲线的绘制

3D 草图中的样条曲线主要用于软管(管筒)和电缆的线路布置,通过控制样条曲线的型值点位置、数量和相切控制点来改变样条曲线的形状。下面以图 8.2.2 所示样条曲线为例,讲述 3D

草图中样条曲线的创建过程。

图 8.2.2 样条曲线

步骤 01 打开文件 D:\sw1401\work\ch08.02.01\free_curve.SLDPRT。

步骤 02 新建 3D 草图。选择下拉菜单 插入(I) ➡ 3D 草图 命令。

步骤 03 创建样条曲线。选择下拉菜单 工具(T) ➡ 草图绘制实体(K) ➡ 样条曲线(S) 命令，绘制图 8.2.2a 所示的样条曲线（捕捉到两直线的端点）。

步骤 04 创建相切约束。选择样条曲线分别与两条直线相切，结果如图 8.2.2b 所示。

步骤 05 选择下拉菜单 插入(I) ➡ 3D 草图 命令，退出 3D 草图环境。

步骤 06 保存文件。选择下拉菜单 文件(F) ➡ 另存为(A)... 命令，命名为 free_curve_ok 即可保存模型。

8.2.2 布局框架草图

结构构件是焊件中某个组成部分的称呼，它是焊件中的基本单元。而每个结构构件又必须包括两个要素：框架草图线段和轮廓，如图 8.2.3 所示。如果用"人体"来比喻结构构件的话，"轮廓"相当于人体的"肌肉"，而"框架草图线段"相当于人体的"骨头"。

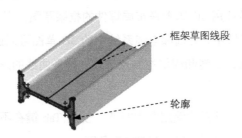

图 8.2.3 结构构件的组成

框架草图布局的好与坏直接影响到整个焊件的质量与外观，布局出一个完美的框架草图是创建焊件的基础。框架草图的布局可以在 2D 或 3D 草图环境中进行，如果焊件结构比较复杂，可考虑用 3D 草图。下面将分别讲解两种布局框架草图的过程。

1.布局 2D 草图

下面以图 8.2.4 所示的框架草图来说明布局 2D 草图的一般过程：

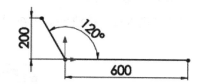

图 8.2.4　框架草图（2D 草图）

步骤 01　新建一个零件模型文件，进入建模环境。

步骤 02　选择命令。选择下拉菜单 插入(I) ➡ 草图绘制 命令。

步骤 03　定义草图基准面。选取前视基准面为草图基准面。

步骤 04　绘制草图。在草绘环境中绘制图 8.2.4 所示的草图。

步骤 05　选择下拉菜单 插入(I) ➡ 退出草图 命令，退出草图设计环境。

步骤 06　至此，2D 草图创建完毕。选择下拉菜单 文件(F) ➡ 保存(S) 命令，将模型命名为 2D_sketch，保存草图模型。

2.布局 3D 草图

下面以图 8.2.5 所示的框架草图来说明布局 3D 草图的一般过程：

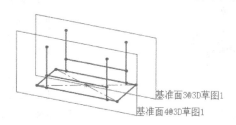

图 8.2.5　框架草图（3D 草图）

步骤 01　新建一个零件模型文件，进入建模环境。

步骤 02　选择命令。选择下拉菜单 插入(I) ➡ 3D 草图 命令。

步骤 03　绘制矩形。在键盘上按空格键，在系统弹出的"方向"对话框中单击"正视于"按钮，在草绘环境中绘制图 8.2.6 所示的矩形。

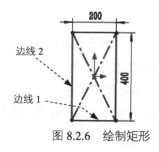

图 8.2.6　绘制矩形

步骤 04　创建几何关系。如图 8.2.6 所示，约束边线 1 沿 X 方向，边线 2 沿 Y 方向。

步骤 05 创建图 8.2.7 所示的 3D 草图基准面 2。

（1）选择命令。在工具栏中单击"基准面"按钮，系统弹出图 8.2.8 所示的"草图绘制平面"对话框。

图 8.2.7　基准面 2　　　　　　　图 8.2.8　"草图绘制平面"对话框

（2）定义 3D 草图基准面 2。选取右视基准面作为**第一参考**，单击按钮，选取图 8.2.6 所示的边线 2 为**第二参考**，单击重合按钮。

（3）单击对话框中的按钮，完成 3D 基准面 2 的创建。

因为系统将第一次选取的基准面（本例为前视基准面）作为基准面 1，所以此步创建的是基准面 2。

步骤 06 在基准面 2 上创建图 8.2.9 所示的三条直线。

步骤 07 创建图 8.2.10 所示的 3D 草图基准面 3。

（1）选择命令。在工具栏中单击"基准面"按钮。

（2）定义 3D 草图基准面 3。选取右视基准面作为**第一参考**，单击按钮，选取图 8.2.6 所示的边线 2 的对边为**第二参考**，单击重合按钮。

（3）单击对话框中的按钮，完成 3D 基准面 3 的创建。

步骤 08 在基准面 3 上创建图 8.2.11 所示的三条直线。

步骤 09 选择下拉菜单 插入(I) → 3D 草图 命令完成 3D 草图的绘制。

步骤 10 至此，3D 草图创建完毕。选择下拉菜单 文件(F) → 保存(S) 命令，将模型命名为 3D_sketch，保存零件模型。

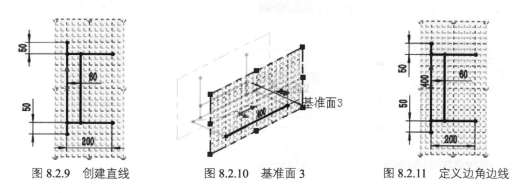

图 8.2.9 创建直线　　　　图 8.2.10 基准面 3　　　　图 8.2.11 定义边角边线

8.2.3 创建结构构件

1. 选取"结构构件"命令的方法

方法一：选择下拉菜单 插入(I) → 焊件(W) → 结构构件(S)... 命令。

方法二：在"焊件（D）"工具栏中单击"结构构件"按钮 。

2. 结构构件的一般创建过程

下面以图 8.2.12 所示的模型为例，介绍"结构构件"的创建过程。

a) 创建前　　　　　　　　　　　　　b) 创建后

图 8.2.12 创建结构构件

步骤 01 打开文件 D:\sw1401\work\ch08.02.03\2D_sketch.SLDPRT。

步骤 02 选择命令。选择下拉菜单 插入(I) → 焊件(W) → 结构构件(S)... 命令，系统弹出图 8.2.13 所示的"结构构件"对话框。

当选取 结构构件(S)... 命令后，系统自动在设计树中创建 焊件 特征，系统预定义的各种结构构件轮廓类型如图 8.2.14 所示。

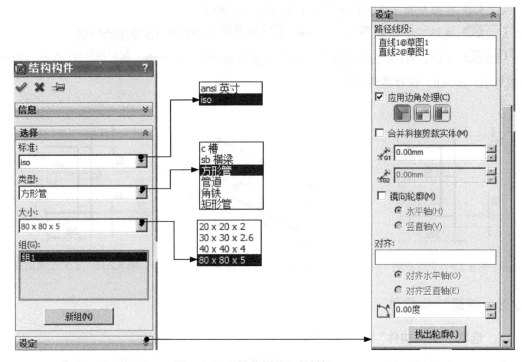

图 8.2.13 "结构构件"对话框

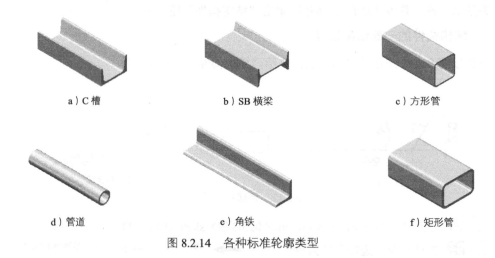

a）C槽　　　　　　b）SB 横梁　　　　　　c）方形管

d）管道　　　　　　e）角铁　　　　　　f）矩形管

图 8.2.14　各种标准轮廓类型

图 8.2.13 所示"结构构件"对话框的 设定 区域中边角处理说明如下：

- 选中 ☑ 应用边角处理(C) 复选框（在不涉及边角处理时，设定 区域中没有该复选框），会在其下方出现三种边角处理方法，■（终端斜接）、■（终端对接 1）、■（终端对接 2），三种处理方法的区别如图 8.2.15 所示。
- 选中 □ 镜向轮廓(M) 复选框，可选中 ⊙ 水平轴(H) 和 ⊙ 竖直轴(V) 单选项。其作用是沿水平轴或竖直轴反转轮廓。激活 对齐: 区域，选择一个参考元素（边线、构造线等）将轮廓的轴与选定的向量对齐。

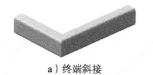

图 8.2.15 应用边角处理

◆ （旋转角度）文本框：用来调整结构构件轮廓以路径线段为旋转轴所旋转的角度。在旋转角度  文本框中输入数值 30、60、90、120 的比较如图 8.2.16 所示。

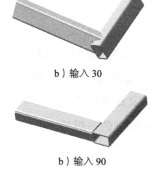
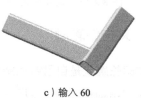

图 8.2.16 旋转角度比较

◆ 找出轮廓(L)：单击此按钮，将整屏显示轮廓，这时可以更改穿透点，默认的穿透点为草图原点。

步骤 03 定义构件轮廓。在 标准: 下拉列表中选取 iso 选项；类型: 下拉列表中选择 方形管 选项；在 大小 下拉列表中选择 80 x 80 x 5 选项。

步骤 04 定义构件路径线段（框架草图），依次选取图 8.2.17 所示的边线 1 和边线 2。

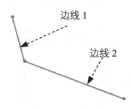

图 8.2.17 定义构件路径线段

步骤 05 边角处理。在 "结构构件" 对话框的 设定 区域中选中 ☑ 应用边角处理(C) 复选框后，单击 (终端斜接) 按钮。

步骤 06 更改穿透点。在 设定 区域中单击 找出轮廓(L) 按钮，将整屏显示轮廓草图，单击图 8.2.18 所示的虚拟交点 2，系统自动约束虚拟焦点 2 与框架草图的原点重合（图 8.2.19）。

279

步骤07 单击对话框中的 ✓ 按钮，完成结构构件的创建。

步骤08 选择下拉菜单 文件(F) → 另存为(A)... 命令，将模型命名为 2D_sketch_ok，即可保存零件模型。

图 8.2.18 定义穿透点

图 8.2.19 更改穿透点后

8.2.4 自定义构件轮廓

自定义构建轮廓就是自己绘制结构构件的轮廓草图，然后通过文件转换把绘制的轮廓草图转换成能够被"结构构件"命令所调用的结构构件轮廓。有些时候，系统提供的焊件结构构件轮廓不是用户需要的轮廓，这时就涉及下载焊件轮廓或自定义焊件轮廓。

本节将通过具体的步骤来讲述自定义焊件轮廓创建结构构件的一般步骤。

1. 创建图 8.2.20 所示的构件轮廓

步骤01 创建目录。在 SolidWorks 安装目录\lang\chinese-simplified\weldment profiles\目录下，新建 custom\square 文件夹。

步骤02 新建模型文件。选择下拉菜单 文件(F) → 新建(N)... 命令，在系统弹出的"新建 SolidWorks 文件"对话框中选择"零件"模块，单击 确定 按钮，进入建模环境。

步骤03 选择命令。选择下拉菜单 插入(I) → 草图绘制 命令。

步骤04 定义草图基准面。选取前视基准面为草图基准面。

步骤05 绘制草图。在草绘环境中绘制图 8.2.20 所示的草图。

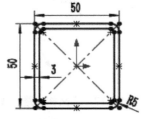
图 8.2.20 自定义轮廓草图

步骤06 选择下拉菜单 插入(I) → 退出草图 命令，退出草图设计环境。

步骤07 保存草图。

（1）在设计树中选中 草图1 （非常重要）。

（2）选择下拉菜单 文件(F) → 保存(S) 命令，在 保存类型(T): 下拉列表中选取 Lib Feat Part (*.sldlfp) 类型。在 文件名(N): 文本框中输入 50×50×3，在 保存在(I): 下拉列表中选择 SolidWorks 安装目录\lang\chinese-simplified\weldment profiles\custom\squar 目录，单击 保存(S) 按钮。

2. 创建图 8.2.21 所示的结构构件

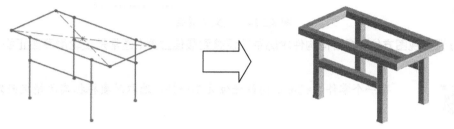

图 8.2.21　创建结构构件

步骤01 打开文件 D:\sw1401\work\ch08.02.04\3D_sketch.SLDPRT。

步骤02 创建图 8.2.22 所示的结构构件 1。选择下拉菜单 插入(I) → 焊件(W) → 结构构件(S)... 命令。

步骤03 定义构件轮廓。

（1）定义标准。在 标准: 下拉列表中选择 custom 选项。

（2）定义类型。在 类型: 下拉列表中选择 squar - Configured 选项。

（3）定义大小。在 大小: 下拉列表中选择 50x50x3 选项。

步骤04 定义构件路径线段（框架草图）。依次选取图 8.2.23 所示的边线 1~边线 4。

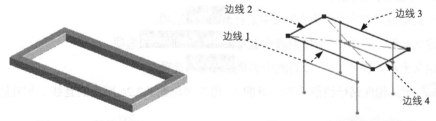

图 8.2.22　结构构件 1　　　　图 8.2.23　定义构件路径线段

步骤05 更改穿透点。

（1）找出最佳虚拟交点。单击 找出轮廓(L) 按钮，在屏幕上放大的轮廓草图中显示图 8.2.24 所示的虚拟交点 1。

 虚拟交点的位置和个数是在自定义轮廓时定义的，这里只能选取最佳的一个，并且把它约束到路径上的草图原点上。

281

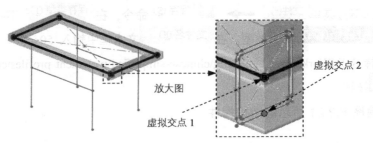

图 8.2.24 定义穿透点

（2）调整视图方位。把结构构件轮廓草图调整到最佳位置（通常是使轮廓草图正视于屏幕）。

 每一个零件在视图中的最佳位置不一样，选取时要根据实际情况而定。

（3）选取虚拟交点。图 8.2.24 所示的虚拟交点 2 是最佳穿透点，所以选取该点。

步骤 06 边角处理。在 设定 区域中选中 ☑ 应用边角处理(C) 复选框，单击"终端斜接"按钮 。

 此处可将 3D 草图隐藏，以便更清楚地观察生成构件的结果。

步骤 07 单击对话框中的 ✓ 按钮，完成自定义轮廓结构构件 1 创建。

步骤 08 创建图 8.2.25 所示的结构构件 2。选择下拉菜单 插入(I) → 焊件(W) → 结构构件(S)... 命令。

步骤 09 定义构件轮廓。

（1）定义标准。在 标准: 下拉列表中选择 custom 选项。

（2）定义类型。在 类型: 下拉列表中选择 squar - Configured 选项。

（3）定义大小。在 大小: 下拉列表中选择 50x50x3 选项。

步骤 10 定义构件路径线段（布局草图）。依次选取图 8.2.26 所示的直线 1 和直线 2。

图 8.2.25 结构构件 3

图 8.2.26 定义构件路径线段

步骤 11 更改穿透点。单击 找出轮廓(L) 按钮，在屏幕上放大的轮廓草图中显示图 8.2.27 所示的虚拟交点 1，选取图 8.2.27 所示的虚拟交点 2 为最佳穿透点。

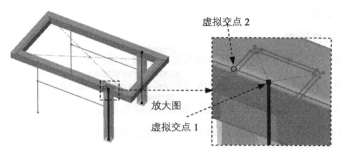

图 8.2.27 定义穿透点

步骤 12 单击对话框中的 ✓ 按钮，完成结构构件 2 创建。

步骤 13 创建图 8.2.28 所示的结构构件 3。选择下拉菜单 插入(I) → 焊件(W) → 📦 结构构件(S)... 命令。

步骤 14 定义构件轮廓。

（1）定义标准。在 标准: 下拉列表中选择 custom 选项。

（2）定义类型。在 类型: 下拉列表中选择 squar - Configured 选项。

（3）定义大小。在 大小: 下拉列表中选择 50x50x3 选项。

步骤 15 定义构件路径线段（布局草图）。依次选取图 8.2.29 所示的边线 1 和边线 2。

图 8.2.28 结构构件 3

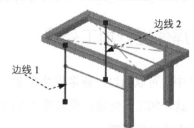

图 8.2.29 定义构件路径线段

步骤 16 更改穿透点。单击 找出轮廓(L) 按钮，在屏幕上放大的轮廓草图中显示图 8.2.30 所示的虚拟交点 1，选取图 8.2.30 所示的虚拟交点 2 为最佳穿透点。

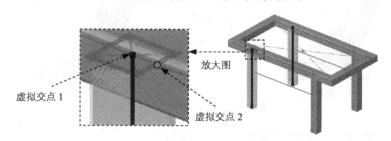

图 8.2.30 定义穿透点

步骤 17 单击对话框中的 ✓ 按钮，完成结构构件 3 创建。

步骤 18 创建图 8.2.31 所示的结构构件 4。选择下拉菜单 插入(I) → 焊件(W) →

结构构件(S)...命令。

步骤19 定义构件轮廓。

（1）定义标准。在 标准: 下拉列表中选择 custom 选项。

（2）定义类型。在 类型: 下拉列表中选择 squar - Configured 选项。

（3）定义大小。在 大小: 下拉列表中选择 50x50x3 选项。

步骤20 定义构件路径线段（布局草图）。依次选取图 8.2.32 所示的边线 1 和边线 2。

图 8.2.31 结构构件 4

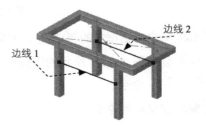
图 8.2.32 定义边角边线

步骤21 单击对话框中的 ✓ 按钮，完成结构构件 4 的创建。

步骤22 至此，"结构构件"的创建完毕。选择下拉菜单 文件(F) → 另存为(A)... 命令，将模型命名为 3D_sketch_ok 即可保存零件模型。

8.3 对焊件进行加工处理

在焊件中，可以通过一些常规的命令（如拉伸、旋转、倒角、孔等）来对整个焊件进行加工、处理，这个加工、处理过程与钣金件的关联设计过程相似。

1. 焊件的加工处理

下面以图 8.3.1 所示的模型为例，介绍切除-拉伸的一般创建过程。

a）创建前　　　　　　　　b）创建后
图 8.3.1 切除-拉伸

步骤01 打开 D:\sw1401\work\ch08.03\cut.SLDPRT。

步骤02 选择命令。选择下拉菜单 插入(I) → 切除(C) → 拉伸(E)... 命令。

步骤03 定义特征的横断面草图。选取图 8.3.2 所示的表面为草图基准面，绘制图 8.3.3 所示的横断面草图。

第 8 章 焊件设计

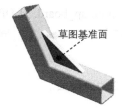

图 8.3.2　定义草图基准面

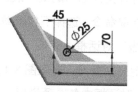

图 8.3.3　横断面草图

步骤 04 定义切除-拉伸属性。在对话框 方向1 区域的下拉列表中选择 完全贯穿 选项。

步骤 05 单击 ✓ 按钮，完成切除-拉伸的创建。

步骤 06 保存焊件模型。选择下拉菜单 文件(F) ➡ 另存为(A)… 命令，并将其命名为 cut_ok，保存零件模型。

2. 非焊件的处理

在焊件中插入非焊件，通常都是在装配模块中完成的，这样做的好处在于：

1. 不管是插入实体零件还是钣金类零件，都能非常容易地创建工程图，而且在材料明细表中能作为单独的项目处理。

2. 对于钣金件，这样插入能更好地运用"折弯"、"展开"等命令。

8.4　角撑板

角撑板是在两个相交结构构件的相邻两个面之间创建的一块材料，起加固焊件的作用。"角撑板"命令可创建角撑板特征，它并不只限于在焊件中使用，也可用于其它任何零件中。角撑板包括"三角形"和"多边形"两种类型，值得注意的是角撑板没有轮廓草图。

选取"角撑板"命令有两种方法。

方法一：选择下拉菜单 插入(I) ➡ 焊件(W) ➡ 角撑板(G)… 命令。

方法二：在工具栏中单击"角撑板"按钮 ⬚。

8.4.1　三角形角撑板

下面以图 8.4.1 所示的模型为例，介绍三角形角撑板的一般创建过程。

a）创建前　　　　　　　　　　　　b）创建后

图 8.4.1　创建三角形角撑板

285

步骤01 打开文件 D:\sw1401\work\ch08.04.01\corner_prop up_board. SLDPRT。

步骤02 选取命令。选择下拉菜单 插入(I) → 焊件(W) → 角撑板(G)... 命令，系统弹出"角撑板"对话框。

步骤03 定义支撑面。选取图 8.4.2 所示的面 1 和面 2 为支撑面。

"角撑板"对话框中各选项说明：

- 在 轮廓(P) 区域中选择"多边形轮廓"按钮 ，生成"角撑板"的形状如图 8.4.3 所示。

- 在 轮廓(P) 区域中选择"三角形轮廓"按钮 ，生成"角撑板"的形状如图 8.4.4 所示。

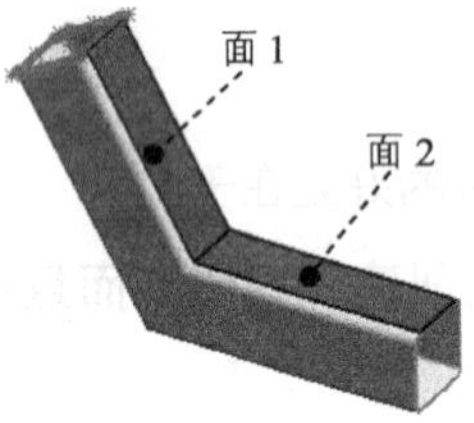

图 8.4.2　定义支持面 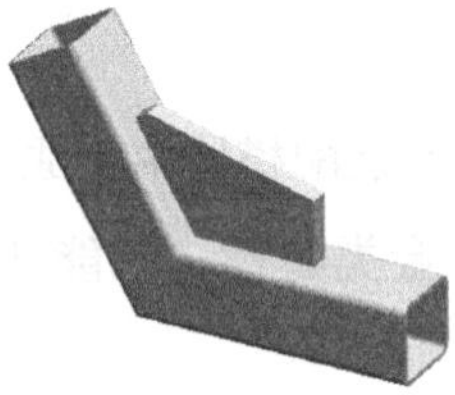　　　图 8.4.3　多边形脚撑板 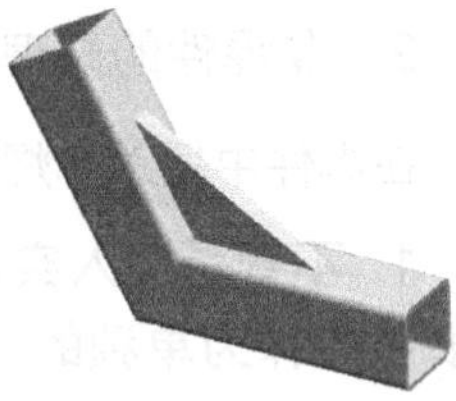　　　图 8.4.4　三边形脚撑板

- 当在 位置(L) 区域中把定位点设置为 （轮廓定位于中点）时，厚度：选项中选择 （轮廓线内边）、 （轮廓线两边）、 （轮廓线外边）三种选项的区别如图 8.4.5 所示。

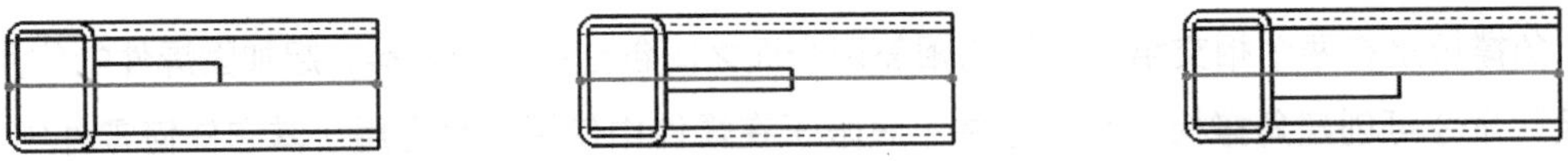

a）轮廓线内边　　　　b）轮廓线两边　　　　c）轮廓线外边

图 8.4.5　轮廓线定位于中点

- 在 位置(L) 区域中把定位点设置为 （轮廓定位于起点）时，厚度：选项中选择 （轮廓线内边）、 （轮廓线两边）、 （轮廓线外边）三个选项的区别如图 8.4.6 所示。

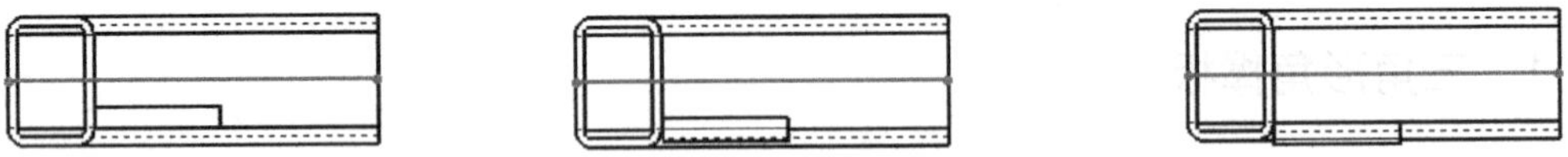

a）轮廓线内边　　　　b）轮廓线两边　　　　c）轮廓线外边

图 8.4.6　轮廓定位于起点

- 当在 位置(L) 区域中把定位点设置为 （轮廓定位于端点）时，厚度：选项中选择 （轮廓线内边）、 （轮廓线两边）、 （轮廓线外边）三个选项的区别如图 8.4.7 所示。

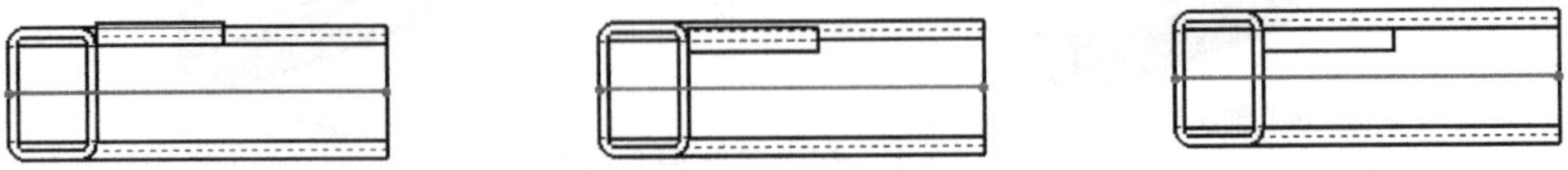

a）轮廓线内边　　　　b）轮廓线两边　　　　c）轮廓线外边

图 8.4.7　轮廓线定位于端点

步骤04 定义轮廓。

（1）定义轮廓类型。在 轮廓(P) 区域中选择三角形轮廓 。

（2）定义轮廓参数。在 d1: 文本框中输入轮廓距离值为 120.0；在 d2: 文本框中输入轮廓距离值为 120.0。

单击"反转轮廓 d1 和 d2 参数"按钮 可以交换"轮廓距离 d1"和"轮廓距离 d2"之间的距离。

（3）定义厚度参数。在 厚度: 选项中选取"轮廓线两边" ，在 T1 文本框中输入角撑板厚度值 20.0。

角撑板的厚度设置方式与筋的设置方式相同。值得注意的是：当在 参数(A) 中设置定位点时，厚度设置方式会随定位点的改变而改变（单击"轮廓定位于中点" 按钮除外）。

步骤05 定义位置。在 位置(L) 区域中选择"轮廓定位于中点"按钮 。

假如选中 ☑ 等距(O) 复选框，然后在 文本框中输入一个数值，角撑板就相对于原来位置"等距"一个距离。单击"反转等距方向"按钮 可以反转等距方向。

步骤06 单击对话框中的 按钮，完成角撑板的创建。

步骤07 保存焊件模型。选择下拉菜单 文件(F) ➡ 另存为(A)... 命令，并将其命名为 corner_prop up_board_ok。

8.4.2 多边形角撑板

下面以图 8.4.8 所示的模型为例，介绍多边形角撑板的一般创建过程。

a）创建前　　　　　　　　　　　b）创建后

图 8.4.8　多边形角撑板

步骤01 打开文件 D:\sw1401\work\ch08.04.02\corner_prop up_board. SLDPRT。

步骤02 选取命令。选择下拉菜单 插入(I) —→ 焊件(W) —→ 角撑板(G)... 命令。

步骤03 定义支撑面。选取图8.4.9所示的面1和面2为支撑面。

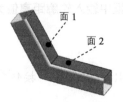

图 8.4.9　定义支持面

步骤04 定义轮廓。

（1）定义轮廓类型。在 轮廓(P) 区域中选中多边形轮廓 。

（2）定义轮廓参数。在 d1: 文本框中输入轮廓距离值 80.0；在 d2: 文本框中输入轮廓距离值 80.0；在 d3: 文本框中输入轮廓距离值 60.0，选中 ⊙d4: 单选项，在其后的文本框内输入轮廓距离值 60.0。

（3）定义厚度参数。在 厚度: 选项中单击"轮廓线两边"按钮 ，在 文本框中输入角撑板厚度值 15.0。

步骤05 定义位置。在 位置(L) 区域中单击"轮廓定位于中点"按钮 。

步骤06 单击对话框中的 ✔ 按钮，完成角撑板的创建。

步骤07 保存焊件模型。选择下拉菜单 文件(F) —→ 另存为(A)... 命令，并将其命名为 corner_prop up_board_ok。

8.5　剪裁/延伸结构构件

"剪裁/延伸"是对结构构件中相交的部分进行剪裁，或将另外的结构构件延伸至与其他构件相交。

选取"剪裁/延伸"命令有如下两种方法：
方法一：选择下拉菜单 插入(I) —→ 焊件(W) —→ 剪裁/延伸(T)... 命令。
方法二：在工具栏中单击"剪裁/延伸"按钮 。

下面以图 8.5.1 所示的模型为例，来说明剪裁/延伸结构构件的一般创建过程：

a）创建前　　　　　　　　　　　　　　b）创建后

图 8.5.1　剪裁/延伸结构构件

第 8 章 焊件设计

步骤01 打开文件 D:\sw1401\work\ch08.05\clipping_extend.SLDPRT。

步骤02 选择命令。选择下拉菜单 插入(I) → 焊件(W) → 剪裁/延伸(T)... 命令,系统弹出图 8.5.2 所示的"剪裁/延伸"对话框。

"剪裁/延伸"对话框的 剪裁边界 区域会根据定义的边角类型而有所改变,当选择 (终端剪裁)选项时, 剪裁边界 区域会出现 ● 面/平面(F) 和 ● 实体(B) 两个单选项,当选择其它三个按钮时,没有这两个单选项。

步骤03 定义边角类型。在 边角类型 区域中单击"终端斜接"按钮 。

步骤04 定义要剪裁的实体。选取图 8.5.3 所示实体 1。

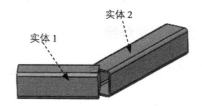

图 8.5.2 "剪裁/延伸"对话框   图 8.5.3 定义剪裁/延伸实体

步骤05 定义剪裁边界。在 边角类型 区域选中 ☑ 预览(P) 复选框和 ☑ 允许延伸(A) 复选框,然后选取图 8.5.3 所示的实体 2。

步骤06 单击对话框中的 ✔ 按钮,完成剪裁/延伸的创建。

步骤07 选择下拉菜单 文件(F) → 另存为(A)... 命令,并将其命名为 clipping_extend_ok。

图 8.5.2 所示的"剪裁/延伸"对话框中 边角类型 区域中各选项的说明如下:

◆ : 终端剪裁,如图 8.5.4 所示。
◆ : 终端斜接,如图 8.5.5 所示。
◆ : 终端对接 1,如图 8.5.6 所示。
◆ : 终端对接 2,如图 8.5.7 所示。

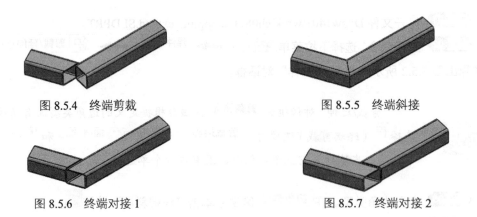

图 8.5.4 终端剪裁　　　　　　　　　　图 8.5.5 终端斜接

图 8.5.6 终端对接 1　　　　　　　　　图 8.5.7 终端对接 2

8.6 圆 角 焊 缝

圆角焊缝就是在交叉的焊件构件之间通过焊接而把焊件零件固定在一起的材料。"圆角焊缝"命令可在任何交叉的焊件构件之间创建焊缝特征。

选取"圆角焊缝"命令有如下两种方法：

方法一：选择下拉菜单 插入(I) ➡ 焊件(W) ➡ 圆角焊缝(B)... 命令。

方法二：在工具栏中单击"圆角焊缝"按钮 。

圆角焊缝有三种类型：全长圆角焊缝、间歇圆角焊缝和交错圆角焊缝。

8.6.1 全长圆角焊缝

如图 8.6.1 所示的模型是一个创建"全长圆角焊缝"的模型，其具体操作过程如下：

a）创建前　　　　　　　　　　　　　b）创建后

图 8.6.1 "全长"圆角焊缝

步骤 01 打开文件 D:\sw1401\work\ch08.06.01\garden_corner.SLDPRT。

步骤 02 选择命令。选择下拉菜单 插入(I) ➡ 焊件(W) ➡ 圆角焊缝(B)... 命令，系统弹出图 8.6.2 所示的"圆角焊缝"对话框。

步骤 03 定义圆角焊缝各参数。

（1）定义类型。在 箭头边(A) 区域的下拉列表中选择 全长 选项。

（2）定义圆角大小。在 圆角大小: 文本框中输入焊缝大小值 10.0，选中 ☑ 切线延伸(G) 复选框。

（3）定义第一面组。选取图8.6.3所示的面1。
（4）定义第二面组。选取图8.6.3所示的面2。

图8.6.2 "圆角焊缝"对话框　　　　图8.6.3 定义面组

 当 箭头边(A) 区域选择 全长 / 间歇 选项时，则在 □对边(O) 区域的"焊缝"类型不能选择 交错 选项；选中 ☑切线延伸(G) 复选框，可在非平面、相切面定义"圆角焊缝"；定义完面组1和面组2后，系统自动为它们定义 交叉边线。

步骤 04　单击对话框中的 ✓ 按钮，完成全长圆角焊缝的创建。

步骤 05　保存焊件模型。选择下拉菜单 文件(F) → 另存为(A)... 命令，并将其命名为 garden_corner_01_ok。

图8.6.2所示"圆角焊缝"对话框中各选项说明：

◆ 箭头边(A) 的区域包括了设置焊缝的所有参数。
  ● 全长：设置焊缝连续的，如图8.6.4所示，当选中该选项后， 圆角大小: 文本框用于设置焊缝圆角半径值。
  ● 间歇：设置焊缝均匀间断的，如图8.6.5所示，当选中该选项后，其下面的参数将发生变化，如图8.6.6所示，其中 焊缝长度: 文本框用于设置每个焊缝段的长度； 节距: 文本框用于设置每个焊缝起点之间的距离。

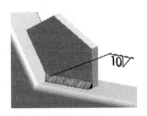

图 8.6.4 "全长"焊缝

图 8.6.5 "间歇"焊缝

图 8.6.6 选取"间歇"选项后

- **交错**：选取该选项后系统将在构件的两侧均生成焊缝，并且两侧的焊缝为交叉类型，如图 8.6.7 所示。另外，选择 **交错** 选项后， **对边(O)** 区域将被激活，其设置与 **箭头边(A)** 区域设置相同。

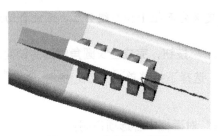

图 8.6.7 "交错"焊缝

- ◆ **切线延伸(G)** 单选项：选中该单选项，系统在与交叉边线相切的边线生成焊缝。
- ◆ **第一组面**:列表框：用于显示选取的需要创建焊缝的第一面，另外，单击以激活该列表框后，可在图形区中选取需要创建焊缝的第一面。
- ◆ **第二组面**:列表框：用于显示选取的需要创建焊缝的第二面，另外，单击以激活该列表框后，可在图形区中选取需要创建焊缝的第二面。
- ◆ **交叉边线**:列表框：用于显示第一面与第二面的交线，该交线为系统自动计算，无需用户选取。

8.6.2 间歇圆角焊缝

如图 8.6.8 所示的模型的焊缝是通过创建"间歇"圆角焊缝创建的，创建间歇圆角焊缝具体操作过程如下：

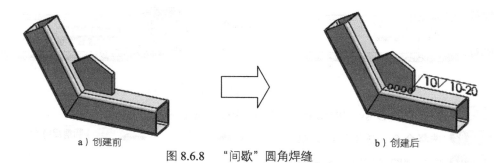

图 8.6.8 "间歇"圆角焊缝

步骤01 打开文件 D:\sw1401\work\ch08.06.02\garden_corner.SLDPRT 文件。

步骤02 选择命令。选择下拉菜单 插入(I) → 焊件(W) → 圆角焊缝(B)... 命令。

步骤03 定义"圆角焊缝"参数。

（1）定义类型。在 箭头边(A) 区域的下拉列表中选择 间歇 选项。

 当 箭头边(A) 区域选取 间歇 / 交错 选项后， 对边(O) 定义的焊缝必须与 箭头边(A) 区域定义的焊缝对称。

（2）定义圆角大小。在 文本框中输入焊缝大小 10.0，选中 切线延伸(G) 复选框。

（3）定义焊缝长度。在 焊缝长度: 文本框中输入焊缝长度值 3.0。

（4）定义节距。在 节距: 文本框中输入焊缝节距值 20.0。

（5）定义第一面组。选取图 8.6.9 所示的面 1。

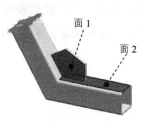

图 8.6.9 定义面组

（6）定义第二面组。选取图 8.6.9 所示的面 2。

步骤04 单击对话框中的 ✓ 按钮，完成间歇圆角焊缝的创建。

步骤05 保存焊件模型。选择下拉菜单 文件(F) → 另存为(A)... 命令，并将其命名为 garden_corner_02_ok。

8.6.3 交错圆角焊缝

如图 8.6.8 所示的模型的焊缝是通过创建交错圆角焊缝创建的。创建交错圆角焊缝具体操作过程如下：

a）创建前　　　　　　　　　　　　　　　　b）创建后

图 8.6.10　"交错"圆角焊缝

步骤01 打开文件 D:\sw1401\work\ch08.06.03\garden_corner.SLDPRT。

步骤02 选择命令。选择下拉菜单 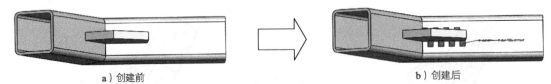 命令。

步骤03 定义"圆角焊缝"各参数。

（1）定义类型。在 箭头边(A) 区域的下拉列表中选择 交错 选项。

 当选择 交错 选项后， 对边(O) 复选框自动被选中， 圆角大小: 区域和 焊缝长度: 区域中默认的参数都与 箭头边(A) 区域的相同，但是，除定义的类型不能修改外， 圆角大小: 区域和 焊缝长度: 区域都能修改。

（2）定义圆角大小。在 箭头边(A) 区域 T1 文本框中输入焊缝大小值 10.0，选中 ☑ 切线延伸(G) 复选框。

（3）定义焊缝长度。在 焊缝长度: 文本框中输入焊缝长度值 10.0。

（4）定义节距。在 节距: 文本框中输入焊缝节距值 20.0。

（5）定义 箭头边(A) 区域面组。选取图 8.6.11 所示的面 1 为第一面组，选取图 8.6.11 所示的面 2 为第二面组。

（6）定义 ☑ 对边(O) 区域选项。在第一个下拉列表中选择 交错 选项；在 T1 文本框中输入焊缝大小值 10.0，在 焊缝长度: 文本框中输入焊缝长度值 10.0，选取图 8.6.11 所示的面 3 为第一面组，选取面 2 为第二面组。

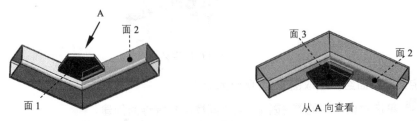

图 8.6.11　定义面组

步骤04 单击对话框中的 ✓ 按钮，完成交错圆角焊缝的创建。

步骤05 保存焊件模型。选择下拉菜单 文件(F) → 另存为(A)... 命令,并将其命名为 garden_corner_03_ok,保存零件模型。

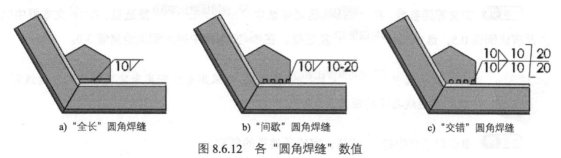

a)"全长"圆角焊缝　　　b)"间歇"圆角焊缝　　　c)"交错"圆角焊缝

图 8.6.12　各"圆角焊缝"数值

图 8.6.12 所示的各"圆角焊缝数"值说明如下:

◆ 图 8.6.12a 中所示的"10"是指焊缝大小,代表圆角焊缝的长度。

◆ 图 8.6.12b 中所示的"10"是指焊缝大小,代表焊缝段的长度,只用于 间歇 或 交错 类型。

◆ 图 8.6.12b 中所示的"20"是指焊缝节距,代表一个焊缝起点与下一个焊缝起点之间的距离,只用于 间歇 及 交错 类型。

8.7　顶　端　盖

顶端盖就是在结构构件的开放端创建的一块材料,用来封闭开放的端口。运用"顶端盖"命令,可以创建顶端盖特征,但是"顶端盖"命令只能运用于有线性边线的轮廓。

选取"顶端盖"命令有两种方法:

方法一:选择下拉菜单 插入(I) → 焊件(W) → 顶端盖(E)... 命令。

方法二:在工具栏中单击"顶端盖"按钮 。

下面以图 8.7.1 所示的模型为例,介绍"顶端盖"的创建过程。

a)创建前　　　　　　　　b)创建后

图 8.7.1　顶端盖

步骤01 打开文件 D:\sw1401\work\ch08.07\tectorial.SLDPRT。

步骤02 选择命令。选择下拉菜单 插入(I) → 焊件(W) → 顶端盖(E)... 命令,系统弹出"顶端盖"对话框。

步骤03 定义顶端盖参数。

（1）定义所在面。激活 选项，选取图 8.7.2 所示的面为顶端盖所在面。
（2）定义厚度。在 文本框中输入厚度值 5.0。

步骤04 定义等距参数。在 等距(O) 区域中选中 ☑ 使用厚度比率(U) 复选框，在 文本框中输入厚度比例值 0.5，选中 ☑ 倒角边角(C) 复选框，在 文本框中输入倒角距离值 3.0。

取消选中 ☐ 使用厚度比率(U) 复选框，则采用等距距离来定义结构构件边线到顶端盖边线之间的距离。

步骤05 单击对话框中的 ✓ 按钮，完成顶端盖的创建。

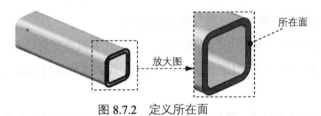

图 8.7.2 定义所在面

步骤06 保存焊件模型。选择下拉菜单 文件(F) ➡ 另存为(A)... 命令，并将其命名为 tectoria_ok，保存零件模型。

8.8 子 焊 件

对于一个庞大的焊件，有时会因为某些原因而把它分解成很多独立的小焊件，这些小焊件就称为"子焊件"。子焊件可以单独保存，但是它与父焊件是相关联的。

下面以图 8.8.1 所示的焊件来说明子焊件的一般创建过程：

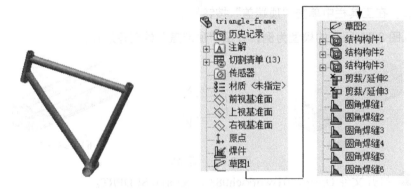

图 8.8.1 焊件模型及设计树

步骤01 打开文件 D:\sw1401\work\ch08.08\triangle_frame.SLDPRT。

步骤02 展开设计树中的 ⊞ 切割清单(16)，如图 8.8.2 所示。

第 8 章 焊件设计

图 8.8.2 展开"切割清单"

 切割清单(16) 上的"13"是指切割清单里包括 13 个项目。

步骤 03 右击 结构构件1 节点,此时对应当结构构件高亮显示。在弹出的快捷菜单中选择 生成子焊件(A) 命令,在设计树中的 切割清单(13) 节点下面出现 子焊件1(1) 文件夹,如图 8.8.3 所示。

图 8.8.3 子焊件 1

步骤 04 右击 子焊件1(1) 文件夹,在系统弹出的快捷菜单中选择 插入到新零件… (B) 命令,此时系统弹出"插入到新零件"对话框,单击对话框中的 按钮;"子焊件 1"在新窗口中打开,并弹出"另存为"对话框,将"子焊件 1"保存于 D:\sw1401\work\ch08.08\目录中,并命名为 triangle_frame_01.SLDPRT。

步骤 05 单击 保存(S) 按钮,系统会在屏幕中显示图 8.8.4 所示的"SolidWorks"对话框,单击 重建并保存文档(推荐)(R) 按钮。

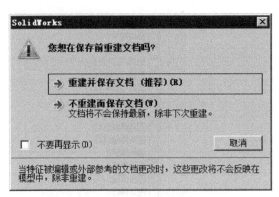

图 8.8.4 "SolidWorks"对话框

步骤 06 切换窗口，用同样的方法为设计树中的 结构构件2 、 剪裁/延12[1] 、 剪裁/延伸2[1] 和 剪裁/延伸3[1] 创建子焊件并且单独保存。

8.9 焊件切割清单

焊件切割清单就是把焊件的各种属性、特征进行归类，并且用数据的形式展现出来的一个表格，焊件中相似的项目会被保存到同一个文件夹中，此文件夹称为"切割清单项目"。

下面将接着"子焊件"的创建过程来讲述生成"切割清单"的一般过程。

步骤 01 打开文件 D:\sw1401\work\ch08.09\ triangle_frame.SLDPRT。

步骤 02 右击 切割清单(13) 节点，在弹出的快捷菜单中选择 更新(I) 命令，此时设计树中的 切割清单(13) 自动变成 切割清单(13) ，并且自动生成"切割清单项目"文件夹。

步骤 03 展开 切割清单(13) ，如图 8.9.1 所示。

图 8.9.1 展开"切割清单目录"

"圆角焊缝"一般不被放到"切割清单项目"文件夹中。

步骤 04 选取材料。在设计树的 材质<未指定> 节点右击，在弹出的快捷菜单中选择 编辑材料(A) 命令，系统弹出"材料"对话框，单击 钢 前面的 田 按钮，选取材质为 铸造碳钢，在"材料"对话框中单击 应用(A) 按钮，再单击 关闭(C) 按钮，完成材料的定义。

步骤 05 自定义属性。在设计树的 焊件 节点右击，在弹出的快捷菜单中选取 属性...(B) 选项，系统弹出图 8.9.2 所示对话框，在对话框中编辑图 8.9.3 所示的属性。

图 8.9.2 "焊件"对话框

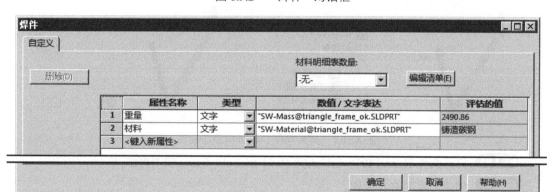

图 8.9.3 "切割清单项目"属性对话框

在图 8.8.2 所示的"焊件"属性对话框中添加自定义属性时，在 属性名称 列中需输入要添加的自定义类型，在 类型 列中可在其下拉列表中选择添加的自定义属性的数据类型，在 数值/文字表达 列中可在其下拉列表中选择自定义属性的数值或文字表达式。

自定义属性可以在"焊件特征"、"轮廓草图"、"切割清单项目"中定义：

◆ 焊件特征：定义后的焊件特征属性会自动显示在"切割清单项目"的属性中，系统允许选择一个默认值，或自定义"切割清单项目"的值。

◆ 轮廓草图：当给轮廓草图定义属性后，这些属性也会被"切割清单项目"所继承。

◆ 切割清单项目：切割清单项目会自动继承"焊件特征"属性和"轮廓草图"属性，也可以在"切割清单项目"属性中自定义。

步骤06 单击 确定 ，完成切割清单属性的定义。

步骤07 保存焊件模型。选择下拉菜单 文件(F) ➝ 另存为(A)... 命令，并将其命名为 triangle_frame _ok，保存零件模型。

8.10 焊件工程图

焊件工程图的制作与其他工程图的制作一样，只不过焊件工程图中可以给独立的实体创建视图和切割清单。

8.10.1 创建独立实体视图

下面以图 8.10.1 所示的焊件为例，讲述独立实体视图的一般创建过程：

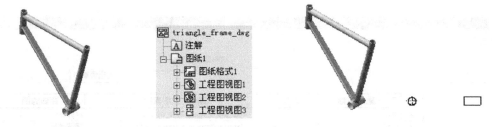

图 8.10.1 焊件模型、设计树及工程图

步骤01 打开文件 D:\sw1401\work\ch08.10.01\triangle_frame.SLDPRT。

步骤02 创建工程图前的设置。

（1）选择命令。选择下拉菜单 工具(T) ➝ 选项(P)... 命令。

（2）在 系统选项(S) 选项卡选项列表中单击 工程图 下的 显示类型 选项，在 切边 中选中 ⦿ 使用字体(U) 单选项，单击 确定 按钮，完成创建前设置。

步骤03 新建图样文件。

（1）选择下拉菜单 文件(F) ➝ 新建(N)... 命令，系统弹出"新建 SolidWorks 文件"对话框（一）。

（2）在"新建 SolidWorks 文件"对话框（一）中单击 高级 按钮，系统弹出"新建 SolidWorks 文件"对话框（二）。

（3）在"新建 SolidWorks 文件"对话框（二）中选择"模板"，以选择创建工程图文件，单击 确定 按钮，完成工程图的创建。

步骤04 创建相对视图。

（1）选取模型。选取 triangle_frame.SLDPRT 模型。

（2）创建一个"等轴测"视图，将比例设为 1:5。

（3）在工程图中定位视图，选择"上色"按钮，在图纸上的显示如图 8.10.2 所示。

步骤 05 创建独立实体视图。

（1）选择命令。选择下拉菜单 插入(I) → 工程图视图(V) → 相对于模型(R) 命令，在界面的左侧弹出图 8.10.3 所示的"相对视图"对话框。

图 8.10.2　工程图　　　　　图 8.10.3　"相对视图"对话框

（2）切换窗口。选择下拉菜单 窗口(W) → bracket，切换后窗口中出现图 8.10.4 所示的"相对视图"对话框。

（3）定义焊件模型界面中的"相对视图"对话框参数。

① 选取实体。在"相对视图"对话框的 范围(S) 区域中选中 ⊙ 所选实体 单选项，选取图 8.10.5 所示的实体 1。

图 8.10.4　"相对视图"对话框　　　　图 8.10.5　焊件模型

② 定义方向。在 方向(O) 区域的 第一方向: 的下拉列表中选择 前视 选项，并且选取前视基准面；在 第二方向: 的下拉列表中选取 右视 选项，并且选取右视基准面。

③ 单击 ✓ 按钮，完成"相对视图"的定义，系统自动切换到工程图界面，并且在界面的左侧出现图8.10.6所示的"相对视图"对话框。

（4）定义"工程图"中的"相对视图"对话框。

① 定义显示样式。在 显示样式(D) 区域中单击"取消隐藏线"按钮 ⬜。

② 定义缩放比例。在 比例缩放(S) 区域选中 ⊙ 使用自定义比例(C) 单选项，在下拉列表中选取 1:5 选项。在"工程图纸"上合适的位置单击，所选零件的前视图就出现在工程图中，如图8.10.7所示。

图8.10.6　"相对视图"对话框　　　图8.10.7　"实体1"的前视图

步骤06 创建"投影视图"。

（1）选择命令。选择下拉菜单 插入(I) → 工程图视图(V) → 投影视图(P) 命令。

（2）定义投影视图。选取图8.10.7所示"实体1"的前视图，在该视图的右侧合适的位置单击，确定投影视图的放置位置，如图8.10.8所示。

图8.10.8　投影视图

第 8 章 焊件设计

步骤07 保存焊件工程图。选择下拉菜单 文件(F) → 另存为(A)... 命令，并将其命名为 triangle_frame_dwg，保存零件模型。

8.10.2 创建切割清单

下面接着"创建投影视图"的创建过程来讲述"创建切割清单"的一般过程。

在学习本节前，请先将随书光盘中 sw1401_system_file\cut list 文件复制到 C:\Program Files\SolidWorks Corp\SolidWorks\lang\chinese-simplified（模板目录）文件夹中。

步骤01 打开文件 D:\sw1401\work\ch08.10.02\triangle_frame_dwg.SLDDRW。

步骤02 创建切割清单。

（1）选择命令。选择下拉菜单 插入(I) → 表格(A) → 焊件切割清单(W)... 命令。系统弹出图 8.10.9 所示的"焊件切割清单"对话框。

（2）指定视图。选取图 8.10.10 所示的视图。系统弹出图 8.10.11 所示的"焊件切割清单"对话框。

图 8.10.9 "焊件切割清单"对话框（一）

图 8.10.10 选取模型

图 8.10.11 "焊件切割清单"对话框（二）

（3）定义"焊件切割清单"对话框各选项。在 表格位置(P) 区域中取消选中 □附加到定位点 复选框，其它参数采用系统默认设置值。

(4)放置表格。单击 ✓ 按钮，移动鼠标至合适位置放置表格。

步骤 03 在表格中创建一列。右击"说明"列，在弹出的快捷菜单中选择 插入 ➡ 左列(B)，弹出图 8.10.12 所示的"插入左列"对话框。

图 8.10.12 "插入左列"对话框

步骤 04 定义"插入左列"对话框中各选项。

（1）定义列属性类型。在 列属性(C) 区域中选中 ⊙ 切割清单项目属性(L) 单选项。

（2）定义表格项目。在 自定义属性(M): 的下拉列表中选择 材料 选项，此时 标题(E): 文本框的内容自动变成 材料 。

（3）单击 ✓ 按钮，完成"插入左列"的设置。

> 标题(E): 文本框中的内容可以自定义。在 自定义属性(M): 下拉列表中选取任何一个选项，在"切割清单列表"的"插入列"中都会出现相应的已经定义的"焊件切割清单"属性（图 8.10.14）。

步骤 05 编辑表格中一列。

（1）选择编辑列。单击"长度"列，系统弹出图 8.10.13 所示的"列"对话框。

（2）在 列属性(C) 区域中选中 ⊙ 切割清单项目属性(L) 单选项。

（3）在 自定义属性(M): 的下拉列表中选择 长度 选项， 标题(E): 文本框的内容自动变成"长度"。

（4）单击 ✓ 按钮，完成"长度列"的设置，调整表格列宽并将表格拖动到合适的位置，完成编辑的切割清单如图 8.10.14 所示。

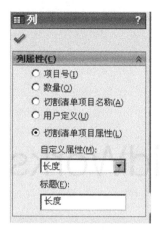

图 8.10.13 "列"对话框

项目号	数量	材料	说明	长度
1	1	铸造碳钢		80
2	1	铸造碳钢		130.5
3	1	铸造碳钢		414.29
4	1	铸造碳钢		436.77
5	1	铸造碳钢		406.77

图 8.10.14 焊件切割清单

当需要改变行高和列宽时，有以下两种方法：
◆ 右击"切割清单列表"单元格，从系统弹出的快捷菜单中选择 格式化 中的行高度、列宽、整个表选项，在系统弹出的对话框中输入适当的数值，单击 确定 按钮。
◆ 把光标放在"切割清单列表"单元格边线上，按住左键拖动边线来改变行高和列宽。

步骤 06 至此，"焊件工程图"创建完毕。选择下拉菜单 文件(F) ➡ 另存为(A)... 命令，将模型命名为 triangle_frame_dwg_ok，保存零件模型。

第三篇

SolidWorks 2014 精通

第 9 章 模型的外观处理与渲染

在产品设计完成后，还要对产品模型进行必要的渲染，这也是产品设计中的一个重要的环节。产品的外观对于产品的宣传有着极大的作用。在过去的产品后期处理中，大多数是通过其他软件来对产品的外观进行处理。

SolidWorks 软件有自带的图像处理软件插件 PhotoWorks，用于对模型进行渲染。通过对产品模型的材质、光源、背景、图像品质及图像输出格式的设置，可以使模型外观变得更加逼真。

9.1 模型的外观处理

在创建零件和装配三维模型时，通过单击 、 、 、 、和 按钮，可以使模型显示为不同的线框或着色状态，但是在实际产品的设计中，这些显示状态是远远不够的，因为他们无法表达产品的颜色、光泽、质感等外观特点，而要表达产品的这些外观特点，还需要对模型进行外观的设置，如设置模型的颜色、材质（材质的添加可参见本书零件设计章节内容）、外观、贴图和表面纹理，然后再进行进一步的渲染处理。

9.1.1 颜色

SolidWorks 提供的添加颜色效果是指为模型表面赋予某一种特定的颜色。为模型添加或修改外观颜色，只改变模型的外观视觉效果，而不改变其物理特性。

在默认情况下，模型的颜色没有指定。用户可以通过以下方法来定义模型的颜色：

步骤 01 打开文件 D:\sw1401\work\ch09.01.01\colour.SLDPRT。

步骤 02 选择命令。选择下拉菜单 编辑(E) ➡ 外观 (A) ➡ 外观 (A)... 命令，系统弹出图 9.1.1 所示的"颜色"对话框和"外观、布景和贴图"任务窗口。

  打开软件后第一次使用该命令时,系统弹出"color"对话框和"外观、不景和贴图"任务窗口。

步骤 03 定义颜色属性。系统自动选取图 9.1.2 所示的模型为编辑对象;在"颜色"对话框的 颜色 区域中设置模型的颜色(图 9.1.1),模型将自动显示为编辑后的颜色,如图 9.1.3 所示。

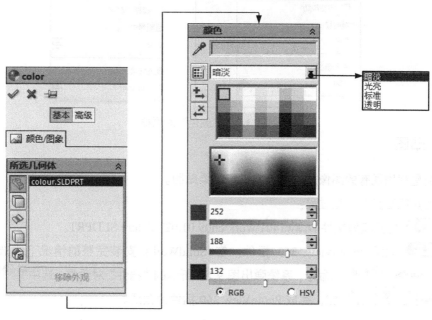

图 9.1.1 "颜色"对话框

图 9.1.2 编辑颜色前的模型　　　图 9.1.3 编辑颜色后的模型

步骤 04 在"颜色"对话框中选择 高级 选项卡,单击 照明度 选项卡,系统弹出图 9.1.4 所示"颜色"对话框,设置模型的照明度属性。

步骤 05 单击 ✓ 按钮,完成外观颜色的设置。

307

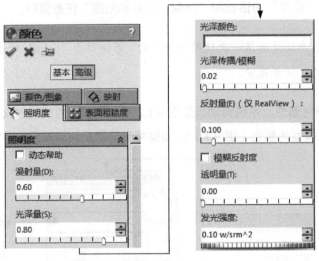

图 9.1.4 "颜色"对话框

9.1.2 贴图

贴图是利用现有的图像文件对模型进行渲染贴图。

下面介绍贴图的一般过程：

步骤01 打开模型文件 D:\sw1401\work\ch09.01.02\ picture.SLDPRT。

步骤02 激活 PhotoView 360 插件。在 SolidWorks 安装完整的情况下，选择下拉菜单 工具(T) → 插件(D)... 命令，系统弹出图 9.1.5 所示的"插件"对话框。选中 ☑ PhotoView 360 复选框，单击 确定 按钮，完成 PhotoView 360 插件的激活。

图 9.1.5 "插件"对话框

步骤03 选中命令。选择下拉菜单 PhotoView 360 → 编辑贴图(D)... 命令，系统弹出图 9.1.6 所示的"贴图"对话框和"外观、布景和贴图"任务窗口。

步骤04 添加贴图文件。在 贴图预览 区域中的 图象文件路径: 下单击 浏览(B)... 按钮，添加贴图文件 D:\sw1401\work\ch09.01.02\picture.jpg，在 掩码图形 区域中选中 ⊙ 无掩码(N) 单选项。

第 9 章 模型的外观处理与渲染

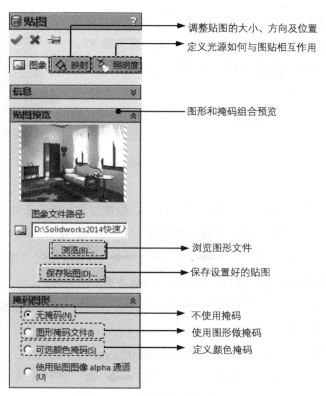

图 9.1.6 "贴图"对话框

步骤 05 调整贴图。

（1）设置贴图的映射。单击 映射 选项卡，切换到图 9.1.7 所示的映射选项卡，在 所选几何体 区域单击 按钮，选取图 9.1.8 所示的面为贴图面。

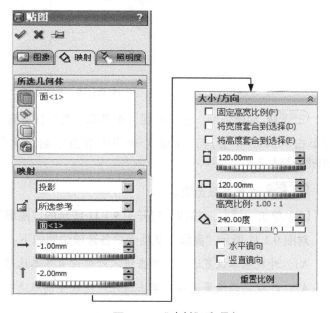

图 9.1.7 选取贴图面　　　　图 9.1.8 "映射"选项卡

309

（2）设置贴图大小和方向。在 大小/方向 区域中取消选中 □ 固定高宽比例(F) 复选框，在 □ 后的文本框中输入宽度值 85，在 □ 后的文本框中输入宽度值 63.0，在 ◇ 后的文本框中输入贴图旋转角度值 0。

步骤 06 单击 ✓ 按钮，完成贴图的添加，添加贴图后的模型如图 9.1.9 所示。

图 9.1.9 贴图后

9.1.3 外观

外观效果是指在不改变材质物理属性的前提下，给模型添加近似于外观的视觉效果。

启动 PhotoView 360 插件，进入外观设置界面。

方法一：选择下拉菜单 编辑(E) → 外观(A) → ● 外观(A)... 命令，系统弹出"颜色"对话框和"外观、布景和贴图"窗口，进入外观设置界面。

方法二：选择下拉菜单 PhotoView 360 → ● 编辑外观(A)... 命令，系统进入外观设置界面。

为模型添加外观的具体步骤如下：

步骤 01 打开模型文件 D:\sw1401\work\ch09.01.03\exterior.SLDPRT。

步骤 02 选择命令。选择下拉菜单 PhotoView 360 → ● 编辑外观(A)... 命令，系统弹出"颜色"对话框和"外观、布景和贴图"任务窗口。

步骤 03 选择要编辑的对象。系统默认选取图 9.1.10 所示的模型。

a）编辑外观前　　　　　　　　　　b）编辑外观后

图 9.1.10 编辑外观

步骤 04 编辑外观。在"外观、布景和贴图"任务窗口中单击展开 ⊞ ● 外观(color) 节点，再单击 ⊞ 📁 有机 节点，选择 ⊞ 📁 木材 节点下的 📁 柚木 文件夹，在纹理预览区域双击 缎料抛光柚木 2。

步骤 05 设置高级选项。

（1）单击 高级 按钮，打开图 9.1.11 所示的"高级"选项卡。

对图 9.1.11 所示"高级"选项卡中各选项说明如下：

A1：外观基本设置选项。单击进入外观设置基本选项。

A2：外观高级设置选项。单击进入外观设置高级选项。

A3: 外观定义表面变形或隆起。

A4: 调整外观大小、方向和位置。

A5: 编辑用来定义外观的颜色和图像。

A6: 定义光源如何与外观互相作用。

A7: 模型所选元素、要操作的元素。

A8: 单击移除所选元素的外观颜色。

A9: 外观区域。编辑外观。

A10: 颜色区域。编辑外观颜色。

A11: 图像区域。编辑外观纹理。

A12: 显示状态（链接）区域。编辑显示状态。

（2）设置映射。单击 映射 选项卡，系统弹出"映射"选项卡，在 映射 区域的下拉列表中选择"自动"选项；在 大小/方向 区域依次选中 ☑固定高宽比例(F) 、☑将宽度套合到选择(D)、☑将高度套合到选择(E)、☑水平镜向 和 ☑竖直镜向 复选框。

（3）设置照明度。单击 照明度 选项卡，在 漫射量(D): 下的文本框中输入数值 1.0，光泽量(S): 下的文本框中输入数值 0.45，光泽传播/模糊 下的文本框中输入数值 0.1，反射量(E): 下的文本框中输入数值 0.2，透明量(T): 下的文本框中输入数值 0。

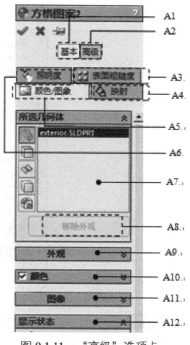

图 9.1.11 "高级"选项卡

步骤 06 单击 ✓ 按钮，完成对模型外观的设置，如图 9.1.10b 所示。

9.1.4 纹理

为模型添加外观纹理，可以将 2D 的纹理应用到模型或装配体的表面，这样可以使零件模型外观视觉效果更加逼真。在系统默认状态下，纹理没有指定。用户可以进一步对模型的外观纹理进行设置，下面讲解零件添加纹理的一般步骤。

步骤 01 打开文件 D:\sw1401\work\ch09.01.04\ veins.SLDPRT。

步骤 02 选择命令。选择下拉菜单 编辑(E) ➡ 外观(A) ➡ 外观(A)... 命令，系统弹出"颜色"对话框和"外观、布景和贴图"窗口（图 9.1.12）。

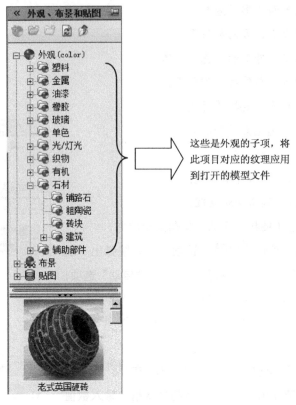

图 9.1.12 "外观、布景和贴图"窗口

步骤03 定义编辑纹理的对象。系统默认选取图 9.1.13 所示的模型为编辑纹理的对象。

步骤04 在"外观、布景和贴图"窗口中单击 外观(color) 节点，再单击 石材 节点下的 砖块 文件夹，在纹理预览区域双击 老式英国硬砖2 ，即可将纹理添加到模型中，结果如图 9.1.14 所示。

步骤05 单击 ✔ 按钮，完成纹理添加。

图 9.1.13 添加纹理前模型

图 9.1.14 添加纹理后模型

9.2 布景

布景是为渲染提供一个渲染空间，为模型提供逼真的光源和场景效果。设置布景的属性，

是通过图 9.2.1 所示的"编辑布景"来完成的。通过布景编辑器，可对渲染空间的背景、前景、环境和光源进行设置。

为模型添加外观的具体步骤如下：

步骤 01 打开模型文件 D:\sw1401\work\ch09.02\ scenery.SLDPRT。

步骤 02 选择命令。选择下拉菜单 PhotoView 360 → 编辑布景(S)... 命令，系统弹出图 9.2.1 所示的"编辑布景"对话框和"外观、布景和贴图"任务窗口。

步骤 03 定义场景。在"外观、布景和贴图"窗口中单击 布景 节点，选择该节点下的 演示布景 文件夹，在演示布景预览区域双击 工厂背景，即可将布景添加到模型中。

步骤 04 设置"编辑布景"参数。

（1）单击 高级 选项卡；在 楼板大小/旋转(F) 区域选中 固定高宽比例 复选框，取消选中 自动调整楼板大小 复选框，在 文本框中输入数值 500，在 文本框中输入数值 500，在 文本框中输入数值 0。

（2）单击 照明度 选项卡；在 PhotoView 照明度 区域中的 背景明暗度: 文本中输入数值 1，在 渲染明暗度 文本框中输入 0.125，在 布景反射度: 文本中输入数值 1。

步骤 05 单击 ✓ 按钮，完成布景的添加。

步骤 06 单击"预览窗口"按钮 ，对模型进行渲染，渲染后的效果图如图 9.2.2 所示。

图 9.2.1 "编辑布景"对话框

图 9.2.2 设置布景后

9.3 灯光设置

通过上一节的学习可粗略地了解对零件外观设置的一般过程，在制作模型时，除外观颜色、外观纹理和材质外，光源也会影响模型的外观，使用正确的光源，可以将模型的显示效果更加

313

逼真。

9.3.1 环境光源

"环境光源"是从所有方向均匀地照亮模型的光源，该光源为系统光源，用户无法删除，但可以关闭该光源及修改其属性。下面讲解修改环境光源属性的操作步骤。

步骤01 打开模型文件 D:\sw1401\work\ch09.03.01\ lights.SLDPRT。

步骤02 选择命令。选择下拉菜单 视图(V) → 光源与相机(L) → 属性(P) → 环境光源 命令，系统弹出图 9.3.1 所示的"环境光源"对话框。

步骤03 设置环境光源。在图 9.3.2 所示的"环境光源"对话框中设置"环境光源"强度值为 0.6，选择颜色为红色，单击 ✓ 按钮，效果如图 9.3.3 所示。

图 9.3.1　"环境光源"对话框　　图 9.3.2　设置"环境光源"　　图 9.3.3　"环境光源"效果

9.3.2 线光源

线光源是单一方向的平行光，是距离模型无限远的一束光柱。用户可以选择打开或关闭、添加或删除线光源，也可以修改现有线光源的强度、颜色及位置。下面讲解修改线光源属性的操作步骤。

步骤01 打开模型文件 D:\sw1401\work\ch09.03.02\lights.SLDPRT。

步骤02 选择命令。选择下拉菜单 视图(V) → 光源与相机(L) → 属性(P) → 线光源 1 命令，系统弹出图 9.3.4 所示的"线光源 1"对话框。

步骤03 设置线光源属性。在"线光源 1"对话框中的 基本(B) 区域中设置环境光源的强度、线光源的明暗度以及线光源的光泽度，具体参数如图 9.3.4 所示；在 光源位置(L) 区域中的纬度、经度都是用来设置光源在环境中的位置，编辑线光源后效果如图 9.3.5 所示；单击 ✓ 按钮，完成线光源的设置。

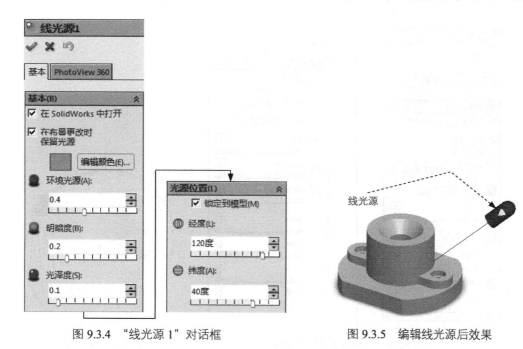

图 9.3.4 "线光源 1"对话框　　　　图 9.3.5 编辑线光源后效果

9.3.3 聚光源

聚光源是一个中心位置为最亮点的锥形的聚焦光源,可以按指定投射至模型的区域,同线光源相同。用户可以修改聚光源的各种属性。下面讲解添加聚光源的操作过程。

步骤 01 打开模型文件 D:\sw1401\work\ch09.03.03\ lights.SLDPRT。

步骤 02 选择命令。选择下拉菜单 视图(V) → 光源与相机 (L) → 添加聚光源 (S) 命令,系统弹出图 9.3.6 所示的"聚光源 1"对话框。

步骤 03 设置聚光源属性。"聚光源"对话框包括 基本 和 PhotoView 两个选项卡。

① 在 基本(B) 区域设置聚光源的颜色、明暗度和光泽度,具体参数设置如图 9.3.6 所示。

② 在 光源位置(L) 区域中设置聚光源位置和圆锥角,如图 9.3.6 所示。

 此处激活 photoview 360 插件后才有这两个选项卡。

步骤 04 完成各项设置后,视图区如图 9.3.7 所示,单击 ✓ 按钮,完成聚光源的创建。

图 9.3.6 所示 光源位置(L) 区域中部分选项说明如下:

◆ ✐x、✐y、✐z 文本框:这三个文本框用于定义聚光源的 X、Y、Z 坐标。

◆ ✐x、✐y、✐z 文本框:这三个文本框用于定义聚光源线投射点的 X、Y、Z 坐标。

◆ 圆锥角:指定聚光源投射的角度,角度越小,所生成的光束越窄。

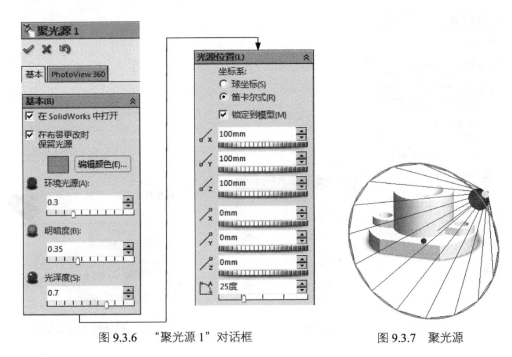

图 9.3.6 "聚光源 1"对话框　　　　图 9.3.7 聚光源

9.3.4 点光源

点光源位于指定的坐标处,是一个非常小的光源。点光源向所有方向都发射光线。下面讲解创建点光源的操作过程:

Step 1. 打开模型文件 D:\sw1401\work\ch09.03.04\ lights.SLDPRT。

步骤02 选择命令。选择下拉菜单 视图(V) → 光源与相机(L) → 添加点光源(P) 命令,系统弹出图 9.3.8 所示的"点光源 1"对话框。

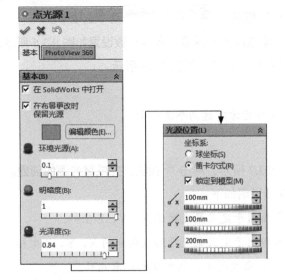
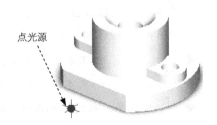

图 9.3.8 "点光源 1"对话框　　　　图 9.3.9 点光源

第9章 模型的外观处理与渲染

步骤03 在"点光源"对话框中可以编辑点光源的颜色、明暗度、光泽度等参数属性。设置参数如图 9.3.8 所示。

步骤04 设置完成后，单击 ✓ 按钮，完成点光源的创建；结果如图 9.3.9 所示。

9.4 相机

在模型中添加相机之后，可以通过相机的透视图来查看模型，这与直接在视图区查看模型有所不同，改变相机位置或参数的同时可以精确地调整模型在相机透视图中的显示方位。下面将详细讲解添加相机的一般步骤。

步骤01 打开模型文件 D:\sw1401\work\ch09.04\ camera.SLDPRT。

步骤02 选择命令。选择下拉菜单 视图(V) → 光源与相机(L) → 添加相机(C) 命令，系统弹出"相机1"对话框，同时在图形区右侧弹出相机透视图窗口。

步骤03 选择相机类型。在图 9.4.1 所示的"相机1"对话框的 相机类型 区域中选择相机类型为 ⊙ 浮动，选中 ☑ 显示数字控制、☑ 将三重轴与相机对齐 和 ☑ 锁定除编辑外的相机位置 复选框。

步骤04 定义相机位置。在图 9.4.1 所示的"相机1"对话框的 相机位置 区域设置相机所在的空间坐标，X 文本框中输入数值 100，Y 文本框中输入数值 100，Z 文本框中输入数值 100。

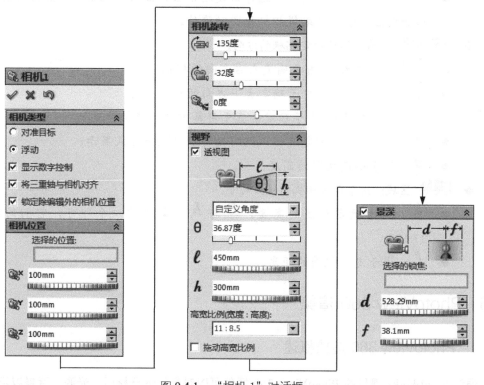

图 9.4.1 "相机1"对话框

步骤 05 设置相机旋转角度。在图9.4.1所示的"相机1"对话框的 相机旋转 区域设置相机的旋转角度：在 文本框中输入数值-135，在 文本框中输入数值-32，在 文本框中输入数值0。选中 ☑ 透视图 复选框，在其下的下拉列表中选择 自定义角度 选项。

步骤 06 设置相机视野。在图9.4.1所示的"相机1"对话框的 视野 区域中，在 l 文本框中输入数值450，在 h 文本框中输入数值300。

步骤 07 单击 ✔ 按钮，完成相机的添加。

图9.4.1所示的"相机1"对话框中各选项说明如下。

- ◆ **相机类型** 区域：用于设置相机的类型及其基本设置。
  - ○ 对准目标：当拖动相机的位置或更改其他属性时，相机始终保持在指定的目标点。
  - ⊙ 浮动：当拖动相机的位置或更改其他属性时，相机不锁定到任何目标点。
  - ☑ 显示数字控制：选择该复选框后，可以使用精确的数值来确定相机在空间的位置（即为相机指定空间坐标）。
  - ☑ 将三重轴与相机对齐：选择该复选框后，相机将于三重轴的方向重合，此选项只有使用 ⊙ 浮动 类型时有效。
  - ☑ 锁定除编辑外的相机位置：选择该复选框后，在相机视图中不能使用旋转、平移等视图命令，但编辑相机视图时除外。

- ◆ **相机旋转** 区域：用于确定相机的方向。
  - 偏航（左右）：用于确定左右方向的相机角度。
  - 俯仰（上下）：用于确定上下方向的相机角度。
  - 滚动（扭曲）：用于确定垂直于屏幕方向的相机角度。
  - ☑ 透视图：选取该复选框，说明模型以透视图方式显示。
  - θ：用于确定视图的高度。

- ◆ **视野** 区域：用于定义相机的镜头尺寸。
  - h：用于确定视图的高度，θ 与 h 只需更改一个即可，它们的比值为37:100。
  - l：用于定义视图的距离。

9.5 PhotoView 360 渲染

9.5.1 PhotoView 360 渲染概述

通过SolidWorks提供的PhotoView 360插件可以对产品进行材质、光源、背景以及贴图等设置并进行渲染,以输出照片级的高质量的宣传图片。

PhotoView 360 工具条及菜单简介

完成 PhotoView 360 插件的激活后,SolidWorks 的工作界面中将出现图 9.5.1 所示的"PhotoView 360"工具栏。

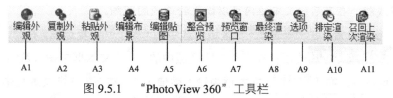

图 9.5.1 "PhotoView 360"工具栏

图 9.5.1 所示的"PhotoView 360"工具栏各按钮说明如下:

A1(编辑外观):为选择几何体指定一个外观。

A2(复制外观):可以从一个实体中复制外观。

A3(粘贴外观):可以将复制外观的粘贴至另一个实体。

A4(编辑布景):为当前激活的文件指定一个景观。

A5(编辑贴图):为选择几何体指定一个贴图。

A6(整合预览):在图形区域预览当前模型的渲染效果。

A7(预览窗口):当更改要求重建模型时,更新间断。在重建完成后,更新继续。A6 A8(最终渲染):显示统计及渲染结果。

A9(选项):单击该按钮后,系统将弹出"PhotoView 360 选项"对话框,可以在该对话框中进行渲染设置。

A10(排定渲染):使用排定渲染对话框在指定时间进行渲染并将之保存到文件。

A11(召回上次渲染):对最后定义的区域进行渲染。

图 9.5.2 "PhotoView 360"下拉菜单

选择下拉菜单 PhotoView 360 命令,系统弹出图 9.5.2 所示的 PhotoWorks 下拉菜单。

9.5.2 PhotoView 360 渲染选项

PhotoView 360 渲染选项用来供普通系统选项切换应用程序属性,在 PhotoView 360 渲染选项中所作的更改,会影响到要渲染以及渲染后的文件。

下面通过一个实例介绍模型渲染时设置 PhotoView 360 渲染选项的具体操作过程。

步骤01 打开模型文件 D:\sw1401\work\ch09.05\ options.SLDPRT。

步骤02 选择命令。选择下拉菜单 PhotoView 360 → 选项(O)... 命令,系统弹出图 9.5.3 所示的"PhotoView 360 选项"对话框。

图 9.5.3 所示的 "PhotoView 360 选项" 对话框个别功能介绍：
- 渲染轮廓和实体模型：先渲染图像，再计算额外的轮廓线，渲染完成后显示渲染的图像和轮廓线。
- 只随轮廓渲染：先渲染图像，再计算额外的轮廓线，渲染完成后只显示轮廓线。
- 线粗：在其后的文本框内可以设置轮廓线的粗细。

步骤03 参数设置。在 输出图像设定 区域中选中 动态帮助(H) 复选框，在 输出图像大小: 下拉列表中选择 使用 SolidWorks 视图 选项；在 渲染品质 区域中的 灰度系 文本框中输入数值 1；选中对话框中的 光晕 复选框，在 光晕设定点 文本框中输入数值 100，在 光晕范围: 文本框中输入数值 5；选中对话框中的 轮廓/动画渲染(R) 复选框，单击 仅限最终渲染 选项下的 按钮，并在 文本框中输入数值 1；选中对话框中的 直接焦散线(D) 复选框，其他参数采用系统默认设置值。

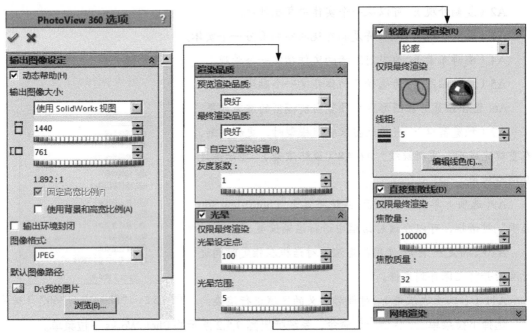

图 9.5.3 "PhotoView 360 选项" 对话框

步骤04 单击 按钮，关闭 PhotoView 360 系统选项对话框，完成 PhotoView 360 系统选项的设置。

第 10 章 运动仿真及动画设计

10.1 概述

在 SolidWorks 2014 中，通过运动算例功能可以快速、简洁地完成机构的仿真运动及动画设计。运动算例可以模拟图形的运动及装配体中部件的直观属性，它可以实现装配体运动的模拟、物理模拟以及 Motion 分析，并可以生成基于 Windows 的 avi 视频文件。

装配体运动的是通过添加马达进行驱动来控制装配体的运动，或者决定装配体在不同时间时的外观。通过设定键码点，可以确定装配体运动从一个位置跳到另一个位置所需的顺序。

物理模拟用于模拟装配体上的某些物理特性效果，包括模拟马达、弹簧、阻尼及引力在装配体上的效应。

Motion 分析用于模拟和分析，并输出模拟单元（力、弹簧、阻尼、摩擦等）在装配体上的效应，它是更高一级的模拟，包含所有在物理模拟中可用的工具。

本节重点讲解装配体运动的模拟，装配体运动可以完全模拟各种机构的运动仿真及常见的动画。打开文件 D:\sw1401\work\ch10.01\intervene.SLDASM，对运动算例的界面进行讲解，其运动算例的界面如图 10.1.1 所示。

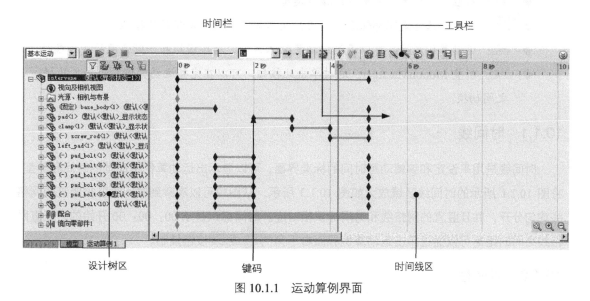

图 10.1.1 运动算例界面

图 10.1.1 所示运动算例界面的工具栏如图 10.1.2 所示，对其中的选项说明如下：

图 10.1.2 运动算例界面工具栏

- ◆ [基本运动]：通过下拉列表选择运动类型。包括动画、基本运动和 Motion 分析三个选项，通常情况下只能看到前两个选项。
- ◆ [图标]：计算运动算例。
- ◆ [图标]：从头播放。
- ◆ [图标]：播放。
- ◆ [图标]：停止播放。
- ◆ [1x]：通过此下拉列表选择播放速度，有七种播放速度可选。
- ◆ [图标]：通过此下拉列表选择播放模式，包括 →播放模式：正常、↻播放模式：循环 和 ↔播放模式：往复 三种播放模式。
- ◆ [图标]：保存动画。此时保存的动画主要为 avi 格式，也可以保存动画的一部分。
- ◆ [图标]：动画向导。通过动画向导可以完成各种简单的动画。
- ◆ [图标]：自动键码。通过自动键码可以为拖动的零部件在当前时间栏生成键码。
- ◆ [图标]：添加/更新键码。在当前所选的时间栏上添加键码或更新当前的键码。
- ◆ [图标]：添加马达。添加马达来控制零部件的移动，由马达驱动。
- ◆ [图标]：弹簧。在两零部件之间添加弹簧。
- ◆ [图标]：接触。定义选定零部件的接触类型。
- ◆ [图标]：引力。给选定零部件添加引力，使零部件绕装配体移动的模拟。
- ◆ [图标]：运动算例属性。可以设置包括装配体运动、物理模拟和一般选项的多种属性。
- ◆ [图标]：折叠 MotionManager。通过单击此按钮，可以在完整运动算例界面和工具栏之间切换。

10.1.1 时间线

时间线是用来设定和编辑动画时间的标准界面，可以显示出运动算例中动画的时间和类型。将图 10.1.1 所示的时间线区域放大如图 10.1.3 所示，从图中可以观察到时间线区被竖直的网格线均匀分开，并且竖直的网格线和时间标识相对应。时间标识是从 00：00：00 开始的，竖直网格线之间的距离可以通过单击运动算例界面右下角的 [图标] 或 [图标] 按钮控制。

10.1.2 时间栏

时间线区域中的黑色竖直线即为时间栏，它表示动画的当前时间。通过定位时间栏，可以显示动画中当前时间对应的模型的更改。

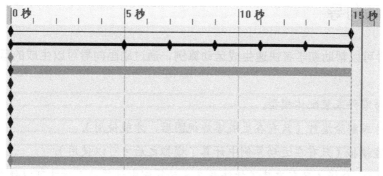

图 10.1.3 "时间线"区域

定位时间栏的方法：

（1）单击时间线上对应的时间栏，模型会显示当前时间的更改。

（2）拖动选中的时间栏到时间线上的任意位置。

（3）选中一时间栏，按一次空格键时间栏会沿时间线往后移动一个时间增量。

10.1.3 更改栏

在时间线上连接键码点之间的水平栏即为更改栏，它表示在键码点之间的一段时间内所发生的更改。更改内容包括：动画时间长度、零部件运动、模拟单元属性更改、视图定向（如缩放、旋转）、视象属性（如颜色外观或视图的显示状态）。

根据实体的不同，更改栏使用不同的颜色来区别零部件和类型的不同更改。系统默认的更改栏的颜色如下：

- ◆ 驱动运动：蓝色
- ◆ 从动运动：黄色
- ◆ 爆炸运动：橙色
- ◆ 外观：粉红色

10.1.4 关键点与键码点

时间线上的◆称为键码，键码所在的位置称为"键码点"，关键位置上的键码点称为"关键点"，在键码操作时需注意以下事项：

- ◆ 拖动装配体的键码（顶层）只更改运动算例的持续时间。
- ◆ 所有的关键点都可以复制、粘贴。
- ◆ 除了 0 秒时间标记处的关键点外，其他都可以剪切和删除。
- ◆ 按住 Ctrl 键可以同时选中多个关键点。

10.2 动画向导

动画向导可以帮助初学者快速生成运动算例，通过动画向导可以生成的运动算例包括以下几项：

- 旋转零件或装配体模型。
- 爆炸或解除爆炸（只有在生成爆炸视图后，才能使用）。
- 物理模拟（只有在运动算例中计算了模拟之后才可以使用）。
- Motion 分析（只有安装了插件并在运动算例中计算结果后才可以使用）。

10.2.1 旋转零件的运动算例

下面以图 10.2.1 所示的模型做旋转零件的运动算例，具体讲解动画向导的使用方法。

步骤 01 打开文件 D:\sw1401\work\ch10.02.01\ screw_rod.SLDPRT。

图 10.2.1 零件模型

步骤 02 展开运动算例界面。在图形区将模型调整到合适的角度。在屏幕左下角单击 运动算例1 按钮，展开运动算例界面，如图 10.2.2 所示。

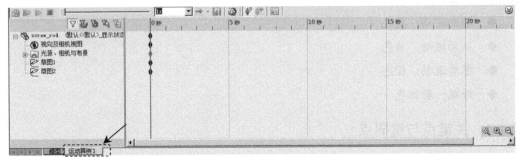

图 10.2.2 运动算例界面

步骤 03 选择旋转类型。在运动算例界面的工具栏中单击 按钮，系统弹出"选择动画类型"对话框，选中 旋转模型(R) 单选项（本例中使用的是零件模型所以只有 旋转模型(R) 单选项可选）。

步骤 04 选择旋转轴。在"选择动画类型"对话框中单击 下一步(N) > 按钮，系统切换到"选择—旋转轴"对话框，其中的设置如图 10.2.3 所示。

第 10 章 运动仿真及动画设计

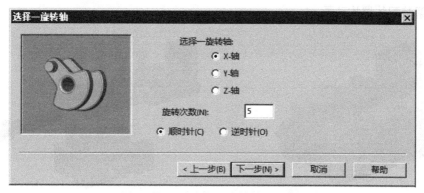

图 10.2.3 "选择一旋转轴"对话框

图 10.2.3 所示的"选择一旋转轴"对话框中的选项说明如下：

- ◆ `X-轴`：指定旋转轴为 X 轴。
- ◆ `Y-轴`：指定旋转轴为 Y 轴。
- ◆ `Z-轴`：指定旋转轴为 Z 轴。
- ◆ `旋转次数(N)`：这里规定旋转一周为一次，旋转次数即为旋转的周数。
- ◆ `顺时针(C)`：指定旋向为顺时针旋转。
- ◆ `逆时针(O)`：指定旋向为逆时针旋转。

步骤 05 单击 `下一步(N) >` 按钮，系统切换到"动画控制选项"对话框，在 `时间长度(秒)` 文本框中输入数值 10.0，在 `开始时间(秒)(S)` 文本框中输入数值 0，单击 `完成` 按钮，完成运动算例的创建，运动算例界面如图 10.2.4 所示。

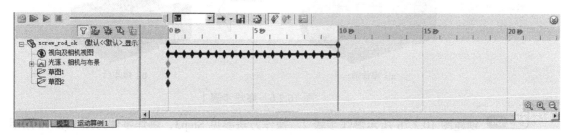

图 10.2.4 运动算例界面

步骤 06 播放动画。在运动算例界面中的工具栏中单击 ▶ 按钮，可以观察零件在视图区中作的旋转运动。

步骤 07 至此，运动算例完毕。选择下拉菜单 `文件(F)` ➡ `另存为(A)...` 命令，命名为 screw_rod_ok，即可保存模型。

10.2.2 装配体爆炸动画

通过运动算例中的动画向导功能可以模拟装配体的爆炸效果，下面以图 10.2.5b 所示的模型为例,讲解装配体爆炸动画。

a)爆炸前　　　　　　　　　　　　b)爆炸后

图 10.2.5　装配模型

步骤01　打开文件 D:\sw1401\work\ch10.02.02\intervene.SLDASM.

步骤02　选择下拉菜单 插入(I) ➡ 爆炸视图(V) 命令,系统弹出"爆炸"对话框。

步骤03　创建图 10.2.6b 所示的爆炸步骤 1。在图形区选取图 10.2.6a 所示的 base_body。选择 Y 轴为移动方向,在"爆炸"窗口的 设定(T) 区域的"爆炸距离" D1 后输入数值-50,单击 应用(P) 按钮,单击 完成(D) 按钮,完成第一个零件的爆炸移动。

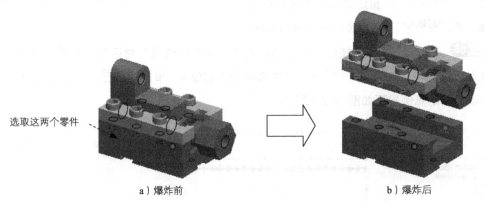

a)爆炸前　　　　　　　　　　　　b)爆炸后

图 10.2.6　爆炸步骤 1

步骤04　创建图 10.2.7b 所示爆炸步骤 2。操作方法参见 Step3,爆炸零件为图 10.2.7a 所示的 6 个 pad_bolt。爆炸方向为 Y 轴方向,爆炸距离值为 40。

步骤05　创建图 10.2.8b 所示爆炸步骤 3。操作方法参见 Step3,爆炸零件为图 10.2.8a 所示的 pad。爆炸方向为 Y 轴方向,爆炸距离值为-30。

步骤06　创建图 10.2.9b 所示爆炸步骤 4。操作方法参见 Step3,爆炸零件为图 10.2.9a 所示的 clamp。爆炸方向为 X 轴方向(红色箭头),爆炸距离值为-70。

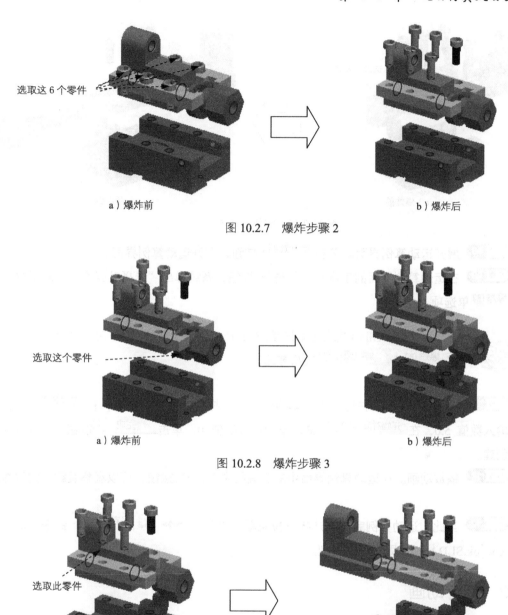

a）爆炸前　　　　　　　　　　　　　　　b）爆炸后

图 10.2.7　爆炸步骤 2

a）爆炸前　　　　　　　　　　　　　　　b）爆炸后

图 10.2.8　爆炸步骤 3

a）爆炸前　　　　　　　　　　　　　　　b）爆炸后

图 10.2.9　爆炸步骤 4

步骤 07　创建图 10.2.10b 所示爆炸步骤 5。操作方法参见 Step3，爆炸零件为图 10.2.10a 所示的零件。爆炸方向为 X 轴方向，爆炸距离值为 100，单击 ✓ 按钮，完成爆炸视图的创建。

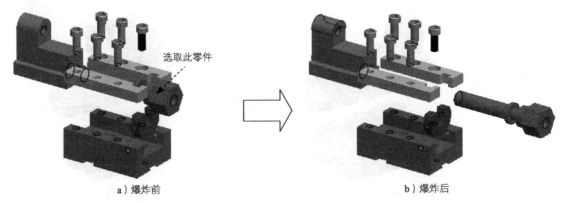

a）爆炸前　　　　　　　　　　　　　　b）爆炸后

图 10.2.10　爆炸步骤 5

(步骤 08) 展开运动算例界面。单击 运动算例1 按钮，展开运动算例界面。

(步骤 09) 在运动算例界面的工具栏中单击 按钮，系统弹出"选择动画类型"对话框，选中 爆炸(E) 单选项。

本例中使用的是装配体模型，而且已经生成了爆炸视图，所以 旋转模型(R) 、爆炸(E) 和 解除爆炸(C) 选项可选。

(步骤 10) 单击 下一步(N)> 按钮，系统切换到"动画控制选项"对话框，在 时间长度(秒) 文本框中输入数值 5.0，在 开始时间(秒)(S): 文本框中输入数值 0，单击 完成 按钮，完成运动算例的创建。

(步骤 11) 播放动画。在运动算例界面中的工具栏中单击 按钮，可以观察装配体的爆炸运动。

(步骤 12) 至此，运动算例完毕。选择下拉菜单 文件(F) → 另存为(A)... 命令，命名为 intervene_ok.SLDASM，即可保存模型。

10.3　保存动画

当一个运动算例操作完成之后，需要将结果保存，运动算例中有单独的保存动画的功能，可以将 SolidWorks 中的动画保存为基于 Windows 的 avi 格式的视频文件。

下面以上一节中的装配体爆炸动画为例，介绍保存动画的操作过程。

在运动算例界面的工具栏中单击按 钮，系统弹出图 10.3.1 所示的"保存动画到文件"对话框。

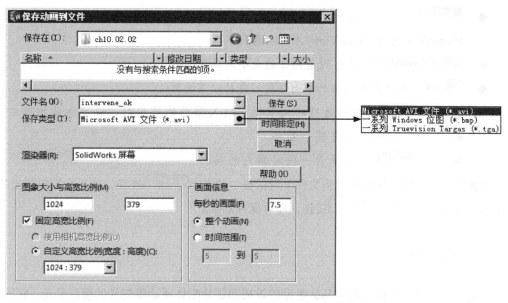

图 10.3.1 "保存动画到文件"对话框

图 10.3.1 所示的"保存动画到文件"对话框中各选项说明如下：

- 保存类型(T)：运动算例中生成的动画可以保存的格式有三种：Microsoft .avi 文件格式、系列 .bmp 文件格式和系列 .trg 文件格式（通常情况我们将动画保存为 .avi 文件格式）。
- 时间排定(H)：单击此按钮，系统会弹出"视频压缩"对话框，如图 10.3.2 所示（通过"视频压缩"对话框可以设定视频文件的压缩程序和质量，压缩比例越小，生成的文件也越小，同时，图象的质量也较差）。在"视频压缩"对话框中单击 确定 按钮，系统弹出"预定动画"对话框，如图 10.3.3 所示。在"预定动画"对话框中可以设置任务标题、文件名称、保存文件路径和开始/结束时间等。

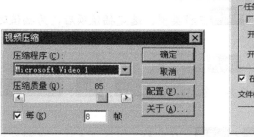

图 10.3.2 "视频压缩"对话框

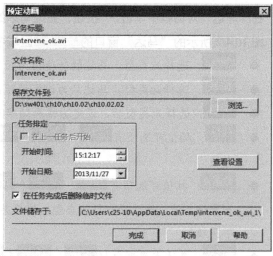

图 10.3.3 "预定动画"对话框

- 渲染器(R):包括"SolidWorks 屏幕"和"PhotoView"两个选项,其中只有在安装了 PhotoView 之后"PhotoView"才可以看到。
- 图象大小与高宽比例(M):设置图像的大小与高宽比例。
- 画面信息:用于设置动画的画面信息,包括以下选项:
  - 每秒的画面(F):在此选项的文本框中输入每秒的画面数,设置画面的播放速度。
  - 整个动画(N):保存整个动画。
  - 时间范围(T):只保存一段时间内的动画。

设置完成后,在"保存动画到文件"对话框中单击 保存(S) 按钮,然后在系统弹出的"视频压缩"对话框中单击 确定 按钮,即可保存动画。

10.4 马达动画

马达动画是指通过模拟各种马达类型的效果而绕装配体移动零部件的模拟单元,它不是力,强度不会根据零部件的大小或质量变化。

下面以如图 10.4.1 所示的装配体模型为例,讲解线性马达的动画操作过程。

步骤01 打开文件 D:\sw1401\work\ch10.04\glass_fix.SLDASM。

步骤02 展开运动算例界面。单击 运动算例1 按钮,展开运动算例界面。

步骤03 添加马达。在运动算例工具栏后单击 按钮,系统弹出图 10.4.2 所示的"马达"对话框。

步骤04 编辑马达。在"马达"对话框 马达类型(T) 区域中单击 线性马达(驱动器)(L) 按钮,在 零部件/方向(D) 区域中激活马达位置文本框,然后在图形区选取图 10.4.3 所示的模型边线,在 运动(M) 区域的类型下拉列表中选择 等速 选项,调整转速为 3mm/s,其他参数采用系统默认设置值,在"马达"对话框中单击 按钮,完成马达的添加。

图 10.4.2 所示的"马达"窗口的 运动(M) 区域中的运动类型的说明如下:

- 等速:选择此类型,马达的转速值为恒定。
- 距离:选择此类型,马达只为设定的距离进行操作。
- 振荡:选择此类型后,设定振幅和频率来控制马达。
- 线段:插值可选项有 位移、速度 和 加速度 三种类型,选定插值项后,为插值时间设定值。
- 数据点:插值可选项有 位移、速度 和 加速度 三种类型,选定插值项后,为插值时间和测量设定值,然后选取插值类型。插值类型包括 立方样条曲线、线性 和 Akima 样条曲线 三个选项。
- 表达式:表达式类型包括 位移、速度 和 加速度 三种类型。在选择表达式类型之后,可以输入不同的表达式。

步骤05 保存动画。在运动算例界面中类型文本框中定义运动的类型为 Motion 分析，单击 ▶ 按钮，可以观察动画，在工具栏中单击 按钮，命名为 glass_fix，保存动画。

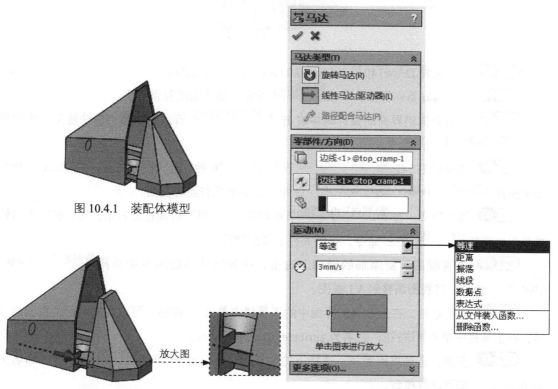

图 10.4.1 装配体模型

图 10.4.3 定义马达位置

图 10.4.2 "马达"对话框

 此处需激活 SolidWorks Motion 插件后才有 Motion 分析 选项。

步骤06 至此，运动算例完毕。选择下拉菜单 文件(F) ➡ 另存为(A)... 命令，命名为 glass_fix_ok，即可保存模型。

10.5 视图定向

运动算例中可以移动零件和装配体的视图方位，或者是否使用一个或多个相机。在做其他运动算例时，通过使用控制视图方位动画生成和播放的选项，可以不捕捉这些移动而旋转、平移及缩放模型。

下面以如图 10.5.1 所示的装配体模型为例，讲解视图定向的操作过程。

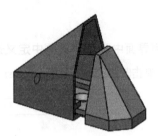

图 10.5.1 装配体模型

步骤 01 打开文件 D:\sw1401\work\ch10.05\attribute.SLDASM。

步骤 02 展开运动算例界面。单击 运动算例1 按钮，展开运动算例界面。

步骤 03 在运动算例界面的设计树中右击 视向及相机视图 节点，在弹出的快捷菜单中选择 禁用观阅键码播放(B) 命令。

步骤 04 调整视图。在 视向及相机视图 节点对应的"0秒"时间栏上右击，在弹出的快捷菜单中选择 视图定向 ➡ 右视(D) 命令，将视图调整到右视图。

步骤 05 添加键码。在 视向及相机视图 节点对应的"5秒"时间栏上右击，然后在弹出的快捷菜单中选择 放置键码(K) 命令，在时间栏上添加键码。

步骤 06 调整视图。新添加的键码上右击，在弹出的快捷菜单中选择 视图定向 ➡ v1 命令，将视图调整到 V1 视图。

步骤 07 保存动画。在运动算例界面中的工具栏中单击 ▶ 按钮，可以观察装配件视图的旋转，在工具栏中单击 按钮，命名为 attribute_01，保存动画。

步骤 08 至此，运动算例完毕。选择下拉菜单 文件(F) ➡ 另存为(A)... 命令，命名为 attribute_ok，即可保存模型。

10.6 视图属性

运动算例中可以移动零件和装配体的视图属性，包括零件和装配体的隐藏/显示以及外观设置等。下面以图 10.6.1 所示的装配体模型为例，讲解视图属性在运动算例的应用。

步骤 01 打开文件 D:\sw1401\work\ch10.06\attribute_02.SLDPRT。

步骤 02 展开运动算例界面。单击 运动算例1 按钮，展开运动算例界面。

步骤 03 添加键码。在 (固定) top_cramp<1> 节点对应的"2 秒"时间栏上右击，弹出图 10.6.2 所示的快捷菜单，在快捷菜单中选择 放置键码(K) 命令，此时时间栏区域如图 10.6.3 所示。

步骤 04 在运动算例界面的设计树中单击 (固定) top_cramp<1> 节点前的"+"，展开 (固定) top_cramp<1> 零件的子节点，此时可以看到每个属性都对应有键码。

步骤 05 在特征设计树中选择 (固定) top_cramp<1> 节点，然后选择下拉菜单编辑(E) → 外观(A) → 外观(A)...命令,系统弹出"颜色"对话框。

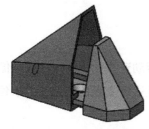

图 10.6.1 装配体模型

图 10.6.2 快捷菜单

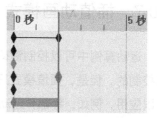

图 10.6.3 时间栏区域

步骤 06 在"颜色"对话框的 颜色 区域中选择图 10.6.4 所示的颜色类型,其他参数采用系统默认设置值,然后在"颜色"对话框中单击 ✔ 按钮,完成颜色的设置,模型颜色如图 10.6.5 所示。

图 10.6.4 选择颜色类型

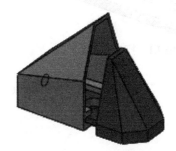

图 10.6.5 模型颜色

步骤 07 在 ⊞ (固定) top_cramp<1> 节点对应的"0 秒"时间栏上的键码右击,从弹出的快捷菜单中选择 复制(C) 命令,在 ⊞ (固定) top_cramp<1> 节点对应的"5 秒"时间栏上右击,从弹出的快捷菜单中选择 粘帖(P) 命令,此时在"5 秒"时间栏上出现新的键码。

说明 "0 秒"时间栏上的键码粘贴到"5 秒"时间栏上,是定义在"5 秒"时模型表现出来的视图属性和"0 秒"时间是相同的。

步骤 08 保存动画。在运动算例界面中的工具栏中单击 ▶ 按钮,可以观察装配件视图属性的变化,在工具栏中单击 按钮,命名为 attribute_02,保存动画。

步骤 09 至此,运动算例完毕。选择下拉菜单 文件(F) → 另存为(A)... 命令,命名为

attribute_02_ok，即可保存模型。

10.7 插值动画模式

运动算例中可以控制键码点之间更改的加速或减速运动。运动速度的更改是通过插值模式来控制的。但是，插值模式只有在键码之间存在有在结束关键点进行变更的连续值的事件中才可以应用。例如，零部件运动，视图属性更改的动画等。

下面以图 10.7.1 所示的模型为例，讲解插值动画模式的创建过程。

步骤01 打开文件 D:\sw1401\work\ch10.07\shift.SLDASM，模型如图 10.7.1 所示，此时零件 clamp 在图的位置 A。

步骤02 展开运动算例界面。单击 运动算例1 按钮，展开运动算例界面。

步骤03 在 [(-) clamp<1>] 节点对应的"5 秒"时间栏上单击，然后将"clamp"零件拖动到图 10.7.2 所示的位置 B。

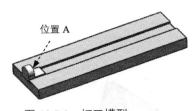

图 10.7.1 打开模型

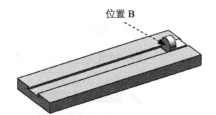

图 10.7.2 拖动"clamp"零件

 此步操作中，请确认"自动键码"按钮是按下状态，否则无法自动生成动画序列。

步骤04 编辑键码。在 [(-) clamp<1>] 节点对应的"5 秒"时间处的键码点上右击，系统弹出图 10.7.3 所示的快捷菜单，选择 插值模式(I) ➡ 渐入(I) 命令，更改 clamp 零件的移动速度。

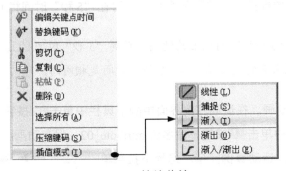

图 10.7.3 快捷菜单

图 10.7.3 所示的快捷菜单中的说明如下：

- ┘ 线性(L)：默认设置。指零部件以匀速从位置 A 移到位置 B。
- ┘ 捕捉(S)：零部件将停留在位置 A，直到时间到达第二个关键点，然后捕捉到位置 B。
- ┘ 渐入(I)：零部件开始慢速移动，但随后会朝着位置 B 方向加速移动。
- ┌ 渐出(O)：零部件开始快速移动，但随后会朝着位置 B 方向加速移动。
- ┌ 渐入/渐出(E)：部件在接近位置 A 和位置 B 的中间位置过程中加速移动，然后在接近位置 B 过程中减速移动。

步骤 05 保存动画。在运动算例界面中的工具栏中单击 ▶ 按钮，可以观察滚珠移动速度的改变，在工具栏中单击 💾 按钮，命名为 shift，保存动画。

步骤 06 至此，运动算例完毕。选择下拉菜单 文件(F) ➡ 📄 另存为(A)... 命令，命名为 shift_ok，即可保存模型。

10.8 配合在动画中的应用

通过改变装配体中的配合参数，可以生成一些直观、形象的动画，如图 10.8.1 所示的装配体中，通过改变距离配合的参数，以达到模拟小球跳动的动画，下面将介绍具体操作方法。

步骤 01 新建一个装配体模型文件，进入装配体环境，系统弹出"开始装配体"对话框。

步骤 02 引入地面。在"开始装配体"对话框中单击 浏览(B)... 按钮，在弹出的"打开"对话框中选择 D:\sw1401\work\ch10.08\floor.SLDPRT，然后单击对话框中的 打开(O) 按钮，单击 ✓ 按钮，将零件固定在原点位置，如图 10.8.2 所示。

步骤 03 引入球。

（1）选择下拉菜单 插入(I) ➡ 零部件(O) ➡ 现有零件/装配体(E)... 命令，系统弹出"插入零部件"对话框。

（2）单击"插入零部件"对话框中的 浏览(B)... 按钮，在系统弹出的"打开"对话框中选取 D:\sw1401\work\ch10.08\ball.SLDPRT，单击 打开(O) 按钮，将零件放置到图 10.8.3 所示的位置。

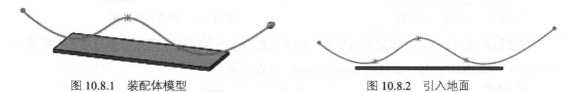

图 10.8.1　装配体模型　　　　　　　图 10.8.2　引入地面

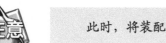 此时，将装配体模型调整到图 10.8.4 所示的大概位置，方便观阅动画。

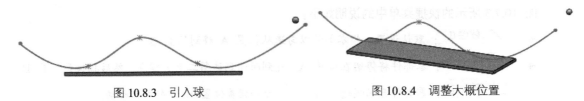

图 10.8.3 引入球 　　　　　　　　　图 10.8.4 调整大概位置

步骤04 添加配合使零件部分定位。

（1）选择下拉菜单 插入(I) → 配合(M)... 命令，系统弹出"配合"对话框。

（2）添加"重合"配合。单击"配合"对话框中的 按钮，在设计树中选取"ball"零件的原点和图 10.8.5 所示的曲线 1 重合，单击快捷工具条中的 按钮。

（3）添加"距离"配合。单击"配合"对话框中的 按钮，在设计树种选取"ball"零件的原点和图 10.8.6 所示的曲线端点 1，输入距离值 5.0，单击快捷工具条中的 按钮。

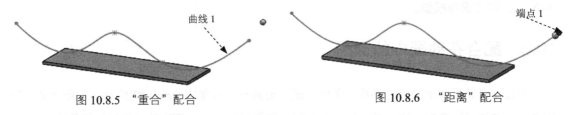

图 10.8.5 "重合"配合 　　　　　　　图 10.8.6 "距离"配合

步骤05 展开运动算例界面。单击 运动算例1 按钮，展开运动算例界面。

步骤06 添加键码。在 配合节点下的 距离1 (ball<1>, floor<1>) 子节点对应的"10 秒"时间栏上右击，然后在弹出的快捷菜单中选择 放置键码(K) 命令，在时间栏上添加键码。

步骤07 修改距离。双击新添加的键码，系统弹出"修改"对话框，在图 10.8.7 所示的"修改"对话框中输入尺寸值 460，单击 按钮，然后选择下拉菜单 编辑(E) → 重建模型(R) 命令，完成尺寸的修改后装配体如图 10.8.8 所示。

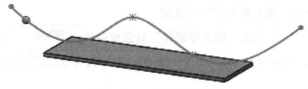

图 10.8.7 "修改"对话框 　　　　　　图 10.8.8 修改尺寸结果

步骤08 保存动画。在运动算例界面中的工具栏中单击 按钮，可以观察球随着曲线移动，在工具栏中单击 按钮，命名为 assort_move，保存动画。

步骤09 至此，运动算例完毕。选择下拉菜单 文件(F) → 保存(S) 命令，命名为 assort，即可保存模型。

10.9 相机动画

基于相机的动画与以"装配体运动"生成的所有动画相同,通过在时间线上放置时间栏定义相机属性更改发生的时间点及定义对相机属性所作的更改。可以更改的相机属性包括位置、视野、滚转、目标点位置和景深,其中只有在渲染动画中才能设置景深属性。

在运动算例中有两种方法生成基于相机的动画:

第一种方法为通过添加键码点,并在键码点处更改相机的位置、景深、光源等属性来生成动画。

第二种方法需要通过相机撬。将相机附加到相机撬上,然后就可以像动画零部件一样动画相机。

下面以图 10.9.1 所示的装配体模型为例,介绍相机动画的创建过程。

步骤01 新建一个装配体模型文件,进入装配体环境,系统弹出"开始装配体"对话框。

步骤02 引入管道。在"开始装配体"对话框中单击 浏览(B)... 按钮,在弹出的"打开"对话框中选择保存路径下的零部件模型 D:\sw1401\work\ch10.09\tube.SLDPRT,然后单击对话框中的 打开(O) 按钮,单击 ✔ 按钮将零件固定在原点位置,如图 10.9.2 所示。

图 10.9.1 装配体模型

步骤03 引入相机撬。

(1)选择下拉菜单  命令,系统弹出"插入零部件"对话框。

(2)单击"插入零部件"对话框中的 浏览(B)... 按钮,在系统弹出的"打开"对话框中选取 D:\sw1401\work\ch10.09\tray.SLDPRT,单击 打开(O) 按钮,将零件放置到图 10.9.3 所示的位置。

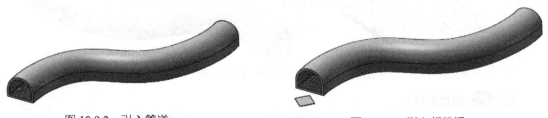

图 10.9.2 引入管道   图 10.9.3 引入相机撬

步骤04 添加配合使零件完全定位。

(1)选择下拉菜单 插入(I) → 配合(M)... 命令,系统弹出"配合"对话框。

（2）添加"路径配合"1。单击"配合"对话框中的 路径配合(P) 按钮，在图形中选取图 10.9.4 所示边线的中点 1 和样条曲线，在 路径约束: 下拉列表中选择 自由 选项，在 俯仰/偏航控制 下拉列表中选择 随路径变化 选项，选中 X 单选项，结果如图 10.9.5 所示。

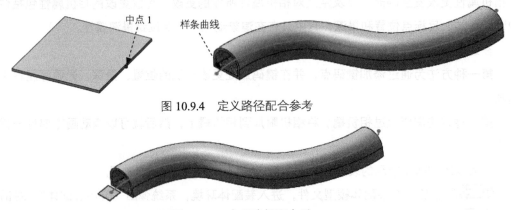

图 10.9.4 定义路径配合参考

图 10.9.5 定义路径配合后

（3）添加"平行"配合。单击"配合"对话框中的 平行(R) 按钮，在图形中选取图 10.9.6 所示的面 1 和面 2，单击快捷工具条中的 按钮。

图 10.9.6 定义"平行"配合参考

（4）添加"距离"配合。单击"配合"对话框中的 按钮，在设计树种选取图 10.9.7 所示的"相机撬"模型边线的中点与图 10.9.7 所示的曲线端电 1，输入距离值 10.0，单击快捷工具条中的 按钮。

图 10.9.7 定义"距离"配合参考

步骤 05 添加相机。

（1）选择下拉菜单 视图(V) → 光源与相机(L) → 添加相机(C) 命令，打开"相机 1"对话框，同时图形窗口打开一个垂直双视图视口，左侧为相机，右侧为相机视图。

（2）在"相机 1"对话框中激活 目标点 区域，在图形中选取图 10.9.8 所示的点 1 为目标点；

激活 相机位置 区域，选取图 10.9.8 所示的点 2 为相机的位置；激活 相机旋转 区域，选取图 10.9.8 所示的面 1 来设定卷数，其他参数设置如图 10.9.9 所示，设定完成后相机视图如图 10.9.10 所示。

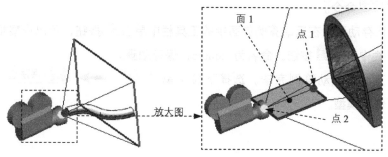

图 10.9.8 相机设置

（3）在"相机 1"对话框中单击 ✓ 按钮，完成相机的设置。

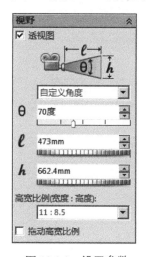
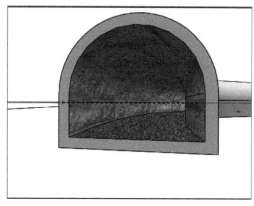

图 10.9.9 设置参数　　　　图 10.9.10 相机视图

步骤 06　展开运动算例界面。单击 运动算例 1 按钮，展开运动算例界面。

步骤 07　添加键码。在 配合 节点下的 距离1 (tray<1>, tube<1>) 子节点对应的"10 秒"时间栏上右击，然后在弹出的快捷菜单中选择 放置键码(K) 命令，在时间栏上添加键码。

步骤 08　编辑键码。双击新添加的键码，系统弹出"修改"对话框，在"修改"对话框中输入尺寸值 600，然后单击 ✓ 按钮，完成尺寸的修改。

步骤 09　在运动算例界面的设计树中右击 视向及相机视图 节点，在弹出的快捷菜单中选择 禁用观阅键码播放(B) 命令。

步骤 10　添加键码。在 光源、相机与布景 节点下的 相机1 子节点对应的"10 秒"时间栏上右击，然后在弹出的快捷菜单中选择 放置键码(K) 命令，在时间栏上添加键码。

步骤 11　编辑键码。双击新添加的键码，系统弹出"相机 1"对话框，在 相机旋转 区域 θ 的文本框中输入 20deg，其他选项采用系统默认设置值，单击 ✓ 按钮，完成相机的设置。

步骤 12 调整到相机视图。右击 [视向及相机视图] 节点对应的键码，在系统弹出的快捷菜单中选择 [相机视图] 命令。

步骤 13 保存动画。在运动算例界面中的工具栏中单击 ▶ 按钮，可以观察相机穿越管道的运动，在工具栏中单击 按钮，命名为 camera，保存动画。

步骤 14 至此，运动算例完毕。选择下拉菜单 [文件(F)] → [保存(S)] 命令，命名为 camera，即可保存模型。

第11章 有限元结构分析

11.1 概述

在现代先进制造领域中,我们经常会碰到的问题是计算和校验零部件的强度、刚度以及对机器整体或部件进行结构分析等。

一般情况下,我们运用力学原理已经得到了它们的基本方程和边界条件,但是能用解析方法求解的只是少数方程,性质比较简单,边界条件比较规则的问题。绝大多数工程技术问题很少有解析解。

处理这类问题通常有两种方法:

一种是引入简化假设,使达到能用解析解法求解的地步,求得在简化状态下的解析解,这种方法并不总是可行的,通常可能导致不正确的解答。

另一种途径是保留问题的复杂性,利用数值计算的方法求得问题的近似数值解。

随着电子计算机的飞跃发展和广泛使用,已逐步趋向于采用数值方法来求解复杂的工程实际问题,而有限元法是这方面的一个比较新颖并且十分有效的数值方法。

有限元法是根据变分法原理来求解数学物理问题的一种数值计算方法。由于工程上的需要,特别是高速电子计算机的发展与应用,有限元法才在结构分析矩阵方法基础上,迅速地发展起来,并得到越来越广泛的应用。

有限元法所以能得到迅速的发展和广泛的应用,除了高速计算机的出现与发展提供了充分有利的条件以外,还与有限元法本身的所具有的优越性分不开的。其中主要有:

(1)可完成一般力学中无法解决的对复杂结构的分析问题。

(2)引入边界条件的办法简单,为编辑通用化的程序带来了极大的简化。

(3)有限元法不仅适应于复杂的几何形状和边界条件,而且能应用于复杂的材料性质问题。它还成功地用来求解如热传导、流体力学以及电磁场、生物力学等领域的问题。它几乎适用于求解所有关于连续介质和场的问题。

有限元法的应用与电子计算机紧密相关,由于该法采用矩阵形式表达,便于编制计算机程序,可以充分利用高速电子计算机所提供的方便。因而,有限元法已被公认为工程分析的有效工具,受到普遍的重视。随着机械产品日益向高速、高效、高精度和高度自动化技术方向发展,有限元法在现代先进制造技术的作用和地位也越来越显著,它已经成为现代机械产品设计中的一种重要的且必不可少的工具。

11.2 SolidWorks Simulation 插件

11.2.1 SolidWorks Simulation 插件的激活

SolidWorks Simulation 是 SolidWorks 组件中的一个插件,只有激活该插件后,才可以使用,激活 SolidWorks Simulation 插件后,系统会增加用于结构分析的工具栏和下拉菜单。激活 SolidWorks Simulation 插件的操作步骤如下:

步骤01 选择命令。选择下拉菜单 工具(T) → 插件(D)... 命令,系统弹出图 11.2.1 所示的"插件"对话框。

步骤02 在"插件"对话框中选中 ☑ SolidWorks Simulation ☑ 复选框,如图 11.2.1 所示。

步骤03 单击 确定 按钮,完成 SolidWorks Simulation 插件的激活。

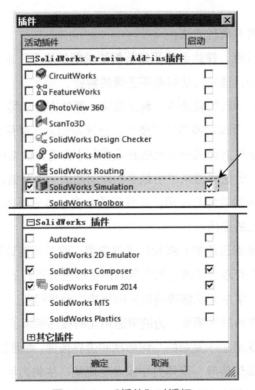

图 11.2.1 "插件"对话框

11.2.2 SolidWorks Simulation 的工作界面

打开文件 D:\sw1401\work\ch11.02\ analysis.SLDPRT。进入到 SolidWorks Simulation 环境后如图 11.2.2 所示。

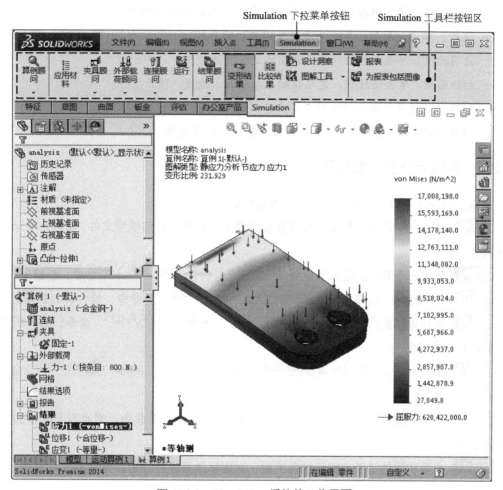

图 11.2.2　Simulation 插件的工作界面

11.2.3　Simulation 工具栏命令介绍

工具栏中的命令按钮为快速进入命令及设置工作环境提供了极大的方便，使用工具栏中的命令按钮能够高效的提高工作效率，用户也可以根据具体情况定制工具栏。

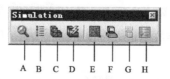

图 11.2.3　"Simulation"工具栏

图 11.2.3 所示的"Simulation"工具栏中的按钮说明如下：

A：新算例。单击该按钮，系统弹出"算例"对话框，用户可以定义一个新的算例。

B：应用材料。单击该按钮，系统弹出"材料"对话框，用户可以给分析对象添加材料属性。

C：生成网格。单击该按钮，系统为活动算例生成实体/壳体网格。

D：运行。单击该按钮，系统为活动算例启动解算器。

E：应用控件。单击该按钮，为所选实体定义网格控制。

F：相触面组。单击该按钮，定义接触面组（面、边线、顶点）。

G：跌落测试设置。单击该按钮，用户可以定义跌落测试设置。

H：结果选项。单击该按钮，用户可以定义/编辑结果选项。

11.2.4 有限元分析一般过程

在 SolidWorks 中进行有限元分析的一般过程如下：

步骤01 新建一个几何模型文件或者直接打开一个现有的几何模型文件，作为有限元分析的几何对象。

步骤02 新建一个算例。选择下拉菜单 Simulation → 算例(S)... 命令，新建一个算例。

步骤03 应用材料。选择下拉菜单 Simulation → 材料(T) 命令，给分析对象指定材料。

步骤04 添加边界条件。选择下拉菜单 Simulation → 载荷/夹具(L) 命令，给分析对象添加夹具和外部载荷条件。

步骤05 划分网格。选择下拉菜单 Simulation → 网格(M) → 生成(C)... 命令，系统自动划分网格。

步骤06 求解。选择下拉菜单 Simulation → 运行(U)... 命令，对有限元模型的计算工况进行求解。

步骤07 查看和评估结果。显示结果图解，对图解结果进行分析，评估设计是否符合要求。

11.2.5 有限元分析选项设置

在开始一个分析项目之前，应该对有限元分析环境进行预设置，包括单位、结果文件及数据库存放地址、默认图解显示方法、网格显示、报告格式以及各种图标颜色设置等等。

选择下拉菜单 Simulation → 选项(O)... 命令，系统弹出"系统选项——一般"对话框，在对话框中包括 系统选项 和 默认选项 两个选项卡，其中 系统选项 是针对所有算例的，可以对错误信息、网格颜色以及默认数据库存放地址进行设置；默认选项 只针对新建的算例，包括算例中的各种设置。

步骤01 选择下拉菜单 Simulation → 选项(O)... 命令，系统弹出"系统选项——一般"对话框。

步骤02 在"系统选项——一般"对话框中单击 系统选项 选项卡，在左侧列表中选择 普通 选项，此时对话框如图 11.2.4 所示。

第 11 章 有限元结构分析

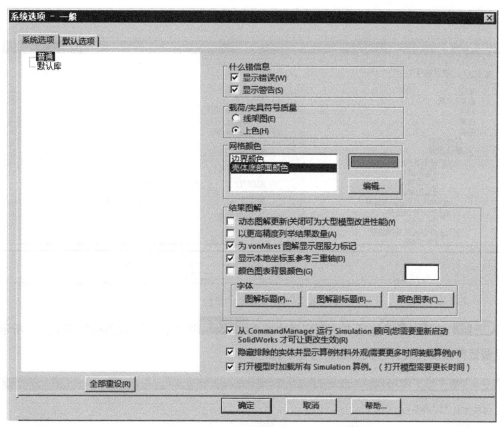

图 11.2.4 "系统选项——一般"对话框

步骤03 在"系统选项——一般"对话框中左侧列表中选择 默认库 选项,此时对话框如图 11.2.5 所示,可以设置数据库存放地址。

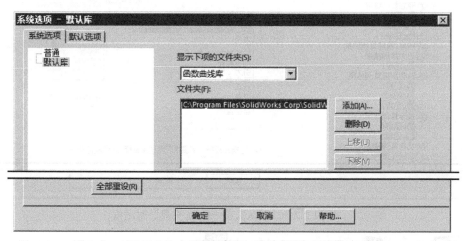

图 11.2.5 "系统选项—默认库"对话框

步骤04 在对话框中单击 默认选项 选项卡,在左侧列表中选择 单位 选项,此时对话框如图

345

11.2.6 所示。可以进行分析单位设置。

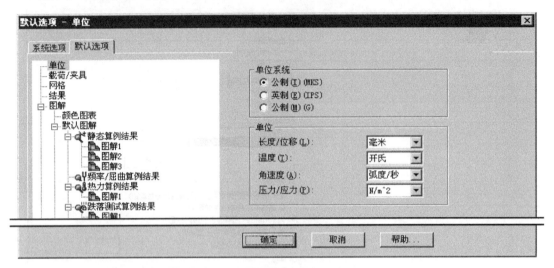

图 11.2.6　"默认选项—单位"对话框

步骤 05　在 默认选项 选项卡左侧列表中选择 载荷/夹具 选项，此时对话框如图 11.2.7 所示。可以设置载荷以及夹具符号大小和符号显示颜色。

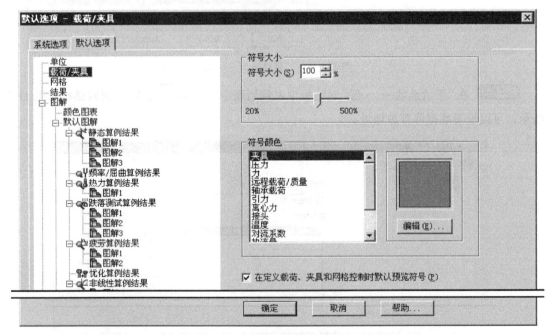

图 11.2.7　"默认选项—载荷/夹具"对话框

步骤 06　在 默认选项 选项卡左侧列表中选择 网格 选项，此时对话框如图 11.2.8 所示。可以设置网格参数。

第 11 章 有限元结构分析

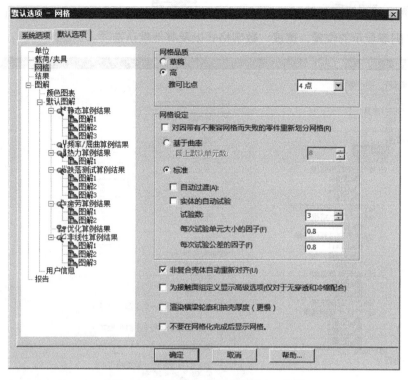

图 11.2.8 "默认选项—网格"对话框

步骤 07 在 默认选项 选项卡左侧列表中选择 结果 选项,此时对话框如图 11.2.9 所示。可以设置默认解算器以及分析结果文件存放地址。

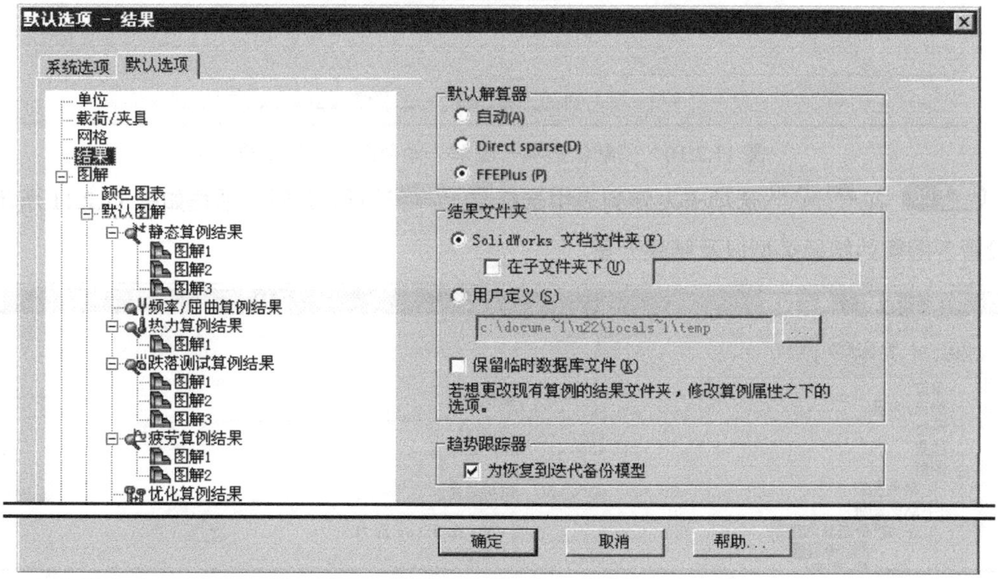

图 11.2.9 "默认选项—结果"对话框

347

步骤 08 在 默认选项 选项卡左侧列表中选择 颜色图表 选项，此时对话框如图 11.2.10 所示。可以设置颜色图表显示的位置、宽度、数字格式以及其他默认选项。

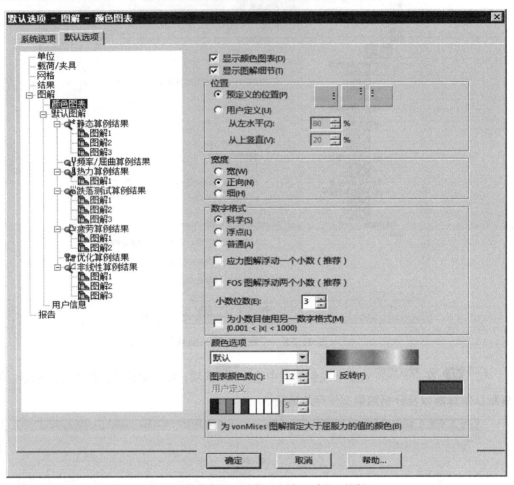

图 11.2.10　"默认选项—图解—颜色图表"对话框

步骤 09 在 默认选项 选项卡左侧列表中选择 图解1 选项，此时对话框如图 11.2.11 所示。可以设置各图解的结果类型以及结果分量。

图 11.2.11　"默认选项—图解—动态图解"对话框

步骤 10 在 默认选项 选项卡左侧列表中选择 用户信息 选项，此时对话框如图 11.2.12 所示。可以设置用户基本信息，包括公司名称、公司标志以及作者名称。

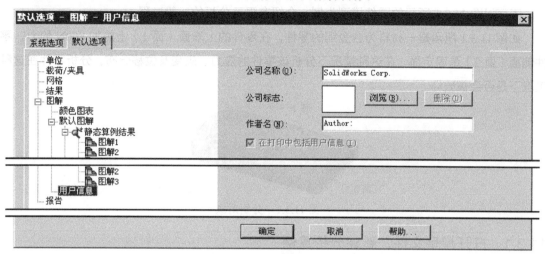

图 11.2.12 "默认选项—图解—用户信息"对话框

步骤 11 在 默认选项 选项卡左侧列表中选择 报告 选项，此时对话框如图 11.2.13 所示。可以设置分析报告格式。

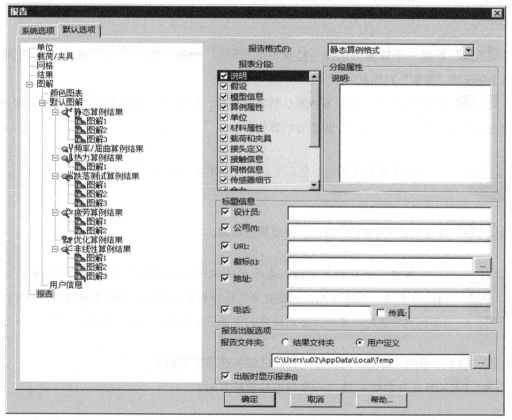

图 11.2.13 "报告"对话框

11.3 SolidWorks 零件有限元分析的一般过程

下面以图 11.3.1 所示的零件模型为例,介绍有限元分析的一般过程。

如图 11.3.1 所示是一材料为合金钢的零件,在零件的上表面(面 1)上施加 800N 的力,零件侧面(面 2)是固定面,在这种情况下分析该零件的应力、应变及位移分布,分析零件在这种工况下是否会被破坏。

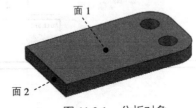

图 11.3.1 分析对象

11.3.1 打开模型文件,新建分析算例

步骤 01 打开文件 D:\sw1401\work\ch11.03\analysis.SLDPRT。

  打开零件后,需确认已将 SolidWorks Simulation 插件激活。

步骤 02 新建一个算例。选择下拉菜单 Simulation → 算例(S)... 命令,系统弹出图 11.3.2 所示的"算例"对话框。

步骤 03 定义算例类型。采用系统默认的算例名称,在"算例"对话框的 类型 区域中单击"静应力分析"按钮,即新建一个静态分析算例。

  选择不同的算例类型,可以进行不同类型的有限元分析。

步骤 04 单击对话框中的 ✓ 按钮,完成算例新建。

  新建一个分析算例后,在导航选项卡中模型树下方会出现算例树,如图 11.3.3 所示。在有限元分析过程中,对分析参数以及分析对象的修改,都可以在算例树中进行,另外,分析结果的查看,也要在算例树中进行。

图 11.3.2 所示的"算例"对话框中 类型 区域各选项说明如下:

◆ (静应力分析):定义一个静态的分析算例。

- （热力）：定义一个热力分析算例。
- （频率）：定义一个频率分析算例。
- （屈曲）：定义一个屈曲分析算例。
- （跌落测试）：定义跌落测试分析算例。
- （疲劳）：定义一个疲劳分析算例。
- （压力容器设计）：定义一个压力容器分析算例。
- （设计算例）：生成设计算例以优化或评估设计的特定情形。
- （子模型）：由于不可能获取大型装配体或多实体模型的精确结果，故在使用粗糙网格或把可使用高品质网格或更精细的网格增加选定实体的求解精度。
- （非线性）：定义一个非线性分析算例。
- （线性动力）：定义一个线性动力的分析算例。

图 11.3.2 "算例"对话框

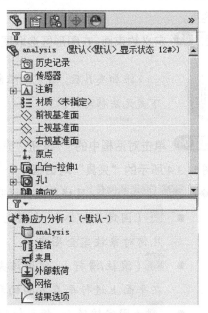

图 11.3.3 导航选项卡

11.3.2 应用材料

步骤01 选择下拉菜单 Simulation → 材料(T) → 应用材料到所有(Y)... 命令，系统弹出"材料"对话框。

步骤02 在对话框中的材料列表中依次单击 solidworks materials → 钢 前的节点，然后在展开列表中选择 合金钢 材料。

步骤03 单击对话框中的 应用(A) 按钮，将材料应用到模型中。

步骤04 单击对话框中的 关闭(C) 按钮，关闭"材料"对话框。

如果需要的材料在材料列表中没有提供，可以根据需要自定义材料，具体操作请参看本书零件设计章节相关内容。

11.3.3 添加夹具

进行静态分析，模型必须添加合理约束，使之无法移动，在 SolidWorks 中提供了多种夹具来约束模型，夹具可以添加到模型的点、线和面上。

步骤01 选择下拉菜单 Simulation → 载荷/夹具(L) → 夹具(I)... 命令，系统弹出图 11.3.4 所示的"夹具"对话框。

步骤02 定义夹具类型。在对话框中的 标准(固定几何体) 区域下单击 按钮，即添加固定几何体约束。

步骤03 定义约束面。在图形区选取图 11.3.5 所示的模型表面为约束面，即将该面完全固定。

添加夹具后，就完全限制了模型的空间运动，此模型在没有弹性变形的情况下是无法移动的。

步骤04 单击对话框中的 ✓ 按钮，完成夹具添加。

图 11.3.4 所示的"夹具"对话框（一）中各选项说明如下：

◆ 标准(固定几何体) 区域各选项说明如下：

- （固定几何体）：也称为刚性支撑，即所有的平移和转动自由度均被限制。几何对象被完全固定。
- （滚柱/滑杆）：使用该夹具使指定平面能够自由地在平面上移动，但不能在平面上进行垂直方向的移动。
- （固定铰链）：使用铰链约束来指定只能绕轴运动的圆柱体，圆柱面的半径和长度在载荷下保持不变。

第 11 章　有限元结构分析

图 11.3.4　"夹具"对话框（一）

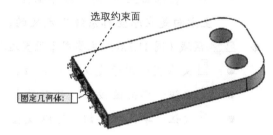

图 11.3.5　定义约束面

◆ **高级(使用参考几何体)** 区域（图 11.3.6）各选项说明如下：

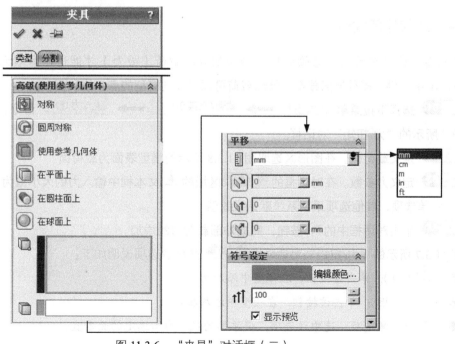

图 11.3.6　"夹具"对话框（二）

353

- ▣ (对称)：该选项针对平面问题，它允许面内位移和绕平面法线的转动。
- ▣ (圆周对称)：物体绕一特定轴周期性旋转时，对其中一部分加载该约束类型可形成旋转对称体。
- ▣ (使用参考几何体)：这个约束保证约束只在点、线或面设计方向上，而在其他方向上可以自由运动，可以指定所选择的基准平面、轴、边、面上的约束方向。
- ▣ (在平面上)：通过对平面的三个主方向进行约束，可设定沿所选方向的边界约束条件。
- ▣ (在圆柱面上)：与"在平面上"相似，但是圆柱面的三个主方向是在柱坐标系下定义的，该选项在允许圆柱面绕轴线旋转的情况下非常有用。
- ▣ (在球面上)：与"在平面上"和"在圆柱面上"相似，但是球面的三个主方向是在球坐标系下定义的。

◆ **平移** 区域（图 11.3.6）：主要用于设置远程载荷。
- ▣ 文本框：用于定义平移单位。
- ▣ 按钮：单击该按钮，可以设置沿基准面方向 1 的偏移距离。
- ▣ 按钮：单击该按钮，可以设置沿基准面方向 2 的偏移距离。
- ▣ 按钮：单击该按钮，可以设置垂直于基准面方向的偏移距离。

◆ **符号设定** 区域：用于设置夹具符号的颜色和显示大小。

11.3.4 添加外部载荷

在模型中添加夹具后，必须向模型中添加外部载荷（或力）才能进行有限元分析，在 SolidWorks 中提供了多种外部载荷，外部载荷可以添加到模型的点、线和面上。

步骤01 选择下拉菜单 Simulation → 载荷/夹具(L) → ↓ 力(F)... 命令，系统弹出图 11.3.7 所示的"力/扭矩"对话框。

步骤02 定义载荷面。在图形区选取图 11.3.8 所示的模型表面为载荷面。

步骤03 定义力参数。在对话框的 **力/扭矩** 区域的 ↓ 文本框中输入力的大小值为 800N，选中 ◉ 法向 单选项，其他选项采用系统默认设置值。

步骤04 单击对话框中的 ✓ 按钮，完成外部载荷力的添加。

图 11.3.7 所示的"力/扭矩"对话框中 **力/扭矩** 区域各选项说明如下：
- ◆ ↓ (力)：单击该按钮，在模型中添加力。
- ◆ ▣ (扭矩)：单击该按钮，在模型中添加扭矩。
- ◆ ◉ 法向 单选项：选中该选项，使添加的载荷力与选定的面垂直。

◆ **选定的方向** 单选项：选中该选项，使添加的载荷力的方向沿着选定的方向。
◆ **下拉列表**：用来定义力的单位制，包括以下三个选项：
  ● **SI**（公制）：国际单位制。
  ● **English (IPS)**（英制）：英寸镑秒单位制。
  ● **Metric (G)**（公制）：米制单位制。
◆ **反向** 单选项：选中该选项，使力的方向反向。
◆ **按条目** 单选项：选中该选项，如果添加的载荷力作用在多个面上，则每个面上的作用力均为给定的力值。
◆ **总数** 单选项：选中该选项，如果添加的载荷力作用在多个面上，则每个面上的作用力总和为给定的力值。

图 11.3.7 "力/扭矩"对话框

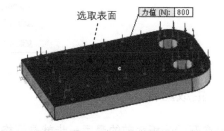

图 11.3.8 定义载荷面

在 SolidWorks 中提供了多种外部载荷，在算例树中右击 外部载荷，系统弹出图 11.3.9 所示的快捷菜单，在快捷菜单中选择一种载荷即可向模型中添加该载荷。

图 11.3.9 所示的快捷菜单中各选项说明如下：

◆ **力**：沿所选的参考面（平面、边、面或轴线）所确定的方向，对一个平面、一条边或一个点施加力或力矩，注意只有在壳单元中才能施加力矩，壳单元的每个节点有六个

355

自由度，可以承担力矩，而实体单元每个节点只有三个自由度，不能直接承担力矩，如果要对实体单元施加力矩，必须先将其转换成相应的分布力或远程载荷。

- 扭矩：适合于圆柱面，按照右手规则绕参考轴施加力矩。转轴必须在 SolidWorks 中定义。
- 压力：对一个面作用压力，可以是定向的或可变的，如水压。
- 引力：对零件或装配体指定线性加速度。
- 离心力：对零件或装配体指定角速度或加速度。
- 轴承载荷：在两个接触的圆柱面之间定义轴承载荷。
- 远程载荷/质量：通过连接的结果传递法向载荷。
- 分布质量：分布载荷就是施加到所选面，以模拟被压缩（或不包含在模型中）的零件质量。

图 11.3.9 快捷菜单

11.3.5 生成网格

模型在开始分析之前的最后一步就是网格划分，模型将被自动划分成有限个单元，默认情况下，SolidWorks Simulation 采用等密度网格，网格单元大小和公差是系统基于 SolidWorks 模型的几何形状外形自动计算的。

网格密度直接影响分析结果精度。单元越小，离散误差越低，但相应的网格划分和解算时间也越长。一般来说，在 SolidWorks Simulation 分析中，默认的网格划分都可以使离散误差保持在可接受的范围之内，同时使网格划分和解算时间较短。

步骤01 选择下拉菜单 Simulation → 网格(M) → 生成(C)... 命令，系统弹出图 11.3.10 所示的"网格"对话框，在对话框中采用系统默认参数设置值。

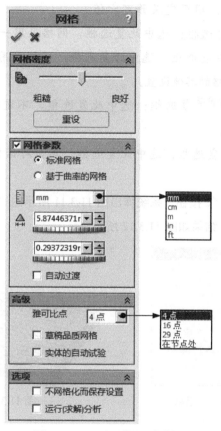

图 11.3.10 "网格"对话框

图 11.3.10 所示的"网格"对话框中各选项说明如下：

◆ **网格密度** 区域：主要用于粗略定义网格单元大小。
  ● 滑块：滑块越接近粗糙，网格单元越粗糙；滑块越接近良好，网格单元越精细。
  ● **重设** 按钮：单击该按钮，网格参数回到默认值，重新设置网格参数。

◆ **网格参数** 区域：主要用于精确定义网格参数。
  ● **标准网格** 单选项：选中该单选项，用单元大小和公差来定义网格参数。
  ● **基于曲率的网格** 单选项：选中该单选项，使用曲率方式定义网格参数。
  ● 文本框：用于定义网格单位制。
  ● 文本框：用于定义网格单元整体尺寸大小，其下面的文本框用于定义单元公差值。

- ☑ 自动过渡 复选框：选中此复选框，在几何模型锐边位置自动进行过渡。
◆ 高级 区域：用于定义网格质量。
  - 雅可比点 文本框：用于定义雅可比值。
  - ☑ 草稿品质网格 复选框：选中此复选框，网格采用一阶单元，质量粗糙。
  - ☑ 实体的自动试验 复选框：选中此复选框，网格采用二阶单元，质量较高。
◆ 选项 区域：用于网格的其他设置。
  - ☑ 不网格化而保存设置 复选框：选中此复选框，不进行网格划分，只保存网格划分参数设置。
  - ☑ 运行(求解)分析 复选框：选中此复选框，单击对话框中的 ✔ 按钮后，系统即进行解算。

步骤 02 单击对话框中的 ✔ 按钮，系统弹出图 11.3.11 所示的"网格进展"对话框，显示网格划分进展；完成网格划分，结果如图 11.3.12 所示。

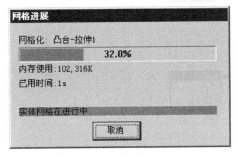
图 11.3.11 "网格进展"对话框

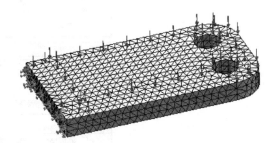
图 11.3.12 划分网格

11.3.6 运行算例

网格划分完成后就可以进行解算了。

步骤 01 选择下拉菜单 Simulation → 运行(U)… 命令。系统弹出图 11.3.13 所示的对话框，显示求解进程。

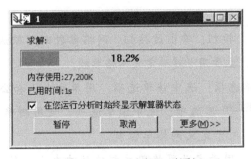
图 11.3.13 "求解"对话框

步骤 02 求解结束之后,在算例树的结果下面生成应力、位移和应变图解,如图 11.3.14 所示。

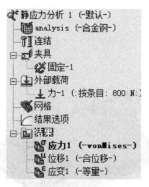

图 11.3.14 模型树

11.3.7 结果查看与评估

求解完成后,就可以查看结果图解,并对结果进行评估。下面介绍结果的一些查看方法。

步骤 01 在算例树中右击 应力1 (-vonMises-),系统弹出图 11.3.15 所示的快捷菜单,在弹出的快捷菜单中选择 显示(S) 命令,系统显示图 11.3.16 所示的应力(vonMises)图解。

 应力(vonMises)图解一般为默认显示图解,即解算结束之后显示出来的就是该图解了,所以,一般情况下,该步操作可以省略。

图 11.3.15 快捷菜单

 从结果图解中可以看出,在该种工况下,零件能够承受的最大应力为 17MPa,而该种材料(前面定义的合金钢)的最大屈服应力为 620MPa,即在该种工况下,零件可以安全工作。

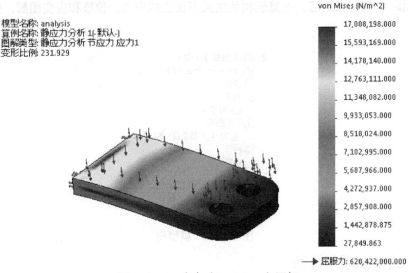

图 11.3.16 应力（vonMises）图解

步骤 02 在算例树中右击 位移1（-合位移-），在弹出的快捷菜单中选择 显示(S) 命令，系统显示图 11.3.17 所示的位移（合位移）图解。

说明　位移（合位移）图解反映零件在该种工况下发生变形的趋势，从图解中可以看出，在该种工况下，零件发生变形的最大位移是 0.07mm，变形位移是非常小的，这种变形在实际中也是观察不到的，在图解中看到的变形实际上是放大后的效果。

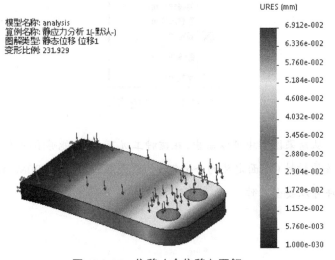

图 11.3.17 位移（合位移）图解

步骤 03 在算例树中右击 应变1（-等量-），在弹出的快捷菜单中选择 显示(S) 命令，系统显示

图 11.3.18 所示的应变（等量）图解。

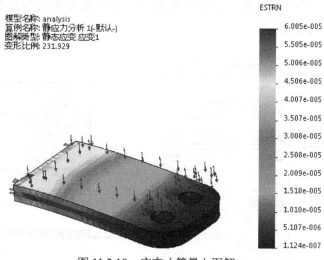

图 11.3.18 应变（等量）图解

结果图解可以通过几种方法进行修改，以控制图解中的内容、单位、显示以及注解。

在算例树中右击 应力1 (-vonMises-)，在弹出的快捷菜单中选择 编辑定义(E)... 命令，系统弹出图 11.3.19 所示的"应力图解"对话框。

图 11.3.19 所示的"应力图解"对话框中各选项说明如下：

- ◆ 显示 区域主要选项说明如下：
  - 下拉列表：用于控制显示的分量。
  - 下拉列表：用于定义单位。
- ◆ 高级选项 区域主要选项说明如下：
  - 显示为张量图解(T) 复选框：选中该复选框，显示主应力的大小和方向。如图 11.3.20 所示。
  - 波节值 单选项：选中该单选项，以波节值显示应力图解，此时应力图解看上去比较光顺。
  - 单元值 单选项：选中该单选项，以单元值显示应力图解，此时应力图解看上去比较粗糙。

波节应力和单元应力一般是不同的，但是两者间的差异太大说明网格划分不够精细。

- ◆ 变形形状 区域：主要用于定义图解变形比例。
  - 自动 单选项：选中该单选项，系统自动设置变形比例。

- ⊙ 真实比例 单选项：选中该单选项，图解采用真实比例变形。
- ⊙ 用户定义 单选项：选中该单选项，用户自定义变形比例，在 🗍 文本框中输入比例值。

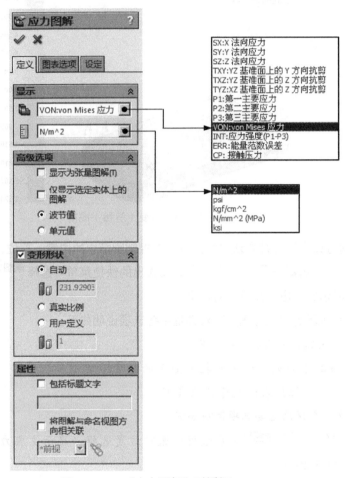

图 11.3.19 "应力图解"对话框

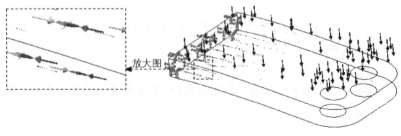

图 11.3.20 显示为张量图解

在算例树中右击 应力1 (-vonMises-)，在弹出的快捷菜单中选择 图表选项(O)... 命令，系统显示图 11.3.21 所示的"图表选项"对话框。

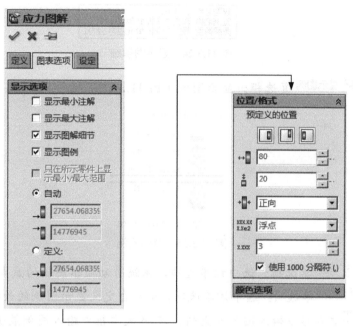

图 11.3.21　"图表选项"对话框

图 11.3.21 所示的"图表选项"对话框中各选项说明如下：

◆ 显示选项 区域主要选项说明如下：

● 显示最小注解 复选框：在模型中显示最小注解（图 11.3.22）。

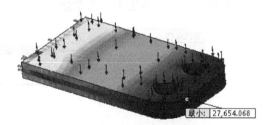

图 11.3.22　显示最小注解

● 显示最大注解 复选框：在模型中显示最大注解（图 11.3.23）。

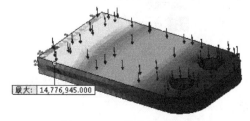

图 11.3.23　显示最大注解

- ☑ **显示图解细节** 复选框：显示图解细节，包括模型名称、算例名称、图解类型和变形比例（图 11.3.24）。

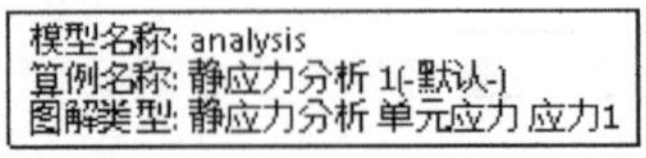

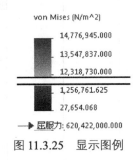

图 11.3.24　显示图解细节

- ☑ **显示图例** 复选框：显示图例（图 11.3.25）。

von Mises (N/m^2)

14,776,945.000

13,547,837.000

12,318,730.000

1,256,761.625

27,654.068

→ 屈服力: 620,422,000.000

图 11.3.25　显示图例

- ⊙ **自动** 单选项：选中该单选项，系统自动显示图例的最大值和最小值。
- ⊙ **定义** 单选项：选中该单选项，用户自定义显示图例的最大值和最小值，在 ↑ 文本框中输入图例最大值，在 ↓ 文本框中输入图例最小值。

◆ **位置/格式** 区域主要选项说明如下：

- **预定义的位置** 区域：用于定义显示图例的显示位置。
- **xxx.xx / x.xe2** 下拉列表：用于定义数值显示方式，包括科学、浮点和普通三种方式。
- **x.xxx** 文本框：用于定义小数位数。

◆ **颜色选项** 区域：主要用于定义显示图例颜色方案（图 11.3.26）。

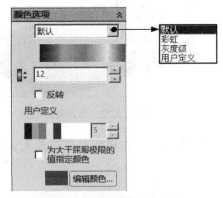

图 11.3.26　颜色选项区域

- **默认** 选项：采用默认颜色方案显示图例，一般情况下，解算后的显示均为默认颜色方案显示。

- 彩虹 选项：采用彩虹颜色方案显示图例（图 11.3.27a）。
- 灰度级 选项：采用灰度颜色方案显示图例（图 11.3.27b）。
- 用户定义 选项：用户自定义颜色方案显示图例。
- ☑ 反转 复选框：反转颜色显示。

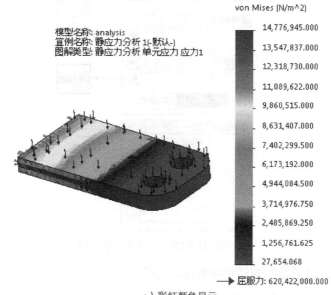

a）彩虹颜色显示

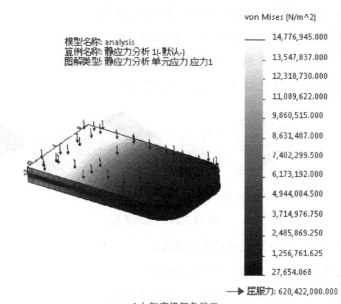

b）灰度级颜色显示

图 11.3.27 颜色选项

在算例树中右击 位移1（合位移-），在弹出的快捷菜单中选择 设定(T)... 命令，系统显示图 11.3.28 所示的"设定"对话框。

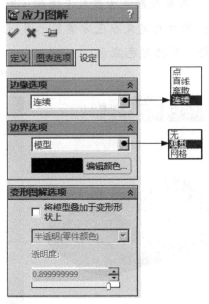

图 11.3.28 "设定"对话框

图 11.3.28 所示的"设定"对话框中各选项说明如下：

◆ 边缘选项 区域：主要用于定义边缘显示样式。
- 点 选项：边缘用连续点显示（图 11.3.29a）。
- 直线 选项：边缘用曲线显示（图 11.3.29b）。
- 离散 选项：边缘离散显示（图 11.3.29c）。
- 连续 选项：边缘连续显示（图 11.3.29d）。

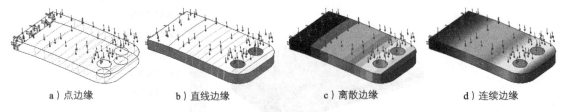

a）点边缘　　　　b）直线边缘　　　　c）离散边缘　　　　d）连续边缘

图 11.3.29 边缘类型

◆ 边界选项 区域：用于定义边界显示样式。
- 无 选项：无边界显示（图 11.3.30a）。
- 模型 选项：显示模型边界线（图 11.3.30b）。
- 网格 选项：显示网格边线（图 11.3.30c）。
- 编辑颜色... 按钮：单击该按钮，编辑边界线颜色。

第11章 有限元结构分析

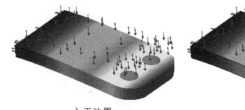

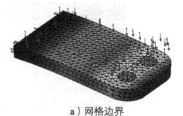

a）无边界　　　　　　　　a）模型边界　　　　　　　　a）网格边界

图 11.3.30　边界类型

- **变形图解选项** 区域：主要用于定义变形图解显示。
  - ☑ **将模型叠加于变形形状上** 单选项：选中该单选项，原始模型显示在图解中（图 11.3.31）。

图 11.3.31　将模型叠加于变形形状上

11.3.8　其他结果图解显示工具及报告文件

1. 截面剪裁

在评估结果的时候，有时需要知道实体内部的应力分布情况，使用 **截面剪裁(C)** 工具，可以定义一个截面去剖切模型实体，然后在剖切截面上显示结果图解。下面介绍截面剪裁工具的使用方法。

步骤01　选择下拉菜单 **Simulation** ➡ **结果工具(T)** ➡ **截面剪裁(C)** 命令，系统弹出图 11.3.32 所示的"截面"对话框。

步骤02　定义截面类型。在对话框中单击"基准面"按钮 ▭，即设置一个平面截面。

步骤03　选取截面。在对话框中激活 ▱ 后的文本框，然后在模型树中选取前视基准面作为截面，此时显示结果图解如图 11.3.33 所示。

剪裁截面可以根据需要最多添加六个截面。

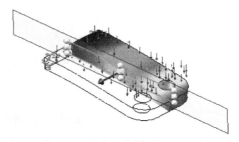

图 11.3.32　"截面"对话框　　　　图 11.3.33　图解结果显示

图 11.3.32 所示的"截面"对话框中各选项说明如下：

◆ **截面1** 区域：用于定义截面类型和截面位置。

- ■ 按钮：定义一个平面截面来剖切实体（图 11.3.34a）。
- ⊞ 按钮：定义一个圆柱面截面来剖切实体（图 11.3.34b）。
- ● 按钮：定义一个球截面来剖切实体（图 11.3.34c）。

 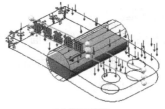 

a）平面截面　　　　　　b）圆柱截面　　　　　　c）球截面

图 11.3.34　截面类型

◆ **选项** 区域：用于定义剪裁截面显示方式。

- ▣ 按钮：单击该按钮，系统图解显示多个截面交叉的部分（图 11.3.35a）。
- ▣ 按钮：单击该按钮，系统图解显示多个截面联合的部分（图 11.3.35b）。
- ☑ 显示横截面 复选框：选中该复选框，显示横截面。

第11章 有限元结构分析

- ☑只在截面上加图解 复选框：选中该复选框，只在截面上显示图解（图11.3.36）。
- ☑在模型的未切除部分显示轮廓 复选框：选中该复选框，在未剖切部分显示轮廓（图11.3.37）。
- 按钮：截面显示开关。
- 重设 按钮：单击该按钮，重新设置截面。

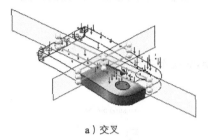

a）交叉　　　　　　　　　　　　　b）联合

图 11.3.35　截面显示方式

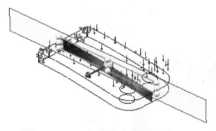 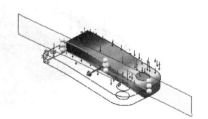

图 11.3.36　在截面上显示图解　　　　图 11.3.37　未切除部分显示图解

2. ISO 剪裁

在评估结果的时候，有时需要知道某一区间之间的图解显示，使用 Iso 剪裁(I)... 工具，可以定义若干个等值区间，以查看该区间的图解显示。下面介绍 ISO 剪裁工具的使用方法。

步骤01　选择下拉菜单 Simulation ➡ 结果工具(T) ➡ Iso 剪裁(I)... 命令，系统弹出图 11.3.38 的 "ISO 剪裁" 对话框。

图 11.3.38　"ISO 剪裁"对话框

369

在使用 ISO 剪裁工具时，应在应力显示的情况下进行。

步骤02 定义等值 1。在对话框中的 等值1 文本框中输入数值 13000000。

步骤03 定义等值 2。在对话框中的 等值2 文本框中输入数值 1500000，图解结果如图 11.3.39 所示。

ISO 剪裁等值可以根据需要最多添加六个等值。

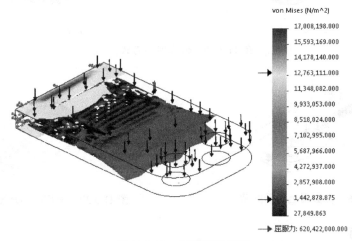

图 11.3.39　图解结果显示

3. 探测

在评估结果的时候，有时需要知道实体上某一特定位置的参数值，使用 探测(O)... 工具，可以探测某一位置上的应力值，还可以以表格或图解的形式显示图解参数值。下面介绍探测的使用方法。

步骤01 选择下拉菜单 Simulation → 结果工具(T) → 探测(O)... 命令，系统弹出图 11.3.40 所示的"探测结果"对话框。

步骤02 定义探测类型。在"探测结果"对话框的 选项 区域选中 在位置 单选项。

步骤03 定义探测位置。在图 11.3.41 所示的模型位置单击，在对话框的 结果 区域显示探测结果，如图 11.3.41 所示。

步骤04 查看探测结果图表。在对话框的 报告选项 区域中单击"图解"按钮，系统弹出图 11.3.42 所示的探测结果图表。

图 11.3.40 "探测结果"对话框

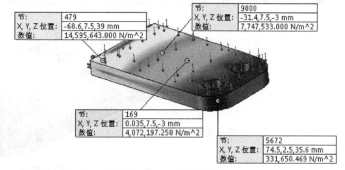

图 11.3.41 探测结果

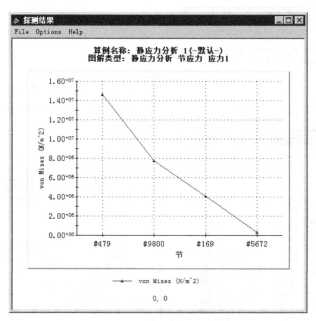

图 11.3.42 "探测结果"图表

图 11.3.42 所示的"探测结果"对话框中各选项说明如下：

- **选项** 区域主要选项说明如下：
  - ☑ **在位置** 单选项：选中该选项，选取特定的位置进行探测。
  - ☑ **从传感器** 单选项：选中该选项，对传感器进行探测。
  - ☑ **在所选实体上** 单选项：选中该选项，对所选择的点、线或面进行探测。选中该选项，然后选取图 11.3.43 所示的面为探测实体，单击对话框中的 **更新** 按钮，在 **结果** 区域显示该面上的探测结果，同时，在对话框中的 **摘要** 区域显示主要参数值（图 11.3.44）。
- **报告选项** 区域：用于保存探测结果文件，可以将结果保存为一个文件、图表或传感器。

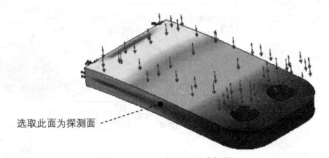

图 11.3.43 定义探测实体

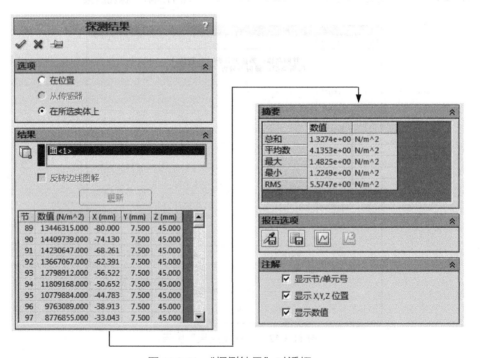

图 11.3.44 "探测结果"对话框

4. 动画

在评估结果的时候，有时需要了解模型在工况下的动态应力分布情况，使用 动画(A)... 工具，可以观察应力动态变化并生成基于 Windows 的视频文件。下面介绍动画的操作方法。

步骤01 选择下拉菜单 Simulation → 结果工具(T) → 动画(A)... 命令，系统弹出图 11.3.45 所示的"动画"对话框。

步骤02 在"动画"对话框的 基础 区域单击"停止"按钮，在 文本框中输入画面数为 20，然后展开 ☑保存为 AVI 文件 区域，单击 选项... 按钮，系统弹出图 11.3.46 所示的"视频压缩"对话框，单击 确定 按钮，然后单击 ... 按钮，选择保存路径，单击"播放"按钮，观看动画效果，单击对话框中的 ✓ 按钮。

图 11.3.45 "动画"对话框

图 11.3.46 "视频压缩"对话框

5. 生成分析报告

在完成各项分析以及评估结束之后，一般需要生成一份完整的分析报告，以方便查阅、演示或存档。使用 报告(R)... 工具，可以采用任何预先定义的报表样式出版成 HTML 或 WORD 格式的报告文件。下面介绍其操作方法。

步骤01 选择下拉菜单 Simulation → 报告(R)... 命令，系统弹出图 11.3.47 所示的"报告选项"对话框。

步骤02 对话框中各项设置如图 11.3.47 所示。

步骤03 单击对话框中的 出版 按钮，系统弹出图 11.3.48 所示的"报表生成"对话框，显示报表生成进度。

步骤04 选择下拉菜单 文件(F) → 保存(S) 命令，保存分析结果。

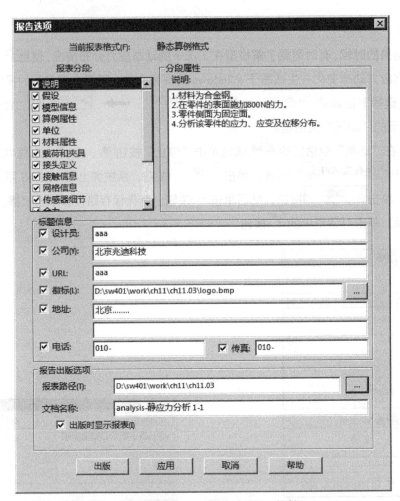

图 11.3.47 "报告选项"对话框

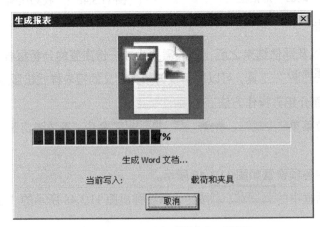

图 11.3.48 "生成报表"对话框

第四篇

SolidWorks 2014 实际综合应用案例

第12章 SolidWorks 零件设计实际综合应用

12.1 零件设计案例1——连接臂

案例概述

本案例介绍了一个连接臂的创建过程，主要运用了旋转、拉伸、圆角等命令。该零件模型及设计树如图 12.1.1 所示。

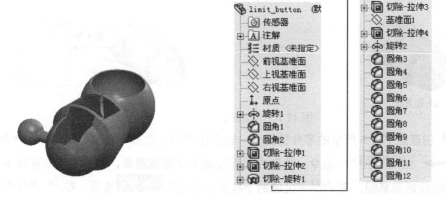

图 12.1.1 零件模型及设计树

步骤01 新建一个零件模型文件，进入建模环境。

步骤02 创建图 12.1.2 所示的零件基础特征——旋转 1。选择下拉菜单 插入(I) ➡

凸台/基体(B) → 旋转(R)... 命令。选取前视基准面为草图基准面，进入草绘环境，绘制图 12.1.3 所示的横断面草图，退出草绘环境；采用图 12.1.3 所示的线作为旋转轴线；在"旋转"对话框 方向1 区域的下拉列表框中选择 给定深度 选项，采用系统默认的旋转方向，在 方向1 区域的 文本框中输入数值 360.0；单击对话框中的 ✓ 按钮，完成旋转 1 的创建。

图 12.1.2 旋转 1

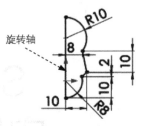
图 12.1.3 横断面草图

步骤 03 创建图 12.1.4b 所示的圆角 1。选择下拉菜单 插入(I) → 特征(F) → 圆角(F)... 命令；选取图 12.1.4a 所示的边线为要圆角的对象；在对话框中输入半径值 0.5；单击"圆角"对话框中的 ✓ 按钮，完成圆角 1 的创建。

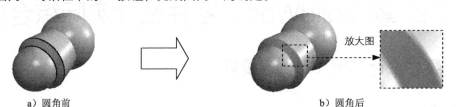

a) 圆角前　　　　　　　　　　　　　b) 圆角后

图 12.1.4 圆角 1

步骤 04 创建图 12.1.5b 所示的圆角 2。选择下拉菜单 插入(I) → 特征(F) → 圆角(F)... 命令；选取图 12.1.5a 所示的边线为要圆角的对象；在对话框中输入半径值 0.5；单击"圆角"对话框中的 ✓ 按钮，完成圆角 2 的创建。

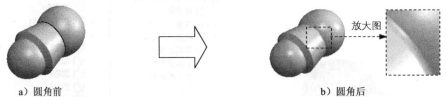

a) 圆角前　　　　　　　　　　　　　b) 圆角后

图 12.1.5 圆角 2

步骤 05 创建图 12.1.6 所示的零件特征——切除-拉伸 1。选择下拉菜单 插入(I) → 切除(C) → 拉伸(E)... 命令；选取右视基准面为草图基准面，在草图绘制环境中绘制图 12.1.7 所示的横断面草图，在 方向1 区域的下拉列表中选择 完全贯穿 选项，在 ☑ 方向2 区域的下拉列表中选择 给定深度 选项。输入深度值 2.0；单击该对话框中的 ✓ 按钮，完成切除-拉伸 1 的创建。

第 **12** 章 SolidWorks 零件设计实际综合应用

图 12.1.6　切除-拉伸 1

图 12.1.7　横断面草图

步骤 06　创建图 12.1.8 所示的零件特征——切除-拉伸 2。选择下拉菜单 插入(I) ➡ 切除(C) ➡ 拉伸(E)... 命令；选取右视基准面为草图基准面，在草图绘制环境中绘制图 12.1.9 所示的横断面草图，在 方向1 区域的下拉列表中选择 完全贯穿 选项，在 ☑ 方向2 区域的下拉列表中选择 到离指定面指定的距离 选项，选择图 12.1.10 所示的面，输入距离值 0.5；单击该对话框中的 ✔ 按钮，完成切除-拉伸 2 的创建。

图 12.1.8　切除-拉伸 2

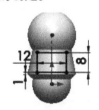
图 12.1.9　横断面草图

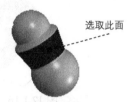
图 12.1.10　选择到指定的面

步骤 07　创建图 12.1.11 所示的零件特征——切除-旋转 1。选择下拉菜单 插入(I) ➡ 切除(C) ➡ 旋转(R)... 命令。选取前视基准面为草图基准面，绘制图 12.1.12 所示的横断面草图，退出草绘环境；采用图 12.1.12 所示的线作为旋转轴线；在"旋转"对话框 方向1 区域的下拉列表框中选择 给定深度 选项，采用系统默认的旋转方向，在 方向1 区域的 ↻ 文本框中输入数值 360.0；单击对话框中的 ✔ 按钮，完成旋转 1 的创建。

图 12.1.11　切除-旋转 1

图 12.1.12　横断面草图

步骤 08　创建图 12.1.13 所示的零件特征——切除-拉伸 3。选择下拉菜单 插入(I) ➡ 切除(C) ➡ 拉伸(E)... 命令；选取图 12.1.14 所示的面为草图基准面，在草图绘制环境中绘制图 12.1.15 所示的横断面草图，在 方向1 区域的下拉列表中选择 成形到下一面 选项；单击该对话框中的 ✔ 按钮，完成切除-拉伸 3 的创建。

步骤 09　创建图 12.1.16 所示的基准面 1。选择下拉菜单 插入(I) ➡ 参考几何体(G) ➡ 基准面(P)... 命令；选取右视基准面为参考；输入距离 20，单击对话框中的 ✔ 按钮，完成基准面 1 的创建。

377

步骤 10 创建图 12.1.17 所示的零件特征——切除-拉伸 4。选择下拉菜单 插入(I) → 切除(C) → 拉伸(E)... 命令；选取基准面 1 为草图基准面，在草图绘制环境中绘制图 12.1.18 所示的横断面草图，在 方向1 区域的下拉列表中选择 到离指定面指定的距离 选项，选择图 12.1.19 所示的面，输入距离值 4.5；单击该对话框中的 ✓ 按钮，完成切除-拉伸 4 的创建。

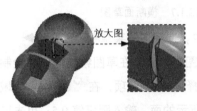
图 12.1.13 切除-拉伸 3

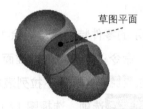
图 12.1.14 草图平面

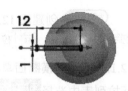
图 12.1.15 横断面草图

图 12.1.16 基准面 1

图 12.1.17 切除-拉伸 4

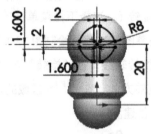
图 12.1.18 横断面草图

图 12.1.19 选择面

步骤 11 创建图 12.1.20 所示的零件基础特征——旋转 2。选择下拉菜单 插入(I) → 凸台/基体(B) → 旋转(R)... 命令。选取右视基准面为草图基准面，进入草绘环境，绘制图 12.1.21 所示的横断面草图，退出草绘环境；采用图 12.1.21 所示的线作为旋转轴线；在"旋转"对话框 方向1 区域的下拉列表框中选择 给定深度 选项，采用系统默认的旋转方向，在 方向1 区域的 文本框中输入数值 360.0；单击对话框中的 ✓ 按钮，完成旋转 1 的创建。

图 12.1.20 旋转 2

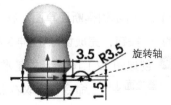
图 12.1.21 横断面草图

步骤 12 创建图 12.1.22b 所示的圆角 3。选择下拉菜单 插入(I) → 特征(F) → 圆角(F)... 命令；选取图 12.1.22a 所示的边线为要圆角的对象；在对话框中输入半径值 0.3；单击"圆角"对话框中的 ✓ 按钮，完成圆角 3 的创建。

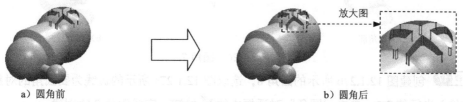

a）圆角前　　　　　　　　　　　　　　b）圆角后

图 12.1.22　圆角 3

步骤 13 创建图 12.1.23b 所示的圆角 4。选取图 12.1.23a 所示的边线为要圆角的对象；在对话框中输入半径值 0.2；单击"圆角"对话框中的 ✓ 按钮，完成圆角 4 的创建。

a）圆角前　　　　　　　　　　　　　　b）圆角后

图 12.1.23　圆角 4

步骤 14 创建图 12.1.24b 所示的圆角 5。选取图 12.1.24a 所示的边线为要圆角的对象；在对话框中输入半径值 0.4；单击"圆角"对话框中的 ✓ 按钮，完成圆角 5 的创建。

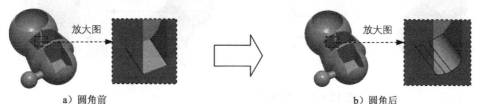

a）圆角前　　　　　　　　　　　　　　b）圆角后

图 12.1.24　圆角 5

步骤 15 创建图 12.1.25b 所示的圆角 6。选取图 12.1.25a 所示的边线为要圆角的对象；在对话框中输入半径值 0.4；单击"圆角"对话框中的 ✓ 按钮，完成圆角 6 的创建。

a）圆角前　　　　　　　　　　　　　　b）圆角后

图 12.1.25　圆角 6

步骤 16 创建图 12.1.26b 所示的圆角 7。选取图 12.1.26a 所示的边线为要圆角的对象；在对话框中输入半径值 0.4；单击"圆角"对话框中的 ✓ 按钮，完成圆角 7 的创建。

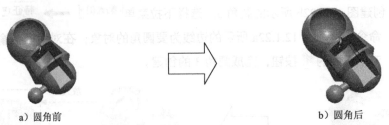

图 12.1.26 圆角 7

步骤 17 创建图 12.1.27b 所示的圆角 8,选取图 12.1.27a 所示的边线为要圆角的对象;在对话框中输入半径值 0.2;单击"圆角"对话框中的 ✓ 按钮,完成圆角 8 的创建。

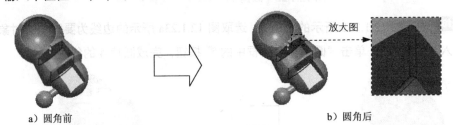

图 12.1.27 圆角 8

步骤 18 创建图 12.1.28b 所示的圆角 9。选取图 12.1.28a 所示的边线为要圆角的对象;在对话框中输入半径值 0.1;单击"圆角"对话框中的 ✓ 按钮,完成圆角 9 的创建。

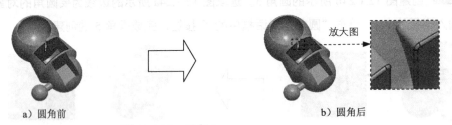

图 12.1.28 圆角 9

步骤 19 创建图 12.1.29b 所示的圆角 10。选取图 12.1.29a 所示的边线为要圆角的对象;在对话框中输入半径值 0.2;单击"圆角"对话框中的 ✓ 按钮,完成圆角 10 的创建。

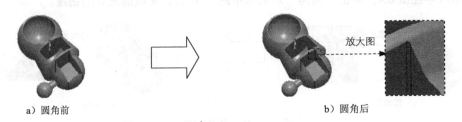

图 12.1.29 圆角 10

步骤 20 创建图 12.1.30b 所示的圆角 11。选取图 12.1.30a 所示的边线为要圆角的对象;在对话框中输入半径值 0.2;单击"圆角"对话框中的 ✓ 按钮,完成圆角 11 的创建。

第 **12** 章 SolidWorks 零件设计实际综合应用

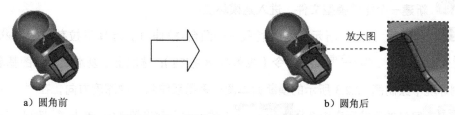

a）圆角前　　　　　　　　　　　　　　b）圆角后

图 12.1.30　圆角 11

步骤 21 创建图 12.1.31b 所示的圆角 12。选取图 12.1.31a 所示的边线为要圆角的对象；在对话框中输入半径值 0.3；单击"圆角"对话框中的 ✓ 按钮，完成圆角 12 的创建。

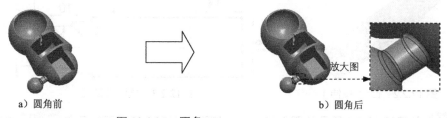

a）圆角前　　　　　　　　　　　　　　b）圆角后

图 12.1.31　圆角 12

步骤 22 至此，零件模型创建完毕。选择下拉菜单 文件(F) ➡ 🖫 保存(S) 命令，命名为 limit_button，即可保存零件模型。

12.2　零件设计案例 2——支架

案例概述

本案例介绍了一个支架的创建过程，读者可以掌握实体的拉伸、抽壳、旋转、镜像和倒圆角等特征的应用。该零件模型及设计树如图 12.2.1 所示。

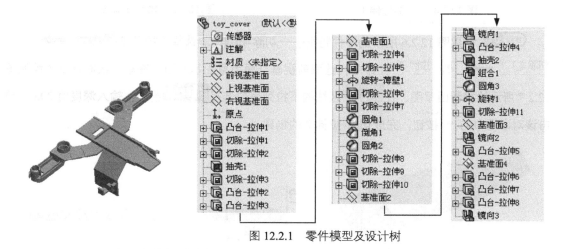

图 12.2.1　零件模型及设计树

步骤01 新建一个零件模型文件，进入建模环境。

步骤02 创建图 12.2.2 所示的零件特征——凸台-拉伸 1。选择下拉菜单 插入(I) → 凸台/基体(B) → 拉伸(E)... 命令（或单击 按钮）；选取上视基准面为草图基准面；在草图绘制环境中绘制图 12.2.3 所示的横断面草图；采用系统默认的深度方向，在"凸台-拉伸"对话框 方向1 区域的下拉列表中选择 给定深度 选项，输入深度值 3.0；单击 按钮，完成凸台-拉伸 1 的创建。

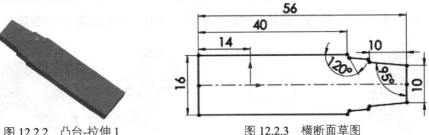

图 12.2.2　凸台-拉伸 1　　　　图 12.2.3　横断面草图

步骤03 创建图 12.2.4 所示的零件特征——切除-拉伸 1。选择下拉菜单 插入(I) → 切除(C) → 拉伸(E)... 命令；选取前视基准面为草图基准面，在草图绘制环境中绘制图 12.2.5 所示的横断面草图，在 方向1 区域的下拉列表中选择 两侧对称 选项，输入深度值 20.0；单击该对话框中的 按钮，完成切除-拉伸 1 的创建。

图 12.2.4　切除-拉伸 1　　　　图 12.2.5　横断面草图

步骤04 创建图 12.2.6 所示的零件特征——切除-拉伸 2。选择下拉菜单 插入(I) → 切除(C) → 拉伸(E)... 命令；选取前视基准面为草图基准面，在草图绘制环境中绘制图 12.2.7 所示的横断面草图，在 方向1 区域的下拉列表中选择 两侧对称 选项，输入深度值 20.0；单击该对话框中的 按钮，完成切除-拉伸 2 的创建。

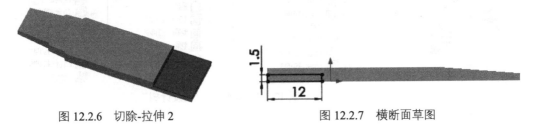

图 12.2.6　切除-拉伸 2　　　　图 12.2.7　横断面草图

步骤 05 创建图 12.2.8b 所示的零件特征——抽壳 1。选择下拉菜单 插入(I) → 特征(F) → 抽壳(S)... 命令；选取图 12.2.8a 所示的模型的表面为要移除的面；在"抽壳 1"对话框的 参数(P) 区域中输入壁厚值 1.0；单击对话框中的 ✓ 按钮，完成抽壳 1 的创建。

a）抽壳前　　　　　　　　　　　b）抽壳后

图 12.2.8　抽壳 1

步骤 06 创建图 12.2.9 所示的零件特征——切除-拉伸 3。选择下拉菜单 插入(I) → 切除(C) → 拉伸(E)... 命令；选取上视基准面为草图基准面，在草图绘制环境中绘制图 12.2.10 所示的横断面草图，在 方向1 区域的下拉列表中选择 完全贯穿 选项，单击 ↗ 按钮；单击该对话框中的 ✓ 按钮，完成切除-拉伸 3 的创建。

图 12.2.9　切除-拉伸 3

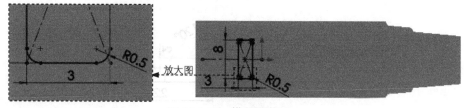

图 12.2.10　横断面草图

步骤 07 创建图 12.2.11 所示的零件特征—— 凸台-拉伸 2。选择下拉菜单 插入(I) → 凸台/基体(B) → 拉伸(E)... 命令（或单击 按钮）；选取图 12.2.11 所示的面为草图基准面；在草图绘制环境中绘制图 12.2.12 所示的横断面草图；在"凸台-拉伸"对话框 方向1 区域的下拉列表中选择 给定深度 选项，单击 ↗ 按钮，输入深度值 1.0；单击 ✓ 按钮，完成凸台-拉伸 2 的创建。

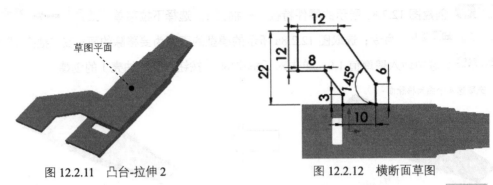

图 12.2.11 凸台-拉伸 2　　　　图 12.2.12 横断面草图

步骤08 创建图 12.2.13 所示的零件特征——凸台-拉伸 3。选择下拉菜单 插入(I) → 凸台/基体(B) → 拉伸(E)... 命令（或单击 按钮）；选取图 12.2.14 所示的面为草图基准面；在草图绘制环境中绘制图 12.2.15 所示的横断面草图；在"凸台-拉伸"对话框 方向1 区域的下拉列表中选择 给定深度 选项，单击 按钮，输入深度值 10.0；单击 按钮，完成凸台-拉伸 3 的创建。

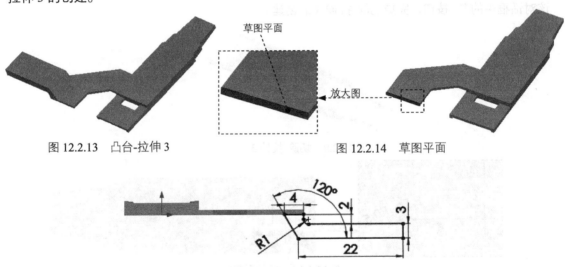

图 12.2.13 凸台-拉伸 3　　　　图 12.2.14 草图平面

图 12.2.15 横断面草图

步骤09 创建图 12.2.16 所示的基准面 1。选择下拉菜单 插入(I) → 参考几何体(G) → 基准面(E)... 命令；选取图 12.2.16 所示的平面 1 和平面 2 为参考；单击对话框中的 按钮，完成基准面 1 的创建。

步骤10 创建图 12.2.17 所示的零件特征——切除-拉伸 4。选择下拉菜单 插入(I) → 切除(C) → 拉伸(E)... 命令；选取基准面 1 为草图基准面，在草图绘制环境中绘制图 12.2.18 所示的横断面草图，在 方向1 区域的下拉列表中选择 两侧对称 选项，输入深度值 8.0；单击该对话框中的 按钮，完成切除-拉伸 4 的创建。

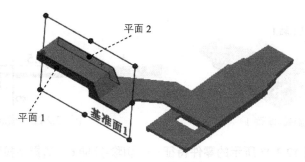

图 12.2.16 基准面 1

图 12.2.17 切除-拉伸 4

图 12.2.18 横断面草图

步骤 11 创建图 12.2.19 所示的零件特征——切除-拉伸 5。选择下拉菜单 插入(I) ➡ 切除(C) ➡ 拉伸(E)... 命令；选取图 12.2.19 所示的平面为草图基准面，在草图绘制环境中绘制图 12.2.20 所示的横断面草图，在 方向1 区域的下拉列表中选择 给定深度 选项，输入深度值 8.0；单击该对话框中的 ✔ 按钮，完成切除-拉伸 5 的创建。

图 12.2.19 切除-拉伸 5

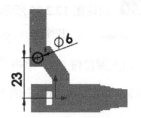

图 12.2.20 横断面草图

步骤 12 创建图 12.2.21 所示的零件特征——旋转-薄壁 1。选择下拉菜单 插入(I) ➡ 凸台/基体(B) ➡ 旋转(R)... 命令；选取基准面 1 作为草图基准面，绘制图 12.2.22 所示的横断面草图；选取图 12.2.21 所示的基准轴 1 为旋转轴；在 方向1 区域的下拉列表中选择 给定深度 选项，采用系统默认的旋转方向，在 文本框中输入数值 360.0；在"旋转-薄壁 1"窗口中选中 ✔ 薄壁特征(T) 复选框。在 ✔ 薄壁特征(T) 区域的下拉列表中选择 单向 选项，采用系统默认的厚度方向，在后面的文本框中输入厚度值 0.5；单击窗口中的 ✔ 按钮，完成旋转-薄壁 1 的创建。

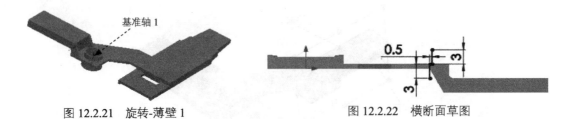

图 12.2.21 旋转-薄壁 1　　　　　图 12.2.22 横断面草图

步骤 13 创建图 12.2.23 所示的零件特征——切除-拉伸 6。选择下拉菜单 插入(I) → 切除(C) → 拉伸(E)... 命令；选取图 12.2.23 所示的平面为草图基准面，在草图绘制环境中绘制图 12.2.24 所示的横断面草图，在 方向1 区域的下拉列表中选择 给定深度 选项，输入深度值 0.3；单击该对话框中的 ✔ 按钮，完成切除-拉伸 6 的创建。

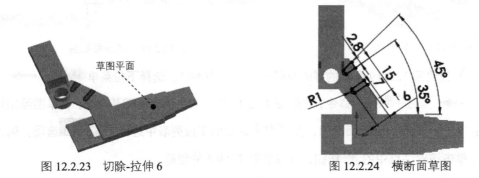

图 12.2.23 切除-拉伸 6　　　　　图 12.2.24 横断面草图

步骤 14 创建图 12.2.25 所示的零件特征——切除-拉伸 7。选择下拉菜单 插入(I) → 切除(C) → 拉伸(E)... 命令；选择图 12.2.24 所示的草图，在 从(F) 区域的下拉列表中选择 等距，输入深度值 0.7，单击 ⇅ 按钮；在 方向1 区域的下拉列表中选择 给定深度 选项，输入深度值 0.3；单击该对话框中的 ✔ 按钮，完成切除-拉伸 7 的创建。

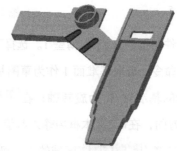

图 12.2.25 切除-拉伸 7

步骤 15 创建图 12.2.26 所示的圆角 1。选择下拉菜单 插入(I) → 特征(F) → 圆角(F)... 命令；在圆角类型区域选中 ⊙ 恒定大小 复选框；选取图 12.2.27 所示的边线为要圆角的对象；在对话框中输入半径值 0.15；单击"圆角"对话框中的 ✓ 按钮，完成圆角 1 的创建。

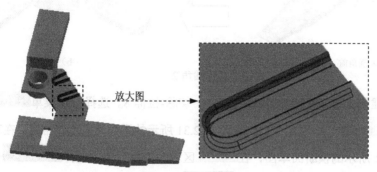

图 12.2.26　圆角 1

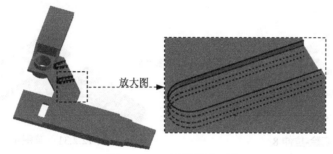

图 12.2.27　选择圆角对象

步骤 16　创建图 12.2.28b 所示的倒角 1。选择下拉菜单 插入(I) ➡ 特征(F) ➡ 倒角(C)... 命令，选取图 12.2.28a 所示的边线为要倒角的对象；在"倒角"对话框 后的文本框中输入数值 0.2，在 后的文本框中输入数值 45.0；单击 ✓ 按钮，完成倒角 1 的创建。

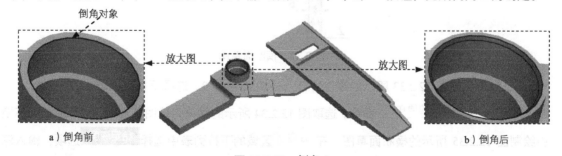

a）倒角前　　　　　　　　　　　　　　　　　　　　b）倒角后

图 12.2.28　倒角 1

步骤 17　创建图 12.2.29b 所示的圆角 2。选择下拉菜单 插入(I) ➡ 特征(F) ➡ 圆角(F)... 命令；选取图 12.2.29a 所示的边线为要圆角的对象；在对话框中输入半径值 4.0；单击"圆角"对话框中的 ✓ 按钮，完成圆角 2 的创建。

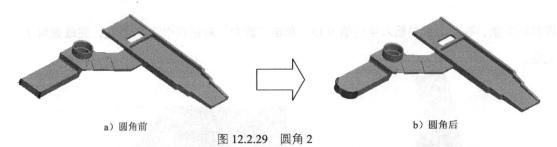

a）圆角前　　　　　　　　　　　　　　b）圆角后

图 12.2.29　圆角 2

步骤 18 创建图 12.2.30 所示的零件特征——切除-拉伸 8。选择下拉菜单 `插入(I)` → `切除(C)` → `拉伸(E)...` 命令；选取图 12.2.31 所示的平面为草图基准面，在草图绘制环境中绘制图 12.2.32 所示的横断面草图，在 `方向1` 区域的下拉列表中选择 `给定深度` 选项，输入深度值 2.0；在 `方向2` 区域的下拉列表中选择 `完全贯穿` 选项；单击该对话框中的 ✔ 按钮，完成切除-拉伸 8 的创建。

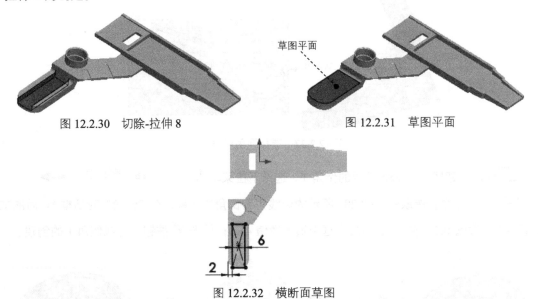

图 12.2.30　切除-拉伸 8　　　　　　　图 12.2.31　草图平面

图 12.2.32　横断面草图

步骤 19 创建图 12.2.33 所示的零件特征——切除-拉伸 9。选择下拉菜单 `插入(I)` → `切除(C)` → `拉伸(E)...` 命令；选取图 12.2.34 所示的平面为草图基准面，在草图绘制环境中绘制图 12.2.35 所示的横断面草图，在 `方向1` 区域的下拉列表中选择 `给定深度` 选项，输入深度值 2.0；单击该对话框中的 ✔ 按钮，完成切除-拉伸 9 的创建。

图 12.2.33　切除-拉伸 9　　　　　　　图 12.2.34　草图平面

第 **12** 章 SolidWorks 零件设计实际综合应用

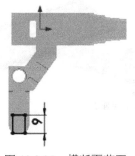

图 12.2.35 横断面草图

步骤 20 创建图 12.2.36 所示的零件特征——切除-拉伸 10。选择下拉菜单 插入(I) → 切除(C) → 拉伸(E)... 命令；选取图 12.2.37 所示的平面为草图基准面，在草图绘制环境中绘制图 12.2.38 所示的横断面草图，在 方向1 区域的下拉列表中选择 给定深度 选项，输入深度值 2.5；在 方向2 区域的下拉列表中选择 完全贯穿 选项；单击该对话框中的 ✓ 按钮，完成切除-拉伸 10 的创建。

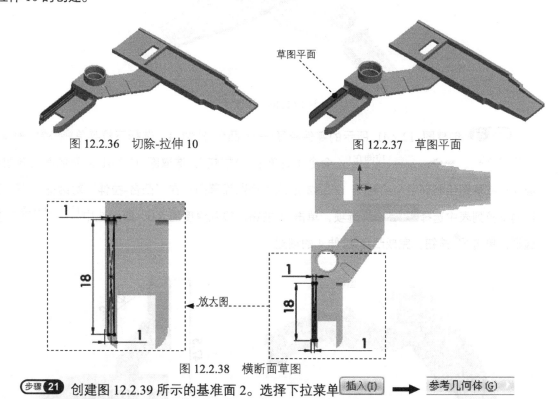

图 12.2.36 切除-拉伸 10　　　　　图 12.2.37 草图平面

图 12.2.38 横断面草图

步骤 21 创建图 12.2.39 所示的基准面 2。选择下拉菜单 插入(I) → 参考几何体(G) → 基准面(P)... 命令；选取图 12.2.39 所示的平面 1 和平面 2 为参考；单击对话框中的 ✓ 按钮，完成基准面 2 的创建。

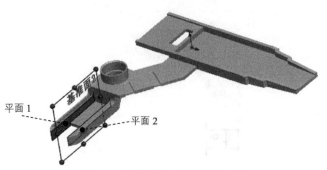

图 12.2.39 基准面 2

步骤 22 创建图 12.2.40 所示的镜像 1。选择下拉菜单 插入(I) → 阵列/镜向(E) → 镜向(M)... 命令；在设计树中选择"切除-拉伸 10"作为镜像的对象；在设计树中选取基准面 2 为镜像基准面；单击"镜向"对话框中的 ✔ 按钮，完成镜像 1 的创建。

图 12.2.40 镜像 1

步骤 23 创建图 12.2.41 所示的零件特征——凸台-拉伸 4。选择下拉菜单 插入(I) → 凸台/基体(B) → 拉伸(E)... 命令（或单击 按钮）；选取图 12.2.41 所示的面为草图基准面；在草图绘制环境中绘制图 12.2.42 所示的横断面草图；在"凸台-拉伸"对话框 方向1 区域的下拉列表中选择 给定深度 选项，单击 按钮，输入深度值 8.0，取消选中 □ 合并结果(R) 复选框；单击 ✔ 按钮，完成凸台-拉伸 4 的创建。

图 12.2.41 凸台-拉伸 4

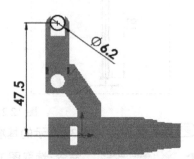

图 12.2.42 横断面草图

步骤 24 创建图 12.2.43b 所示的零件特征——抽壳 2。选择下拉菜单 插入(I) → 特征(F)

➡️ 📦 抽壳(S)... 命令；选取图 12.2.43a 所示的模型的上表面为要移除的面；在"抽壳 1"对话框的 参数(P) 区域中输入壁厚值 1.0；单击对话框中的 ✔ 按钮，完成抽壳 2 的创建。

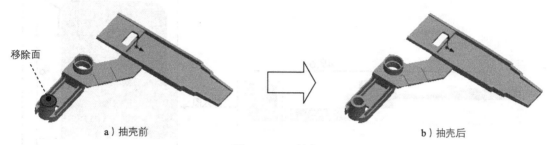

a) 抽壳前　　　　　　　　　　　　　　　　b) 抽壳后

图 12.2.43　抽壳 2

步骤 25　创建组合 1。选择命令 插入(I) ➡ 特征(F) ➡ 📦 组合(B)...，选择抽壳 2 和镜像 1 为组合对象，单击对话框中的 ✔ 按钮，完成组合 1 的创建。

步骤 26　创建图 12.2.44b 所示的圆角 3。选择下拉菜单 插入(I) ➡ 特征(F) ➡ 🔲 圆角(F)... 命令；选取图 12.2.44a 所示的边线为要圆角的对象；在对话框中输入半径值 1.0；单击"圆角"对话框中的 ✔ 按钮，完成圆角 3 的创建。

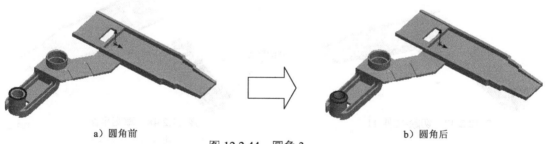

a) 圆角前　　　　　　　　　　　　　　　　b) 圆角后

图 12.2.44　圆角 3

步骤 27　创建图 12.2.45 所示的零件基础特征——旋转 1。选择下拉菜单 插入(I) ➡ 凸台/基体(B) ➡ 🔲 旋转(R)... 命令。选取基准面 2 为草图基准面，进入草绘环境，绘制图 12.2.46 所示的横断面草图，退出草绘环境；采用图 12.2.45 所示的线作为旋转轴线；在"旋转"对话框 方向1 区域的下拉列表框中选择 给定深度 选项，采用系统默认的旋转方向，在 方向1 区域的 文本框中输入数值 10.0；在 方向2 区域的下拉列表中选择 给定深度 选项，在 文本框中输入数值 10.0；单击对话框中的 ✔ 按钮，完成旋转 1 的创建。

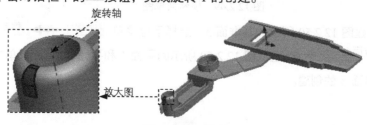

图 12.2.45　旋转 1

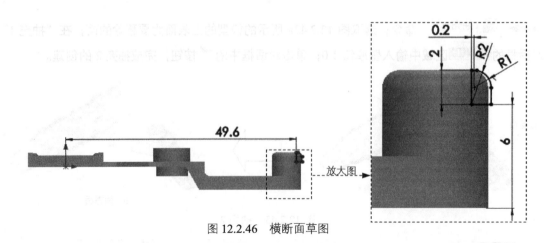

图 12.2.46 横断面草图

步骤 28 创建图 12.2.47 所示的零件特征——切除-拉伸 11。选择下拉菜单 插入(I) → 切除(C) → 拉伸(E)... 命令；选取图 12.2.48 所示的平面为草图基准面，在草图绘制环境中绘制图 12.2.49 所示的横断面草图，在 方向1 区域的下拉列表中选择 完全贯穿 选项，单击 按钮；单击该对话框中的 按钮，完成切除-拉伸 11 的创建。

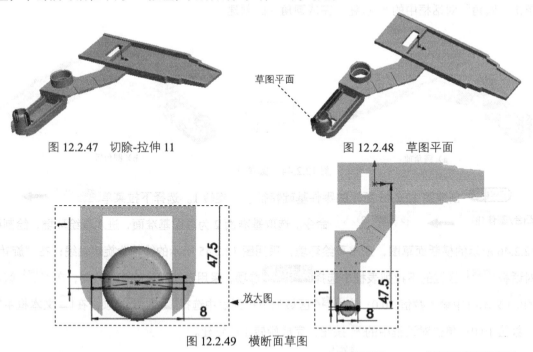

图 12.2.47 切除-拉伸 11　　　　　图 12.2.48 草图平面

图 12.2.49 横断面草图

步骤 29 创建图 12.2.50 所示的基准面 3。选择下拉菜单 插入(I) → 参考几何体(G) → 基准面(P)... 命令；选取图 12.2.50 所示的平面 1 和平面 2 为参考；单击对话框中的 按钮，完成基准面 3 的创建。

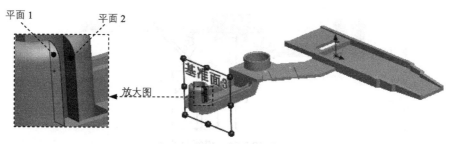

图 12.2.50 基准面 3

步骤 30 创建图 12.2.51 所示的镜像 2。选择下拉菜单 插入(I) ➔ 阵列/镜向(E) ➔ 镜向(M)... 命令；在设计树中选择"旋转 1"作为镜像的对象；在设计树中选取基准面 3 为镜像基准面；单击"镜向"对话框中的 ✓ 按钮，完成镜像 2 的创建。

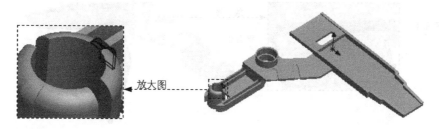

图 12.2.51 镜像 2

步骤 31 创建图 12.2.52 所示的零件特征——凸台-拉伸 5。选择下拉菜单 插入(I) ➔ 凸台/基体(B) ➔ 拉伸(E)... 命令（或单击 按钮）；选取图 12.2.53 所示的面为草图基准面；在草图绘制环境中绘制图 12.2.54 所示的横断面草图；采用系统默认的深度方向，在"凸台-拉伸"对话框 方向1 区域的下拉列表中选择 给定深度 选项，输入深度值 18.0；单击 ✓ 按钮，完成凸台-拉伸 5 的创建。

图 12.2.52 凸台-拉伸 5

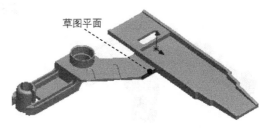

图 12.2.53 草图平面

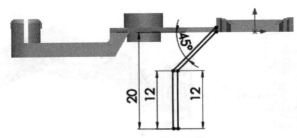

图 12.2.54 横断面草图

步骤 32 创建图 12.2.55 所示的基准面 4。选择下拉菜单 插入(I) → 参考几何体(G) → 基准面(P)... 命令;选取图 12.2.55 所示的平面 1 和平面 2 为参考;单击对话框中的 ✓ 按钮,完成基准面 4 的创建。

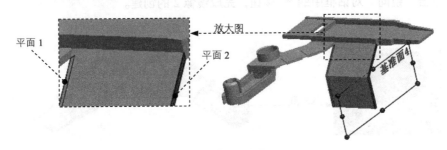

图 12.2.55 基准面 4

步骤 33 创建图 12.2.56 所示的零件特征—— 凸台-拉伸 6。选择下拉菜单 插入(I) → 凸台/基体(B) → 拉伸(E)... 命令(或单击 按钮);选取基准面 4 为草图基准面;在草图绘制环境中绘制图 12.2.57 所示的横断面草图;采用系统默认的深度方向,在"凸台-拉伸"对话框 方向1 区域的下拉列表中选择 两侧对称 选项,输入深度值 4.0;单击 ✓ 按钮,完成凸台-拉伸 6 的创建。

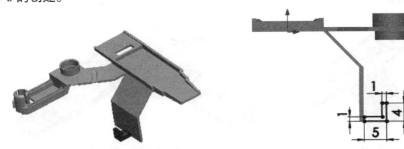

图 12.2.56 凸台-拉伸 6　　　　图 12.2.57 横断面草图

步骤 34 创建图 12.2.58 所示的零件特征—— 凸台-拉伸 7。选择下拉菜单 插入(I) → 凸台/基体(B) → 拉伸(E)... 命令(或单击 按钮);选取图 12.2.58 所示的面为草图基准面;在草图绘制环境中绘制图 12.2.59 所示的横断面草图;在"凸台-拉伸"对话框 方向1 区域的下拉列表中选择 给定深度 选项，输入深度值 2.0，单击 按钮；单击 按钮，完成凸台-拉伸 7 的创建。

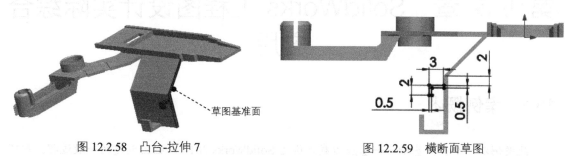

图 12.2.58　凸台-拉伸 7　　　　　　　　图 12.2.59　横断面草图

步骤 35 创建图 12.2.60 所示的零件特征——凸台-拉伸 8。选择下拉菜单 插入(I) ➡ 凸台/基体(B) ➡ 拉伸(E)... 命令（或单击 按钮）；选取基准面 4 为草图基准面；在草图绘制环境中绘制图 12.2.61 所示的横断面草图；在"凸台-拉伸"对话框 方向1 区域的下拉列表中选择 给定深度 选项，输入深度值 2.0；单击 按钮，完成凸台-拉伸 8 的创建。

图 12.2.60　凸台-拉伸 8　　　　　　　　图 12.2.61　横断面草图

步骤 36 创建图 12.2.62 所示的镜像 3。选择下拉菜单 插入(I) ➡ 阵列/镜向(E) ➡ 镜向(M)... 命令；在设计树中选取前视基准面为镜像基准面；在 要镜向的实体(B) 对话框里选中创建的实体；单击"镜向"对话框中的 按钮，完成镜像 3 的创建。

图 12.2.62　镜像 3

步骤 37 至此，零件模型创建完毕。选择下拉菜单 文件(F) ➡ 保存(S) 命令，命名为 toy_cover，即可保存零件模型。

第13章 SolidWorks 工程图设计实际综合应用

13.1 案例概述

此案例以一个机械基础——基座为载体讲述 SolidWorks 2014 工程图创建的一般过程。希望通过此例的学习读者能对 SolidWorks 工程图的制作有比较清楚的认识。完成后的工程图如图 13.1 所示。

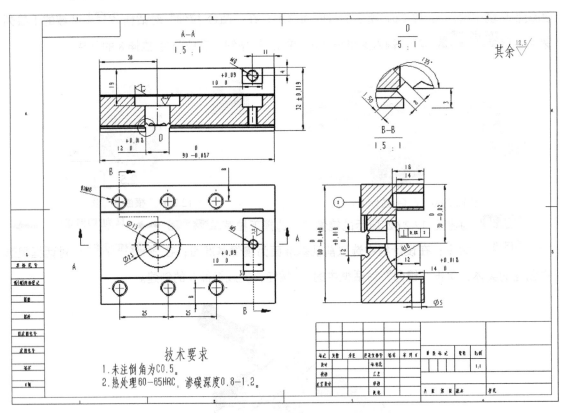

图 13.1.1 基座工程图

13.2 新建工程图

步骤01 选择命令。选择下拉菜单 文件(F) → 新建(N)... 命令,系统弹出"新建

SolidWorks 文件"对话框。

步骤02 在"新建 SolidWorks 文件"对话框（一）中单击 高级 按钮，在"新建 SolidWorks 文件"对话框中选择 模板 区域中的 gb_a3 选项，创建工程图文件，单击 确定 按钮，完成工程图的新建。

13.3 创建视图

任务01 创建基本视图

步骤01 在系统 选择一零件或装配体以从之生成视图，然后单击下一步。 的提示下，单击 要插入的零件/装配体(E) 区域中的 浏览(B)... 按钮，系统弹出"打开"对话框，在"查找范围"下拉列表中选择目录 D:\sw1401\work\ch13，然后选择 base_body，单击 打开 按钮，载入模型。

 如果在 要插入的零件/装配体(E) 区域的 打开文档: 列表框中已存在该零件模型，此时只需双击该模型就可将其载入。

步骤02 定义视图的参数。

（1）定义视向。在"模型视图"对话框的 方向(D) 区域中单击"上视" 按钮，再选中 ☑ 预览(P) 复选框，预览要生成的视图。

（2）定义视图比例。在 比例(A) 区域中选中 ⊙ 使用自定义比例(C) 单选项，在其下方的列表框中选择 用户定义 选项，并定义为 1.5:1。

步骤03 放置视图。将鼠标放在图形区，会出现主视图的预览，选择合适的放置位置单击，以生成主视图，如图 13.3.1 所示。

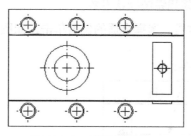

图 13.3.1 创建主视图

步骤04 单击"工程图视图"对话框中的 ✓ 按钮，完成操作。

任务02 创建剖面视图 A-A

步骤 01　选择命令。选择下拉菜单 插入(I) → 工程图视图(V) → 剖面视图(S) 命令，系统弹出"剖面视图"对话框。

步骤 02　选取切割线类型。在 切割线 区域单击"水平" 按钮，然后在图 13.3.2 所示的圆弧上单击，以确定放置位置。

步骤 03　定义剖面视图。在"剖面视图"对话框的 A→¦ 文本框中输入视图标号 A，其他参数采用系统默认设置。

步骤 04　定义视图放置位置。选择合适的位置单击，如图 13.3.3 所示，生成全剖视图。

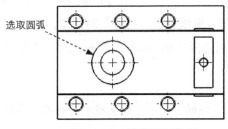

图 13.3.2　选择剖切位置

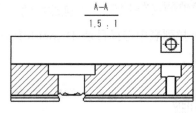

图 13.3.3　剖面视图 A-A

步骤 05　单击"剖面视图"对话框中的 ✔ 按钮，完成操作。

任务 03　创建剖面视图 B-B

步骤 01　绘制剖切线。绘制图 13.3.4 所示的直线作为剖切线，然后选中。

步骤 02　选择命令。选择下拉菜单 插入(I) → 工程图视图(V) → 剖面视图(S) 命令，系统弹出"剖面视图"对话框。

步骤 03　定义剖面视图。在"剖面视图"对话框的 A→¦ 文本框中输入视图标号 B，单击 反转方向(L) 按钮，其他参数采用系统默认设置。

步骤 04　定义视图放置位置。选择合适的位置单击，如图 13.3.5 所示，生成全剖视图。

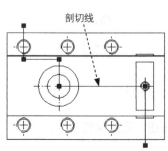

图 13.3.4　绘制剖切线

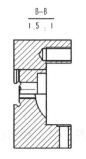

图 13.3.5　剖面视图 B-B

步骤 05 单击"剖面视图"对话框中的 ✓ 按钮,完成操作。

任务 04 创建局部视图

步骤 01 选择命令。选择下拉菜单 插入(I) → 工程图视图(V) → 局部视图(D) 命令,系统弹出"局部视图"对话框。

步骤 02 定义视图范围。绘制图13.3.6所示的圆作为视图范围。

步骤 03 定义局部视图。在"局部视图"对话框的 文本框中输入视图标号D,在 比例(S) 区域中选中 ⊙ 使用自定义比例(C) 单选项,并在其下拉列表中选择 5:1 选项。

步骤 04 放置视图。选择合适的位置单击,放置视图(见图13.3.7)。

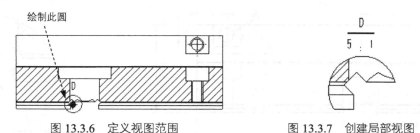

图13.3.6 定义视图范围　　　图13.3.7 创建局部视图

步骤 05 单击"局部视图"对话框中的 ✓ 按钮,完成操作。

13.4 为视图添加中心线

步骤 01 选择命令。选择下拉菜单 插入(I) → 注解(A) → 中心线(L)… 命令,系统弹出"中心线"对话框。

步骤 02 定义对象。选取图13.4.1所示的圆柱面,此时系统会直通为所选的圆柱添加中心线,单击中心线两端点,拉伸中心线至合适长度。

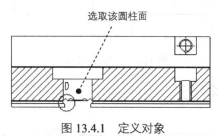

图13.4.1 定义对象

步骤 03 单击"中心线"对话框中的 ✓ 按钮,完成中心线的添加。

步骤 04 参照之前的步骤继续添加剩余的中心线,如图13.4.2所示。

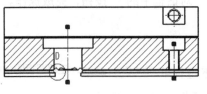

图 13.4.2 添加的中心线

13.5 添加图 13.5.1 所示的尺寸标注

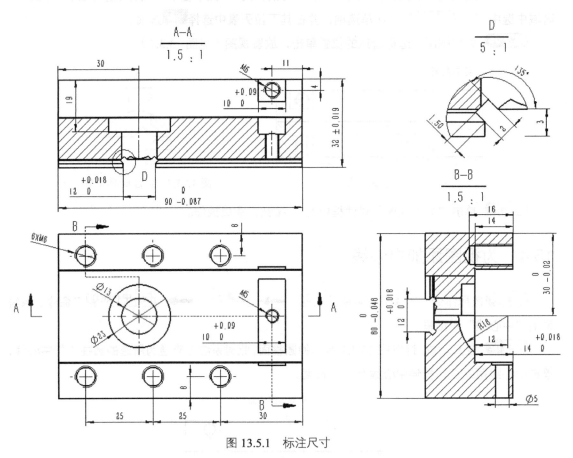

图 13.5.1 标注尺寸

13.6 添加基准特征符号

步骤01 选择命令。选择下拉菜单 插入(I) → 注解(A) → 基准特征符号(U)... 命令，系统弹出"基准特征"对话框。

步骤02 在 标号设定(S) 区域的 **A** 文本框中输入 E，取消选中 □ 使用文件样式(U) 复选框，单击 和 按钮，其余采用默认设置，选取图 13.6.1a 所示的边线放置基准特征符号。

第 13 章 SolidWorks 工程图设计实际综合应用

步骤 03 单击 ✔ 按钮，完成操作，结果如图 13.6.1b 所示。

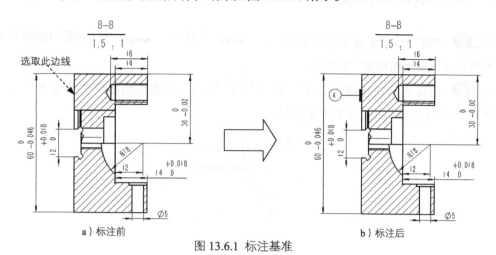

a) 标注前　　　　　　　　　　　　b) 标注后

图 13.6.1 标注基准

13.7 标注形位公差

步骤 01 选择命令。选择下拉菜单 插入(I) → 注解(A) → 形位公差(T)... 命令，系统弹出"形位公差"对话框和"属性"对话框。

步骤 02 定义形位公差。在"属性"对话框中单击 符号 区域中的 ▼ 按钮中的 ⊥ 按钮，在 公差1 文本框中输入公差值 0.02，在 主要 文本框中输入基准符号 E，其余采用默认设置。

步骤 03 放置基准特征符号。在 引线(L) 区域单击"引线" 按钮，再单击"垂直引线" 按钮；选取图 13.7.1 所示的边线，在选择合适的位置单击，以放置形位公差。

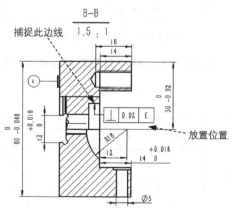

图 13.7.1 标注形位公差

步骤 04 单击 确定 按钮，完成操作。

13.8 标注表面粗糙度

步骤01 选择命令。选择下拉菜单 插入(I) → 注解(A) → √ 表面粗糙度符号(F) 命令，系统弹出"表面粗糙度"对话框。

步骤02 选择表面粗糙度的类型。在 符号(S) 区域选择表面粗糙度符号类型 √，并在 符号布局(M) 区域设置图 13.8.1 所示的参数。

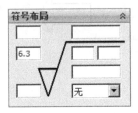

图 13.8.1 设置参数

步骤03 放置表面粗糙度符号。选取图 13.8.2 所示的边线放置表面粗糙度符号，结果如图 13.8.2 所示。

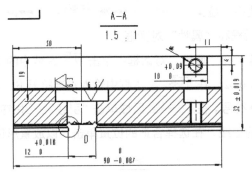

图 13.8.2 标注表面粗糙度符号

步骤04 参照 Step1～Step3 的方法标注其他表面粗糙度符号，表面粗糙度完成后的效果如图 13.8.3 所示。

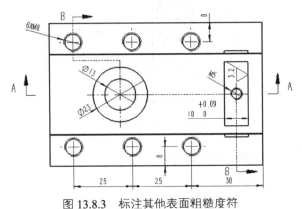

图 13.8.3 标注其他表面粗糙度符

步骤 05 单击 ✔ 按钮，完成操作。

13.9 添加注释文本 1

步骤 01 选择命令。选择下拉菜单 插入(I) → 注解(A) → A 注释(N) 命令，系统弹出"注释"对话框。

步骤 02 定义引线类型。单击 引线(L) 区域中的 按钮。

步骤 03 创建文本 1。在图形区单击一点放置注释文本 1，在弹出的注释文本框中输入图 13.9.1 所示的注释文本，选中"技术要求"定义文本格式如图 13.9.2 所示，选中其余内容定义文本格式如图 13.9.3 所示。

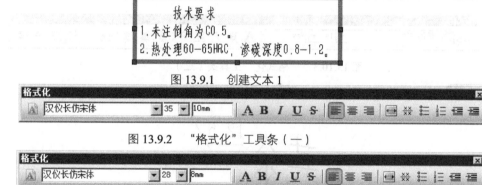

图 13.9.1　创建文本 1

图 13.9.2　"格式化"工具条（一）

图 13.9.3　"格式化"工具条（二）

步骤 04 单击 ✔ 按钮，完成操作，其结果如图 13.9.4 所示。

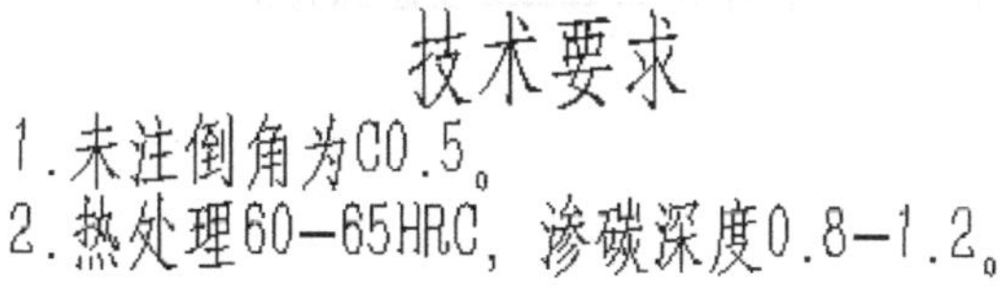

图 13.9.4　添加注释文本 1

13.10 添加注释文本 2

步骤 01 选择命令。选择下拉菜单 插入(I) → 注解(A) → A 注释(N) 命令，系统弹出"注释"对话框。

步骤 02 定义引线类型。单击 引线(L) 区域中的 按钮。

步骤 03 创建文本 2。在图形区单击一点放置注释文本 2，在弹出的注释文本框中输入图 13.10.1 所示的注释文本，文本格式如图 13.10.1 所示。

403

步骤 04 创建表面粗糙度符号。在"注释"对话框 文字格式(T) 区域选择单击 √ 按钮,系统弹出"表面粗糙度"对话框,在 符号(S) 区域选择表面粗糙度符号类型 √ ,并在 符号布局(M) 区域设置图 13.10.2 所示的参数,单击"表面粗糙度"对话框中的 ✔ 按钮,关闭"表面粗糙度"对话框。

图 13.10.1 创建文本 2

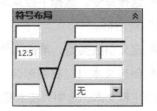
图 13.10.2 设置参数

步骤 05 选中表面粗糙度符号定义其文本格式如图 13.10.3 所示。

图 13.10.3 "格式化"工具条(三)

步骤 06 单击"注释"对话框中的 ✔ 按钮,完成操作,其结果如图 13.10.4 所示。

图 13.10.4 添加注释文本 2

步骤 07 选择下拉菜单 文件(F) → 另存为(A)... 命令,系统弹出"另存为"对话框,将文件命名为 base_body.SLDDRW,单击 保存(S) 按钮保存。

第 14 章 SolidWorks 曲面设计实际综合应用

14.1 曲面设计案例 1——电吹风外壳设计

案例概述

本案例介绍了一款电吹风外壳的曲面设计过程。曲面零件设计的一般方法是先创建一系列草绘曲线和空间曲线，然后利用所创建的曲线构建几个独立的曲面，再利用缝合等工具将独立的曲面变成一个整体面，最后将整体面变成实体模型。零件实体模型及相应的设计树如图 14.1.1 所示。

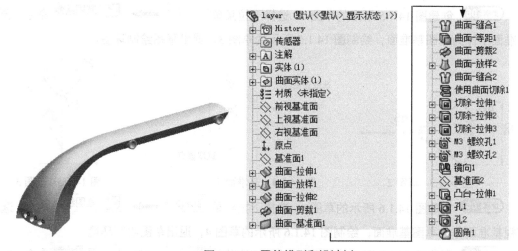

图 14.1.1 零件模型和设计树

步骤 01 新建模型文件。新建一个"零件"模块的模型文件，进入建模环境。

步骤 02 创建图 14.1.2 所示的草图 1。选择下拉菜单 插入(I) → 草图绘制 命令，选取前视基准面作为草图基准面，绘制图 14.1.2 所示的草图 1，退出草图绘制环境。

 如图 14.1.2 所示的样条曲线中的起始点必须添加竖直、水平关系。

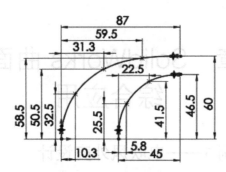

图 14.1.2 草图 1

步骤03 创建图 14.1.3 所示的草图 2。选择下拉菜单 插入(I) → 草图绘制 命令，选取上视基准面作为草图基准面，绘制图 14.1.3 所示的草图 2，退出草图绘制环境。

步骤04 创建图 14.1.4 所示的基准面 1。选择下拉菜单 插入(I) → 参考几何体(G) → 基准面(P)... 命令，选取图 14.1.4 所示的点为第一参考，选取图 14.1.4 所示的曲线为第二参考，并单击"垂直"⊥按钮；单击 ✓ 按钮，完成基准面 1 的创建。

步骤05 创建图 14.1.5 所示的草图 3。选择下拉菜单 插入(I) → 草图绘制 命令，选取基准面 1 作为草图基准面，绘制图 14.1.5 所示的草图 3，退出草图绘制环境。

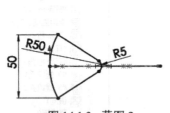

图 14.1.3 草图 2

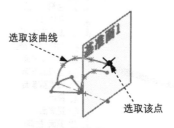

图 14.1.4 基准面 1

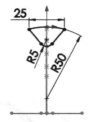

图 14.1.5 草图 3

步骤06 创建图 14.1.6 所示的草图 4。选择下拉菜单 插入(I) → 草图绘制 命令，选取前视基准面作为草图基准面，绘制图 14.1.6 所示的草图 4，退出草图绘制环境。

步骤07 创建图 14.1.7 所示的草图 5。选择下拉菜单 插入(I) → 草图绘制 命令，选取上视基准面作为草图基准面，绘制图 14.1.7 所示的草图 5，退出草图绘制环境。

步骤08 创建图 14.1.8 所示的草图 6。选择下拉菜单 插入(I) → 草图绘制 命令，选取上视基准面作为草图基准面，绘制图 14.1.8 所示的草图 6，退出草图绘制环境。

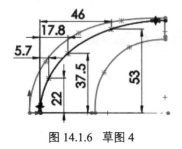

图 14.1.6 草图 4

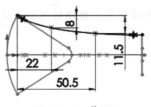

图 14.1.7 草图 5

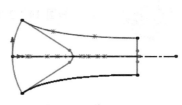

图 14.1.8 草图 6

步骤 09 创建图 14.1.9 所示的投影曲线 1。选择下拉菜单 插入(I) → 曲线(U) → 投影曲线(P)... 命令，在"投影曲线"对话框的 选择(S) 区域选中 草图上草图(F) 单选项；依次选取草图 4 和草图 5 为要投影的对象；单击 ✔ 按钮，完成投影曲线 1 的创建。

步骤 10 创建图 14.1.10 所示的投影曲线 2。选择下拉菜单 插入(I) → 曲线(U) → 投影曲线(P)... 命令，在"投影曲线"对话框的 选择(S) 区域选中 草图上草图(F) 单选项；依次选取草图 4 和草图 6 为要投影的对象；单击 ✔ 按钮，完成投影曲线 2 的创建。

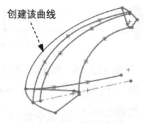
图 14.1.9　投影曲线 1

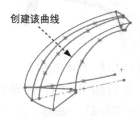
图 14.1.10　投影曲线 2

步骤 11 创建图 14.1.11 所示的曲面-拉伸 1。选择下拉菜单 插入(I) → 曲面(S) → 拉伸曲面(E)... 命令；选取草图 3 为横断面草图；在"曲面-拉伸"对话框中 方向 1 区域的下拉列表中选择 给定深度 选项，输入深度值 115.0；单击 ✔ 按钮，完成曲面-拉伸 1 的创建。

步骤 12 创建图 14.1.12 所示的曲面-放样 1。

图 14.1.11　曲面-拉伸 1

图 14.1.12　曲面-放样 1

（1）选择下拉菜单 插入(I) → 曲面(S) → 放样曲面(L)... 命令。

（2）定义放样轮廓。选取图 14.1.13 所示的草图 2 和草图 3 为轮廓。

（3）定义起始、结束约束条件。在"曲面-放样"对话框 起始/结束约束(C) 区域的 开始约束(S): 和 结束约束(E): 下拉列表中均选择 垂直于轮廓 选项。

（4）定义放样引导线。选取图 14.1.14 所示的开环 1、曲线 1、曲线 2 和开环 2 为引导线，其他参数采用系统默认设置值。

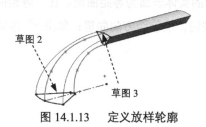
图 14.1.13　定义放样轮廓

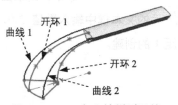
图 14.1.14　定义放样引导线

(5) 单击 ✔ 按钮，完成曲面-放样 1 的创建。

步骤 13 创建图 14.1.15 所示的曲面-拉伸 2。选择下拉菜单 插入(I) → 曲面(S) → 拉伸曲面(E)... 命令；选取上视基准面作为草图基准面，绘制图 14.1.16 所示的横断面草图，在"曲面-拉伸"对话框中 方向 1 区域的下拉列表中选择 给定深度 选项，输入深度值 70.0。单击 ✔ 按钮，完成曲面-拉伸 2 的创建。

图 14.1.15 曲面-拉伸 2

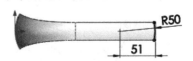
图 14.1.16 横断面草图

步骤 14 创建图 14.1.17 所示的曲面-剪裁 1。选择下拉菜单 插入(I) → 曲面(S) → 剪裁曲面(T)... 命令；在"剪裁曲面"对话框的 剪裁类型(T) 区域中选择 ⊙ 相互(M) 单选项；选取曲面-拉伸 1 和曲面-拉伸 2 为剪裁对象；选取图 14.1.17a 所示的部分为要保留的部分；单击 ✔ 按钮，完成曲面-剪裁 1 的创建。

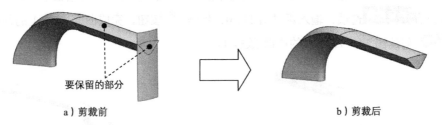

a) 剪裁前   b) 剪裁后

图 14.1.17 曲面-剪裁 1

步骤 15 创建图 14.1.18 所示的曲面-基准面 1。选择下拉菜单 插入(I) → 曲面(S) → 平面区域(P)... 命令；选取草图 2 为平面区域；单击 ✔ 按钮，完成曲面-基准面 1 的创建。

步骤 16 创建曲面-缝合 1。选择下拉菜单 插入(I) → 曲面(S) → 缝合曲面(K)... 命令；选取曲面-剪裁 1、曲面-放样 1 和曲面-基准面 1 为缝合对象，并选中 ☑ 尝试形成实体(T) 复选框；单击 ✔ 按钮，完成曲面-缝合 1 的创建。

步骤 17 创建图 14.1.19 所示的曲面-等距 1。选择下拉菜单 插入(I) → 曲面(S) → 等距曲面(O)... 命令；选取图 14.1.19 所示的实体表面为等距曲面。在"等距曲面"对话框中 ✎ 后的文本框中输入数值 3.0，并单击 ✎ 按钮，使偏距方向向里；单击 ✔ 按钮，完成曲面-等距 1 的创建。

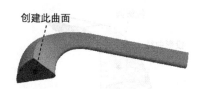
图 14.1.18 曲面-基准面 1

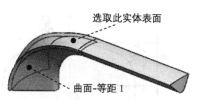
图 14.1.19 曲面-等距 1

步骤 18 创建图 14.1.20 所示的草图 8。选择下拉菜单 插入(I) → 草图绘制 命令，选取右视基准面作为草图基准面，绘制图 14.1.20 所示的草图 8，退出草图绘制环境。

步骤 19 创建图 14.1.21 所示的投影曲线 1。选择下拉菜单 插入(I) → 曲线(U) → 投影曲线(P)... 命令，在"投影曲线"对话框的 选择(S) 区域选中 面上草图(K) 单选项；选取草图 8 为投影曲线；单击 列表框，选取图 14.1.21 所示的等距曲面为投影面；单击 按钮，完成投影曲线 1 的创建。

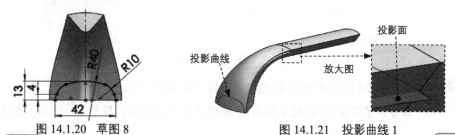

图 14.1.20 草图 8　　　　图 14.1.21 投影曲线 1

步骤 20 创建图 14.1.22b 所示的曲面-剪裁 2（隐藏实体）。选择下拉菜单 插入(I) → 曲面(S) → 剪裁曲面(T)... 命令；在"剪裁曲面"对话框中的 剪裁类型(T) 区域中选择 标准(D) 单选项；选取投影曲线 1 为剪裁工具；选取图 14.1.22a 所示的部分为要保留的部分；单击 按钮，完成曲面-剪裁 2 的创建。

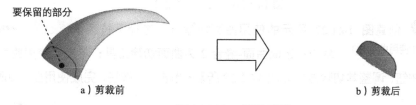

a）剪裁前　　　　　　　　b）剪裁后

图 14.1.22 曲面-剪裁 2

步骤 21 创建图 14.1.23 所示的草图 9。选择下拉菜单 插入(I) → 草图绘制 命令，选取右视基准面作为草图基准面，绘制图 14.1.23 所示的草图 9，退出草图绘制环境。

步骤 22 创建图 14.1.24 所示的投影曲线 2（显示实体）。选择下拉菜单 插入(I) → 曲线(U) → 投影曲线(P)... 命令，在"投影曲线"对话框的 选择(S) 区域选中 面上草图(K) 单选项；选取草图 9 为投影曲线；单击 列表框，选取图 14.1.24 所示的模型表面为投影面；单击 按钮，完成投影曲线 2 的创建。

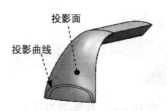

图 14.1.23 草图 9　　　　　　　图 14.1.24 投影曲线 2

步骤 23 创建图 14.1.25b 所示的曲面-放样 2（隐藏实体）。选择下拉菜单 插入(I) → 曲面(S) → 放样曲面(L)... 命令；选取图 14.1.25a 所示的投影曲线 2 和投影曲线 1 为轮廓；单击 ✓ 按钮，完成曲面-放样 2 的创建。

a）放样前　　　　　　　　　　　b）放样后

图 14.1.25　曲面-放样 2

步骤 24 创建图 14.1.26 所示的曲面-缝合 2。选择下拉菜单 插入(I) → 曲面(S) → 缝合曲面(K)... 命令；选取曲面-剪裁 2 和曲面-放样 2 为缝合对象；单击 ✓ 按钮，完成曲面-缝合 2 的创建。

图 14.1.26　曲面-缝合 2

步骤 25 创建图 14.1.27 所示的使用曲面切除 1。选择下拉菜单 插入(I) → 切除(C) → 使用曲面(W)... 命令；选取曲面-缝合 2 为曲面切除工具；单击"使用曲面切除"对话框中的 ⇆ 按钮，调整其切除方向如图 14.1.28 所示；单击 ✓ 按钮，完成使用曲面切除 1 的创建。

图 14.1.27　使用曲面切除 1　　　　　图 14.1.28　定义切除方向

步骤 26 创建图 14.1.29 所示的切除-拉伸 1。选择下拉菜单 插入(I) → 切除(C) → 拉伸(E)... 命令；选取图 14.1.30 所示的模型表面作为草图基准面，绘制图 14.1.31 所示的横断面草图;在"切除-拉伸"对话框 方向1 区域的下拉列表中选择 给定深度 选项,输入深度值 4.0;单击 ✔ 按钮,完成切除-拉伸 1 的创建。

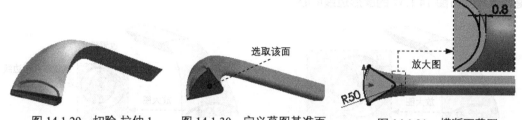

图 14.1.29　切除-拉伸 1　　图 14.1.30　定义草图基准面　　图 14.1.31　横断面草图

(步骤 27) 创建图 14.1.32 所示的切除-拉伸 2。选择下拉菜单 插入(I) → 切除(C) → 拉伸(E)... 命令;选取右视基准面作为草图基准面,绘制图 14.1.33 所示的横断面草图;在"切除-拉伸"对话框 方向1 区域的下拉列表中选择 给定深度 选项,输入深度值 8.0,并单击 ⤢ 按钮调整切除方向至合适的方位;单击 ✔ 按钮,完成切除-拉伸 2 的创建。

 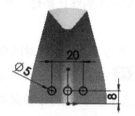

图 14.1.32　切除-拉伸 2　　　　　　图 14.1.33　横断面草图

(步骤 28) 创建图 14.1.34 所示的切除-拉伸 3。选择下拉菜单 插入(I) → 切除(C) → 拉伸(E)... 命令;选取图 14.1.34 所示的模型表面作为草图基准面,绘制图 14.1.35 所示的横断面草图;在"切除-拉伸"对话框 方向1 区域的下拉列表中选择 给定深度 选项,输入深度值 15.0;单击 ✔ 按钮,完成切除-拉伸 3 的创建。

图 14.1.34　切除-拉伸 3　　　　　　图 14.1.35　横断面草图

(步骤 29) 创建图 14.1.36 所示的螺纹孔 1。

(1)选择命令。选择下拉菜单 插入(I) → 特征(F) → 孔(H) → 向导(W)... 命令。

(2)定义孔的位置。

① 定义孔的放置面。单击"孔规格"对话框中的 位置 选项卡,选取图 14.1.37 所示的

模型表面为孔的放置面，在放置面上单击以确定孔的位置。

② 建立约束。在图形区中右击，在系统弹出的快捷菜单中选择 选择 (K) 选项；按住 Ctrl 键，选取孔与图 14.1.37 的圆形边线同心。

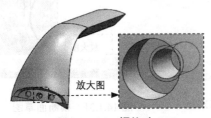
图 14.1.36 螺纹孔 1

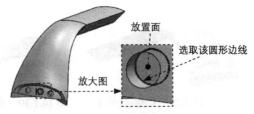
图 14.1.37 定义孔的位置

（3）定义孔的参数。

① 定义孔的规格。在"孔规格"对话框中单击 类型 选项卡，选择孔"类型"为 （直螺纹孔），标准为 Gb，类型为 底部螺纹孔，大小为 M3。

② 定义孔的终止条件。在"孔规格"对话框的 终止条件(C) 下拉列表中选择 成形到下一面 选项。

（4）单击"孔规格"对话框中的 ✓ 按钮，完成螺纹孔 1 的创建。

步骤 30 创建图 14.1.38 所示的螺纹孔 2。

（1）选择命令。选择下拉菜单 插入(I) → 特征(F) → 孔(H) → 向导(W)... 命令。

（2）定义孔的位置。

① 定义孔的放置面。单击"孔规格"对话框中的 位置 选项卡，选取图 14.1.39 所示的模型表面为孔的放置面，在放置面上单击以确定孔的位置。

② 建立约束。在图形区中右击，在系统弹出的快捷菜单中选择 选择 (K) 选项；按住 Ctrl 键，选取孔与图 14.1.39 的圆形边线同心。

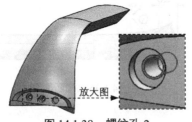
图 14.1.38 螺纹孔 2

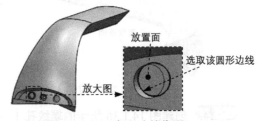
图 14.1.39 定义孔的位置

（3）定义孔的参数。

① 定义孔的规格。在"孔规格"对话框中单击 类型 选项卡，选择孔"类型"为 （直螺纹孔），标准为 Gb，类型为 底部螺纹孔，大小为 M3。

② 定义孔的终止条件。在"孔规格"对话框的 终止条件(C) 下拉列表中选择 给定深度 选项，在"盲孔深度" 文本框中输入值 7.0，其他采用系统默认设置。

（4）单击"孔规格"对话框中的 按钮，完成螺纹孔 2 的创建。

步骤 31 创建图 14.1.40 所示的镜像 1。选择下拉菜单 插入(I) → 阵列/镜向(E) → 镜向(M)... 命令。选取前视基准面为镜像平面，选取螺纹孔 2 为要镜像的对象；单击 按钮，完成镜像 1 的创建。

步骤 32 创建图 14.1.41 所示的基准面 2。选择下拉菜单 插入(I) → 参考几何体(G) → 基准面(P)... 命令；选取前视基准面为参考，输入偏移距离值 12.5；单击 按钮，完成基准面 2 的创建。

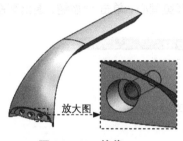
图 14.1.40 镜像 1

图 14.1.41 基准面 2

步骤 33 创建图 14.1.42 所示凸台-拉伸 1。选择下拉菜单 插入(I) → 凸台/基体(B) → 拉伸(E)... 命令；选取基准面 2 作为草图基准面，绘制图 14.1.43 所示的横断面草图；在"凸台-拉伸"对话框 方向1 区域单击 按钮，并在其下拉列表中选择 成形到下一面 选项，单击 按钮，完成凸台-拉伸 1 的创建。

图 14.1.42 凸台-拉伸 1

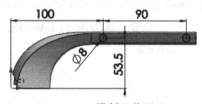
图 14.1.43 横断面草图

步骤 34 创建图 14.1.44 所示的孔 1。

（1）选择命令。选择下拉菜单 插入(I) → 特征(F) → 孔(H) → 简单直孔(S)... 命令，此时系统弹出"孔"对话框。

（2）定义孔的放置面。选取图 14.1.45 所示的模型表面为孔 1 的放置面。

（3）定义孔的参数。

① 定义孔的深度。在"孔"对话框 方向1 区域的下拉列表中选择 完全贯穿 选项。

413

② 定义孔的直径。在 方向1 区域的 ⊘ 文本框中输入数值 6.0。

图 14.1.44 孔 1　　　　　　图 14.1.45 定义孔的放置面

（4）单击"孔"对话框中的 ✔ 按钮，完成孔 1 的创建。

（5）编辑孔的定位。在设计树中右击"孔 1"，从系统弹出的快捷菜单中选择 ☑ 编辑草图命令，进入草图绘制环境；添加孔和图 14.1.46 所示的圆弧同心；单击 ↻ 按钮，退出草图绘制环境。

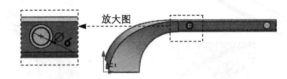

图 14.1.46 编辑草图

步骤 35 参照上一步创建图 14.1.47 所示的孔 2。

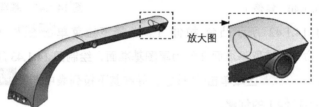

图 14.1.47 孔 2

步骤 36 创建图 14.1.48b 所示的圆角 1。选择下拉菜单 插入(I) ➡ 特征(F) ➡ ⌒ 圆角(U)... 命令，选取图 14.1.48a 所示的边线为圆角对象，圆角半径值为 0.5。

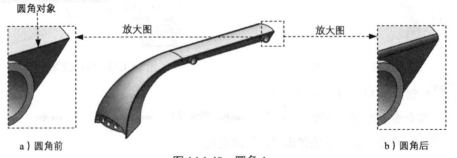

a）圆角前　　　　　　　　　　b）圆角后

图 14.1.48 圆角 1

步骤 37 至此，零件模型创建完毕，选择下拉菜单 文件(F) ➡ 🖫 保存(S) 命令，命名为 layer，即可保存零件模型。

14.2 曲面设计案例 2——塑料瓶

案例概述

本案例详细介绍了饮料瓶的设计过程,主要设计思路是先用扫描命令创建一个基础实体,然后利用使用曲面切除、切除旋转、切除扫描等命令来修饰基础实体,最后进行抽壳后得到最终模型。读者应注意其中投影曲线和螺旋线/涡状线的使用技巧。零件实体模型及相应的设计树如图 14.2.1 所示。

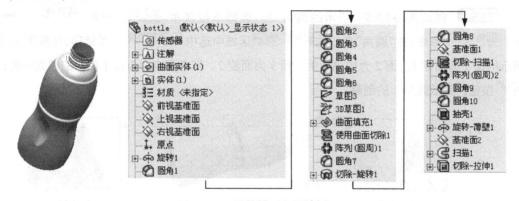

图 14.2.1 零件模型和设计树

步骤 01 新建一个零件模型文件,进入建模环境。

步骤 02 创建图 14.2.2 所示的基础特征——旋转 1。选择下拉菜单 插入(I) → 凸台/基体(B) → 旋转(R)... 命令;选取前视基准面作为草图基准面,绘制图 14.2.3 所示的横断面草图(包括旋转中心线);采用草图中绘制的中心线作为旋转轴线;在"旋转"窗口 旋转参数(R) 区域的下拉列表中选择 给定深度 选项,采用系统默认的旋转方向,在 文本框中输入数值 360.0;单击窗口中的 ✓ 按钮,完成旋转 1 的创建。

图 14.2.2 旋转 1

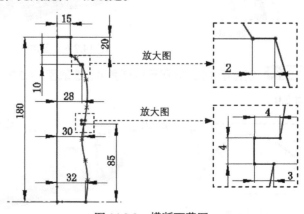

图 14.2.3 横断面草图

步骤03 创建图 14.2.4b 所示的圆角 1。选取图 14.2.4a 所示的面为要圆角的对象,圆角半径值为 5.0。

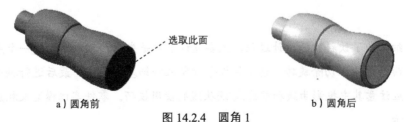

图 14.2.4 圆角 1

步骤04 创建图 14.2.5b 所示的圆角 2。选择下拉菜单 插入(I) → 特征(F) → 圆角(U)... 命令;在"圆角"窗口的 圆角类型(Y) 区域中选中 ⊙ 完整圆角(F) 单选项;选取图 14.2.5a 所示的面 1 为面组 1,面 2 为中央面组,面 3 为面组 2。其中面 3 为与面 1 相对的模型表面;单击 ✓ 按钮,完成圆角 2 的创建。

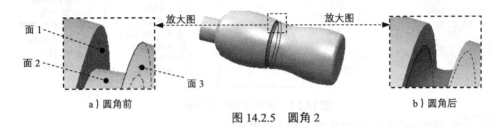

图 14.2.5 圆角 2

步骤05 创建图 14.2.6b 所示的圆角 3。圆角类型为 ⊙ 恒定大小(C),选取图 14.2.6a 所示的边线为要圆角的对象,圆角半径值为 2.0。

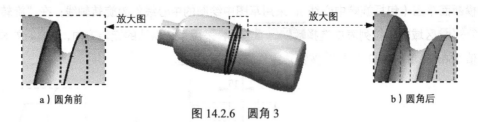

图 14.2.6 圆角 3

步骤06 创建图 14.2.7b 所示的圆角 4。选取图 14.2.7a 所示的边线为要圆角的对象,圆角半径值为 2.0。

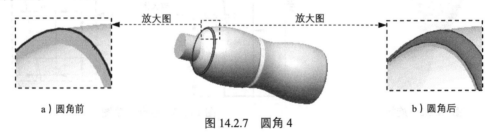

图 14.2.7 圆角 4

步骤 07 创建图 14.2.8b 所示的圆角 5。选取图 14.2.8a 所示的边线为要圆角的对象，圆角半径值为 2.0。

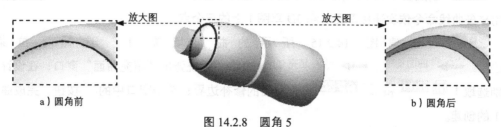

图 14.2.8　圆角 5

步骤 08 创建图 14.2.9b 所示的圆角 6。选取图 14.2.9a 所示的边线为要圆角的对象，圆角半径值为 2.0。

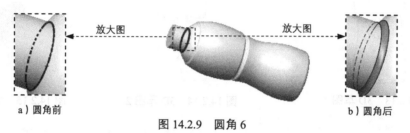

图 14.2.9　圆角 6

步骤 09 创建草图 2。选取前视基准面作为草图基准面，在草图环境中，先绘制图 14.2.10 所示的样条曲线，然后选择下拉菜单 工具(T) —→ 草图工具(T) —→ ✂ 分割实体(I) 命令，分别单击图 14.2.10 所示的点 1 和点 2，将样条曲线分割成两段。

步骤 10 创建图 14.2.11 所示的曲线 1。选择下拉菜单 插入(I) —→ 曲线(U) —→ ⬜ 投影曲线(P)... 命令，系统弹出"投影曲线"窗口；在"投影曲线"窗口 选择(S) 区域中选中 ⊙ 面上草图(K) 单选项；选取草图 2 作为投影曲线，选取图 14.2.11 所示的模型表面作为投影面，采用系统默认的投影方向；单击 ✓ 按钮，完成曲线 1 的创建。

步骤 11 创建草图 3。选取右视基准面作为草图基准面，绘制图 14.2.12 所示的草图。

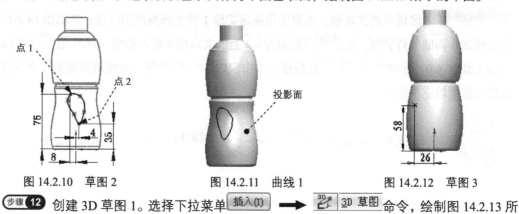

图 14.2.10　草图 2　　　图 14.2.11　曲线 1　　　图 14.2.12　草图 3

步骤 12 创建 3D 草图 1。选择下拉菜单 插入(I) —→ 3D 草图 命令，绘制图 14.2.13 所示的两个点，这两个点分别与曲线 1 上的两个分割点重合。

步骤 13 创建图 14.2.14 所示 3D 草图 2。选择下拉菜单 插入(I) → 3D 草图 命令，使用样条曲线命令依次连接草图 2 和 3D 草图 1 上的三个点。

步骤 14 创建图 14.2.15 所示的曲面填充 1。选择下拉菜单 插入(I) → 曲面(S) → 填充(I)... 命令，系统弹出"填充曲面"窗口；在设计树中分别选取 曲线1 和 3D草图2 作为曲面的修补边界；单击窗口中的 ✔ 按钮，完成曲面填充 1 的创建。

图 14.2.13　3D 草图 1

图 14.2.14　3D 草图 2

图 14.2.15　曲面填充 1

图 14.2.15 为隐藏"旋转 1"后的效果。

步骤 15 创建图 14.2.16 所示的特征——使用曲面切除 1。选择下拉菜单 插入(I) → 切除(C) → 使用曲面(U)... 命令，系统弹出"使用曲面切除"窗口；在设计树中选取 曲面填充1 为要进行切除的曲面；在"使用曲面切除 1"窗口的 曲面切除参数(P) 区域中单击 ↗ 按钮；单击窗口中的 ✔ 按钮，完成使用曲面切除 1 的创建。

步骤 16 创建图 14.2.17 所示的圆周阵列 1。选择下拉菜单 插入(I) → 阵列/镜向(E) → 圆周阵列(C)... 命令，系统弹出"圆周阵列"窗口；激活 要阵列的特征(F) 区域中的文本框，选取使用曲面切除 1 作为阵列的源特征；选取图 14.2.17 所示的临时轴作为圆周阵列轴。在 参数(P) 区域中 ⌔ 后的文本框中输入数值 360.0。在 ✲ 后的文本框中输入数值 4.0，选中 ☑ 等间距(E) 复选框；单击窗口中的 ✔ 按钮，完成圆周阵列 1 的创建，完成后将曲面填充 1 隐藏。

选择下拉菜单 视图(V) → 临时轴(X) 命令，即显示临时轴。

第 **14** 章 SolidWorks 曲面设计实际综合应用

图 14.2.16　使用曲面切除 1

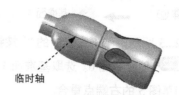

图 14.2.17　圆周阵列 1

步骤 17　创建图 14.2.18b 所示的圆角 7。选取图 14.2.18a 所示的边线为要圆角的对象，圆角半径值为 5.0。

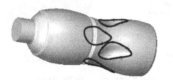

a) 圆角前

b) 圆角后

图 14.2.18　圆角 7

步骤 18　创建图 14.2.19 所示的零件特征——切除-旋转 1。选择下拉菜单 插入(I) → 切除(C) → 🔲 旋转(R)... 命令；选取前视基准面作为草图基准面，绘制图 14.2.20 所示的横断面草图；采用草图中绘制的中心线作为旋转轴线；在"切除-旋转"窗口 旋转参数(R) 区域的下拉列表中选择 给定深度 选项，采用系统默认的旋转方向，在 🔲 文本框中输入数值 360.0；单击窗口中的 ✔ 按钮，完成切除-旋转 1 的创建。

图 14.2.19　切除-旋转 1

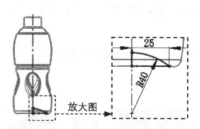

图 14.2.20　横断面草图

步骤 19　创建圆角 8。选取图 14.2.21 所示的边线为要圆角的对象，圆角半径值为 5.0。

步骤 20　创建草图 5。选取前视基准面作为草图基准面，绘制图 14.2.22 所示的草图 5。

图 14.2.21　圆角 8

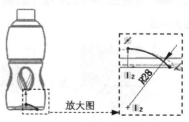

图 14.2.22　草图 5

步骤 21　创建图 14.2.23 所示的基准面 1。选择下拉菜单 插入(I) → 参考几何体(G) → 基准面(P)... 命令；选取草图 5 和草图 5 的右侧端点作为参考实体，如图 14.2.23 所示；单击窗口中的 ✓ 按钮，完成基准面 1 的创建。

步骤 22　创建草图 6。选取基准面 1 作为草图基准面，绘制图 14.2.24 所示的草图 6。此草图的圆心和草图 5 的右端点重合。

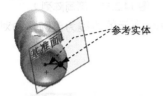
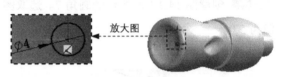

图 14.2.23　基准面 1　　　　　　　图 14.2.24　草图 6

步骤 23　创建图 14.2.25 所示的零件特征——切除-扫描 1。选择下拉菜单 插入(I) → 切除(C) → 扫描(S)... 命令，系统弹出"切除-扫描"窗口；选取草图 6 作为切除-扫描 1 特征的轮廓；选取草图 5 作为切除-扫描 1 特征的路径；单击窗口中的 ✓ 按钮，完成切除-扫描 1 的创建。

步骤 24　创建图 14.2.26 所示的圆周阵列 2。选择下拉菜单 插入(I) → 阵列/镜向(E) → 圆周阵列(C)... 命令，系统弹出"圆周阵列"窗口；激活 要阵列的特征(F) 区域中的文本框，选取切除-扫描 1 作为阵列的源特征；选取图 14.2.26 所示的临时轴作为圆周阵列轴。在 参数(P) 区域中 后的文本框中输入数值 360.0。在 后的文本框中输入数值 5.0，选中 ☑ 等间距(E) 复选框；单击窗口中的 ✓ 按钮，完成圆周阵列 2 的创建。

说明　选择下拉菜单 视图(V) → 临时轴(X) 命令，即显示临时轴。

图 14.2.25　切除-扫描 1　　　　　　　图 14.2.26　圆周阵列 2

步骤 25　创建图 14.2.27b 所示的圆角 9。选取图 14.2.27a 所示的边线为要圆角的对象，圆角半径值为 4.0。

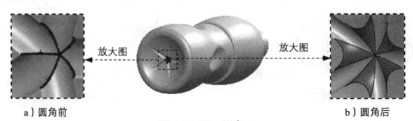

a）圆角前　　　　　　　　　　　　　　　b）圆角后

图 14.2.27　圆角 9

步骤 26 创建图 14.2.28b 所示的圆角 10。选取图 14.2.28a 所示的边链为要圆角的对象,圆角半径值为 2.0。

图 14.2.28 圆角 10

步骤 27 创建图 14.2.29b 所示的零件特征——抽壳 1。选择下拉菜单 插入(I) → 特征(F) → 抽壳(S)... 命令；选取图 14.2.29a 所示的模型表面为要移除的面；在"抽壳1"窗口的 参数(P) 区域输入壁厚值 0.5；单击窗口中的 ✓ 按钮,完成抽壳 1 的创建。

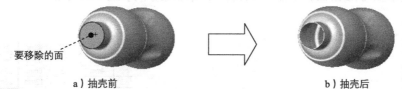

图 14.2.29 抽壳 1

步骤 28 创建图 14.2.30 所示的零件特征——旋转-薄壁 1。选择下拉菜单 插入(I) → 凸台/基体(B) → 旋转(R)... 命令；选取右视基准面作为草图基准面,绘制图 14.2.31 所示的横断面草图（包括旋转中心线）；采用草图中绘制的中心线作为旋转轴线,在"旋转"窗口 旋转参数(R) 区域的下拉列表中选择 给定深度 选项,采用系统默认的旋转方向,在 ↑A1 文本框中输入数值 360.0；在"旋转"窗口中选中 ☑薄壁特征(T) 复选框。在 ☑薄壁特征(T) 区域的下拉列表中选择 单向 选项,采用系统默认的厚度方向,在后面的文本框中输入厚度值 1.0；单击窗口中的 ✓ 按钮,完成旋转-薄壁 1 的创建。

图 14.2.30 旋转-薄壁 1

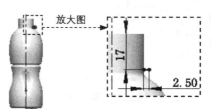

图 14.2.31 横断面草图

步骤 29 创建图 14.2.32 所示的基准面 2。选择下拉菜单 插入(I) → 参考几何体(G) → 基准面(P)... 命令；选取图 14.2.33 所示的模型表面作为参考实体,在 按钮后的文本框中输入等距距离值 13.0,采用系统默认的等距方向；单击窗口中的 ✓ 按钮,完成基准面 2

的创建。

步骤 30 创建草图 8。选取基准面 2 作为草图基准面，绘制图 14.2.33 所示的草图 8。

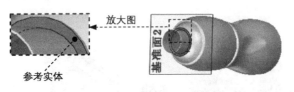

图 14.2.32 基准面 2

图 14.2.33 草图 8

步骤 31 创建图 14.2.34 所示的螺旋线/涡状线 1。选择下拉菜单 插入(I) → 曲线(U) → 螺旋线/涡状线(H) 命令；选取草图 8 作为螺旋线的横断面；在 定义方式(D) 区域的下拉列表中选择 螺距和圈数 选项；在"螺旋线/涡状线"窗口的 参数(P) 区域中选中 可变螺距(L) 单选项，在 参数(P) 区域中输入图 14.2.35 所示的参数，选中 反向(V) 复选框。其他参数均采用系统默认设置值；单击 按钮，完成螺旋线/涡状线 1 的创建。

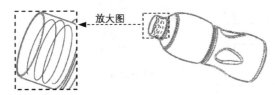

图 14.2.34 螺旋线/涡状线 1

图 14.2.35 定义螺旋线参数

	螺距	圈数	高度	直径
1	4mm	0	0mm	26mm
2	4mm	1.5	6mm	29mm
3	4mm	3	12mm	26mm
4				

步骤 32 创建草图 9。选取右视基准面作为草图基准面，绘制图 14.2.36 所示的草图 9。

步骤 33 创建图 14.2.37 所示的扫描 1。选择下拉菜单 插入(I) → 凸台/基体(B) → 扫描(S)... 命令。选取草图 9 作为扫描 1 特征的轮廓；选取螺旋线/涡状线 1 作为扫描 1 特征的路径；单击窗口中的 按钮，完成扫描 1 的创建。

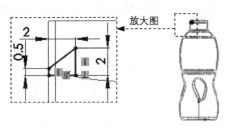

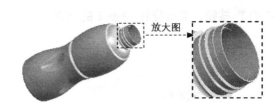

图 14.2.36 草图 9

图 14.2.37 扫描 1

步骤 34 添加图 14.2.38 所示的零件特征——切除-拉伸 1。选择下拉菜单 插入(I) → 切除(C) → 拉伸(E)... 命令；选取基准面 2 作为草图基准面，绘制图 14.2.39 所示的横断面草图（引用瓶口内边线）；在"切除-拉伸"窗口 方向1 区域的下拉列表中选择 两侧对称 选项，输入深度值 40.0；单击窗口中的 按钮，完成切除-拉伸 1 的创建。

第 14 章 SolidWorks 曲面设计实际综合应用

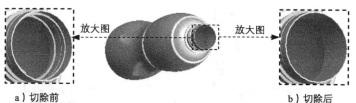

图 14.2.38 切除-拉伸 1   图 14.2.39 横断面草图

步骤 35 保存零件模型。将模型命名为 bottle。

14.3 曲面设计案例 3——休闲座椅

案例概述：

本案例主要介绍椅子的设计过程。主要讲解了样条曲线的定位方法，包括创建基准面、约束点位置和调整样条曲线的曲率等，希望读者能勤加练习，从而达到熟练使用样条曲线的目的。零件实体模型及相应的设计树如图 14.3.1 所示。

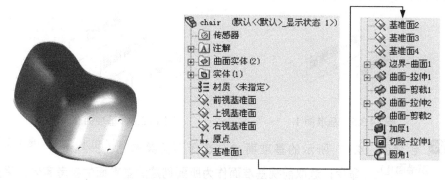

图 14.3.1 零件模型及设计树

步骤 01 新建模型文件。选择下拉菜单 文件(F) → 新建(N)... 命令，在系统弹出的"新建 SolidWorks 文件"对话框中选择"零件"模块，单击 确定 按钮，进入建模环境。

步骤 02 创建图 14.3.2 所示的样条草图 1。选择下拉菜单 插入(I) → 草图绘制 命令；选取前视基准面作为草图基准面；选择下拉菜单 工具(T) → 草图绘制实体(K) → ∾ 样条曲线(S) 命令，绘制图 14.3.2 所示初步的样条曲线 1，添加图 14.3.2 所示的几何约束和图 14.3.3 所示的尺寸约束，在图形区单击样条曲线 1，在系统弹出的"样条曲线"窗口的 选项(O) 区域中选中 ☑ 显示曲率(S) 复选框，然后将曲率调整为图 14.3.4 所示，调整好曲率后，在图形区单击样条曲线 1，在系统弹出的"样条曲线"窗口的 选项(O) 区域中取消选中 ☐ 显示曲率(S) 复选框，取消曲率图的显示；选择下拉菜单 插入(I) → 退出草图 命令,退出草图设计环境。

图 14.3.2 草图1(几何约束)

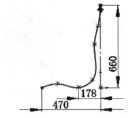
图 14.3.3 草图1(尺寸约束)

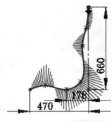
图 14.3.4 调整曲率

步骤03 创建图 14.3.5 所示的基准面 1。选择下拉菜单 插入(I) → 参考几何体(G) → 基准面(P)... 命令,系统弹出"基准面"窗口;选取前视基准面作为所要创建的基准面的参考实体;采用系统默认的偏移方向,在 按钮后的文本框中输入数值 160.0;单击窗口中的 按钮,完成基准面 1 的创建。

步骤04 创建图14.3.6所示的基准面2。选择下拉菜单 插入(I) → 参考几何体(G) → 基准面(P)... 命令;选取前视基准面作为所要创建的基准面的参考实体;选中 反转 复选框,在 按钮后的文本框中输入数值 160.0;单击窗口中的 按钮,完成基准面 2 的创建。

图 14.3.5 基准面 1

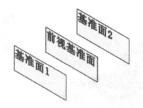
图 14.3.6 基准面 2

步骤05 创建图 14.3.7 所示的基准面 3。选择下拉菜单 插入(I) → 参考几何体(G) → 基准面(P)... 命令;选取前视基准面作为所要创建的基准面的参考实体;采用系统默认的偏移方向,在 按钮后的文本框中输入数值 270.0;单击窗口中的 按钮,完成基准面 3 的创建。

步骤06 创建图 14.3.8 所示的基准面 4。选择下拉菜单 插入(I) → 参考几何体(G) → 基准面(P)... 命令;定义基准面的创建类型。选取前视基准面作为所要创建的基准面的参考实体;选中 反转 复选框,在 按钮后的文本框中输入数值 270.0;单击窗口中的 按钮,完成基准面 4 的创建。

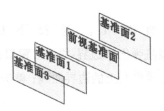
图 14.3.7 基准面 3

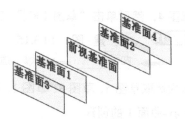
图 14.3.8 基准面 4

步骤 07 创建图 14.3.9 所示的草图 2。选取基准面 1 作为草图基准面；选择 **工具(T)** → **草图工具(T)** → **等距实体(O)...** 命令，系统弹出"等距实体"窗口。在 按钮后的文本框中输入数值 20.0，单击 ✓ 按钮。

步骤 08 创建图 14.3.10 所示的草图 3。选取基准面 2 作为草图基准面。选中草图 2 后，单击"草图（K）"工具栏中的 按钮，完成草图 3 的绘制。

图 14.3.9 草图 2　　　　　　　　　图 14.3.10 草图 3

步骤 09 创建图 14.3.11 所示的草图 4。选择下拉菜单 **插入(I)** → **草图绘制** 命令；选取基准面 3 作为草图基准面；创建初步的样条曲线 1 并添加几何约束。选择下拉菜单 **工具(T)** → **草图绘制实体(K)** → **样条曲线(S)** 命令，绘制图 14.3.11 所示初步的样条曲线 1，添加图 14.3.11 所示的几何约束和图 14.3.12 所示的尺寸约束，调整样条曲线 1 的曲率。在图形区单击样条曲线 1，在系统弹出的"样条曲线"窗口 **选项(O)** 区域中选中 ☐ **显示曲率(S)** 复选框，然后将曲率调整为图 14.3.13 所示调整好曲率后，在图形区单击样条曲线 1，在系统弹出的"样条曲线"窗口 **选项(O)** 区域中取消选中 ☐ **显示曲率(S)** 复选框，取消曲率图的显示；选择下拉菜单 **插入(I)** → **退出草图** 命令，退出草图。

　　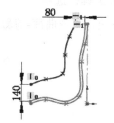　　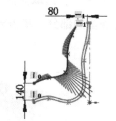

图 14.3.11 草图 4（几何约束）　　图 14.3.12 草图 4（尺寸约束）　　图 14.3.13 草图 4（曲率）

步骤 10 创建图 14.3.14 所示的草图 5。选取基准面 4 作为草图基准面。绘制草图 5 时，先选中草图 4，然后单击"草图（K）"工具栏中的 按钮。

步骤 11 创建图 14.3.15 所示的边界-曲面 1。选择下拉菜单 插入(I) → 曲面(S) → 边界曲面(B)... 命令，系统弹出"边界-曲面"窗口；在设计树中依次选取草图 5、草图 3、草图 1、草图 2 和草图 4 作为 方向1 上的边界曲线；单击 按钮，完成边界-曲面 1 的创建。

图 14.3.14 草图 5　　　　图 14.3.15 边界-曲面 1

步骤 12 创建图 14.3.16 所示的曲面-拉伸 1。选择下拉菜单 插入(I) → 曲面(S) → 拉伸曲面(E)... 命令，系统弹出"曲面-拉伸"窗口；选取右视基准面为草图基准面，绘制图 14.3.17 所示的横断面草图，建立相应约束并修改尺寸，然后选择下拉菜单 插入(I) → 退出草图 命令，此时系统弹出"曲面-拉伸"窗口；单击 方向1 区域中的 按钮，使拉伸方向反向，在"曲面-拉伸"窗口 方向1 区域的下拉列表中选择 给定深度 选项，然后输入深度值 200.0；单击窗口中的 按钮，完成曲面-拉伸 1 的创建。

 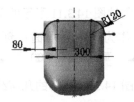

图 14.3.16 曲面-拉伸 1　　　　图 14.3.17 横断面草图

步骤 13 创建图 14.3.18 所示的曲面-剪裁 1。选择下拉菜单 插入(I) → 曲面(S) → 剪裁曲面(T)... 命令，系统弹出"剪裁曲面"窗口；剪裁类型为 标准(D)；选取曲面-拉伸 1 为剪裁工具；选中 保留选择(K) 单选项，选取图 14.3.19 所示的面为保留的部分；单击窗口中的 按钮，完成曲面-剪裁 1 的创建。

图 14.3.18 曲面-剪裁 1　　　　图 14.3.19 选取保留部分

步骤 14 隐藏曲面-拉伸1。在设计树中右击"曲面-拉伸1",在系统弹出的快捷菜单中单击 按钮,即可隐藏此曲面。

步骤 15 创建图14.3.20所示的曲面-拉伸2。选择下拉菜单 插入(I) → 曲面(S) → 拉伸曲面(E)... 命令,系统弹出"曲面-拉伸"窗口;选取前视基准面为草图基准面;绘制图14.3.21所示的曲线为拉伸曲线;采用系统默认的拉伸方向,在"曲面-拉伸"窗口 方向1 区域的下拉列表中选择 两侧对称 选项,输入深度值600.0;单击窗口中的 按钮,完成曲面-拉伸2的创建。

图 14.3.20 曲面-拉伸 2

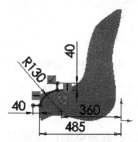

图 14.3.21 拉伸曲线

步骤 16 创建图14.3.22所示的曲面-剪裁2。选择下拉菜单 插入(I) → 曲面(S) → 剪裁曲面(T)... 命令,系统弹出"剪裁曲面"窗口;采用系统默认的剪裁类型;选取曲面-拉伸2为剪裁工具;选中 保留选择(K) 单选项,选取图14.3.23所示的曲面为保留的部分;单击窗口中的 按钮,完成曲面-剪裁2的创建。

步骤 17 隐藏曲面-拉伸2。在设计树中右击"曲面-拉伸2",在系统弹出的快捷菜单中单击 按钮,即可隐藏此曲面。

步骤 18 创建图14.3.24所示的加厚1。选择下拉菜单 插入(I) → 凸台/基体(B) → 加厚(T)... 命令,系统弹出"加厚"窗口;选取曲面-剪裁2为要加厚的曲面;在"加厚"窗口的 加厚参数(T) 区域中单击 按钮;在"加厚"窗口 加厚参数(T) 区域的 按钮后的文本框中输入数值5.0;单击 按钮,完成加厚1的创建。

图 14.3.22 曲面-剪裁 2

图 14.3.23 选取保留部分

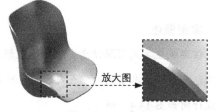

图 14.3.24 加厚 1

步骤 19 创建图14.3.25所示的切除-拉伸1。选择下拉菜单 插入(I) → 切除(C) → 拉伸(E)... 命令,系统弹出"拉伸"窗口;选取上视基准面为草图基准面，绘制图 14.3.26 所示的横断面草图；在"切除-拉伸"窗口的 方向1 区域 按钮后的下拉列表中选择 两侧对称 选项，输入深度值 100.0；单击 按钮，完成切除-拉伸 1 的创建。

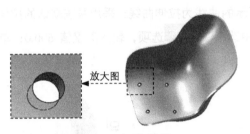

图 14.3.25 切除-拉伸 1

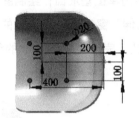

图 14.3.26 横断面草图

步骤 20 创建图 14.3.27b 所示的圆角 1。选择下拉菜单 插入(I) → 特征(F) → 圆角(F)... 命令（或单击 按钮），系统弹出"圆角"窗口；采用系统默认的圆角类型；选取图 14.3.27a 所示的面和边线为要圆角的对象；在窗口中输入半径值 1.0；单击"圆角"窗口中的 按钮，完成圆角 1 的创建。

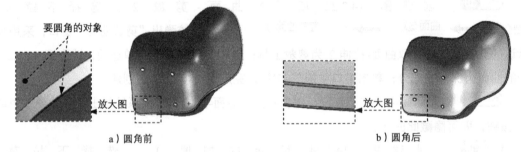

a) 圆角前　　　　　　　　　　　　　　b) 圆角后

图 14.3.27 圆角 1

步骤 21 保存模型，命名为 chair。

14.4 曲面设计案例 4——创建曲面实体文字

案例概述

该案例主要是帮助读者更深刻地理解拉伸、切除-拉伸、圆角、抽壳、筋、阵列及包覆等命令，其中包覆命令是本范例的重点内容，范例中详细讲解了如何在曲面上创建实体文字的过程。零件模型及设计树如图 14.4.1 所示。

第 14 章 SolidWorks 曲面设计实际综合应用

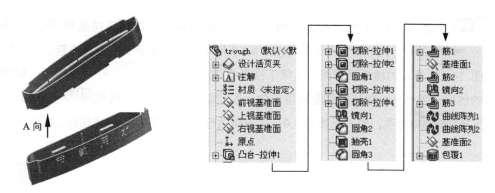

图 14.4.1　零件模型及设计树

步骤 01　新建模型文件。选择下拉菜单 文件(F) → 新建(N)... 命令，在系统弹出的"新建 SolidWorks 文件"对话框中选择"零件"模块，单击 确定 按钮，进入建模环境。

步骤 02　创建图 14.4.2 所示的零件基础特征——凸台-拉伸 1。选择下拉菜单 插入(I) → 凸台/基体(B) → 拉伸(E)... 命令；选取前视基准面为草图基准面，在草绘环境中绘制图 14.4.3 所示的横断面草图，选择下拉菜单 插入(I) → 退出草图 命令，退出草绘环境，此时系统弹出"拉伸"对话框；采用系统默认的深度方向，在"凸台-拉伸"对话框 方向1 区域的下拉列表框中选择 给定深度 选项，在 D1 文本框中输入深度值 40.0；单击 ✔ 按钮，完成凸台–拉伸 1 的创建。

图 14.4.2　凸台–拉伸 1

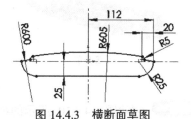

图 14.4.3　横断面草图

步骤 03　创建图 14.4.4 所示的零件特征——切除-拉伸 1。选择下拉菜单 插入(I) → 切除(C) → 拉伸(E)... 命令；选取图 14.4.4 所示的模型表面为草图基准面，在草绘环境中绘制图 14.4.5 所示的横断面草图，选择下拉菜单 插入(I) → 退出草图 命令，完成横断面草图的创建；采用系统默认的切除深度方向；在"切除-拉伸"对话框 方向1 区域的下拉列表框中选择 给定深度 选项，输入深度值 15.0；单击对话框中的 ✔ 按钮，完成切除-拉伸 1 的创建。

图 14.4.4　切除–拉伸 1

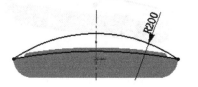

图 14.4.5　横断面草图

429

步骤 04 创建图 14.4.6 所示的零件特征——切除-拉伸 2。选择下拉菜单 插入(I) → 切除(C) → 拉伸(E)... 命令；选取图 14.4.7 所示的模型表面为草图基准面，在草绘环境中绘制图 14.4.8 所示的横断面草图，选择下拉菜单 插入(I) → 退出草图 命令，完成横断面草图的创建；采用系统默认的切除深度方向；在"切除－拉伸"对话框 方向1 区域的下拉列表框中选择 给定深度 选项，输入深度值 3.0；单击对话框中的 ✔ 按钮，完成切除-拉伸 2 的创建。

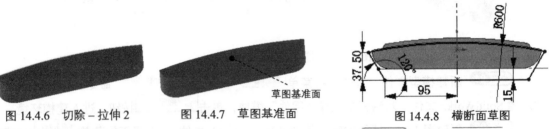

图 14.4.6 切除－拉伸 2　　图 14.4.7 草图基准面　　图 14.4.8 横断面草图

步骤 05 创建图 14.4.9b 所示的圆角 1。选择下拉菜单 插入(I) → 特征(F) → 圆角(F)... 命令，系统弹出"圆角"对话框；采用系统默认的圆角类型；选取图 14.4.9a 所示的边线为要圆角的对象；在对话框中输入半径值 3.0；单击"圆角"对话框中的 ✔ 按钮，完成圆角 1 的创建。

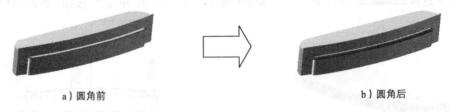

a) 圆角前　　　　　　　　　　　　　　b) 圆角后

图 14.4.9　圆角 1

步骤 06 创建图 14.4.10 所示的零件特征——切除-拉伸 3。选择下拉菜单 插入(I) → 切除(C) → 拉伸(E)... 命令。选取图 14.4.10 所示的模型表面为草图基准面，在草绘环境中绘制图 14.4.11 所示的横断面草图，选择下拉菜单 插入(I) → 退出草图 命令，完成横断面草图的创建；采用系统默认的切除深度方向；在"切除-拉伸"对话框 方向1 区域的下拉列表框中选择 给定深度 选项，输入深度值 17.0；单击对话框中的 ✔ 按钮，完成切除-拉伸 3 的创建。

图 14.4.10 切除－拉伸 3　　　　　　图 14.4.11 横断面草图

步骤 07　创建图 14.4.12 所示的零件特征——切除-拉伸 4。选择下拉菜单 插入(I) → 切除(C) → 拉伸(E)... 命令；选取图 14.4.13 所示的模型表面为草图基准面，在草绘环境中绘制图 14.4.14 所示的横断面草图，选择下拉菜单 插入(I) → 退出草图 命令，完成横断面草图的创建；采用系统默认的切除深度方向；在"切除–拉伸"对话框 方向1 区域的下拉列表框中选择 给定深度 选项，输入深度值 5.0；单击对话框中的 ✓ 按钮，完成切除-拉伸 4 的创建。

图 14.4.12　切除–拉伸 4　　　图 14.4.13　草图基准面　　　图 14.4.14　横断面草图

步骤 08　创建图 14.4.15b 所示的镜像 1。选择下拉菜单 插入(I) → 阵列/镜向(E) → 镜向(M)... 命令，系统弹出"镜像"对话框；选取右视基准面为镜像基准面；在设计树中选择切除-拉伸 3 和切除-拉伸 4 为镜像 1 的对象；单击对话框中的 ✓ 按钮，完成镜像 1 的创建。

a）镜像前　　　　　　　　　　　　　b）镜像后

图 14.4.15　镜像 1

步骤 09　创建图 14.4.16b 所示的圆角 2。选择下拉菜单 插入(I) → 特征(F) → 圆角(F)... 命令，系统弹出"圆角"对话框；采用系统默认的圆角类型；选取图 14.4.16a 所示的边线为要圆角的对象；在对话框中输入圆角半径值 3.0；单击"圆角"对话框中的 ✓ 按钮，完成圆角 2 的创建。

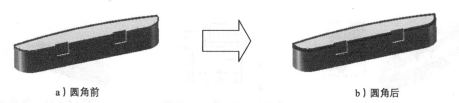

a）圆角前　　　　　　　　　　　　　b）圆角后

图 14.4.16　圆角 2

步骤 10　创建图 14.4.17b 所示的零件特征——抽壳 1。选择下拉菜单 插入(I) → 特征(F) → 抽壳(S)... 命令；选取图 14.4.17a 所示的模型表面为要移除的面；在"抽壳 1"对话框的 参数(P) 区域中输入壁厚值 2.0；单击对话框中的 ✓ 按钮，完成抽壳 1 的创建。

a）抽壳前　　　　　　　　　　　　　　b）抽壳后

图 14.4.17　抽壳 1

步骤 11 创建图 14.4.18b 所示的圆角 3。选择下拉菜单 插入(I) → 特征(F) → 圆角(F)... 命令，系统弹出"圆角"对话框；采用系统默认的圆角类型；选取图 14.4.18a 所示的边线为要圆角的对象；在对话框中输入圆角半径值 3.0；单击"圆角"对话框中的 ✔ 按钮，完成圆角 3 的创建。

a）圆角前　　　　　　　　　　　　　　b）圆角后

图 14.4.18　圆角 3

步骤 12 创建图 14.4.19 所示的零件特征——筋 1。选择下拉菜单 插入(I) → 特征(F) → 筋(R)... 命令；选取右视基准面作为草图基准面，绘制图 14.4.20 所示的横断面草图；在拉伸方向区域中单击"平行于草图"按钮 ⬚，然后在"筋"对话框的 参数(P) 区域中单击 ≡（两侧）按钮，输入筋厚度值 1.0；单击 ✔ 按钮，完成筋 1 的创建。

步骤 13 创建图 14.4.21 所示的基准面 1。选择下拉菜单 插入(I) → 参考几何体(G) → 基准面(P)... 命令，系统弹出"基准面"对话框；选取上视基准面为参考实体，选中"基准面"对话框中的 ☑ 反转 复选框，输入偏移距离值 6.0；单击 ✔ 按钮，完成基准面 1 的创建。

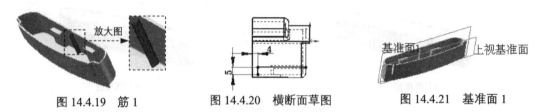

图 14.4.19　筋 1　　　图 14.4.20　横断面草图　　　图 14.4.21　基准面 1

步骤 14 创建图 14.4.22 所示的零件特征——筋 2。选择下拉菜单 插入(I) → 特征(F) → 筋(R)...；选取基准面 1 为草图基准面，绘制图 14.4.23 所示的横断面草图；在拉伸方向中单击"平行于草图"按钮 ⬚，然后在"筋"对话框的 参数(P) 区域中单击 ≡（两侧）按钮，输入筋厚度值 1.0，选中 ☑ 反转材料方向(F) 复选框；单击 ✔ 按钮，完成筋 2 的创建。

第 14 章 SolidWorks 曲面设计实际综合应用

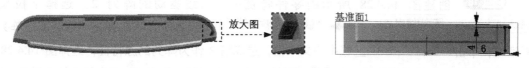

图 14.4.22　筋 2　　　　　　　　图 14.4.23　横断面草图

步骤 15　创建图 14.4.24b 所示的镜像 2；选择下拉菜单 插入(I) → 阵列/镜向(E) → 镜向(M)... 命令，系统弹出"镜像"对话框；选取右视基准面为镜像基准面；在设计树中选择 Step14 所创建的筋 2 为镜像 2 的对象；单击对话框中的 ✔ 按钮，完成镜像 2 的创建。

a）镜像前　　　　　　　　　　　　　　b）镜像后

图 14.4.24　镜像 2

步骤 16　创建图 14.4.25 所示的零件特征——筋 3。选择下拉菜单 插入(I) → 特征(F) → 筋(R)... 命令；选取右视基准面为草图基准面，绘制图 14.4.26 所示的横断面草图；在拉伸方向中单击"平行于草图"按钮 ⬚，然后在"筋"对话框的 参数(P) 区域中单击 ≡（两侧）按钮，输入筋厚度值 1.0，选中 ☑ 反转材料方向(F) 复选框；单击 ✔ 按钮，完成筋 3 的创建。

图 14.4.25　筋 3　　　　　　　　图 14.4.26　横断面草图

步骤 17　创建图 14.4.27 所示的零件特征——曲线驱动的阵列 1。选择下拉菜单 插入(I) → 阵列/镜向(E) → 曲线驱动的阵列(R)... 命令，系统弹出"曲线驱动阵列"对话框；单击 要阵列的特征(F) 区域中的文本框，选取筋 3 作为阵列的源特征；选择图 14.4.27 所示的边线为方向 1 的参考边线，在 方向1 区域的 D1 文本框中输入数值 60.0，在 ∗# 文本框中输入数值 2；单击对话框中的 ✔ 按钮，完成阵列（曲线）1 的创建。

图 14.4.27　阵列（曲线）1

433

步骤18 创建图 14.4.28 所示的零件特征——曲线驱动的阵列 2。选择下拉菜单 插入(I) → 阵列/镜向(E) → 曲线驱动的阵列(R)... 命令，系统弹出"曲线驱动阵列"对话框；单击 要阵列的特征(F) 区域中的文本框，选取筋 3 作为阵列的源特征；选择图 14.4.28 所示的边线为方向 1 的参考边线，在 方向1 区域中单击 按钮，并在 D1 文本框中输入数值 60.0，在 文本框中输入数值 2；单击对话框中的 ✔ 按钮，完成阵列（曲线）2 的创建。

步骤19 创建图 14.4.29 所示的基准面 2。选择下拉菜单 插入(I) → 参考几何体(G) → 基准面(P)... 命令，系统弹出"基准面"对话框；选取上视基准面为参考实体，在"基准面"对话框中输入偏移距离值 20.0；单击 ✔ 按钮，完成基准面 2 的创建。

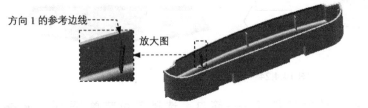

图 14.4.28 阵列（曲线）2 　　　　　　图 14.4.29 基准面 2

步骤20 创建图 14.4.30 所示的零件特征——包覆 1。选择下拉菜单 插入(I) → 特征(F) → 包覆(W)... 命令；选取基准面 2 为草图基准面，在草绘环境中绘制图 14.4.31 所示的横断面草图。③ 选择下拉菜单 插入(I) → 退出草图命令，系统弹出"包覆 1"对话框；采用系统默认的深度方向，在"包覆 1"对话框 包覆参数(W) 区域中选择 ⦿ 浮雕(M) 单选按钮，选取拉伸 1 特征的圆柱面作为包覆草图的面，在 T1 后的文本框中输入厚度数值 2.0；单击 ✔ 按钮，完成包覆 1 的创建。

 绘制此草图时，选择下拉菜单 工具(T) → 草图绘制实体(K) → A 文本(T)... 命令，系统弹出"草图文字"对话框，在 文字(T) 区域的文本框中输入"节约用水"，设置文字的字体为新宋体，高度为 10.00mm，宽度因子设置为 100%，间距设置为 350%。

　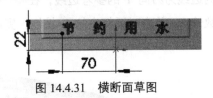

图 14.4.30 包覆 1 　　　　　　　图 14.4.31 横断面草图

步骤21 至此，零件模型创建完毕。选择下拉菜单 文件(F) → 保存(S) 命令，将模型命名为 trough，即可保存零件模型。

第15章 SolidWorks 钣金设计实际综合应用

15.1 钣金零件设计案例 1——钣金支架

案例概述

本案例讲解了钣金支架的设计过程，该设计过程分为创建成形工具和创建主体零件模型两个部分。成形工具的设计主要运用基本实体建模命令，其重点是将模型转换成成形工具；主体零件模型是由一些钣金基本特征构成的，其中要注意绘制的折弯线和成形特征的创建方法。钣金件模型及设计树如图 15.1.1 所示。

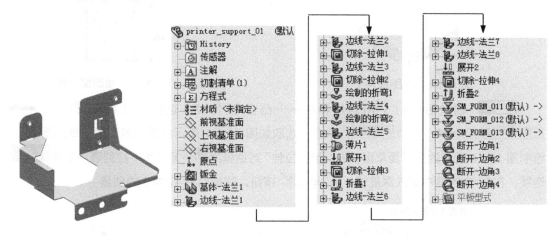

图 15.1.1 钣金件模型及设计树

（一）创建成形工具

成形工具模型及设计树如图 15.1.2 所示。

步骤01 新建模型文件。选择下拉菜单 **文件(F)** ➡ **新建(N)...** 命令，在系统弹出的"新建 SolidWorks 文件"对话框中选择"零件"模块，单击 **确定** 按钮。

步骤02 创建图 15.1.3 所示的零件基础特征——凸台-拉伸 1。

（1）选择命令。选择下拉菜单 **插入(I)** ➡ **凸台/基体(B)** ➡ **拉伸(E)...** 命令。

（2）定义特征的横断面草图。选取上视基准面作为草图基准面，绘制图 15.1.4 所示的横断面草图。

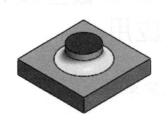

图 15.1.2　成形工具模型及设计树

（3）定义拉伸深度属性。采用系统默认的深度方向；在"凸台-拉伸"对话框 方向1 区域的下拉列表中选择 给定深度 选项，在 D1 文本框中输入深度值 1.0。

（4）单击 ✓ 按钮，完成凸台-拉伸 1 的创建。

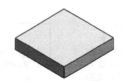
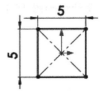

图 15.1.3　凸台-拉伸 1　　　　　　　　　图 15.1.4　横断面草图

步骤03　创建图 15.1.5 所示的特征——凸台-拉伸 2。选择下拉菜单 插入(I) → 凸台/基体(B) → 拉伸(E)... 命令；选取如图 15.1.5 所示的模型表面作为草图基准面，绘制图 15.1.6 所示的横断面草图；在"凸台-拉伸"对话框 方向1 区域的下拉列表中选择 给定深度 选项，在 D1 文本框中输入深度值 1.0；单击 ✓ 按钮，完成凸台-拉伸 2 的创建。

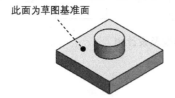

图 15.1.5　凸台-拉伸 2　　　　　　　　　图 15.1.6　横断面草图

步骤04　创建图 15.1.7b 所示的零件特征——圆角 1。

（1）选择命令。选择下拉菜单 插入(I) → 特征(F) → 圆角(U)... 命令。

（2）定义圆角类型。采用系统默认的圆角类型。

（3）定义圆角对象。选取图 15.1.7a 所示的边线为要圆角的对象。

（4）定义圆角的半径。在 圆角项目(I) 区域的 ✓ 文本框中输入圆角半径值 0.6，选中 ☑ 切线延伸(G) 复选框。

（5）单击 ✓ 按钮，完成圆角 1 的创建。

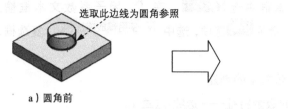

a）圆角前　　　　　　　　　　　　b）圆角后

图 15.1.7　圆角 1

步骤 05　创建图 15.1.8 所示的钣金特征——成形工具。

（1）选择命令。选择下拉菜单 插入(I) → 钣金(H) → 成形工具 命令。

（2）定义成形工具属性。激活"成形工具"对话框的 停止面 区域，选取图 15.1.8 所示的"停止面"；激活"成形工具"对话框 要移除的面 区域，选取图 15.1.9 所示的"要移除的面"

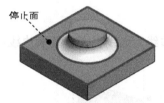
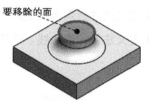

图 15.1.8　选取停止面　　　　　　　图 15.1.9　选取要移除的面

（3）单击 ✓ 按钮，完成成形工具的创建。

步骤 06　保存零件模型。选择下拉菜单 文件(F) → 保存(S) 命令，把模型保存在 D:\sw1401\work\ch15.01 文件夹中，并命名为 SM_FORM_01。

（二）创建主体零件模型

步骤 01　新建模型文件。选择下拉菜单 文件(F) → 新建(N)... 命令，在系统弹出的 "新建 SolidWorks 文件"对话框中选择"零件"模块，单击 确定 按钮，进入建模环境。

步骤 02　创建图 15.1.10 所示的钣金基础特征——基体-法兰 1。

（1）选择命令。选择下拉菜单 插入(I) → 钣金(H) → 基体法兰(A)... 命令。

（2）定义特征的横断面草图。选取上视基准面作为草图基准面，绘制图 15.1.11 所示的横断面草图。

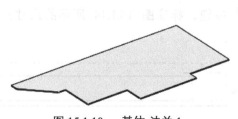
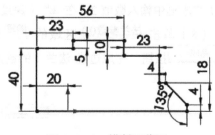

图 15.1.10　基体-法兰 1　　　　　　图 15.1.11　横断面草图

（3）定义钣金参数属性。在"基体法兰"对话框 钣金参数(S) 区域的 文本框中输入厚度值 0.5；在 折弯系数(A) 区域的文本框中选择 K因子，在 K 因子系数文本框输入 0.5；在 自动切释放槽(T) 区域的文本框中选择 矩形 选项，选中 使用释放槽比例(A) 复选框，在 比例(T): 文本框中输入比例系数 0.5。

（4）单击 按钮，完成基体-法兰 1 的创建。

步骤 03 创建图 15.1.12 所示的钣金特征——边线-法兰 1。

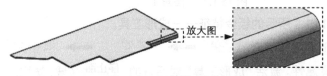

图 15.1.12　边线-法兰 1

（1）选择命令。选择下拉菜单 插入(I) → 钣金(H) → 边线法兰(E)... 命令。

（2）定义法兰折弯半径值。

（3）定义法兰轮廓边线。选取图 15.1.13 所示的边线为边线-法兰的轮廓边线。

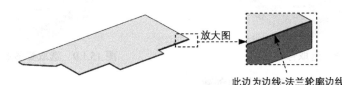

图 15.1.13　选取边线-法兰轮廓边线

（4）定义法兰角度值。在"边线-法兰"对话框的 角度(G) 区域的 文本框中输入角度值 90.0°。

（5）定义长度类型和长度值。在"边线法兰"对话框的 法兰长度(L) 区域的 下拉列表中选择 给定深度 选项，在 文本框中输入深度值 3.0，并单击"外部虚拟交点"按钮 。

（6）定义法兰位置。在 法兰位置(N) 区域中单击"材料在外"按钮 ，选中 剪裁侧边折弯(T) 复选框。

（7）定义钣金自动切释放槽类型。选中 自定义释放槽类型(R) 复选框，在其下拉列表中选择 矩形 选项；在 自定义释放槽类型(Y) 区域中取消选中 使用释放槽比例(E) 复选框，并在 （宽度）文本框中输入数值 2，在 （深度）文本框中输入数值 1。

（8）单击 法兰参数(P) 区域的 编辑法兰轮廓(E) 按钮，标注图 15.1.14 所示的尺寸；单击 完成 按钮，完成边线-法兰 1 的创建。

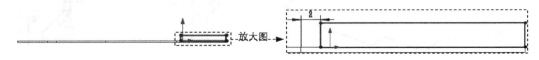

图 15.1.14　编辑法兰尺寸

步骤 04 创建图 15.1.15 所示的钣金特征——边线-法兰 2。选择下拉菜单 插入(I) ➡ 钣金(H) ➡ 边线法兰(E)... 命令；选取图 15.1.16 所示的边线为边线-法兰轮廓边线；在 角度(G) 区域的 文本框中输入角度值 90.0；在 法兰长度(L) 区域的 下拉列表中选择 给定深度 选项，在 文本框中输入深度值 10.0，并单击"外部虚拟交点"按钮 ；在 法兰位置(N) 区域中单击"材料在外"按钮 ；单击 按钮，完成边线-法兰 2 的创建。

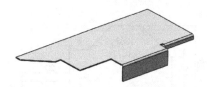

图 15.1.15 边线-法兰 2　　　　图 15.1.16 选取边线-法兰轮廓边线

步骤 05 创建图 15.1.17 所示的钣金特征——切除-拉伸 1。

（1）选择命令。选择下拉菜单 插入(I) ➡ 切除(C) ➡ 拉伸(E)... 命令。

（2）定义特征的横断面草图。选取图 15.1.17 所示的模型表面为草图基准面，绘制图 15.1.18 所示的横断面草图。

（3）定义切除-拉伸深度属性。在"切除-拉伸"对话框的 方向1 区域中选中 ☑ 与厚度相等(L) 复选框与 ☑ 正交切除(N) 复选框；其他参数采用系统默认设置值。

（4）单击该对话框中的 按钮，完成切除-拉伸 1 的创建。

图 15.1.17 切除-拉伸 1　　　　图 15.1.18 横断面草图

步骤 06 创建图 15.1.19 所示的钣金特征——边线-法兰 3。选择下拉菜单 插入(I) ➡ 钣金(H) ➡ 边线法兰(E)... 命令；选取图 15.1.20 所示的边线为边线-法兰轮廓的边线；在 角度(G) 区域的 文本框中输入角度值 90.0；在"边线法兰"对话框的 法兰长度(L) 区域的 下拉列表中选择 给定深度 选项，在 文本框中输入深度值 3.0，并单击"外部虚拟交点"按钮 ；在 法兰位置(N) 区域中单击"折弯在外"按钮 ，选中 ☑ 等距(E) 复选框，并在其下的 下拉列表中选择 给定深度 选项，在 文本框中输入深度值 0.5；单击 按钮，完成边线-法兰 3 的创建。

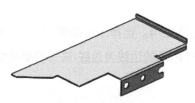 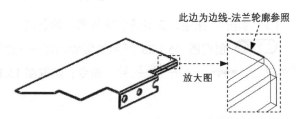

图 15.1.19 边线-法兰 3　　　　图 15.1.20 选取边线-法兰轮廓边线

步骤07 创建图 15.1.21 所示的钣金特征——切除-拉伸 2。选择下拉菜单 插入(I) → 切除(C) → 拉伸(E)... 命令；选取图 15.1.21 所示的模型表面为草图基准面，绘制图 15.1.22 所示的横断面草图；在 方向1 区域中选中 ☑ 与厚度相等(L) 复选框与 ☑ 正交切除(N) 复选框；单击 ✓ 按钮，完成切除-拉伸 2 的创建。

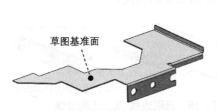

图 15.1.21 切除-拉伸 2

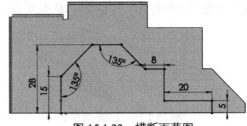

图 15.1.22 横断面草图

步骤08 创建图 15.1.23 所示的钣金特征——绘制的折弯 1。

（1）选择命令。选择下拉菜单 插入(I) → 钣金(H) → 绘制的折弯(S)... 命令。

（2）定义特征的折弯线。选取图 15.1.23 的模型表面作为折弯线基准面，绘制图 15.1.24 所示的折弯线。

图 15.1.23 绘制的折弯 1

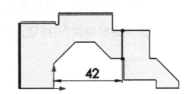

图 15.1.24 绘制的折弯线

（3）定义折弯固定面。选取图 15.1.25 所示的模型表面为折弯固定面。

（4）定义钣金参数属性。在 折弯参数(P) 区域的 折弯位置: 区域中单击"折弯中心线"按钮 ，在 文本框中输入折弯角度 90.0。

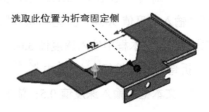

图 15.1.25 固定面的位置

（5）单击 ✓ 按钮，完成绘制的折弯 1 的创建。

步骤09 创建图 15.1.26 所示的钣金特征——边线-法兰 4。选择下拉菜单 插入(I) → 钣金(H) → 边线法兰(E)... 命令；选取图 15.1.27 所示的边线为边线-法兰轮廓边线；在角度(G) 区域的 文本框中输入角度值 90.0；在 法兰长度(L) 区域的 下拉列表中选择 给定深度 选项，在 文本框中输入深度值 4.0，并单击"外部虚拟交点"按钮；在 法兰位置(N) 区域中单击"材料在外"按钮；选中 ☑ 自定义释放槽类型(R) 复选框，在其下拉列表中选择 矩形 选项；在 ☑ 自定义释放槽类型(Y): 区域中取消选中 □ 使用释放槽比例(E) 复选框，并在 （宽度）文本框中输入数值 2，在 （深度）文本框中输入数值 1；单击"法兰参数"区域的 编辑法兰轮廓(E) 按钮，编辑图 15.1.28 所示的轮廓；单击 完成 按钮，完成边线-法兰 4 的创建。

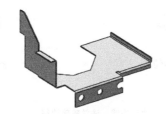

图 15.1.26　边线-法兰 4

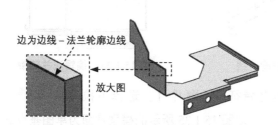

图 15.1.27　选取边线-法兰轮廓边线

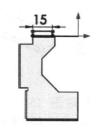

图 15.1.28　编辑法兰轮廓

步骤 10　创建图 15.1.29 所示的钣金特征——绘制的折弯 2。选择下拉菜单 插入(I) → 钣金(H) → 绘制的折弯(S)... 命令；选取图 15.1.29 的模型表面作为折弯线基准面，绘制图 15.1.30 所示的折弯线；选取图 15.1.31 所示的模型表面为折弯固定面；在 折弯参数(P) 区域的 折弯位置: 区域中单击"折弯中心线"按钮，在 文本框中输入折弯角度 90.0；单击 ✓ 按钮，完成绘制的折弯 2 的创建。

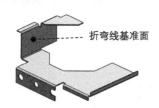

图 15.1.29　绘制的折弯 2

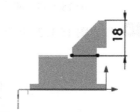

图 15.1.30　绘制的折弯线

步骤 11　创建图 15.1.32 所示的钣金特征——边线-法兰 5。选择下拉菜单 插入(I) → 钣金(H) → 边线法兰(E)... 命令；选取图 15.1.33 所示的边线为边线-法兰轮廓边线；在 角度(G) 区域的 文本框中输入角度值 90.0；在 法兰长度(L) 区域的 下拉列表中选择 给定深度

441

选项，在 文本框中输入深度值 32.0，并单击"外部虚拟交点"按钮；在 **法兰位置(N)** 区域中单击"折弯在外"按钮；单击"法兰参数"区域的 编辑法兰轮廓(E) 按钮，编辑图 15.1.34 所示的轮廓；单击 **完成** 按钮，完成边线-法兰 5 的创建。

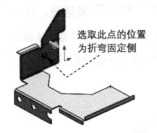
图 15.1.31 固定面的位置

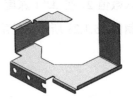
图 15.1.32 边线-法兰 5

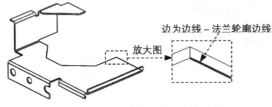
图 15.1.33 选取边线-法兰轮廓边线

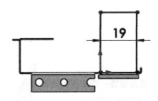
图 15.1.34 编辑法兰轮廓

步骤 12 创建图 15.1.35 所示的钣金特征——薄片 1。选择下拉菜单 插入(I) → 钣金(H) → 基体法兰(A)... 命令；选取图 15.1.35 所示的模型背面为草图基准面；绘制图 15.1.36 所示的横断面草图；完成薄片 1 的创建。

图 15.1.35 薄片 1

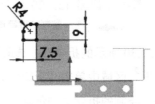
图 15.1.36 横断面草图

步骤 13 创建图 15.1.37 所示的钣金特征——展开 1。

图 15.1.37 展开 1

（1）选择命令。选择下拉菜单 插入(I) → 钣金(H) → 展开(U)... 命令。

（2）定义固定面。选取图 15.1.38 所示的模型表面为固定面。

(3)定义展开的折弯特征。在模型上单击图 15.1.39 所示的折弯特征,系统将所选的折弯特征显示在 要展开的折弯: 列表框中。

(4)单击 ✓ 按钮,完成展开 1 的创建。

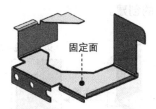
图 15.1.38 定义固定面

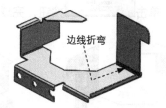
图 15.1.39 定义展开的折弯特征

步骤 14 创建图 15.1.40 所示的钣金特征——切除-拉伸 3。选择下拉菜单 插入(I) → 切除(C) → 拉伸(E)... 命令;选取图 15.1.40 所示的模型表面为草图基准面,绘制图 15.1.41 所示的横断面草图;在 方向1 区域中选中 ☑ 与厚度相等(L) 复选框与 ☑ 正交切除(N) 复选框;单击 ✓ 按钮,完成切除-拉伸 3 的创建。

步骤 15 创建图 15.1.42 所示的钣金特征——折叠 1。

(1)选择命令。选择下拉菜单 插入(I) → 钣金(H) → 折叠(F)... 命令。

(2)定义固定面。选取图 15.1.43 所示的模型表面为固定面。

(3)定义折叠的折弯特征。在 选择(S) 区域中单击 收集所有折弯(A) 按钮。

(4)单击 ✓ 按钮,完成折叠 1 的创建。

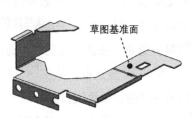
图 15.1.40 切除-拉伸 3

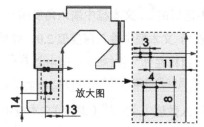
图 15.1.41 横断面草图

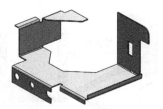
图 15.1.42 折叠 1

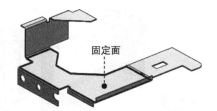
图 15.1.43 定义固定面

步骤 16 创建图 15.1.44 所示的钣金特征——边线-法兰 6。选择下拉菜单 插入(I) → 钣金(H) → 边线法兰(E)... 命令;选取图 15.1.45 所示的边线为边线-法兰轮廓边线;在角度(G) 区域的 ⌐ 文本框中输入角度值 90.0；在 法兰长度(L) 区域的 ⇣ 下拉列表中选择 给定深度 选项，在 ⌐ 文本框中输入深度值 8.0，并单击"外部虚拟交点"按钮 ；在 法兰位置(N) 区域中单击"材料在外"按钮 ；单击"法兰参数"区域的 编辑法兰轮廓(E) 按钮，编辑图 15.1.46 所示的轮廓；单击 完成 按钮，完成边线-法兰 6 的创建。

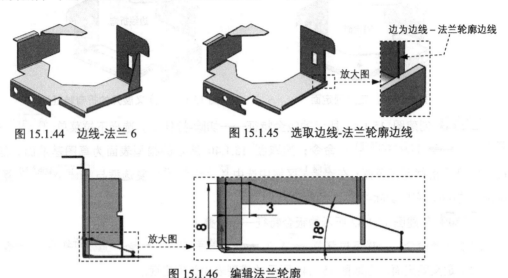

图 15.1.44 边线-法兰 6　　　图 15.1.45 选取边线-法兰轮廓边线

图 15.1.46 编辑法兰轮廓

步骤 17 创建图 15.1.47 所示的钣金特征——边线-法兰 7。选择下拉菜单 插入(I) → 钣金(H) → 边线法兰(E)... 命令；选取图 15.1.48 所示的边线为边线-法兰轮廓边线；在 角度(G) 区域的 ⌐ 文本框中输入角度值 90.0；在 法兰长度(L) 区域的 ⇣ 下拉列表中选择 给定深度 选项，在 ⌐ 文本框中输入深度值 2.0，并单击"内部虚拟交点"按钮 ；在 法兰位置(N) 区域中单击"材料在外"按钮 ；选中 ☑ 自定义释放槽类型(R) 复选框，在其下拉列表中选择 矩形 选项；在 ☑ 自定义释放槽类型(Y) 区域中取消选中 □ 使用释放槽比例(E) 复选框，并在 W（宽度）文本框中输入数值 1，在 D（深度）文本框中输入数值 1；单击"法兰参数"区域的 编辑法兰轮廓(E) 按钮，编辑图 15.1.49 所示的轮廓；单击 完成 按钮，完成边线-法兰 7 的创建。

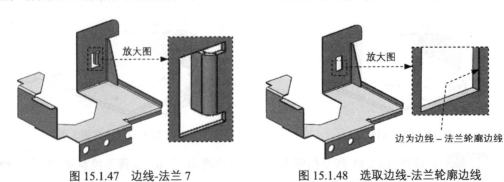

图 15.1.47 边线-法兰 7　　　图 15.1.48 选取边线-法兰轮廓边线

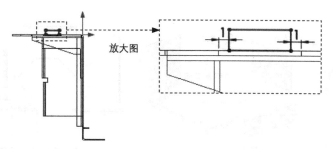

图 15.1.49 编辑法兰轮廓

步骤18 创建图 15.1.50 所示的钣金特征——边线-法兰 8。选择下拉菜单 **插入(I)** ➔ **钣金(H)** ➔ **边线法兰(E)...** 命令；选取图 15.1.51 所示的边线为边线-法兰轮廓边线；在 **角度(G)** 区域的文本框中输入角度值 90.0；在 **法兰长度(L)** 区域的下拉列表中选择 **给定深度** 选项，在文本框中输入深度值 14.0，并单击"内部虚拟交点"按钮；在 **法兰位置(N)** 区域中单击"材料在外"按钮；单击 ✓ 按钮，完成边线-法兰 8 的创建。

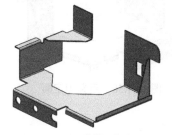

图 15.1.50 边线-法兰 8

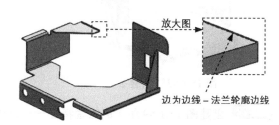

图 15.1.51 选取边线-法兰轮廓边线

步骤19 创建图 15.1.52 所示的钣金特征——展开 2。选择下拉菜单 **插入(I)** ➔ **钣金(H)** ➔ **展开(U)...** 命令；选取图 15.1.53 所示的模型表面为固定面；在模型上单击图 15.1.54 所示的折弯特征；单击 ✓ 按钮，完成展开 2 的创建。

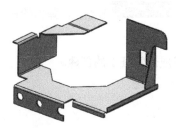

图 15.1.52 展开 2

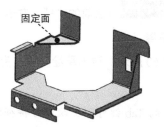

图 15.1.53 定义固定面

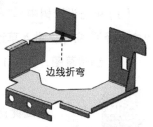

图 15.1.54 定义展开的折弯特征

步骤20 创建图 15.1.55 所示的钣金特征——切除-拉伸 4。选择下拉菜单 **插入(I)** ➔ **切除(C)** ➔ **拉伸(E)...** 命令；选取图 15.1.55 所示的模型表面为草图基准面，绘制图 15.1.56 所示的横断面草图；在 **方向1** 区域中选中 ☑ **与厚度相等(L)** 复选框与 ☑ **正交切除(N)** 复选框；单击 ✓ 按钮，完成切除-拉伸 4 的创建。

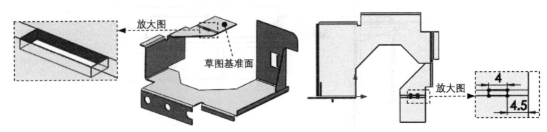

图 15.1.55 切除-拉伸 4　　　　　　图 15.1.56 横断面草图

步骤 21 创建图 15.1.57 所示的钣金特征——折叠 2。选择下拉菜单 插入(I) → 钣金(H) → ↑↓ 折叠(F)... 命令；选取图 15.1.58 所示的模型表面为固定面；在 选择(S) 区域中单击 收集所有折弯(A) 按钮；单击 ✓ 按钮，完成折叠 2 的创建。

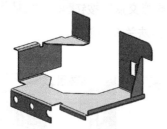
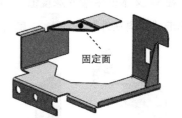

图 15.1.57 折叠 2　　　　　　图 15.1.58 定义固定面

步骤 22 创建图 15.1.59 所示的钣金特征——成形特征 1。

（1）单击任务窗格中的"设计库"按钮 📚，打开"设计库"对话框。

（2）单击"设计库"对话框中的 📁 ch15 节点，在设计库下部的列表框中选择"SM_FORM_01"文件，并将其拖动到图 15.1.59 所示的平面，在系统弹出的"成形工具特征"对话框中单击 ✓ 按钮。

（3）单击设计树中 ▼ SM_FORM_011 节点前的"+"，右击 🖉 (-) 草图19 节点，在弹出的快捷菜单中选择 🖉 命令，进入草绘环境。

（4）编辑草图，如图 15.1.60 所示。退出草绘环境，完成成形特征 1 的创建。

 通过键盘中的 Tab 键可以更改成形特征的方向。

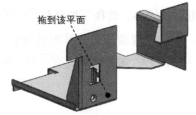
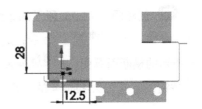

图 15.1.59 成形特征 1　　　　　　图 15.1.60 编辑草图

步骤 23 创建图 15.1.61 所示的钣金特征——成形特征 2。参见 Step22，选择"SM_FORM_01"文件作为成形工具，并将其拖动到图 15.1.61 所示的平面，编辑草图如图 15.1.62 所示。

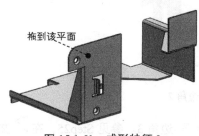
图 15.1.61　成形特征 2

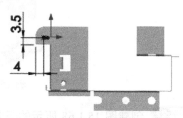
图 15.1.62　编辑草图

步骤 24 创建图 15.1.63 所示的钣金特征——成形特征 3。参见 Step22，选择"SM_FORM_01"文件作为成形工具，并将其拖动到图 15.1.63 所示的平面，编辑草图如图 15.1.64 所示。

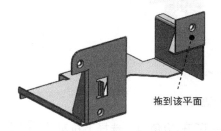
图 15.1.63　成形特征 3

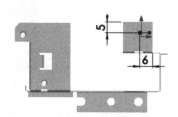
图 15.1.64　编辑草图

步骤 25 创建图 15.1.65 所示的钣金特征——断开-边角 1。

（1）选择命令。选择下拉菜单 插入(I) ➡ 钣金(H) ➡ 断裂边角(K)... 命令。

（2）定义折断边角选项。激活 折断边角选项(B) 区域 区域，选取图 15.1.66 所示的各边线。在 折断类型: 文本框中单击"圆角"按钮，在 文本框中输入圆角半径 4.0。

（3）单击对话框中的 ✓ 按钮，完成断开-边角 1 的创建。

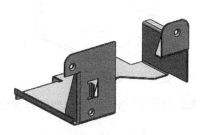
图 15.1.65　断开-边角 1

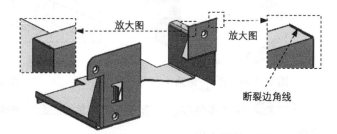
图 15.1.66　定义引导边线

步骤 26 创建图 15.1.67 所示的钣金特征——断开-边角 2。参见 Step25，在 文本框中输入圆角半径 2.0。

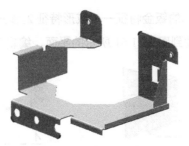

图 15.1.67 断开-边角 2

步骤 27 创建图 15.1.68 所示的钣金特征——断开-边角 3。参见 Step25，在 文本框中输入圆角半径 1.0。

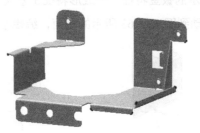

图 15.1.68 断开-边角 3

步骤 28 创建图 15.1.69 所示的钣金特征——断开-边角 4。选择下拉菜单 插入(I) → 钣金(H) → 断裂边角(K)... 命令；激活 折断边角选项(B) 区域的 区域，选取图 15.1.70 所示的边线；在 折断类型: 文本框中单击"倒角"按钮，在 文本框中输入圆角半径 2.5；单击 按钮，完成断开-边角 4 的创建。

图 15.1.69 断开-边角 4　　　图 15.1.70 定义引导边线

步骤 29 保存零件模型。选择下拉菜单 文件(F) → 保存(S) 命令，把模型保存并命名为 printer_support_01。

15.2 钣金零件设计案例 2——钣金板

案例概述：

本案例讲解了钣金板的设计过程，该设计过程分为创建成形工具和创建主体零件模型两个部分。成形工具的设计主要运用基本实体建模命令，其重点是将模型转换成成形工具；主体零件模型是由一些钣金基本特征构成的，其中要注意绘制的折弯线和成形特征的创建方法。钣金件模型及设计树如图 15.2.1 所示。

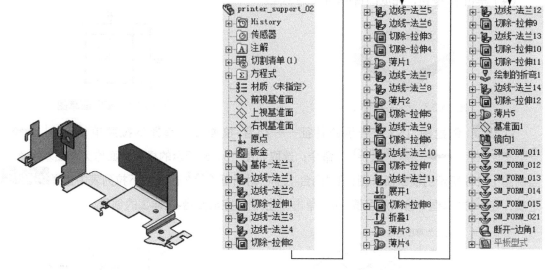

图 15.2.1　钣金件模型及设计树

（一）创建成形工具 1

成形工具模型及设计树如图 15.2.2 所示。

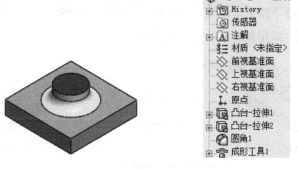

图 15.2.2　成形工具模型及设计树

步骤 01　新建模型文件。选择下拉菜单 文件(F) ➡ 新建(N)... 命令，在系统弹出的

"新建 SolidWorks 文件"对话框中选择"零件"模块,单击 确定 按钮。

步骤02 创建图 15.2.3 所示的零件基础特征——凸台-拉伸 1。

(1)选择命令。选择下拉菜单 插入(I) ➡ 凸台/基体(B) ➡ 拉伸(E)... 命令。

(2)定义特征的横断面草图。选取上视基准面作为草图基准面,绘制图 15.2.4 所示的横断面草图。

(3)定义拉伸深度属性。采用系统默认的深度方向;在"凸台-拉伸"对话框 方向1 区域的下拉列表中选择 给定深度 选项,在 ⏴DI 文本框中输入深度值 1.0。

(4)单击 ✓ 按钮,完成凸台-拉伸 1 的创建。

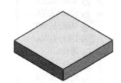
图 15.2.3 凸台-拉伸 1

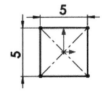
图 15.2.4 横断面草图

步骤03 创建图 15.2.5 所示的特征——凸台-拉伸 2。选择下拉菜单 插入(I) ➡ 凸台/基体(B) ➡ 拉伸(E)... 命令;选取如图 15.2.5 所示的模型表面作为草图基准面,绘制图 15.2.6 所示的横断面草图;在"凸台-拉伸"对话框 方向1 区域的下拉列表中选择 给定深度 选项,在 ⏴DI 文本框中输入深度值 1.0;单击 ✓ 按钮,完成凸台-拉伸 2 的创建。

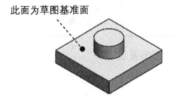
图 15.2.5 凸台-拉伸 2

图 15.2.6 横断面草图

步骤04 创建图 15.2.7b 所示的零件特征——圆角 1。

(1)选择命令。选择下拉菜单 插入(I) ➡ 特征(E) ➡ 圆角(U)... 命令。

(2)定义圆角类型。采用系统默认的圆角类型。

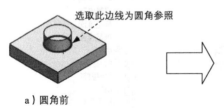

a)圆角前　　　　　　　　　　　　　　b)圆角后

图 15.2.7 圆角 1

(3)定义圆角对象。选取图 15.2.7a 所示的边线为要圆角的对象。

(4)定义圆角的半径。在 圆角项目(I) 区域的 ⏴ 文本框中输入圆角半径值 0.6,选中

☑ 切线延伸(G) 复选框。

（5）单击 ✓ 按钮，完成圆角 1 的创建。

步骤 05 创建图 15.2.8 所示的钣金特征——成形工具 1。

（1）选择命令。选择下拉菜单 插入(I) → 钣金(H) → 成形工具 命令。

（2）定义成形工具属性。激活"成形工具"对话框的 停止面 区域，选取图 15.2.8 所示的"停止面"；激活"成形工具"对话框 要移除的面 区域，选取图 15.2.9 所示的"要移除的面"

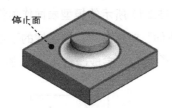
图 15.2.8 选取停止面

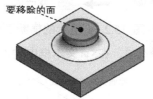
图 15.2.9 选取要移除的面

（3）单击 ✓ 按钮，完成成形工具 1 的创建。

步骤 06 保存零件模型。选择下拉菜单 文件(F) → 保存(S) 命令，把模型保存在 D:\sw1401\work\ch15.02 文件夹中，并命名为 SM_FORM_01。

（二）创建成形工具 2

成形工具模型及设计树如图 15.2.10 所示。

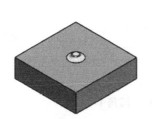

图 15.2.10 成形工具模型及设计树

步骤 01 新建模型文件。选择下拉菜单 文件(F) → 新建(N)... 命令，在系统弹出的"新建 SolidWorks 文件"对话框中选择"零件"模块，单击 确定 按钮。

步骤 02 创建图 15.2.11 所示的特征——凸台-拉伸 1。选择下拉菜单 插入(I) → 凸台/基体(B) → 拉伸(E)... 命令；选取上视基准面作为草图基准面，绘制图 15.2.12 所示的横断面草图。在"凸台-拉伸"对话框 方向1 区域的下拉列表中选择 给定深度 选项，在 D1 文本框中输入深度值 3.0；单击 ✓ 按钮，完成凸台-拉伸 1 的创建。

451

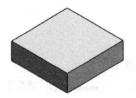 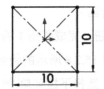

图 15.2.11　凸台-拉伸 1　　　　　图 15.2.12　横断面草图

步骤 03　创建图 15.2.13 所示的特征——凸台-拉伸 2。选择下拉菜单 插入(I) ➡ 凸台/基体(B) ➡ 拉伸(E)... 命令；选取如图 15.2.13 所示的模型表面作为作为草图基准面，绘制图 15.2.14 所示的横断面草图；在"凸台-拉伸"对话框 方向1 区域的下拉列表中选择 给定深度 选项，在 D1 文本框中输入深度值 0.5；单击 ✓ 按钮，完成凸台-拉伸 2 的创建。

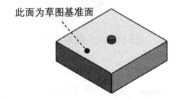

图 15.2.13　凸台-拉伸 2　　　　　图 15.2.14　横断面草图

步骤 04　创建图 15.2.15b 所示的零件特征——圆角 1。选择下拉菜单 插入(I) ➡ 特征(F) ➡ 圆角(U)... 命令；选取图 15.2.15a 所示的边线为要圆角的对象；在 圆角项目(I) 区域的 文本框中输入圆角半径值 0.6，选中 ☑ 切线延伸(G) 复选框；单击 ✓ 按钮，完成圆角 1 的创建。

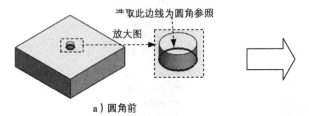 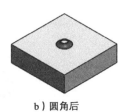

a) 圆角前　　　　　　　　　　　　　　　b) 圆角后

图 15.2.15　圆角 1

步骤 05　创建图 15.2.16 所示的钣金特征——圆角 2。参见 Step4，在 文本框中输入圆角半径 0.1。

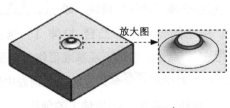

图 15.2.16　圆角 2

第15章 SolidWorks钣金设计实际综合应用

步骤06 创建图 15.2.17 所示的钣金特征——成形工具 2。选择下拉菜单 插入(I) → 钣金(H) → 成形工具 命令；激活"成形工具"对话框的 停止面 区域，选取图 15.2.17 所示的"停止面"；单击 ✓ 按钮，完成成形工具 2 的创建。

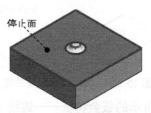

图 15.2.17　选取停止面

步骤07 保存零件模型。选择下拉菜单 文件(F) → 保存(S) 命令，把模型保存在 D:\sw1401\work\ch15.02 文件夹中，并命名为 SM_FORM_02。

（三）创建主体零件模型

步骤01 新建模型文件。选择下拉菜单 文件(F) → 新建(N)... 命令，在系统弹出的"新建 SolidWorks 文件"对话框中选择"零件"模块，单击 确定 按钮，进入建模环境。

步骤02 创建图 15.2.18 所示的钣金基础特征——基体-法兰 1。

（1）选择命令。选择下拉菜单 插入(I) → 钣金(H) → 基体法兰(A)... 命令。

（2）定义特征的横断面草图。选取上视基准面作为草图基准面，绘制图 15.2.19 所示的横断面草图。

　　　　　　　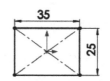

图 15.2.18　基体-法兰 1　　　　　　图 15.2.19　横断面草图

（3）定义钣金参数属性。在"基体法兰"对话框 钣金参数(S) 区域的 √T1 文本框中输入厚度值 0.5；在 ☑ 折弯系数(A) 区域的文本框中选择 K 因子，在 K 因子系数文本框输入 0.5；在 ☑ 自动切释放槽(T) 区域的文本框中选择 矩形 选项，选中 ☑ 使用释放槽比例(A) 复选框，在 比例(T): 文本框中输入比例系数 0.5。

（4）单击 ✓ 按钮，完成基体-法兰 1 的创建。

步骤03 创建图 15.2.20 所示的钣金特征——边线-法兰 1。选择下拉菜单 插入(I) → 钣金(H) → 边线法兰(E)... 命令；选取图 15.2.21 所示的边线为边线-法兰的轮廓边线；在"边线-法兰"对话框中取消选中 ☐ 使用默认半径(U) 复选框，在 ⌒ 后的文本框中输入折弯半径值 2.0；在 角度(G) 区域的 ⌒ 文本框中输入角度值 90.0°；在 法兰长度(L) 区域的 ⌒ 下拉列表中选择 给定深度 选项，在 ⌒ 文本框中输入深度值 30.0，并单击"外部虚拟交点"按钮 ⌒ ；在

453

法兰位置(N) 区域中单击"折弯在外"按钮；单击 法兰参数(P) 区域的 编辑法兰轮廓(E) 按钮，编辑图 15.2.22 所示的轮廓；单击 完成 按钮，完成边线-法兰 1 的创建。

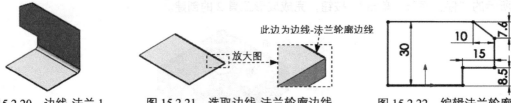

图 15.2.20　边线-法兰 1　　　图 15.2.21　选取边线-法兰轮廓边线　　　图 15.2.22　编辑法兰轮廓

步骤 04 创建图 15.2.23 所示的钣金特征——边线-法兰 2。选择下拉菜单 插入(I) → 钣金(H) → 边线法兰(E) 命令；选取图 15.2.24 所示的边线为边线-法兰轮廓边线；在 角度(G) 区域的 文本框中输入角度值 90.0；在 法兰长度(L) 区域的 下拉列表中选择 给定深度 选项，在 文本框中输入深度值 9.0，并单击"外部虚拟交点"按钮；在 法兰位置(N) 区域中单击"折弯在外"按钮，选中 ☑ 等距(E) 复选框，并在其下的 下拉列表中选择 给定深度 选项，在 文本框中输入深度值 1.0；单击 按钮，完成边线-法兰 2 的创建。

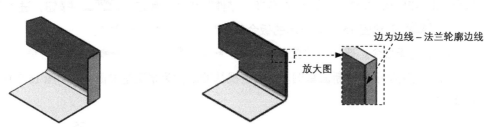

图 15.2.23　边线-法兰 2　　　图 15.2.24　选取边线-法兰轮廓边线

步骤 05 创建图 15.2.25 所示的钣金特征——切除-拉伸 1。选择下拉菜单 插入(I) → 切除(C) → 拉伸(E)... 命令；选取图 15.2.25 所示的模型表面为草图基准面，绘制图 15.2.26 所示的横断面草图；在"切除-拉伸"对话框的 方向1 区域中选中 ☑ 与厚度相等(E) 复选框与 ☑ 正交切除(N) 复选框；其他参数采用系统默认设置值；单击 按钮，完成切除-拉伸 1 的创建。

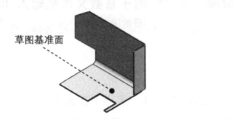 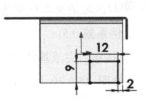

图 15.2.25　切除-拉伸 1　　　图 15.2.26　横断面草图

步骤 06 创建图 15.2.27 所示的钣金特征——边线-法兰 3。选择下拉菜单 插入(I) → 钣金(H) → 边线法兰(E)... 命令；选取图 15.2.28 所示的边线为边线-法兰轮廓的边线；在 角度(G) 区域的 文本框中输入角度值 90.0；在"边线法兰"对话框的 法兰长度(L) 区域的

下拉列表中选择 给定深度 选项,在 文本框中输入深度值 4.0,并单击"外部虚拟交点"按钮 ;在 法兰位置(N) 区域中单击"折弯在外"按钮 ,选中 等距(F) 复选框,并在其下的 下拉列表中选择 给定深度 选项,在 文本框中输入深度值 1.0;单击 按钮,完成边线-法兰 3 的创建。

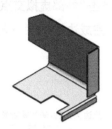

图 15.2.27　边线-法兰 3

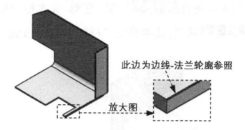

图 15.2.28　选取边线-法兰轮廓边线

步骤 07　创建图 15.2.29 所示的钣金特征——边线-法兰 4。选择下拉菜单 插入(I) → 钣金(H) → 边线法兰(E)... 命令;选取图 15.2.30 所示的边线为边线-法兰的轮廓边线;在 角度(G) 区域的 文本框中输入角度值 90.0°;在 法兰长度(L) 区域的 下拉列表中选择 给定深度 选项,在 文本框中输入深度值 18.0,并单击"外部虚拟交点"按钮 ;在 法兰位置(N) 区域中单击"折弯在外"按钮 ;单击 法兰参数(P) 区域的 编辑法兰轮廓(E) 按钮,编辑图 15.2.31 所示的轮廓;单击 完成 按钮,完成边线-法兰 4 的创建。

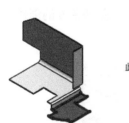

图 15.2.29　边线-法兰 4

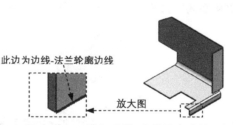

图 15.2.30　选取边线-法兰轮廓边线

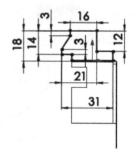

图 15.2.31　编辑法兰轮廓

步骤 08　创建图 15.2.32 所示的钣金特征——切除-拉伸 2。选择下拉菜单 插入(I) → 切除(C) → 拉伸(E)... 命令;选取图 15.2.32 所示的模型表面为草图基准面,绘制图 15.2.33 所示的横断面草图;在 方向1 区域中选中 与厚度相等(L) 复选框与 正交切除(N) 复选框;单击 按钮,完成切除-拉伸 2 的创建。

图 15.2.32　切除-拉伸 2

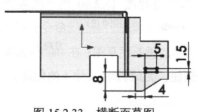

图 15.2.33　横断面草图

步骤 09 创建图 15.2.34 所示的钣金特征——边线-法兰 5。选择下拉菜单 插入(I) → 钣金(H) → 边线法兰(E)... 命令;选取图 15.2.35 所示的边线为边线-法兰轮廓的边线;在 角度(G) 区域的 文本框中输入角度值 90.0;在"边线法兰"对话框的 法兰长度(L) 区域的下拉列表中选择 给定深度 选项,在 文本框中输入深度值 5.0,并单击"外部虚拟交点"按钮;在 法兰位置(N) 区域中单击"材料在内"按钮;单击 按钮,完成边线-法兰 5 的创建。

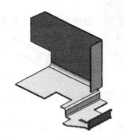
图 15.2.34 边线-法兰 5

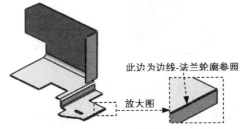
图 15.2.35 选取边线-法兰轮廓边线

步骤 10 创建图 15.2.36 所示的钣金特征——边线-法兰 6。选择下拉菜单 插入(I) → 钣金(H) → 边线法兰(E)... 命令;选取图 15.2.37 所示的边线为边线-法兰的轮廓边线;在"边线-法兰"对话框中取消选中 □ 使用默认半径(U) 复选框,在 后的文本框中输入折弯半径值 1.0;在 角度(G) 区域的 文本框中输入角度值 90.0°;在 法兰长度(L) 区域的 下拉列表中选择 给定深度 选项,在 文本框中输入深度值 8.0,并单击"外部虚拟交点"按钮;在 法兰位置(N) 区域中单击"材料在内"按钮;单击 按钮,完成边线-法兰 6 的创建。

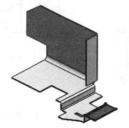
图 15.2.36 边线-法兰 6

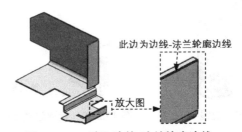
图 15.2.37 选取边线-法兰轮廓边线

步骤 11 创建图 15.2.38 所示的钣金特征——切除-拉伸 3。选择下拉菜单 插入(I) → 切除(C) → 拉伸(E)... 命令;选取图 15.2.38 所示的模型表面为草图基准面,绘制图 15.2.39 所示的横断面草图;在 方向1 区域的 下拉列表中选择 给定深度 选项,在 文本框中输入深度值 2.5;选中 ☑ 正交切除(N) 复选框;单击 按钮,完成切除-拉伸 3 的创建。

步骤 12 创建图 15.2.40 所示的钣金特征——切除-拉伸 4。选择下拉菜单 插入(I) → 切除(C) → 拉伸(E)... 命令;选取图 15.2.40 所示的模型表面为草图基准面,绘制图 15.2.41 所示的横断面草图;在 方向1 区域中选中 ☑ 与厚度相等(L) 复选框与 ☑ 正交切除(N) 复选框;单击 按钮,完成切除-拉伸 4 的创建。

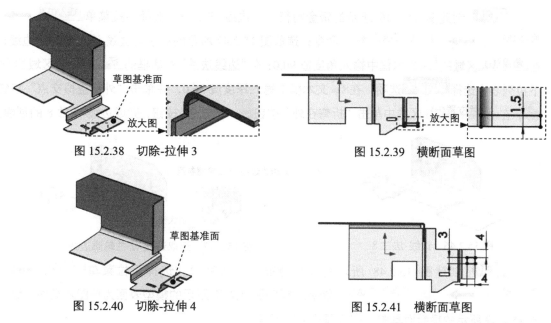

图 15.2.38 切除-拉伸 3　　　　　　图 15.2.39 横断面草图

图 15.2.40 切除-拉伸 4　　　　　　图 15.2.41 横断面草图

步骤 13 创建图 15.2.42 所示的钣金特征——薄片 1。选择下拉菜单 插入(I) → 钣金(H) → 基体法兰(A)... 命令；选取图 15.2.42 所示的模型表面为草图基准面；绘制图 15.2.43 所示的横断面草图；完成薄片 1 的创建。

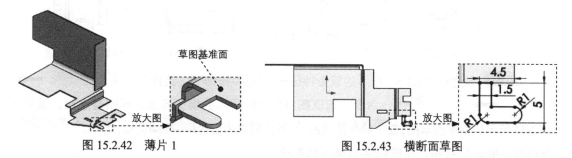

图 15.2.42 薄片 1　　　　　　图 15.2.43 横断面草图

步骤 14 创建图 15.2.44 所示的钣金特征——边线-法兰 7。选择下拉菜单 插入(I) → 钣金(H) → 边线法兰(E)... 命令；选取图 15.2.45 所示的边线为边线-法兰轮廓的边线；在 角度(G) 区域的 文本框中输入角度值 90.0；在"边线法兰"对话框的 法兰长度(L) 区域的 下拉列表中选择 给定深度 选项，在 文本框中输入深度值 4.0，并单击"外部虚拟交点"按钮 ；在 法兰位置(N) 区域中单击"折弯在外"按钮 ；单击 按钮，完成边线-法兰 7 的创建。

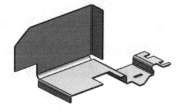 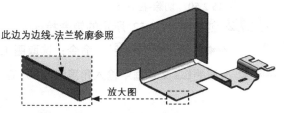

图 15.2.44 边线-法兰 7　　　　　　图 15.2.45 选取边线-法兰轮廓边线

457

步骤15 创建图15.2.46所示的钣金特征——边线-法兰8。选择下拉菜单 插入(I) → 钣金(H) → 边线法兰(E) 命令；选取图15.2.47所示的边线为边线-法兰轮廓的边线；在 角度(G) 区域的 文本框中输入角度值90.0；在"边线法兰"对话框的 法兰长度(L) 区域的 下拉列表中选择 给定深度 选项，在 文本框中输入深度值36.0，并单击"外部虚拟交点"按钮；在 法兰位置(N) 区域中单击"折弯在外"按钮；单击 按钮，完成边线-法兰8的创建。

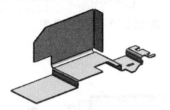

图15.2.46 边线-法兰8

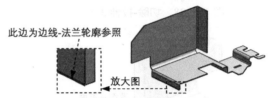

图15.2.47 选取边线-法兰轮廓边线

步骤16 创建图15.2.48所示的钣金特征——薄片2。选择下拉菜单 插入(I) → 钣金(H) → 基体法兰(A)... 命令；选取图15.2.48所示的模型表面为草图基准面；绘制图15.2.49所示的横断面草图；完成薄片2的创建。

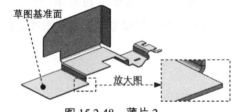

图15.2.48 薄片2

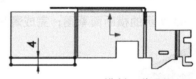

图15.2.49 横断面草图

步骤17 创建图15.2.50所示的钣金特征——切除-拉伸5。选择下拉菜单 插入(I) → 切除(C) → 拉伸(E)... 命令；选取图15.2.50所示的模型表面为草图基准面，绘制图15.2.51所示的横断面草图；在 方向1 区域的 下拉列表中选择 完全贯穿 选项，选中 ☑ 正交切除(N) 复选框；单击 按钮，完成切除-拉伸5的创建。

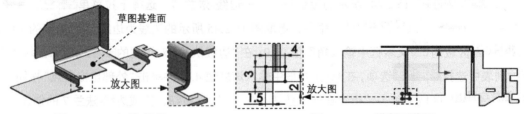

图15.2.50 切除-拉伸5　　　　　　　图15.2.51 横断面草图

步骤18 创建图15.2.52所示的钣金特征——边线-法兰9。选择下拉菜单 插入(I) → 钣金(H) → 边线法兰(E)... 命令；选取图15.2.53所示的边线为边线-法兰轮廓的边线；在 角度(G) 区域的 文本框中输入角度值90.0；在"边线法兰"对话框的 法兰长度(L) 区域的

下拉列表中选择 给定深度 选项，在 D1 文本框中输入深度值 3.0，并单击"外部虚拟交点"按钮；在 法兰位置(N) 区域中单击"折弯在外"按钮；单击 ✓ 按钮，完成边线-法兰 9 的创建。

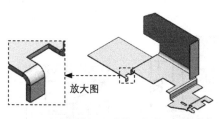
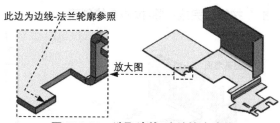

图 15.2.52　边线-法兰 9　　　　　图 15.2.53　选取边线-法兰轮廓边线

步骤 19　创建图 15.2.54 所示的钣金特征——切除-拉伸 6。选择下拉菜单 插入(I) → 切除(C) → 拉伸(E)... 命令；选取图 15.2.54 所示的模型表面为草图基准面，绘制图 15.2.55 所示的横断面草图；在 方向1 区域中选中 ☑ 与厚度相等(L) 复选框与 ☑ 正交切除(N) 复选框；单击 ✓ 按钮，完成切除-拉伸 6 的创建。

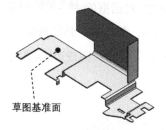
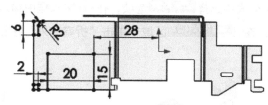

图 15.2.54　切除-拉伸 6　　　　　图 15.2.55　横断面草图

步骤 20　创建图 15.2.56 所示的钣金特征——边线-法兰 10。选择下拉菜单 插入(I) → 钣金(H) → 边线法兰(E)... 命令；选取图 15.2.57 所示的边线为边线-法兰轮廓的边线；在 角度(G) 区域的 文本框中输入角度值 90.0；在"边线法兰"对话框的 法兰长度(L) 区域的下拉列表中选择 给定深度 选项，在 D1 文本框中输入深度值 45.0，并单击"外部虚拟交点"按钮；在 法兰位置(N) 区域中单击"折弯在外"按钮；单击 ✓ 按钮，完成边线-法兰 10 的创建。

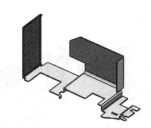
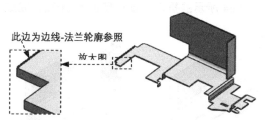

图 15.2.56　边线-法兰 10　　　　　图 15.2.57　选取边线-法兰轮廓边线

步骤 21　创建图 15.2.58 所示的钣金特征——切除-拉伸 7。选择下拉菜单 插入(I) →

切除(C) → 拉伸(E)... 命令；选取图 15.2.58 所示的模型表面为草图基准面，绘制图 15.2.59 所示的横断面草图；在 方向1 区域中选中 ☑ 与厚度相等(L) 复选框与 ☑ 正交切除(N) 复选框；单击 ✓ 按钮，完成切除-拉伸 7 的创建。

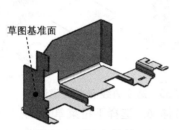
图 15.2.58 切除-拉伸 7

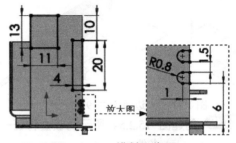
图 15.2.59 横断面草图

步骤 22 创建图 15.2.60 所示的钣金特征——边线-法兰 11。选择下拉菜单 插入(I) → 钣金(H) → 边线法兰(E)... 命令；选取图 15.2.61 所示的边线为边线-法兰轮廓的边线；在 角度(G) 区域的 ⌐ 文本框中输入角度值 90.0；在"边线法兰"对话框的 法兰长度(L) 区域的 ⌐ 下拉列表中选择 给定深度 选项，在 ⌐D1 文本框中输入深度值 12.0，并单击"外部虚拟交点"按钮 ⌐ ；在 法兰位置(N) 区域中单击"折弯在外"按钮 ⌐ ；单击 ✓ 按钮，完成边线-法兰 11 的创建。

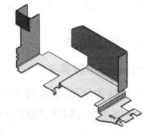
图 15.2.60 边线-法兰 11

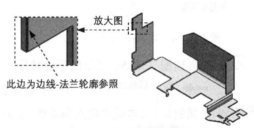
图 15.2.61 选取边线-法兰轮廓边线

步骤 23 创建图 15.2.62 所示的钣金特征——展开 1。选择下拉菜单 插入(I) → 钣金(H) → 展开(U)... 命令；选取图 15.2.63 所示的模型表面为固定面；在模型上单击图 15.2.64 所示的折弯特征；单击 ✓ 按钮，完成展开 1 的创建。

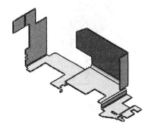
图 15.2.62 展开 1

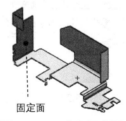
图 15.2.63 定义固定面

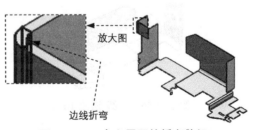
图 15.2.64 定义展开的折弯特征

步骤 24 创建图 15.2.65 所示的钣金特征——切除-拉伸 8。选择下拉菜单 插入(I) → 切除(C) → 拉伸(E)... 命令；选取图 15.2.65 所示的模型表面为草图基准面，绘制图 15.2.66 所示的横断面草图；在 方向1 区域中选中 ☑ 与厚度相等(L) 复选框与 ☑ 正交切除(N) 复选框；单击 ✔ 按钮，完成切除-拉伸 8 的创建。

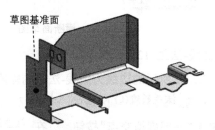
图 15.2.65 切除-拉伸 8

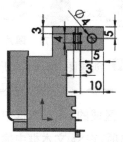
图 15.2.66 横断面草图

步骤 25 创建图 15.2.67 所示的钣金特征——折叠 1。选择下拉菜单 插入(I) → 钣金(H) → 折叠(F)... 命令；选取图 15.2.68 所示的模型表面为固定面；在 选择(S) 区域中单击 收集所有折弯(A) 按钮；单击 ✔ 按钮，完成折叠 1 的创建。

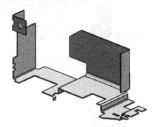
图 15.2.67 折叠 1

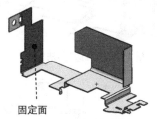
图 15.2.68 定义固定面

步骤 26 创建图 15.2.69 所示的钣金特征——薄片 3。选择下拉菜单 插入(I) → 钣金(H) → 基体法兰(A)... 命令；选取图 15.2.69 所示的模型表面为草图基准面；绘制图 15.2.70 所示的横断面草图；完成薄片 3 的创建。

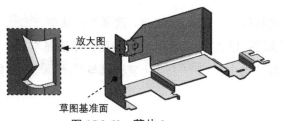
图 15.2.69 薄片 3

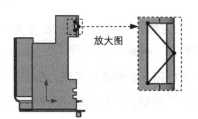
图 15.2.70 横断面草图

步骤 27 创建图 15.2.71 所示的钣金特征——薄片 4。选择下拉菜单 插入(I) → 钣金(H) → 基体法兰(A)... 命令；选取图 15.2.71 所示的模型表面为草图基准面；绘制图 15.2.72 所示的横断面草图；完成薄片 4 的创建。

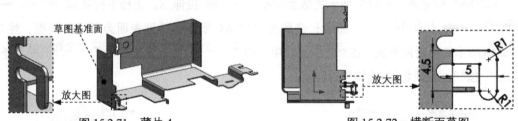

图 15.2.71 薄片 4　　　　　图 15.2.72 横断面草图

步骤 28 创建图 15.2.73 所示的钣金特征——边线-法兰 12。选择下拉菜单 插入(I) → 钣金(H) → 边线法兰(E)... 命令；选取图 15.2.74 所示的边线为边线-法兰的轮廓边线；在 角度(G) 区域的 文本框中输入角度值 90.0°；在 法兰长度(L) 区域的 下拉列表中选择 给定深度 选项，在 文本框中输入深度值 28.0，并单击"外部虚拟交点"按钮；在 法兰位置(N) 区域中单击"折弯在外"按钮；单击 法兰参数(P) 区域的 编辑法兰轮廓(E) 按钮，编辑图 15.2.75 所示的轮廓；单击 完成 按钮，完成边线-法兰 12 的创建。

图 15.2.73 边线-法兰 12　　　　图 15.2.74 选取边线-法兰轮廓边线

图 15.2.75 编辑法兰轮廓

步骤 29 创建图 15.2.76 所示的钣金特征——切除-拉伸 9。选择下拉菜单 插入(I) → 切除(C) → 拉伸(E)... 命令；选取图 15.2.76 所示的模型表面为草图基准面，绘制图 15.2.77 所示的横断面草图；在 方向1 区域中选中 ☑ 与厚度相等(L) 复选框与 ☑ 正交切除(N) 复选框；单击 ✓ 按钮，完成切除-拉伸 9 的创建。

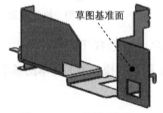
图 15.2.76 切除-拉伸 9

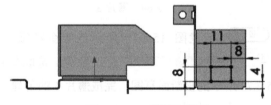
图 15.2.77 横断面草图

步骤 30 创建图 15.2.78 所示的钣金特征——边线-法兰 13。选择下拉菜单 插入(I) → 钣金(H) → 边线法兰(E)... 命令；选取图 15.2.79 所示的边线为边线-法兰轮廓的边线；在 角度(G) 区域的 文本框中输入角度值 90.0；在"边线法兰"对话框的 法兰长度(L) 区域的 下拉列表中选择 给定深度 选项，在 文本框中输入深度值 21.0，并单击"外部虚拟交点"按钮 ；在 法兰位置(N) 区域中单击"折弯在外"按钮 ；单击 ✓ 按钮，完成边线-法兰 13 的创建。

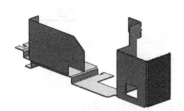

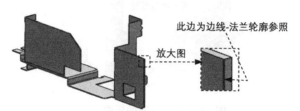

图 15.2.78　边线-法兰 13　　　　　　图 15.2.79　选取边线-法兰轮廓边线

步骤 31 创建图 15.2.80 所示的钣金特征——切除-拉伸 10。选择下拉菜单 插入(I) → 切除(C) → 拉伸(E)... 命令；选取图 15.2.80 所示的模型表面为草图基准面，绘制图 15.2.81 所示的横断面草图；在 方向1 区域的 下拉列表中选择 给定深度 选项，在 文本框中输入深度值 14.0；选中 ☑ 正交切除(N) 复选框；单击 ✓ 按钮，完成切除-拉伸 10 的创建。

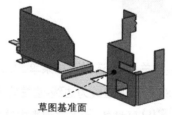

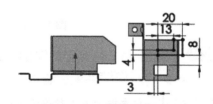

图 15.2.80　切除-拉伸 10　　　　　　图 15.2.81　横断面草图

步骤 32 创建图 15.2.82 所示的钣金特征——切除-拉伸 11。选择下拉菜单 插入(I) → 切除(C) → 拉伸(E)... 命令；选取图 15.2.82 所示的模型表面为草图基准面，绘制图 15.2.83 所示的横断面草图；在 方向1 区域中选中 ☑ 与厚度相等(L) 复选框与 ☑ 正交切除(N) 复选框；单击 ✓ 按钮，完成切除-拉伸 11 的创建。

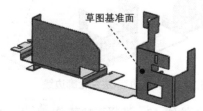

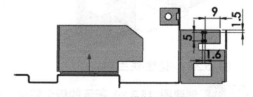

图 15.2.82　切除-拉伸 11　　　　　　图 15.2.83　横断面草图

步骤 33 创建图 15.2.84 所示的钣金特征——绘制的折弯 1。选择下拉菜单 插入(I) →

钣金(H) → 绘制的折弯(S)...命令；选取图 15.2.84 的模型表面作为折弯线基准面，绘制图 15.2.85 所示的折弯线；选取图 15.2.86 所示的模型表面为折弯固定面；在 折弯参数(P) 区域的 折弯位置：区域中单击"折弯中心线"按钮，单击"反向"按钮，并在其后的文本框中输入折弯角度 90.0；取消选中 使用默认半径(U) 复选框，在 后的文本框中输入折弯半径值 1.0；单击 按钮，完成绘制的折弯 1 的创建。

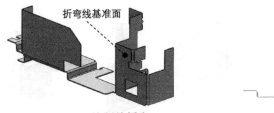

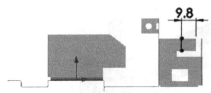

图 15.2.84 绘制的折弯 1　　　　　图 15.2.85 绘制的折弯线

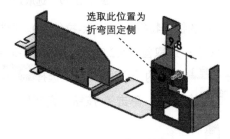

图 15.2.86 固定面的位置

步骤 34 创建图 15.2.87 所示的钣金特征——边线-法兰 14。选择下拉菜单 插入(I) → 钣金(H) → 边线法兰(E)...命令；选取图 15.2.88 所示的边线为边线-法兰轮廓边线；在 角度(G) 区域的 文本框中输入角度值 90.0；在 法兰长度(L) 区域的 下拉列表中选择 给定深度 选项，在 文本框中输入深度值 12.0，并单击"外部虚拟交点"按钮；在 法兰位置(N) 区域中单击"折弯在外"按钮；单击 按钮，完成边线-法兰 14 的创建。

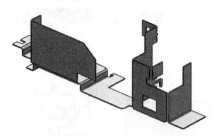

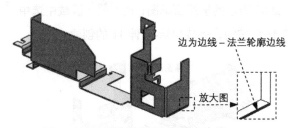

图 15.2.87 边线-法兰 14　　　　　图 15.2.88 选取边线-法兰轮廓边线

步骤 35 创建图 15.2.89 所示的钣金特征——切除-拉伸 12。选择下拉菜单 插入(I) → 切除(C) → 拉伸(E)...命令；选取图 15.2.89 所示的模型表面为草图基准面，绘制图 15.2.90 所示的横断面草图；在 方向1 区域中选中 与厚度相等(L) 复选框与 正交切除(N) 复选框；

单击 ✓ 按钮，完成切除-拉伸 12 的创建。

步骤 36 创建图 15.2.91 所示的钣金特征——薄片 5。选择下拉菜单 插入(I) ➡ 钣金(H) ➡ 基体法兰(A)... 命令；选取图 15.2.91 所示的模型表面为草图基准面；绘制图 15.2.92 所示的横断面草图；完成薄片 5 的创建。

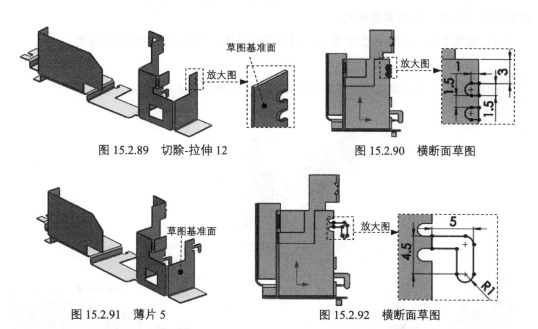

图 15.2.89 切除-拉伸 12　　　　　图 15.2.90 横断面草图

图 15.2.91 薄片 5　　　　　图 15.2.92 横断面草图

步骤 37 创建图 15.2.93 所示的基准面 1。选择下拉菜单 插入(I) ➡ 参考几何体(G) ➡ 基准面(P)... 命令；选取图 15.2.94 所示的模型表面作为第一参考；在 后的文本框中输入数值 15.0；单击 ✓ 按钮，完成基准面 1 的创建。

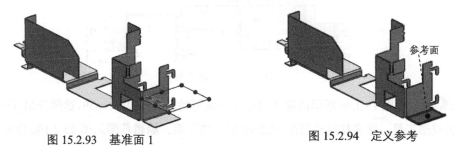

图 15.2.93 基准面 1　　　　　图 15.2.94 定义参考

步骤 38 创建图 15.2.95 所示的镜像 1。选择下拉菜单 插入(I) ➡ 阵列/镜向(E) ➡ 镜向(M)... 命令；选取基准面 1 作为镜像基准面；选择薄片 5 和切除-拉伸 12 作为镜像 1 的对象；单击 ✓ 按钮，完成镜像 1 的创建。

步骤 39 创建图 15.2.96 所示的钣金特征——成形特征 1。

（1）单击任务窗格中的"设计库"按钮，打开"设计库"对话框。

465

（2）单击"设计库"对话框中的 ch15 节点，在设计库下部的列表框中选择"SM_FORM_01"文件，并将其拖动到图 15.2.97 所示的平面，在系统弹出的"成形工具特征"对话框中单击 按钮。

（3）单击设计树中 SM_FORM_011 节点前的"+"，右击 (-)草图76 节点，在弹出的快捷菜单中选择 命令，进入草绘环境。

（4）编辑草图，如图 15.2.98 所示。退出草绘环境，完成成形特征 1 的创建。

说明 通过键盘中的 Tab 键可以更改成形特征的方向。

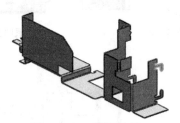

图 15.2.95 镜像特征 1

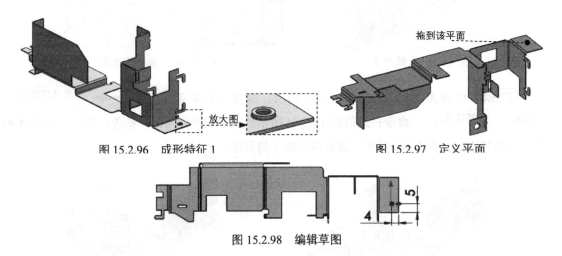

图 15.2.96 成形特征 1　　　　　图 15.2.97 定义平面

图 15.2.98 编辑草图

步骤 40 创建图 15.2.99 所示的钣金特征——成形特征 2。参见 Step39，选择"SM_FORM_01"文件作为成形工具，并将其拖动到图 15.2.99 所示的平面，编辑草图如图 15.2.100 所示。

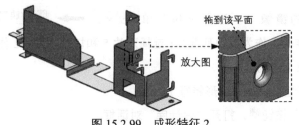

图 15.2.99 成形特征 2

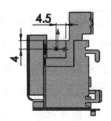

图 15.2.100 编辑草图

步骤 41 创建图 15.2.101 所示的钣金特征——成形特征 3。参见 Step39，选择 "SM_FORM_01" 文件作为成形工具，并将其拖动到图 15.2.101 所示的平面，编辑草图如图 15.2.102 所示。

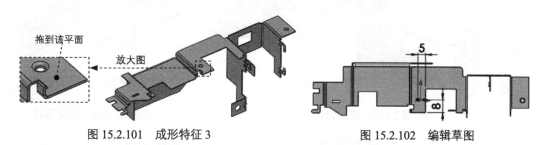

图 15.2.101 成形特征 3　　　　图 15.2.102 编辑草图

步骤 42 创建图 15.2.103 所示的钣金特征——成形特征 4。参见 Step39，选择 "SM_FORM_01" 文件作为成形工具，并将其拖动到图 15.2.103 所示的平面，编辑草图如图 15.2.104 所示。

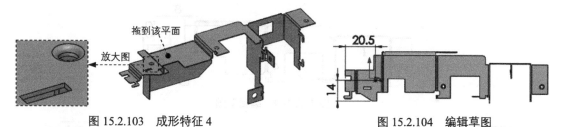

图 15.2.103 成形特征 4　　　　图 15.2.104 编辑草图

步骤 43 创建图 15.2.105 所示的钣金特征——成形特征 5。参见 Step39，选择 "SM_FORM_01" 文件作为成形工具，并将其拖动到图 15.2.105 所示的平面，编辑草图如图 15.2.106 所示。

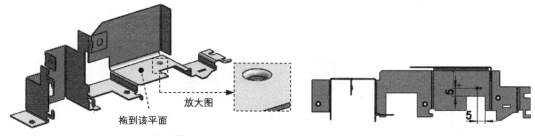

图 15.2.105 成形特征 5　　　　图 15.2.106 编辑草图

步骤 44 创建图 15.2.107 所示的钣金特征——成形特征 6。

（1）单击任务窗格中的"设计库"按钮，打开"设计库"对话框。

（2）单击"设计库"对话框中的 ch15 节点，在设计库下部的列表框中选择"SM_FORM_02"

文件,并将其拖动到图 15.2.108 所示的平面,在系统弹出的"成形工具特征"对话框中单击 按钮。

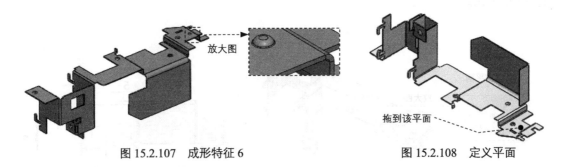

图 15.2.107　成形特征 6　　　　　　　　　图 15.2.108　定义平面

(3)单击设计树中 SM_FORM_021 节点前的"+",右击 (-) 草图88 节点,在弹出的快捷菜单中选择 命令,进入草绘环境。

(4)编辑草图,如图 15.2.109 所示。退出草绘环境,完成成形特征 1 的创建。

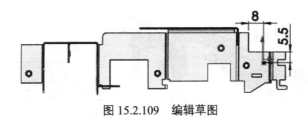

图 15.2.109　编辑草图

步骤 45　创建图 15.2.120 所示的钣金特征——断开-边角 1。选择下拉菜单 插入(I) → 钣金(H) → 断裂边角(K)... 命令;激活 折断边角选项(B) 区域的 区域,选取图 15.2.120 所示的相应边线;在 折断类型 文本框中单击"圆角"按钮 ,在 文本框中输入圆角半径 2.0;单击 按钮,完成断开-边角 1 的创建。

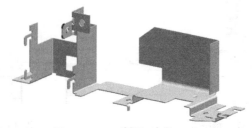

图 15.2.120　断开-边角 1

步骤 46　保存零件模型。选择下拉菜单 文件(F) → 保存(S) 命令,把模型保存并命名为 printer_support_02。

第 16 章 SolidWorks 焊件设计实际综合应用

案例概述

本案例运用了焊件的"结构构件"、"剪裁/延伸"、"圆角焊缝"命令,特别强调的是本范例综合运用了 2D 和 3D 草图,此方法值得借鉴。具体模型及设计树如图 16.1.1 所示。

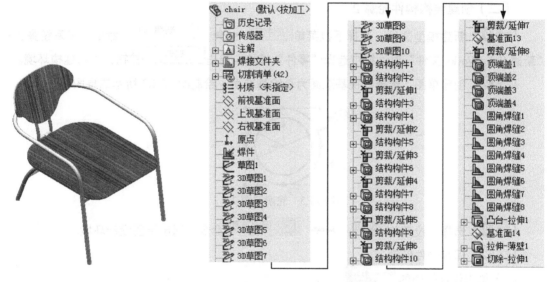

图 16.1.1 焊件模型及设计树

(一) 创建结构构件轮廓 1

步骤 01 新建模型文件。选择下拉菜单 文件(F) → 新建(N)... 命令,在系统弹出的"新建 SolidWorks 文件"对话框中选择"零件"模块,单击 确定 按钮,进入建模环境。

步骤 02 创建草图。选择前视基准面为草绘基准面,绘制图 16.1.2 所示的草图。

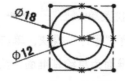

图 16.1.2 轮廓草图 1

步骤 03 选择下拉菜单 插入(I) → 退出草图 命令,退出草图设计环境。

步骤04 保存构件轮廓。

(1) 单击设计树中的 草图1。

(2) 选择下拉菜单 文件(F) → 保存(S) 命令,在 保存类型(T): 下拉列表中选取 Lib Feat Part (*.sldlfp) 选项。在 文件名(N): 文本框中将草图命名为 18×12。

(3) 把文件保存于 C:\Program Files\SolidWorks Corp\SolidWorks\lang\chinese-simplified\weldment profiles\custom\pipe 目录中。

 首先在 C:\ProgramFiles\SolidWorksCorp\SolidWorks\lang\chinese-simplified\weldment profiles 目录下将 custom\pipe 文件夹建好。

(二) 创建结构构件轮廓 2

步骤01 新建模型文件。选择下拉菜单 文件(F) → 新建(N)... 命令,在系统弹出的"新建 SolidWorks 文件"对话框中选择"零件"模块,单击 确定 按钮,进入建模环境。

步骤02 创建草图。选择前视基准面为草绘基准面,绘制图 16.1.3 所示的草图。

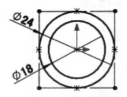

图 16.1.3 轮廓草图 2

步骤03 选择下拉菜单 插入(I) → 退出草图 命令,退出草图设计环境。

步骤04 保存构件轮廓。

(1) 单击设计树中的 草图1。

(2) 选择下拉菜单 文件(F) → 保存(S) 命令,在 保存类型(T): 下拉列表中选择 Lib Feat Part (*.sldlfp) 选项。在 文件名(N): 文本框中将草图命名为 24×18。

(3) 把文件保存于 C:\Program Files\ SolidWorks Corp\SolidWorks\lang\chinese-simplified\weldment profiles\custom\pipe 目录中。

(三) 创建结构构件轮廓 3

步骤01 新建模型文件。选择下拉菜单 文件(F) → 新建(N)... 命令,在系统弹出的"新建 SolidWorks 文件"对话框中选择"零件"模块,单击 确定 按钮,进入建模环境。

步骤02 创建草图。选择前视基准面为草绘基准面,绘制图 16.1.4 所示的草图。

第 16 章 SolidWorks 焊件设计实际综合应用

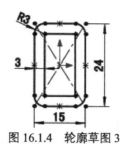

图 16.1.4 轮廓草图 3

步骤 03 选择下拉菜单 插入(I) → 退出草图 命令，退出草图设计环境。

步骤 04 保存构件轮廓。

（1）单击设计树中的 草图1。

（2）选择下拉菜单 文件(F) → 保存(S) 命令，在 保存类型(T): 下拉列表中选择 Lib Feat Part (*.sldlfp) 选项。在 文件名(N): 文本框中将草图命名为 24×15×3。

（3）把文件保存于 C:\Program Files\SolidWorks Corp\SolidWorks\lang\chinese-simplified\weldment profiles\custom\pipe 目录中。

（四）创建主体零件模型

步骤 01 新建模型文件。选择下拉菜单 文件(F) → 新建(N)... 命令，在系统弹出的"新建 SolidWorks 文件"对话框中选择"零件"模块，单击 确定 按钮，进入建模环境。

步骤 02 创建框架草图 1。选择下拉菜单 插入(I) → 草图绘制 命令；选取前视基准面为草图基准面，绘制图 16.1.5 所示的草图。

图 16.1.5 草图 1

步骤 03 创建图 16.1.6 所示的 3D 草图 1。

（1）将基准面插入到 3D 草图中。选择下拉菜单 工具(T) → 草图绘制实体(K) → 基准面 命令，系统弹出"草图绘制平面"对话框；选取前视基准面作为参考，输入偏移距离值 600；单击 ✓ 按钮，完成基准面的创建。

（2）此时已进入草图绘制环境，在基准面上绘制图 16.1.7 所示的草图。

（3）选择下拉菜单 插入(I) → 3D 草图 命令，完成 3D 草图 1 的绘制。

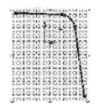

图 16.1.6　3D 草图 1　　　　　　图 16.1.7　草图 (基准面)

步骤 04　创建图 16.1.8 所示的 3D 草图 2。选择下拉菜单 工具(T) → 草图绘制实体(K) → 基准面 命令；依次选取图 16.1.8 所示的两条边线为参考，单击 ✔ 按钮，此时已进入草图绘制环境，在基准面上绘制图 16.1.9 所示的草图。

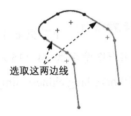
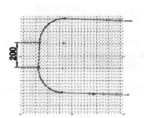

图 16.1.8　3D 草图 2　　　　　　图 16.1.9　草图 (基准面)

步骤 05　创建图 16.1.10 所示的 3D 草图 3。选择菜单 工具(T) → 草图绘制实体(K) → 基准面 命令；选取上视基准面作为参考，然后单击 ╱ 按钮，绘制图 16.1.10 所示的直线。

步骤 06　创建图 16.1.11 所示的 3D 草图 4。选择下拉菜单 工具(T) → 草图绘制实体(K) → 基准面 命令；选取前视基准面作为参考，输入偏移距离值 150，单击 ✔ 按钮，此时已进入草图绘制环境，在基准面上绘制图 16.1.12 所示的草图。

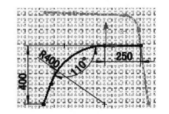

图 16.1.10　3D 草图 3　　图 16.1.11　3D 草图 4　　图 16.1.12　草图 (基准面)

步骤 07　参照上一步创建另一侧的 3D 草图 5 (图 16.1.13 所示)，选取前视基准面作为参考，偏移距离值为 450。

步骤 08　创建图 16.1.14 所示的 3D 草图 6。选择下拉菜单 工具(T) → 草图绘制实体(K) → 基准面 命令；选取上视基准面作为参考，输入偏移距离值 200，并选中 ☑ 反向(D) 复选框，单击 ✔ 按钮，此时已进入草图绘制环境，在基准面上绘制图 16.1.15 所示的草图。

第 16 章 SolidWorks 焊件设计实际综合应用

图 16.1.13　3D 草图 5

图 16.1.14　3D 草图 6

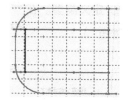

图 16.1.15　草图（基准面）

步骤 09　创建图 16.1.16 所示的 3D 草图 7。选择下拉菜单 工具(T) → 草图绘制实体(K) → 基准面 命令；选取前视基准面作为参考，输入偏移距离值 250，单击 ✓ 按钮，此时已进入草图绘制环境，在基准面上绘制图 16.1.17 所示的草图。

步骤 10　参照上一步创建另一侧的 3D 草图 8（图 16.1.18 所示），选取前视基准面作为参考，偏移距离值为 350。

图 16.1.16　3D 草图 7

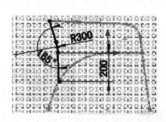

图 16.1.17　草图（基准面）

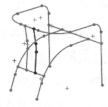

图 16.1.18　3D 草图 8

步骤 11　创建图 16.1.19 所示的 3D 草图 9。选择下拉菜单 工具(T) → 草图绘制实体(K) → 基准面 命令；选取上视基准面作为参考，然后单击 ✏ 按钮，绘制图 16.1.19 所示的直线。

步骤 12　创建图 16.1.20 所示的 3D 草图 10。选择下拉菜单 工具(T) → 草图绘制实体(K) → 基准面 命令；选取上视基准面作为参考，然后单击 ✏ 按钮，绘制图 16.1.21 所示的直线。

图 16.1.19　3D 草图 9

图 16.1.20　3D 草图 10

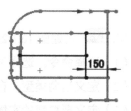

图 16.1.21　草图（基准面）

步骤 13　创建图 16.1.22 所示的结构构件 1。

（1）选择命令。选择下拉菜单 插入(I) → 焊件(W) → 结构构件(S)... 命令。

（2）定义各选项。

① 定义标准。在 标准: 下拉列表中选择 custom 选项。

② 定义类型。在 类型: 下拉列表中选择 管道 选项（目录文件名"pipe"在软件中自动翻译为"管道"）。

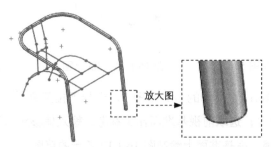

图 16.1.22 创建结构构件 1

③ 定义大小。在 大小: 下拉列表中选择 24×18 选项。

④ 定义路径线段。选取选取草图 1、3D 草图 2 和 3D 草图 1 为路径线段，在 设定 区域中选 ☑ 合并圆弧段实体(M) 复选框。

（3）单击对话框中的 ✔ 按钮，完成结构构件 1 的创建。

步骤14 创建图 16.1.23 所示的结构构件 2。选择下拉菜单 插入(I) ➡ 焊件(W) ➡ 🔲 结构构件(S)... 命令；在 标准: 下拉列表中选取 custom 选项，在 类型: 下拉列表中选择 管道 选项，在 大小: 下拉列表中选择 24×15×3 选项；选取选取 3D 草图 3 为路径线段；单击 ✔ 按钮，完成结构构件 2 的创建。

图 16.1.23 创建结构构件 2

步骤15 创建图 16.1.24b 所示的剪裁/延伸 1。

（1）选择命令。选择下拉菜单 插入(I) ➡ 焊件(W) ➡ 剪裁/延伸(T)... 命令。

（2）定义边角类型。在 边角类型 区域中选取终端剪裁 按钮。

（3）定义要剪裁的实体。激活 要剪裁的实体 区域，选取结构构件 2 的实体为要剪裁的实体。

（4）定义剪裁边界。

① 定义剪裁边界类型。在 剪裁边界 区域中选中 ⊙ 实体(B) 单选项。

② 定义剪裁边界。选取结构构件 1 的两端支脚，选中 ☑ 允许延伸(A) 复选框。

（5）单击对话框中的 ✔ 按钮，完成剪裁/延伸 1 的创建。

第16章 SolidWorks 焊件设计实际综合应用

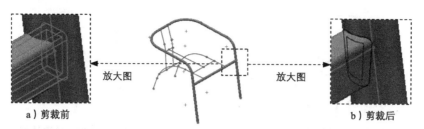

a）剪裁前　　　　　　　　　　　　　　　　　　b）剪裁后

图 16.1.24　创建"剪裁/延伸 1"

步骤 16　选择自定义轮廓，选择 3D 草图 4 和 3D 草图 5 创建图 16.1.25 所示的结构构件 3 和图 16.1.26 所示的结构构件 4。结构构件 3 和结构构件 4 的创建方法与结构构件 1 的类似，这里不再赘述。

图 16.1.25　创建结构构件 3　　　　　　　图 16.1.26　创建结构构件 4

步骤 17　创建图 16.1.27b 所示的剪裁/延伸 2。选择下拉菜单 插入(I) ➡ 焊件(W) ➡ 剪裁/延伸(T)... 命令；在 边角类型 区域中选取终端剪裁 按钮；选取结构构件 3 和结构构件 4 的实体为要剪裁的实体；在 剪裁边界 区域中选中 ⊙ 实体(B) 单选项，选取结构构件 2，选中 ☑ 允许延伸(A) 复选框；单击 ✔ 按钮，完成剪裁/延伸 2 的创建。

a）剪裁前　　　　　　　　　　　　　　　　　　b）剪裁后

图 16.1.27　创建"剪裁/延伸 2"

步骤 18　创建图 16.1.28 所示的结构构件 5。选择下拉菜单 插入(I) ➡ 焊件(W) ➡ 结构构件(S)... 命令；在 标准: 下拉列表中选择 custom 选项，在 类型: 下拉列表中选择 管道 选项，在 大小: 下拉列表中选择 24×15×3 选项；选取图 16.1.29 所示的边线 1；单击 ✔ 按钮，完成结构构件 5 的创建。

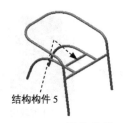

图 16.1.28　结构构件 5　　　　　　　图 16.1.29　选取边线

步骤19　创建图 16.1.30b 所示的剪裁/延伸 3。选择下拉菜单 插入(I) → 焊件(W) → 剪裁/延伸(T)... 命令；在 边角类型 区域中选取终端剪裁 按钮；选取结构构件 5 的实体为要剪裁的实体；在 剪裁边界 区域中选中 ⊙ 实体(B) 单选项，选取结构构件 3 和结构构件 4，选中 ☑ 允许延伸(A) 复选框；单击 ✔ 按钮，完成剪裁/延伸 3 的创建。

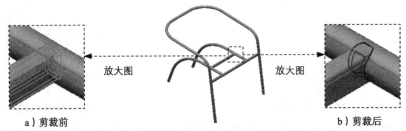

a) 剪裁前　　　　　　　　　　　　　　b) 剪裁后

图 16.1.30　创建"剪裁/延伸 3"

步骤20　创建图 16.1.31 所示的结构构件 6。选择下拉菜单 插入(I) → 焊件(W) → 结构构件(S)... 命令；在 标准: 下拉列表中选择 custom 选项，在 类型: 下拉列表中选择 管道 选项，在 大小: 下拉列表中选择 24×15×3 选项；选取 3D 草图 6 为路径线段；在 ⌐ 文本框中输入旋转角度值为 110；单击 ✔ 按钮，完成结构构件 6 的创建。

图 16.1.31　结构构件 6

步骤21　创建图 16.1.32b 所示的剪裁/延伸 4。选择下拉菜单 插入(I) → 焊件(W) → 剪裁/延伸(T)... 命令；在 边角类型 区域中选取终端剪裁 按钮；选取结构构件 6 的实体为要剪裁的实体；在 剪裁边界 区域中选中 ⊙ 实体(B) 单选项，选取结构构件 3 和结构构件 4，选中 ☑ 允许延伸(A) 复选框；单击 ✔ 按钮，完成剪裁/延伸 4 的创建。

第16章 SolidWorks 焊件设计实际综合应用

图 16.1.32 创建"剪裁/延伸 4"

步骤 22 创建图 16.1.33 所示的结构构件 7。选择下拉菜单 插入(I) → 焊件(W) → 结构构件(S)... 命令；在 标准: 下拉列表中选择 custom 选项；在 类型: 下拉列表中选择 管道 选项；在 大小: 下拉列表中选择 18×12 选项；选取选取 3D 草图 7 为路径线段，在 设定 区域中选中 ☑ 合并圆弧段实体(M) 复选框；单击 ✔ 按钮，完成结构构件 7 的创建。

步骤 23 创建图 16.1.34 所示的结构构件 8。选择下拉菜单 插入(I) → 焊件(W) → 结构构件(S)... 命令；在 标准: 下拉列表中选择 custom 选项；在 类型: 下拉列表中选择 管道 选项；在 大小: 下拉列表中选择 18×12 选项；选取选取 3D 草图 8 为路径线段，在 设定 区域中选中 ☑ 合并圆弧段实体(M) 复选框；单击 ✔ 按钮，完成结构构件 8 的创建。

图 16.1.33 结构构件 7

图 16.1.34 结构构件 8

步骤 24 创建图 16.1.35b 所示的剪裁/延伸 5。选择下拉菜单 插入(I) → 焊件(W) → 剪裁/延伸(T)... 命令；在 边角类型 区域中选取终端剪裁 按钮；选取结构构件 7 和结构构件 8 的实体为要剪裁的实体；在 剪裁边界 区域中选中 ⊙ 实体(B) 单选项，选取结构构件 1 和结构构件 6，选中 ☑ 允许延伸(A) 复选框；单击 ✔ 按钮，完成剪裁/延伸 5 的创建。

图 16.1.35 创建"剪裁/延伸 5"

477

步骤 25 创建图 16.1.36 所示的结构构件 9。选择下拉菜单 插入(I) → 焊件(W) → 结构构件(S)... 命令；在 标准: 下拉列表中选择 custom 选项；在 类型: 下拉列表中选择 管道 选项；在 大小: 下拉列表中选择 18×12 选项；选取选取 3D 草图 9 为路径线段；单击 ✔ 按钮，完成结构构件 9 的创建。

图 16.1.36 结构构件 9

步骤 26 创建图 16.1.37b 所示的剪裁/延伸 6。选择下拉菜单 插入(I) → 焊件(W) → 剪裁/延伸(T)... 命令；在 边角类型 区域中选取终端剪裁 按钮；选取结构构件 9 的实体为要剪裁的实体；在 剪裁边界 区域中选中 ⊙ 实体(B) 单选项，选取结构构件 7 和结构构件 8，选中 ☑ 允许延伸(A) 复选框；单击 ✔ 按钮，完成剪裁/延伸 6 的创建。

a）剪裁前　　　　　　　　　　　　　　　　　　　　b）剪裁后

图 16.1.37 创建"剪裁/延伸 6"

步骤 27 创建图 16.1.38 所示的结构构件 10。选择下拉菜单 插入(I) → 焊件(W) → 结构构件(S)... 命令；在 标准: 下拉列表中选择 custom 选项，在 类型: 下拉列表中选择 管道 选项，在 大小: 下拉列表中选择 24×15×3 选项；选取图 16.1.39 所示的边线 2；单击 ✔ 按钮，完成结构构件 10 的创建。

图 16.1.38 结构构件 10　　　　　　　　图 16.1.39 选取边线

步骤 28 创建图 16.1.40b 所示的剪裁/延伸 7。选择下拉菜单 插入(I) → 焊件(W) → 剪裁/延伸(T)... 命令；在 边角类型 区域中选取终端剪裁 按钮；选取结构构件 10

的实体为要剪裁的实体;在 剪裁边界 区域中选中 ⊙ 实体(B) 单选项,选取结构构件 5 和结构构件 9,选中 ☑ 允许延伸(A) 复选框;单击 ✔ 按钮,完成剪裁/延伸 7 的创建。

图 16.1.40 创建"剪裁/延伸 7"

步骤 29 创建图 16.1.41 所示的基准面 13。选择下拉菜单 插入(I) ➔ 参考几何体(G) ➔ 基准面(P)... 命令;选取上视基准面为参考面,按下"偏移距离"按钮,并在 后的文本框中输入偏移距离 395,并选中 ☑ 反转 复选框;单击 ✔ 按钮,完成基准面 13 的创建。

图 16.1.41 基准面 13

步骤 30 创建图 16.1.42b 所示的剪裁/延伸 8。选择下拉菜单 插入(I) ➔ 焊件(W) ➔ 剪裁/延伸(T)... 命令;在 边角类型 区域中选取终端剪裁 按钮;选取结构构件 1、结构构件 3 和结构构件 4 的实体为要剪裁的实体;在 剪裁边界 区域中选中 ⊙ 面/平面(F) 单选项,选取基准面 13,并定义其基准面以下的实体为"丢弃";单击 ✔ 按钮,完成剪裁/延伸 8 的创建。

图 16.1.42 创建"剪裁/延伸 8"

步骤 31 创建图 16.1.43 所示的顶端盖 1。
(1)选择命令。选择下拉菜单 插入(I) ➔ 焊件(W) ➔ 顶端盖(E)... 命令。
(2)定义顶面。选取图 16.1.44 所示的面。

（3）定义厚度。在文本框中输入厚度值 5.0。

（4）定义等距参数。在 **等距(O)** 区域选中 ☑ **使用厚度比率(U)** 复选框，在文本框中输入等距距离值 0。

（5）单击 ✔ 按钮，完成顶端盖的创建。

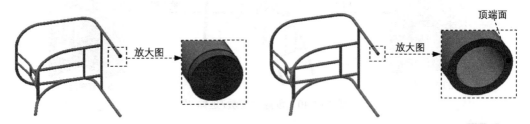

图 16.1.43　顶端盖 1　　　　　　　　图 16.1.44　定义顶端面

步骤 32　创建图 16.1.45 所示的顶端盖 2，创建方法与顶端盖 1 的创建方法相同。

步骤 33　创建图 16.1.46 所示的顶端盖 3 和顶端盖 4，创建方法与顶端盖 1 的创建方法相同。

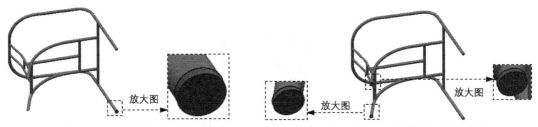

图 16.1.45　顶端盖 2　　　　　　　　图 16.1.46　顶端盖 3 和顶端盖 4

步骤 34　创建图 16.1.47 所示的圆角焊缝 1。

（1）选择命令。选择下拉菜单 **插入(I)** → **焊件(W)** → **圆角焊缝(B)...** 命令。

（2）定义"圆角焊缝"各参数。

① 定义类型。在 **箭头边(A)** 区域的下拉列表中选择 **全长** 选项。

② 定义圆角大小。在 **圆角大小:** 文本框中输入焊缝大小 3.0，选中 ☑ **切线延伸(G)** 复选框。

③ 定义第一面组。选取图 16.1.48 所示的面 1。

④ 定义第二面组。选取图 16.1.48 所示的面 2。

（3）单击对话框中的 ✔ 按钮，完成圆角焊缝 1 的创建。

图 16.1.47　圆角焊缝 1　　　　　　　　图 16.1.48　定义面组

步骤 35 创建图 16.1.49 所示的圆角焊缝 2。创建方法与圆角焊缝 1 的创建方法相同。

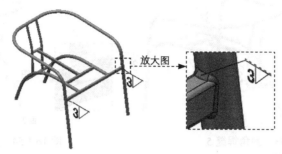

图 16.1.49 圆角焊缝 2

步骤 36 创建图 16.1.50 所示的圆角焊缝 3。选择下拉菜单 插入(I) → 焊件(W) → 圆角焊缝(B)... 命令；在 箭头边(A) 区域的下拉列表中选择 全长 选项；在 圆角大小: 文本框中输入焊缝大小 3.0，选中 ☑ 切线延伸(G) 复选框；选取图 16.1.51 所示的面 1 为第一面组，选取图 16.1.34 所示的面 2 和面 3 为第二面组；单击 ✔ 按钮，完成圆角焊缝 3 的创建。

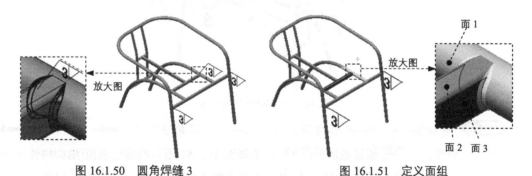

图 16.1.50 圆角焊缝 3　　　　图 16.1.51 定义面组

步骤 37 创建图 16.1.52 所示的圆角焊缝 4。创建方法与圆角焊缝 3 的创建方法相同。

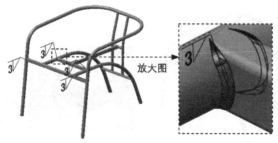

图 16.1.52 圆角焊缝 2

步骤 38 创建图 16.1.53 所示的圆角焊缝 5。选择下拉菜单 插入(I) → 焊件(W) → 圆角焊缝(B)... 命令；在 箭头边(A) 区域的下拉列表中选择 全长 选项；在 圆角大小: 文本框中输入焊缝大小 3.0，选中 ☑ 切线延伸(G) 复选框；选取图 16.1.54 所示的面 1 为第一面组，选取图 16.1.54 所示的面 2 为第二面组；单击 ✔ 按钮，完成圆角焊缝 5 的创建。

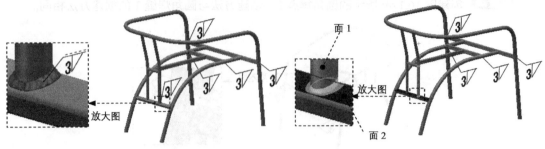

图 16.1.53 圆角焊缝 5　　　　　图 16.1.54 定义面组

步骤 39 创建图 16.1.55 所示的圆角焊缝 6~8。创建方法与圆角焊缝 5 的创建方法相同。

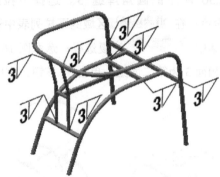

图 16.1.55 圆角焊缝 6~8

步骤 40 创建图 16.1.56 所示的焊缝 1。选择下拉菜单 插入(I) → 焊件(W) → 焊缝... 命令；在 设定(S) 区域的 焊接选择 中选择图 16.1.57 所示的模型表面(结构构件 9 上的圆柱面和结构构件 10 上所有相关面)；在 文本框中输入焊缝大小 3.0，单击 按钮，完成焊缝 1 的创建。

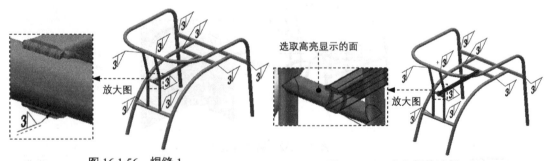

图 16.1.56 焊缝 1　　　　　图 16.1.57 定义焊接选择

步骤 41 创建图 16.1.58 所示的焊缝 2。选择下拉菜单 插入(I) → 焊件(W) → 焊缝... 命令；在 设定(S) 区域的 焊接选择 中选择图 16.1.59 所示的边线，选中 ☑ 切线延伸(G) 复选框；在 文本框中输入焊缝大小 3.0，单击 按钮，完成焊缝 2 的创建。

第 16 章 SolidWorks 焊件设计实际综合应用

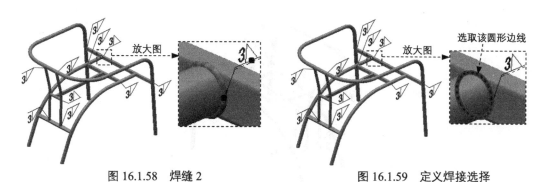

图 16.1.58　焊缝 2　　　　　　　　图 16.1.59　定义焊接选择

步骤 42　创建图 16.1.60 所示的焊缝 3，创建方法与焊缝 2 的创建方法相同。

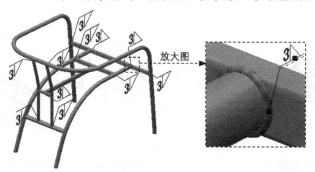

图 16.1.60　焊缝 3

步骤 43　创建图 16.1.61 所示的焊缝 4。选择下拉菜单 插入(I) → 焊件(W) → 焊缝... 命令；在 设定(S) 区域的 焊接选择 中选择图 16.1.62 所示的边线，选中 ☑ 切线延伸(G) 复选框；在 文本框中输入焊缝大小 3.0，单击 按钮，完成焊缝 4 的创建。

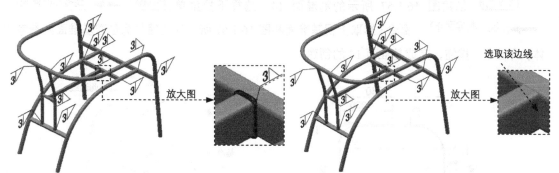

图 16.1.61　焊缝 4　　　　　　　　图 16.1.62　定义焊接选择

步骤 44　创建图 16.1.63 所示的焊缝 5、6。创建方法与焊缝 4 的创建方法相同。

步骤 45　创建图 16.1.64 所示的特征——凸台-拉伸 1。

（1）选择命令。选择下拉菜单 插入(I) → 凸台/基体(B) → 拉伸(E)... 命令。

（2）定义特征的横断面草图。选取图 16.1.65 所示的模型表面为草图基准面，绘制图 16.1.66 所示的横断面草图。

483

图 16.1.63 焊缝 5、6

图 16.1.64 凸台-拉伸 1

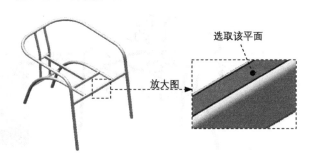

图 16.1.65 定义草图基准面

（3）定义拉伸深度属性。采用系统默认的深度方向，在"凸台-拉伸"对话框 方向1(1) 区域的下拉列表中选择 给定深度 选项，输入深度值 10.0。

（4）单击 ✓ 按钮，完成凸台-拉伸 1 的创建。

步骤 46 创建图 16.1.67 所示的基准面 14。选择下拉菜单 插入(I) ➡ 参考几何体(G) ➡ 基准面(E)... 命令；选取上视基准面和图 16.1.67 所示的边线作为创建基准面的参考实体；单击 ✓ 按钮，完成基准面 14 的创建。

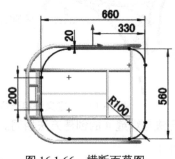

图 16.1.66 横断面草图

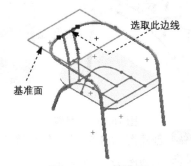

图 16.1.67 基准面 14

步骤 47 创建图 16.1.68 所示的特征——拉伸-薄壁 1。

（1）选择命令。选择下拉菜单 插入(I) ➡ 凸台/基体(B) ➡ 拉伸(E)... 命令。

（2）定义特征的横断面草图。选取基准面 14 为草图基准面，绘制图 16.1.69 所示的横断面草图。

（3）定义拉伸深度属性。在"凸台-拉伸"对话框 方向1(1) 区域的下拉列表中选择 给定深度 选项，输入深度值 200.0，选取图 16.1.70 所示的边线为拉伸方向；在 ☑ 方向 2(2) 区域的下拉列表中选择 给定深度 选项，输入深度值 150.0。

（4）定义薄壁属性。在"凸台-拉伸"对话框 ☑ 薄壁特征(T) 区域的下拉列表中选择 单向 选项，在 T1 文本框中输入深度值 10.0，并单击 按钮。

图 16.1.68　拉伸-薄壁 1

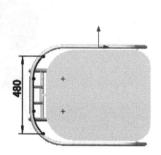
图 16.1.69　横断面草图

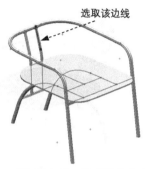
图 16.1.70　定义拉伸方向

（5）单击 按钮，完成凸台-拉伸 1 的创建。

步骤48 创建图 16.1.71 所示的特征——切除-拉伸 1。选择下拉菜单 插入(I) ➡ 切除(C) ➡ 拉伸(E)... 命令；选取图 16.1.71 所示的模型表面作为草图基准面，绘制图 16.1.72 所示的横断面草图；在"切除-拉伸"对话框的 方向1(1) 区域中选择 完全贯穿 选项，并单击 ☑ 反侧切除(F) 复选框；在 ☑ 方向 2(2) 区域的下拉列表中选择 完全贯穿 选项；在 特征范围(F) 区域中选中 ● 所选实体(S) 选项，然后在图形区中选取上一步创建的拉伸-薄壁 1 特征；单击 按钮，完成切除-拉伸 1 的创建。

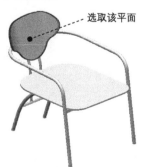
图 16.1.71　拉伸-薄壁 1

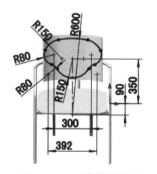
图 16.1.72　横断面草图

步骤49 添加材质 1。在设计树的 凸台-拉伸1 上右击，在系统弹出的菜单上选择 ➡ 命令，在屏幕右侧弹出的"外观、布景和贴图"对话框中的"外观"树中选择 胡桃木 选项，然后在"预览"对话框中选中"抛光胡桃木 2"材质图标，在

在 `抛光胡桃木 2` 对话框中单击 ✓ 按钮，完成材质的设置，添加后的模型如图 16.1.73 所示。

步骤 50 添加材质 2。在设计树的 `拉伸-薄壁1` 上右击，在系统弹出的菜单上选择 ● → 命令，在屏幕右侧弹出的"外观、布景和贴图"对话框中的"外观树"中选择 `胡桃木` 选项，然后在"预览"对话框中选中"抛光胡桃木 2"材质图标，在 `抛光胡桃木 2` 对话框中单击 ✓ 按钮，完成材质的设置，添加后的模型如图 16.1.74 所示。

图 16.1.73 添加材质 1

图 16.1.74 添加材质 2

步骤 51 至此，焊件模型创建完毕。选择下拉菜单 `文件(F)` → `保存(S)` 命令，将模型命名为 chair，即可保存零件模型。

第 17 章 SolidWorks 高级渲染实际综合应用

17.1 渲染应用 1——机械零件的渲染

本节介绍一个零件模型渲染成钢材质效果的详细操作过程。

17.1.1 打开模型文件

打开文件 D:\sw1401\work\ch17.01\pump_cover.prt。

17.1.2 设置材料

步骤01 添加材料到部件中材料。选择下拉菜单 编辑(E) → 外观(A) → 材质(M)... 命令，系统弹出"材料"对话框，打开文件 solidworks materials，在弹出的子文件中打开 钢，然后在弹出的子文件中单击 镀铬不锈钢 选项，如图 17.1.1 所示。

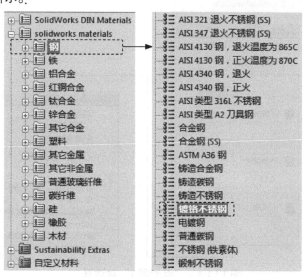

图 17.1.1 "材料库"窗口

步骤02 将材料添加到模型当中。单击"材料"对话框中的 应用(A) 按钮，单击 关闭(C) 按钮，此时该材料已添加到该模型。

步骤03 查看渲染效果。选择下拉菜单 PhotoView 360 → 整合预览(I) 命令，效果如

图 17.1.2 所示。

如果去除模型材可以在模型树中右击 [镀铬不锈钢]，在弹出的快捷菜单中选择 [删除材质(C)] 命令。

图 17.1.2 添加材料后的模型

17.1.3 光源设置

步骤01 选择命令。选择下拉菜单 视图(V) → 光源与相机(L) → 添加点光源(P) 命令，系统弹出图 17.1.3 所示的"点光源 1"对话框。

步骤02 定义光源属性。在"点光源"对话框中可以编辑点光源的颜色、明暗度、光泽度等参数属性。设置参数如图 17.1.3 所示，单击 ✓ 按钮，完成点光源的创建。

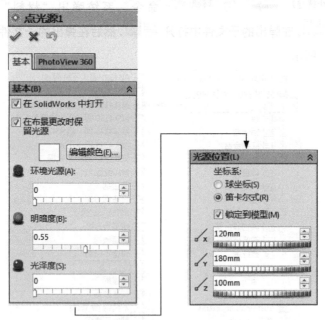

图 17.1.3 "点光源 1"对话框

步骤03 参照前两步，设置点光源 2，光源属性参数如图 17.1.4 所示。

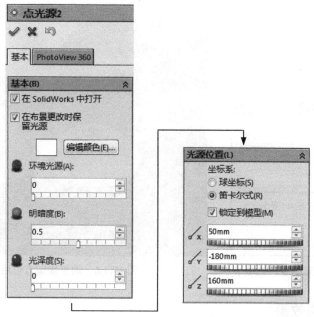

图 17.1.4 "点光源 2"对话框

在图形区域拖动光源,可以调整光源位置。

17.1.4 设置布景

步骤01 选择命令。选择下拉菜单 PhotoView 360 → 编辑布景(S)... 命令,系统弹出"编辑布景"对话框和"外观、布景和贴图"任务窗口。

步骤02 定义场景。在"外观、布景和贴图"窗口中单击 田 布景 节点,选择该节点下的 演示布景 文件夹,在演示布景预览区域双击 厨房背景 ,即可将布景添加到模型中。

步骤03 设置"编辑布景"参数。

(1)单击 高级 选项卡;在 楼板大小/旋转(F) 区域取消选中 □ 固定高宽比例 与 □ 自动调整楼板大小(S) 复选框,在 □ 文本框中输入数值 3000,在 □ 文本框中输入数值 3000,在 ◇ 文本框中输入数值 0。

(2)单击 照明度 选项卡;在 PhotoView 照明度 区域中的 背景明暗度: 文本中输入数值 2,在 渲染明暗度: 文本框中输入 2,在 布景反射度: 文本中输入数值 2,如图 17.1.5 所示。

步骤04 在绘图区域中调整模型方位图 17.1.6 所示的位置。

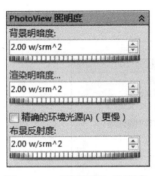

图 17.1.5 "照明度"选项卡

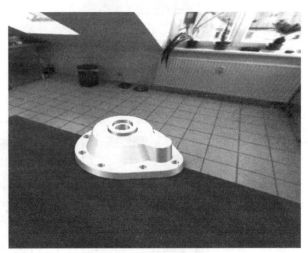

图 17.1.6 调整模型方位后

17.1.5 查看渲染效果

步骤 01 选择命令。在设计树中单击图 17.1.7 所示的"DisplayManager"选项卡 。

步骤 02 在 PhotoView360 中打开点光源 1。单击"查看布景、光影与相机"按钮 ，打开文件 光源，在弹出的子文件中选择 点光源1 并右击，再弹出的快捷菜单中选择 在 PhotoView 360 中打开 (B) 命令。

步骤 03 在 PhotoView360 中打开点光源 2。打开文件 光源，在弹出的子文件中选择 点光源2 并右击，再弹出的快捷菜单中选择 在 PhotoView 360 中打开 (B) 命令。

步骤 04 查看最终预览图。选择下拉菜单 PhotoView 360 → 最终渲染(F) 命令，系统弹出"最终渲染"对话框，完成如图 17.1.7 所示。

图 17.1.7 最终渲染效果图

第17章 SolidWorks 高级渲染实际综合应用

17.1.6 保存零件模型

 在随书光盘中可以找到本例完成的效果图（D:\sw1401\work\ch17.01\pump_cover_ok）。

17.2 渲染应用 2——图像渲染

本节介绍一个在零件模型上贴图渲染效果的详细操作过程。

步骤 01 打开文件 D:\sw1401\work\ch17.02\paster.prt。

步骤 02 添加材料到部件中材料。选择下拉菜单 编辑(E) → 外观(A) → 材质(M)... 命令，系统弹出"材料"对话框，打开文件 solidworks materials，在弹出的子文件中打开 红铜合金，然后在弹出的子文件中单击 锻制红铜 选项，如图 17.2.1 所示。

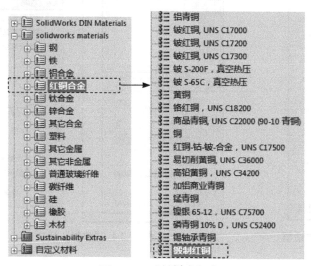

图 17.2.1 "材料库"窗口

步骤 03 将材料添加到模型当中。单击"材料"对话框中的 应用(A) 按钮，单击 关闭(C) 按钮，此时该材料已添加到该模型（效果如图 17.2.2 所示）。

图 17.2.2 添加材料后的模型

步骤 04 在"部件中的材料"当中创建贴图文件材料。

（1）选中命令。选择下拉菜单 PhotoView 360 → 编辑贴图(D)... 命令，系统弹出图 17.2.3 所示的"贴图"对话框和"外观、布景和贴图"任务窗口。

（2）添加贴图文件。在 贴图预览 区域中的 图象文件路径: 下单击 浏览(B)... 按钮，添加贴图文件 D:\sw1401\work\ch17.02\picture.jpg，在 掩码图形 区域中选中 ⊙ 无掩码(N) 单选项。

（3）单击 映射 选项卡，切换到图 17.2.4 所示的映射选项卡，设置参数如图 17.2.4 所示，在 所选几何体 区域仅选中 □ 按钮，选取图 17.2.5 所示的面为贴图面。

图 17.2.3 "贴图"对话框

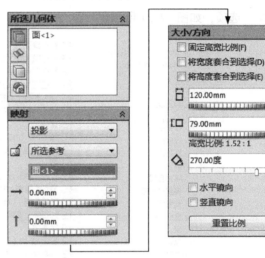

图 17.2.4 "映射"选项卡

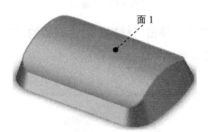

图 17.2.5 选取贴图面

步骤 05 单击 ✔ 按钮，完成贴图的添加，添加贴图后的模型如图 17.2.6 所示。

图 17.2.6 贴图效果

在随书光盘中可以找到本例完成的效果图（D:\sw1401\work\ch17.02\paster_ok）。

第18章 SolidWorks 装配体有限元分析实际综合应用

当分析一个装配体时，需要考虑各零部件之间是如何接触的，这样才能保证创建的数学模型能够正确计算接触时的应力和变形。

下面以图 18.1 所示的装配模型为例，介绍装配体的有限元分析的一般过程。

图 18.1 装配体分析

如图 18.1 所示是一简单机构装置的简化装配模型，机构左端面固定，当 20000N 的拉力作用在连杆右端面时，分析连杆上的应力分布，设计强度为 150MPa。

任务 01 打开模型文件，新建算例

步骤 01 打开文件 D：\sw1401\work\ch18\asm_analysis.SLDASM。

步骤 02 新建一个算例。选择下拉菜单 Simulation → 算例(S)… 命令，系统弹出"算例"对话框。

步骤 03 定义算例类型。在"算例"对话框的 类型 区域中单击"静应力分析"按钮，输入算例名称为 asm_analysis，即新建一个静态分析算例。

步骤 04 单击对话框中的 ✓ 按钮，完成算例新建。

任务 02 应用材料

步骤 01 选择下拉菜单 Simulation → 材料(T) → 应用材料到所有(Y)… 命令，系统弹出"材料"对话框。

步骤 02 在对话框中的材料列表中依次单击 solidworks materials → 钢 前的节点，然后在展开列表中选择 合金钢(SS) 材料。

第 18 章 SolidWorks 装配体有限元分析实际综合应用

步骤 03 单击对话框中的 应用(A) 按钮,将材料应用到模型中。

步骤 04 单击对话框中的 关闭(C) 按钮,关闭"材料"对话框。

任务 03 添加夹具

步骤 01 选择下拉菜单 Simulation → 载荷/夹具(L) → 夹具(I)... 命令,系统弹出图 18.2 所示的"夹具"对话框。

步骤 02 定义夹具类型。在对话框中的 标准(固定几何体) 区域下单击 按钮,即添加固定几何体约束。

步骤 03 定义约束面。在图形区选取图 18.3 所示的 3 个圆柱面为约束面,即将该面完全固定。

说明　　添加夹具后,就完全限制了模型的空间运动,此模型在没有弹性变形的情况下是无法移动的。

步骤 04 单击对话框中的 按钮,完成夹具添加。

图 18.2 "夹具"对话框

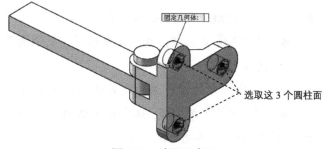

图 18.3 选取固定面

任务 04 添加外部载荷

495

步骤01 选择下拉菜单 Simulation → 载荷/夹具(L) → 力(F)... 命令，系统弹出"力/扭矩"对话框。

步骤02 定义载荷面。在图形区选取图 18.4 所示的模型表面为载荷面。

步骤03 定义力参数。在对话框的 力/扭矩 区域的 ↓ 文本框中输入力的大小值为 20000N，选中 法向 单选项，选中 反向 复选框，调整力的方向，其他选项采用系统默认设置值。

步骤04 单击对话框中的 ✓ 按钮，完成外部载荷力的添加。

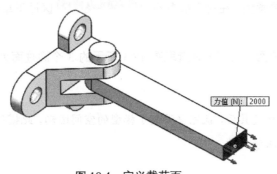

图 18.4 定义载荷面

任务 05 设置全局接触

对于装配体的有限元分析，必须考虑的就是各零部件之间的装配接触关系，只有正确添加了接触关系，才能够保证最后分析的可靠性。该实例中底座和连杆之间是用一销钉连接的，三个零件之间两两接触，所以要考虑接触关系。

步骤01 在算例树中右击下的 连结 → 零部件接触 下的 全局接触（-接合-） 选项，在弹出的快捷菜单中选择 编辑定义(E)... 命令，系统弹出图 18.5 所示的"零部件相触"面组。

步骤02 在对话框的 接触类型 区域中选中 接合 单选项，取消选中 全局接触 单选项，然后激活 零部件 区域的文本框，在图形区选取三个零件作为接触零部件，单击对话框中的 ✓ 按钮。

图 18.5 所示的"零部件相触"对话框中各选项说明如下：

- 接触类型 区域主要选项说明如下：
  - 无穿透 单选项：选中该单选项，表示两个接触的对象只接触但不能相互穿透（相交）。
  - 接合 单选项：选中该单选项，表示两个接触的对象接触之间无间隙。
  - 允许贯通 单选项：选中该单选项，表示两个接触的对象之间是可以贯通的。
- 零部件 区域主要选项说明如下：
  - 全局接触 复选框：选中此复选框，启用全局接触。
- 选项 区域主要选项说明如下：
  - 兼容网格 单选项：选中此单选项，在划分网格时，各接触对象之间的网格

第 18 章 SolidWorks 装配体有限元分析实际综合应用

是兼容的。
- 不兼容网格 单选项：选中此单选项，在划分网格时，各接触对象之间的网格是不兼容的。

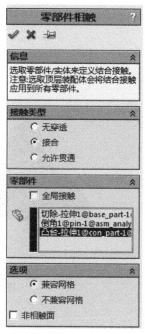

图 18.5 "零部件相触"对话框

任务 06 划分网格

模型在开始分析之前的最后一步就是网格划分，模型将被自动划分成有限个单元，默认情况下，SolidWorks Simulation 采用中等密度网格，在该实例中，我们对网格进行一定程度的细化，目的就是使我们的分析结果更加接近于真实水平。

步骤 01 选择下拉菜单 Simulation ➡ 网格(M) ➡ 生成(C)… 命令，系统弹出图 18.6 所示的"网格"对话框。

步骤 02 设置网格参数。在对话框中选中 ☑ 网格参数 区域，选中 ⊙ 标准网格 单选项，然后在 文本框中输入单元大小为 4。

步骤 03 单击对话框中的 ✓ 按钮，完成网格划分，结果如图 18.7 所示。

任务 07 运行分析

网格划分完成后就可以进行解算了。

步骤 01 选择下拉菜单 Simulation ➡ 运行(U)… 命令。系统弹出图 18.8 所示的对话框，显示求解进程。

步骤 02　求解结束之后，在算例树的结果下面生成应力、位移和应变图解，如图 18.9 所示。

图 18.6　"网格"对话框

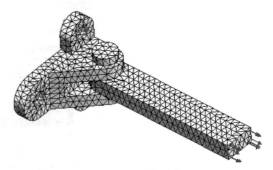

图 18.7　网格划分

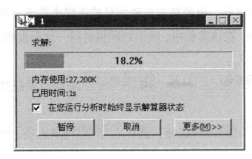

图 18.8　"求解"对话框

图 18.9　模型树

任务 08　查看分析结果

步骤 01　在算例树中右击 应力1 (-vonMises-)，在弹出的快捷菜单中选择 显示(S) 命令，系统显示图 18.10 所示的应力（vonMises）图解。

第 18 章 SolidWorks 装配体有限元分析实际综合应用

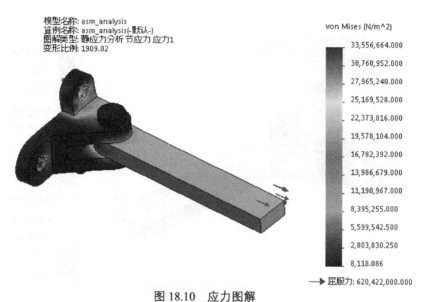

图 18.10 应力图解

步骤 02 在算例树中右击 位移1（-合位移-），在弹出的快捷菜单中选择 显示(S) 命令，系统显示图 18.11 所示的位移（合位移）图解。

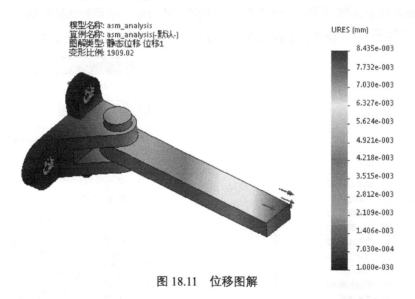

图 18.11 位移图解

步骤 03 在算例树中右击 应变1（-等量-），在弹出的快捷菜单中选择 显示(S) 命令，系统显示图 18.12 所示的应变（等量）图解。

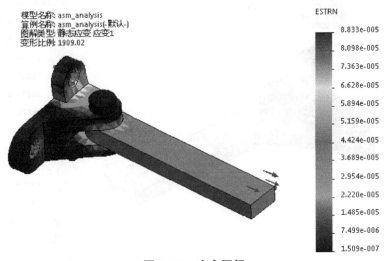

图 18.12 应变图解

本范例中希望了解是否有超过设计许用应力 150MPa 的 vonMises 应力存在,为了判断 vonMises 应力是否超过最大值,可以更改图解选项。

在算例树中右击 应力1（-vonMises-）,系统弹出图 18.13 所示的快捷菜单,在弹出的快捷菜单中选择 图表选项(O)... 命令,系统显示图 18.14 所示的"图表选项"对话框。

图 18.13 快捷菜单

图 18.14 "图标选项"对话框

第 18 章 SolidWorks 装配体有限元分析实际综合应用

在对话框中的 显示选项 区域中选中 定义 单选项，设置最小值为 0，最大值为 150MPa。此时应力图解结果如图 18.15 所示。从应力图解中可以看出，没有超出许用应力的地方，表示设计是合理的。

图 18.15　应力图解

读者意见反馈卡

尊敬的读者：

感谢您购买电子工业出版社出版的图书！

我们一直致力于 CAD、CAPP、PDM、CAM 和 CAE 等相关技术的跟踪，希望能将更多优秀作者的宝贵经验与技巧介绍给您。当然，我们的工作离不开您的支持。如果您在看完本书之后，有好的意见和建议，或是有一些感兴趣的技术话题，都可以直接与我联系。

策划编辑：管晓伟

注：本书的随书光盘中含有该"读者意见反馈卡"的电子文档，您可将填写后的文件采用电子邮件的方式发给本书的策划编辑或主编。

E-mail：湛迪强：bookwellok@163.com ； 管晓伟 guanphei@163.com。

请认真填写本卡，并通过邮寄或 E-mail 传给我们，我们将奉送精美礼品或购书优惠卡。

书名：《SolidWorks 2014 快速入门、进阶与精通》

1. 读者个人资料：

   姓名：_____ 性别：____ 年龄：____ 职业：_____ 职务：_____ 学历：_____
   专业：_____ 单位名称：_____ 电话：_____ 手机：_____
   邮寄地址：_____ 邮编：_____ E-mail：_____

2. 影响您购买本书的因素（可以选择多项）：

   □ 内容　　　　　　　　　　　□ 作者　　　　　　　　　　　□ 价格
   □ 朋友推荐　　　　　　　　　□ 出版社品牌　　　　　　　　□ 书评广告
   □ 工作单位（就读学校）指定　□ 内容提要、前言或目录　　　□ 封面封底
   □ 购买了本书所属丛书中的其他图书　　　　　　　　　　　　□ 其他

3. 您对本书的总体感觉：

   □ 很好　　　　　　　　　　　□ 一般　　　　　　　　　　　□ 不好

4. 您认为本书的语言文字水平：

   □ 很好　　　　　　　　　　　□ 一般　　　　　　　　　　　□ 不好

5. 您认为本书的版式编排：

   □ 很好　　　　　　　　　　　□ 一般　　　　　　　　　　　□ 不好

6. 您认为 SolidWorks 其他哪些方面的内容是您所迫切需要的？

   _____

7. 其他哪些 CAD/CAM/CAE 方面的图书是您所需要的？

   _____

8. 认为我们的图书在叙述方式、内容选择等方面还有哪些需要改进的？

   如若邮寄，请填好本卡后寄至：

   北京市万寿路 173 信箱 1017 室，电子工业出版社工业技术分社　管晓伟（收）
   邮编：100036　　　联系电话：（010）88254460　　　传真：（010）88254397
   http：//www.phei.com.cn　　　咨询电话：（010）88258888

   读者可以加入专业 QQ 群 273433049 来进行互动学习和技术交流。